TEUBNER-TEXTE zur Informatik   Band 23

R. Lenz

Adaptive Datenreplikation
in verteilten Systemen

TEUBNER-TEXTE zur Informatik

Herausgegeben von
Prof. Dr. Johannes Buchmann, Darmstadt
Prof. Dr. Udo Lipeck, Hannover
Prof. Dr. Franz J. Rammig, Paderborn
Prof. Dr. Gerd Wechsung, Jena

Als relativ junge Wissenschaft lebt die Informatik ganz wesentlich von aktuellen Beiträgen. Viele Ideen und Konzepte werden in Originalarbeiten, Vorlesungsskripten und Konferenzberichten behandelt und sind damit nur einem eingeschränkten Leserkreis zugänglich. Lehrbücher stehen zwar zur Verfügung, können aber wegen der schnellen Entwicklung der Wissenschaft oft nicht den neuesten Stand wiedergeben.

Die Reihe „TEUBNER-TEXTE zur Informatik" soll ein Forum für Einzel- und Sammelbeiträge zu aktuellen Themen aus dem gesamten Bereich der Informatik sein. Gedacht ist dabei insbesondere an herausragende Dissertationen und Habilitationsschriften, spezielle Vorlesungsskripten sowie wissenschaftlich aufbereitete Abschlußberichte bedeutender Forschungsprojekte. Auf eine verständliche Darstellung der theoretischen Fundierung und der Perspektiven für Anwendungen wird besonderer Wert gelegt. Das Programm der Reihe reicht von klassischen Themen aus neuen Blickwinkeln bis hin zur Beschreibung neuartiger, noch nicht etablierter Verfahrensansätze. Dabei werden bewußt eine gewisse Vorläufigkeit und Unvollständigkeit der Stoffauswahl und Darstellung in Kauf genommen, weil so die Lebendigkeit und Originalität von Vorlesungen und Forschungsseminaren beibehalten und weitergehende Studien angeregt und erleichtert werden können.

TEUBNER-TEXTE erscheinen in deutscher oder englischer Sprache.

Adaptive Datenreplikation in verteilten Systemen

Von Dr. Richard Lenz

Philipps-Universität Marburg

Springer Fachmedien
Wiesbaden GmbH 1997

Dr. Richard Lenz

Geboren 1964 in Bitburg. Studium der Informatik mit Nebenfach Wirtschaftswissenschaften an der Universität Kaiserslautern. Von 1992 bis 1997 wissenschaftlicher Mitarbeiter am Lehrstuhl für Datenbanksysteme der Universität Erlangen-Nürnberg (Leitung: Prof. Dr. H. Wedekind). Promotion im Februar 1997. Seit März 1997 wissenschaftlicher Assistent von Prof. Dr. K. Kuhn am Institut für Medizinische Informatik der Universität Marburg.
Arbeitsschwerpunkte: Verteilte Datenbanksysteme, Integration heterogener Anwendungssysteme, Realisierung einer elektronischen Krankenakte, Elektronische Dokumentenverwaltung und Archivierung.

Gedruckt auf chlorfrei gebleichtem Papier.

Die Deutsche Bibliothek – CIP-Einheitsaufnahme

Lenz, Richard:
Adaptive Datenreplikation in verteilten Systemen /
von Richard Lenz.
   (Teubner-Texte zur Informatik ; Bd. 23)
    ISBN 978-3-8154-2308-0   ISBN 978-3-663-09208-7 (eBook)
    DOI 10.1007/978-3-663-09208-7

Umschlaggestaltung: E. Kretschmer, Leipzig

Vorwort

Die elektronische Datenverarbeitung dringt immer mehr in alle Lebensbereiche vor. Computer werden immer leistungsfähiger und preiswerter. Im Rahmen dieser Tendenzen wächst auch die Speicherkapazität der Rechner mit jeder neuen Rechnergeneration. Als entscheidender Faktor der Entwicklung in den letzten Jahren ist jedoch die weltweite Vernetzung von Rechnern zu nennen, die es ermöglicht hat, daß in kürzester Zeit viele neue Anwendungsgebiete erschlossen wurden und neue, stark expandierende Wirtschaftszweige entstanden sind. Vielfach wird das Zeitalter der Informationstechnologie heute schon proklamiert. Information ist zu einer kostbaren Ressource geworden, die genutzt werden kann und muß, um die Konkurrenzfähigkeit von Unternehmen sicherzustellen.

Angesichts dieser Entwicklung ist es nicht verwunderlich, daß der Verfügbarkeit von Daten eine zunehmend große Bedeutung beigemessen wird. Die Replikation von Daten ist das wichtigste und effektivste Mittel zur Erreichung einer hohen Verfügbarkeit in verteilten Datenverwaltungssystemen. Durch Replikation wird die Zugriffslokalität ermöglicht, die für akzeptable Antwortzeiten oft vorausgesetzt werden muß. Da die Speicherkapazität der Rechner einen ständig geringer werdenden Kostenfaktor darstellt, lohnt sich die Replikation von Daten, zumindest bei Daten, die selten geändert werden, immer mehr.

In den vergangenen 10 Jahren wurden viele verschiedene Verfahren vorgestellt, welche die Replikation von Daten in verteilten Systemen unterstützen, und es kommen ständig neue Verfahren hinzu. Die Güte der Verfahren wird mit Hilfe unterschiedlicher Korrektheitskriterien beurteilt. Alle diese Korrektheitskriterien orientieren sich an der wechselseitigen Konsistenz von Replikaten. Das wichtigste dieser Kriterien, die sogenannte One-Copy-Serialisierbarkeit, besagt, daß replizierte Daten sich aus der Sicht von Anwendungsprogrammen so wie nicht replizierte Daten zu verhalten haben. Erst in den letzten Jahren wurden vermehrt Replikationsverfahren vorgestellt, die auf schwächeren Konsistenzanforderungen beruhen. Aufgrund der raschen Entwicklung der Forschung im Bereich der Datenreplikation sind die meisten dieser Arbeiten über alternative Konzepte zur Replikation bislang auf viele verschiedene Zeitschriften und Konferenzbände verteilt. Erst in diesem Jahr hat es einige Veröffentlichungen gegeben, in denen versucht wird, die Vielfalt der verschiedenen Replikationsverfahren zu klassifizieren. Dabei werden jedoch immer noch vorwiegend solche Verfahren gegenübergestellt, die auf dem klassischen Korrektheitskriterium der One-Copy-Serialisierbarkeit beruhen.

Im Rahmen der vorliegenden Arbeit werden neben der One-Copy-Serialisierbarkeit weitere Korrektheitskriterien zur Verarbeitung replizierter Daten vorgestellt. Replikationsverfahren werden klassifiziert und hinsichtlich der jeweils erreichbaren Korrektheit gegenübergestellt. Verschiedene Techniken zur anwendungsorientierten Abschwächung von Konsistenzanforderungen werden ebenfalls klassifiziert. Innovative Replikationsverfahren werden mit Hilfe dieser Klassifikation verglichen. Schließlich werden auch die Replikationsmechanismen der heute verfügbaren relationalen Datenbanksysteme untersucht und gegenübergestellt. Auf der Basis dieser Untersuchungen wird ein neuartiges Konzept zur Datenreplikation vorgestellt, bei dem durch die anwendungsbezogene Spezifikation von Konsistenzanforderungen, die Semantik der Anwendungsumgebung in die

Verfahren zur Replikationskontrolle mit einbezogen werden kann. Dies ermöglicht eine höhere Zugriffslokalität und damit eine höhere Verfügbarkeit der Daten und eine Verbesserung des Antwortzeitverhaltens.

Die vorliegende Arbeit entstand während meiner Tätigkeit als wissenschaftlicher Mitarbeiter am Lehrstuhl für Datenbanksysteme der Universität Erlangen-Nürnberg. Teile der Arbeit wurden dabei im Rahmen des Teilprojekts B4 "Funktions- und Datenverteilung in Rechnernetzen" des Sonderforschungsbereichs 182 "Multiprozessor- und Netzwerkkonfigurationen" ausgeführt.

Mein besonderer Dank gilt meinem akademischen Lehrer, Herrn Professor Dr. Hartmut Wedekind. Seine stets ermunternden Worte und Anregungen trugen wesentlich zu meiner Motivation und damit zum Gelingen dieser Arbeit bei. Sein Weitblick und sein umfassendes Wissen auch außerhalb der Informatik haben nicht selten zu überraschenden Querbezügen und neuen Ideen geführt. Ich danke Herrn Professor Dr. Fridolin Hofmann für seine Bereitschaft, das Zweitgutachten zu übernehmen. Dank gilt auch Herrn Professor Dr. Udo Lipeck als Mitherausgeber dieser Buchreihe für die sorgfältige Durchsicht des Manuskriptes zur Vorbereitung der druckfertigen Fassung.

Allen Kollegen und Kolleginnen am Lehrstuhl für Datenbanksysteme sei gedankt für die angenehme Arbeitsatmosphäre und viele Diskussionen, die mich oft zu kritischem Nachdenken angeregt haben. Ein ganz besonderer Dank gilt meinen Kollegen Michael Teschke und Wolfgang Lehner, welche die mühevolle Arbeit des Korrekturlesens auf sich genommen haben. Ich weiß besonders zu schätzen, daß Michael und Wolfgang auch die Korrektheit der teilweise recht komplexen Verfahren überprüft haben, um mich auf die eine oder andere Unstimmigkeit aufmerksam machen zu können. Ebenso danke ich Jens Neeb, der in kürzester Zeit die gesamte Arbeit zur Korrektur von Rechtschreibfehlern durchgesehen hat. Weiterhin danke ich den vielen Studenten, die meine Forschungen durch ihre Diplom- und Studienarbeiten vorangetrieben haben. Die Aufarbeitung der umfangreichen Literatur sowie die prototypische Implementierung eines verteilten Datenverwaltungssystems wäre ohne die außerordentlichen Leistungen der Studien- und Diplomarbeiter nicht möglich gewesen.

Schließlich bedanke ich mich herzlich bei allen, die mich im Verlaufe der letzten Jahre immer wieder moralisch unterstützt haben, allen voran meiner Familie, Judy Solensky sowie Gerald und Mary-Ann. Ich habe gelernt, daß meine Gemütsverfassung einen wichtigen Einfluß auf den Fortgang meiner Forschungsarbeiten hat. Aus diesem Grund möchte ich besonders meine Nichte Lisa erwähnen. Ihr sonniges Wesen und ihre liebevolle Zuneigung haben sicherlich auch ihren Anteil am Gelingen dieser Arbeit. Meinen Eltern danke ich für die jahrelange bedingungslose Unterstützung meines Studiums. Sie haben dadurch dieses Buch erst ermöglicht und tragen somit den größten Anteil daran.

Ein guter Freund hat zu mir nach Abschluß meiner letzten Diplomprüfung gesagt: "Das ganze Leben ist eine Prüfung". Sicherlich hatte er nicht ganz unrecht. Prüfungen können aber nur mit der Hilfe anderer Menschen und der Hilfe Gottes bestanden werden. Was wir sind, sind wir nur zu einem sehr geringen Teil aus eigener Kraft geworden. Ich sehe es deshalb lieber etwas anders: Das ganze Leben ist ein Geschenk.

Marburg, im Juni 1997   Richard Lenz

Inhaltsverzeichnis

1 Einleitung

Datenbanksysteme haben sich heutzutage als zentrale Systemkomponenten in der betrieblichen Datenverarbeitung weitgehend etabliert. Historisch wurde die Entwicklung von Datenbanksystemen durch die Unzulänglichkeiten dateibasierter Informationssysteme motiviert ([Dad96]). In dateibasierten Informationssystemen werden typischerweise die Daten, die von einer Anwendung bearbeitet werden, in einer eigens für diese Anwendung reservierten Datei gehalten. Falls bestimmte Daten von mehreren Anwendungen benötigt werden und jede dieser Anwendung die Daten jeweils in einer eigenen Datei ablegt, so entsteht auf diese Weise eine unkontrollierte Redundanz, die eine Reihe schwerwiegender Nachteile mit sich bringt:

- Änderungen an einer Datei müssen explizit vom Anwender in redundanten Dateien nachgezogen werden, um die zu verarbeitenden Daten möglichst aktuell zu halten.
- Unkoordinierte Änderungen an redundanten Dateien können nicht verhindert werden. Die dadurch entstehenden Inkonsistenzen müssen im Rahmen einer expliziten Zusammenführung divergierender Dateien beseitigt werden.
- Verschiedene Anwendungen verwenden verschiedene Dateiformate. Um redundante Dateien wechselseitig konsistent zu halten, sind somit Konvertierungen erforderlich.

Die Liste der Probleme ließe sich noch weiter fortsetzen. Datenbanksysteme vermeiden die angesprochenen Probleme, indem die Daten unabhängig von den Anwendungen abgespeichert (Anwendungsneutralität) und die intern verwendeten Speicherungsstrukturen und Zugriffspfade weitgehend vor den Anwendungen verborgen werden (Datenunabhängigkeit). Die unkoordinierte Redundanz wird vermieden, so daß keine Inkonsistenzen aufgrund divergierender Daten entstehen. Ein Datenbankverwaltungssystem (DBVS) stellt die Programme zur Verfügung, die alle Anwendungen benutzen können, um auf die in der Datenbank (DB) abgelegten Daten zuzugreifen. Das DBVS entlastet somit Anwender und Anwendungsprogramme von den Aufgaben der Datenverwaltung und koordiniert insbesondere den konkurrierenden Zugriff auf gemeinsam verwendete Daten.

Stellt man gewisse Qualitätsansprüche an ein Datenbanksystem, so kann man die wichtigsten Anforderungen mit den Begriffen *Konsistenz* und *Effizienz* umschreiben. Mit dem Begriff der *Effizienz* sind dabei eine ganze Reihe von verschiedenen Zielsetzungen verbunden. Die wichtigsten dieser Ziele sind kurze Antwortzeiten bei Datenbankzugriffen und hohe Verfügbarkeit und Zuverlässigkeit des Systems. Die *konsistente* Datenverarbeitung umfaßt dagegen im wesentlichen die Vermeidung unerwünschter Effekte, die aufgrund von nebenläufigen Datenzugriffen oder aufgrund bestimmter Fehlersituationen entstehen können. Dazu gehört beispielsweise die Sicherstellung von Integritätsbedingungen, die zwischen verschiedenen Datenobjekten spezifiziert sind, und die Vermeidung von Zugriffen auf veraltete Daten. Die Konsistenz ist nicht, wie man vielleicht annehmen könnte, eine Eigenschaft, die einer Datenbank entweder vollständig oder gar nicht zugesprochen wird. Die Konsistenz der Datenbank läßt sich vielmehr auf verschiedene Arten abschwächen, wie in dieser Arbeit noch ausgiebig gezeigt wird. Eine Abschwächung kann beispielsweise darin bestehen, daß der Zugriff auf veraltete Daten nicht vollständig verboten wird, sondern unter bestimmten Umständen tolerierbar ist, sofern die Abweichung vom aktuellen Wert eines Datums einen bestimmten Grenzwert nicht überschreitet. Es können somit strenge und schwache Konsistenzanforderungen unterschieden werden.

Konsistenz und Effizienz sind gegenläufige Zielsetzungen. Die Sicherstellung strenger Konsistenzanforderungen wirkt sich negativ auf Antwortzeiten und Verfügbarkeit des Systems aus. Umgekehrt kann es auch erforderlich sein, sofern die Anwendung das tolerieren kann, auf strenge Konsistenz zu verzichten, um beispielsweise Echtzeitanforderungen zu unterstützen. Ein Datenbanksystem muß daher eine Kompromißlösung anbieten, die der jeweiligen Anwendungssituation gerecht wird.

Traditionelle Datenbanksysteme sind typischerweise zentralisiert und wurden speziell auf die Anforderungen von Anwendungen aus dem betriebswirtschaftlich-administrativen Bereich ausgelegt. Solchen Anwendungen liegt im allgemeinen ein sehr strenger Konsistenzbegriff zugrunde, der auf der Vorstellung aufbaut, jedem Benutzer den Eindruck des Einbenutzerbetriebs zu vermitteln. Anomalien, die durch den nebenläufigen Zugriff auf gemeinsame Daten entstehen können, werden nicht toleriert. Das Transaktionskonzept ist das Verarbeitungsmodell, das sich aus dieser Vorstellung heraus entwickelt hat. Transaktionen erlauben die atomare und isolierte Ausführung einer Folge von logisch zusammengehörenden Datenbankoperationen. Das Datenbanksystem sorgt durch entsprechende Synchronisationsmechanismen dafür, daß ein Datenbankbenutzer bezüglich der innerhalb einer Transaktion durchgeführten Datenbankoperationen den Eindruck hat, daß kein anderer Benutzer die Datenbank gleichzeitig verwendet. Für zentralisierte Datenbanksysteme hat sich das Transaktionskonzept als grundlegendes Verarbeitungsmodell bewährt.

Zentralisierte Datenbanksysteme werden heute häufig den Anforderungen an die betriebliche Datenverarbeitung nicht mehr gerecht. Insbesondere in Großunternehmen zeichnet sich deutlich ein Trend zur Dezentralisierung ab ([Dad96], [Mer85]). Dabei wird die organisatorische Unabhängigkeit und Eigenverantwortung von Unternehmensteilen gefördert. Zur organisatorischen Dezentralisierung kommt häufig auch eine zunehmende geographische Verteilung von Unternehmen dazu. Großunternehmen gründen weltweit Filialen in verschiedenen Ländern. Durch die organisatorische und geographische Dezentralisierung entstehen neue Anforderungen an die betriebliche Datenverwaltung, die ein zentralisiertes Datenbanksystem nicht mehr erfüllen kann. Die wichtigsten dieser Forderungen sind:

- *Bereitstellung von Daten zur richtigen Zeit am richtigen Ort*:
  Um den Anforderungen bezüglich einer effizienten Datenverarbeitung in dezentralisierten Systemen gerecht werden zu können, ist insbesondere bei geographischer Dezentralisierung eine anwendungslokale Datenbereitstellung unerläßlich. Damit verbunden ist die Verteilung und die Replikation von Daten.

- *Dezentralisierung der Datenbankadministration*:
  Durch die organisatorische Dezentralisierung wird die Eigenverantwortung von Abteilungen und Filialen gesteigert. In diesem Zusammenhang ist es nur konsequent, auch die Datenbankadministration entsprechend dezentral zu gestalten, so daß die organisatorisch eigenverantwortlichen Unternehmensteile auch für die Verwaltung der eigenen Daten verantwortlich zeichnen.

Künftige Datenverwaltungssysteme müssen somit in hohem Maße adaptierbar an die Unternehmensstruktur sein. Darüber hinaus erfordert das dynamische Wachstum von Unternehmen vor allem auch eine skalierbare Datenverwaltung, bei der problemlos neue Datenhaltungskomponenten integriert werden können und bei der Daten dynamisch verteilt werden können.

Die seit den 80er Jahren verstärkt erforschten *verteilten Datenbanksysteme* können den hier gestellten Anforderungen bislang nicht gerecht werden. Grund dafür ist, daß anfänglich in verteilten Datenbanken zwar versucht wurde, Daten anwendungsspezifisch zu verteilen und zu replizieren, es wurden jedoch die strengen Konsistenzanforderungen der zentralisierten Systeme übernommen. Mit Hilfe von aufwendigen und hoch komplexen verteilten Protokollen wurde versucht, das in zentralisierten Systemen bewährte Transaktionskonzept auf verteilte Systeme abzubilden. Das Korrektheitskriterium für Transaktionen in zentralisierten Systemen ist die Serialisierbarkeit der Transaktionen. Das bedeutet, die nebenläufige Ausführung von Transaktionen ist korrekt, wenn der Zustand der Datenbank und die im Rahmen der Transaktionen gelesenen Datenwerte dieselben sind, die bei einer Hintereinanderausführung (serielle Ausführung) der Transaktionen zustandegekommen wären. In Datenverwaltungssystemen, in denen Datenobjekte repliziert vorliegen, reicht die Serialisierbarkeit der Transaktionen als Korrektheitskriterium nicht mehr aus, da neben den potentiellen Auswirkungen der Nebenläufigkeit auch die wechselseitige Konsistenz der Replikate zu berücksichtigen ist. Das Korrektheitskriterium Serialisierbarkeit läßt sich aber auch auf den replizierten Fall übertragen, wenn man fordert, daß replizierte Datenobjekte sich so verhalten müssen, wie nicht replizierte Datenobjekte. Auf diese Weise wurde der Begriff One-Copy-Serialisierbarkeit geprägt. Um dieses Korrektheitskriterium gewährleisten zu können, ist beim Zugriff auf replizierte Datenobjekte eine knotenübergreifende Koordination erforderlich. Eine verteilte Transaktion, in der auf Replikate an verschiedenen Rechnerknoten in einem geographisch verteilten Informationssystem zugegriffen wird, kann nur dann erfolgreich abgeschlossen werden, wenn die Transaktion an allen beteiligten Rechnern koordiniert zum Abschluß gebracht wird. Dazu ist es erforderlich, daß alle beteiligten Knoten erreichbar sind. Wenn auch nur ein Knoten oder eine Kommunikationsverbindung ausfällt, so muß die verteilte Transaktion zurückgesetzt werden. Dadurch wird die Verfügbarkeit replizierter Daten entscheidend vermindert. Es ist somit nicht verwunderlich, daß die theoretisch gut fundierten verteilten Datenbanksysteme praktisch keine Bedeutung erlangt haben. Dies ändert jedoch nichts an der Feststellung, daß ein dringender Bedarf an verteilten Datenverwaltungssystemen besteht.

Viele Unternehmen unterhalten an verschiedenen Standorten lokale autonome Datenbanksysteme und replizieren Daten, um den lokalen Zugriff und die damit verbundene Verfügbarkeit zu erreichen. Die Inkonsistenzen, die dabei zwangsläufig in Kauf genommen werden, liegen leider außerhalb des Einflußbereichs der lokalen Datenverwaltungssysteme und müssen genau wie in den anfänglich dateibasierten Datenverwaltungssystemen explizit durch die Anwendungen oder den Benutzer gelöst werden. Damit treten auch wieder die gleichen Probleme auf, die schon bei dateibasierten Datenverwaltungssystemen aufgetreten sind. Dies führt zu der Forderung nach adaptiven verteilten Datenverwaltungssystemen, die an eine verteilte Unternehmensstruktur angepaßt werden können, so daß knotenübergreifende Inkonsistenzen nach Möglichkeit vom Datenverwaltungssystem kontrolliert werden können. Die führenden Datenbankhersteller haben das Dilemma erkannt und stellen entsprechende Replikationswerkzeuge zur Verfügung, mit deren Hilfe verschiedene Datenbankserver gekoppelt werden können. Derartige Replikationsmechanismen erlauben abweichend von den strengen Konsistenzvorschriften verteilter Transaktionen auch die verzögerte (asynchrone) Aktualisierung von Replikaten, womit ein erster Schritt hin zur *kontrollierten Inkonsistenz* getan ist. Der Stand der Technik ist jedoch noch weit von einer flexiblen adaptiven Datenverwaltung entfernt, bei der durch anwendungsspezifische Spezifikation abgeschwächter Konsistenzanforderungen dynamisch eine an die organisatorische und räumliche Struktur eines Unternehmens angepaßte Datenverwaltung konfiguriert werden kann.

1.1 Problemstellung und Zielsetzung

Gegenstand dieser Arbeit ist die Untersuchung und Gegenüberstellung von Methoden zur kontrollierten anwendungsorientierten Abschwächung von Konsistenzanforderungen in verteilten replizierten Datenbeständen. Dazu werden zum einen Verfahren untersucht, die auf dem klassischen Korrektheitskriterium One-Copy-Serialisierbarkeit basieren, und zum anderen auch neuere Vorschläge mit einbezogen, bei denen alternative Korrektheitskriterien zugrunde gelegt werden. Aufbauend auf den Ergebnissen dieser Untersuchung wird ein flexibles Konzept zur adaptiven verteilten Datenverarbeitung erarbeitet, das die Schwächen der untersuchten Methoden möglichst vermeidet. Schwerpunkt ist dabei zum einen die anwendungsorientierte Spezifikation von Konsistenzanforderungen an replizierte Daten in verteilten Systemen und zum anderen die Untersuchung von Algorithmen und Protokollen zur Sicherstellung abgeschwächter Konsistenzanforderungen. Insbesondere soll folgenden Punkten ein besonderes Augenmerk gewidmet werden:

- *Flexibilität der Spezifikationsmöglichkeiten:*
  Es soll ein möglichst breites Spektrum an Konsistenzanforderungen abgedeckt werden können. Insbesondere soll es möglich sein, auch solche Anwendungen zu befriedigen, für welche die maximale Aktualität der Daten erforderlich ist.

- *Kontrollierte Inkonsistenz:*
  Die Abschwächung von Konsistenzanforderungen soll konzeptionell möglichst weitgehend vom Datenverwaltungssystem kontrolliert werden, so daß die Anwendungen von Maßnahmen zur Synchronisation und vor allem auch von Maßnahmen zur Fehlerbehandlung entlastet werden.

- *Anwendungslokalität der Konsistenzspezifikation:*
  Die Konsistenzspezifikation soll anwendungslokal erfolgen, ohne die Semantik anderer Anwendungen, die konkurrierend auf die gleichen Daten zugreifen, berücksichtigen zu müssen. Der Grund für diese Forderung ist die Eingrenzung der Komplexität der Konsistenzspezifikation. Die Forderung ist außerdem essentiell für die Unterstützung nebenläufiger unabhängiger Datenbankanwendungen. Weiterhin wird durch eine anwendungslokale Konsistenzspezifikation auch die dynamische Skalierbarkeit eines entsprechenden adaptiven verteilten Datenverwaltungssystems unterstützt. Schließlich ist in diesem Zusammenhang noch zu erwähnen, daß die angestrebte Dezentralisierung der Datenbankadministration erschwert wird, wenn zur Spezifikation von Konsistenzanforderungen eine globale Systemsicht erforderlich ist.

Da der Schwerpunkt dieser Arbeit in der Aufbereitung und Entwicklung von Konzepten zur *expliziten Abschwächung von Konsistenzanforderungen* und nicht in der Integration bestehender heterogener Datenbestände liegt, beschränkt sich das zugrundegelegte Architekturmodell eines verteilten Datenverwaltungssystems auf homogene kooperierende Datenverwaltungssysteme, die in einem Rechnernetz verteilt sind.

1.2 Aufbau der Arbeit

Die vorliegende Arbeit ist wie folgt aufgebaut: Im Anschluß an diese Einleitung werden im zweiten Kapitel die allgemeinen Grundlagen der verteilten Datenverarbeitung erörtert. Dabei werden zunächst verschiedene Architekturen von Mehrrechner-Datenbanksystemen klassifiziert, um die hier zu behandelnden verteilten Systeme gegenüber anderen Systemen abzugrenzen. Nach einem kurzen Überblick über die Grundlagen der Kommunikation in Rechnernetzen wird anschließend genauer auf die verschiedenen Anforderungen an verteilte Datenverwaltungssysteme eingegangen, indem die Begriffe Transparenz, Autonomie und Konsistenz untersucht werden. Unter Zuhilfenahme dieser Kriterien als Klassifikationsmerkmale lassen sich verteilte Datenverwaltungssysteme weiter klassifizieren, wodurch die hier zu behandelnde Systemklasse kann weiter eingegrenzt werden kann. Das zweite Kapitel schließt mit einer Einführung in die Datenverteilung und die transaktionale Datenverarbeitung in verteilten Systemen.

Das dritte Kapitel führt in die Grundlagen der Datenreplikation ein. Die Begriffe *Replikation* und *Redundanz* sowie weitere in diesem Zusammenhang häufig genannte Begriffe werden gegeneinander abgegrenzt. Anschließend werden die wichtigsten Ziele, die mit der Replikation von Daten verfolgt werden, erklärt. Das Korrektheitskriterium *One-Copy-Serialisierbarkeit* wird eingeführt und auf die *Mehrversionen-Serialisierbarkeit* zurückgeführt. Darauf aufbauend werden verschiedene Replikationsverfahren klassifiziert, die daran gemessen werden, bis zu welchem Grad sie die One-Copy-Serialisierbarkeit gewährleisten können.

Kapitel 2 und Kapitel 3 bilden die Grundlage zum Verständnis des vierten Kapitels. Hier wird die verteilte Datenverwaltung aus Anwendungssicht untersucht. Zunächst wird das *Need-To-Know Prinzip* als anwendungsbezogenes Kriterium zur verteilten Datenverwaltung eingeführt, wodurch prinzipiell die Abschwächung von Konsistenzanforderungen ermöglicht wird. Um das Transaktionskonzept bei abgeschwächten Konsistenzanforderungen in verteilten Umgebungen nach wie vor als Verarbeitungsmodell verwenden zu können, wird eine Trennung von Transaktionskorrektheit und Datenbankkonsistenz vorgenommen. Anschließend wird anhand verschiedener Beispiele aufgezeigt, welche Anforderungen aus Sicht von Datenbankanwendungen an die Datenverwaltung bestehen, die berücksichtigt werden sollten, um die Verfügbarkeit von Daten in verteilten Systemen zu erhöhen. Schließlich werden innovative Replikationsverfahren vorgestellt und klassifiziert, die verwendet werden können, um die genannten Anwendungsanforderungen zu unterstützen. Dabei wird insbesondere auch eine Klassifikation der Replikationsmechanismen kommerzieller relationaler Datenbanksysteme vorgenommen. Die untersuchten Replikationsverfahren werden klassifiziert und die jeweils charakteristischen Eigenschaften der verschiedenen Verfahrensklassen werden herausgearbeitet.

Aufbauend auf den Ergebnissen dieses Vergleichs wird in den nachfolgenden Kapiteln ein Konzept zur adaptiven Datenreplikation in verteilten Systemen erarbeitet, das einerseits eine flexible Anpassung an die Anforderungen der Anwendungen erlaubt und andererseits die Konvergenz replizierter Daten garantiert. Im fünften Kapitel wird dazu zunächst ein Konzept zur anwendungslokalen Spezifikation von Konsistenzanforderungen vorgestellt. Um das Konzept unabhängig von einem konkreten Datenmodell erläutern zu können, wird zunächst ein allgemeines vereinfachtes Modell eines verteilten Datenverwaltungssystems eingeführt. Die Spezifikationstechnik *ASPECT* (*"Application-oriented SPEcification of Consistency Terms"*) basiert darauf, daß Replikate eines logischen Datenobjektes zu einer *virtuellen Primärkopie* in Beziehung gesetzt werden. Dadurch wird eine anwendungslokale Spezifikationssicht ermöglicht, ohne auf eine fest vorgegebene physische Primärkopie Bezug nehmen zu müssen. Die im vierten Kapitel aufgeführten Techniken der Konsistenzspezifikation mit lokaler Spezifikationssicht werden auf dieser Basis im Rahmen eines einheitlichen Konzeptes zusammengefaßt und zu einer flexiblen Spezifikationsmethodologie erweitert.

Anschließend werden im sechsten Kapitel Mechanismen zur Sicherstellung der zuvor eingeführten Konsistenzspezifikationen diskutiert. Dabei wird das zentrale Konzept der "*Konsistenzinseln*" eingeführt. Es werden verschiedene Protokolle vorgestellt, welche die Sicherstellung eines breiten Spektrums verschiedener Konsistenzanforderungen ermöglichen. Das Kapitel schließt mit einer Plausibilitätsbetrachtung, aus der hervorgeht, daß unter Ausnutzung der Anwendungssemantik mit Hilfe der vorgestellten Verfahren eine höhere Verfügbarkeit erreicht werden kann, als dies mit herkömmlichen Replikationsverfahren möglich wäre.

Im siebten Kapitel werden die erarbeiteten Konzepte auf das relationale Datenmodell abgebildet, wobei insbesondere die dabei auftretenden Probleme der Objektgranularität und der Objektmigration diskutiert werden. Im nachfolgenden achten Kapitel wird auf die Implementierung eines verteilten Datenverwaltungssystems auf der Basis des *ASPECT*-Ansatzes eingegangen. Dabei wird zunächst eine allgemeine Systemarchitektur vorgestellt, wie sie für eine vollständige Neuimplementierung eines verteilten Datenverwaltungssystems herangezogen werden könnte. Anschließend wird eine prototypische Implementierung beschrieben, die auf einem bestehenden relationalen Datenbanksystem aufbaut.

Abschließend werden die erarbeiteten Ergebnisse in Kapitel 9 zusammengefaßt. Die Arbeit schließt mit einem Ausblick auf künftige Forschungsaktivitäten, die zur Verbesserung der vorgestellten Konzepte beitragen können.

2 Verteilte Datenverwaltungssysteme

Ceri und Pelagatti definieren in [CP85] eine verteilte Datenbank wie folgt:

> *"Eine verteilte Datenbank ist eine Ansammlung von Daten, die über verschiedene Rechner innerhalb eines Rechnernetzes verteilt ist. Jeder Knoten in diesem Netzwerk ist in der Lage, autonom Berechnungen durchzuführen und lokale Anwendungen auszuführen. Jeder Knoten partizipiert darüber hinaus an der Ausführung mindestens einer global verteilten Anwendung, die unter Benutzung eines Kommunikationssubsystems den Zugriff auf Daten an verschiedenen Knoten erfordert."*

Diese Definition betont insbesondere die Kooperation autonomer Knoten in einem Rechnernetz, um z.B. Datenbanksysteme, die auf Parallelrechnern mit mehreren Prozessoren laufen, von der Definition auszuschließen. Özsu und Valduriez dagegen definieren eine verteilte Datenbank etwas präziser als *"Ansammlung logisch zusammengehöriger Datenbanken, die über ein Rechnernetz verteilt sind"*, und ein verteiltes Datenbankverwaltungssystem als *"Softwaresystem, das die Verwaltung der Datenbanken ermöglicht und dem Benutzer die Verteilung transparent macht"* ([ÖV91]). Hier wird die logische Zusammengehörigkeit der Daten betont, um z.B. verteilte Ansammlungen von Dateien von der Definition auszunehmen. Dieser Punkt wird in der ersten Definition dadurch zum Ausdruck gebracht, daß mindestens eine global verteilte Anwendung mit Zugriff auf Daten an verschiedenen Knoten gefordert wird. Desweiteren betonen Özsu und Valduriez die Transparenz der Datenverteilung als charakteristische Eigenschaft verteilter Datenbanksysteme. Der Begriff "transparent" ist hier so zu verstehen, daß die Datenverteilung dem Benutzer verborgen bleibt. Auch in den nachfolgenden Ausführungen wird der Begriff "transparent" stets im Sinne von "verbergen" verwendet. Date hebt in [Dat90] und [Dat94] ebenfalls die Transparenz als herausstechende Eigenschaft eines verteilten Datenbanksystems hervor. Dabei wird sogar als *fundamentales Prinzip der verteilten Datenverwaltung* festgehalten:

> *"Ein verteiltes System sollte sich aus der Sicht eines Benutzers genau so verhalten wie ein nicht-verteiltes System"*

Der vielleicht wichtigste Grund für die Entwicklung verteilter Datenbanksysteme ist die zunehmende geographische und organisatorische Dezentralisierung von Unternehmen und der daraus entstehende Bedarf einer entsprechend angepaßten dezentralen Datenverwaltung. Wie jedoch schon in der Einleitung angesprochen wurde, haben verteilte Datenbanksysteme trotz dieses Bedarfs nach einer adaptiven verteilten Datenverwaltung und trotz der gut erforschten theoretischen Grundlagen bis heute die Erwartungen noch nicht erfüllt. Grund dafür ist die unzureichende Flexibilität in der Gewichtung der Anforderungen an verteilte Datenbanksysteme. Die Sicherstellung einer strengen Konsistenz und der strikten transparenten Datenverteilung geht auf Kosten anderer wichtiger Anforderungen wie Performanz und Verfügbarkeit. Die Forderung nach Transparenz schon in die Begriffsdefinition einer verteilten Datenbank aufzunehmen, erscheint also somit, zumindest aus dem Blickwinkel der Adaptierbarkeit gesehen, als verfrüht. Verteilte Datenbanksysteme sollen daher an dieser Stelle zunächst nur durch ihren grundlegenden Aufbau charakterisiert werden. Unter einem verteilten Datenverwaltungssystem soll im Rahmen dieser Arbeit eine Menge kooperierender Datenbankverwaltungssysteme (DBVS-Instanzen) verstanden werden, von denen jedes auf einem eigenen Rechner innerhalb eines Rechnernetzes abläuft. Eine verteilte Datenbank ist ein strukturierter, logisch zusammengehörender Datenbestand, der auf die Rechner verteilt ist, auf denen die DBVS-Instanzen ablaufen, und der von der Gesamtheit der DBVS-Instanzen gemeinsam verwaltet wird.

Ausgehend von einem Überblick über die Architektur und die technologischen Basiskonzepte von Mehrrechner-Datenbanksystemen (Abschnitt 2.1) werden in diesem Kapitel die Grundlagen verteilter Datenbanksysteme erarbeitet. Die verschiedenen Anforderungen an verteilte Datenverwaltungssysteme und die wechselseitigen Abhängigkeiten zwischen diesen Anforderungen werden in Abschnitt 2.2 diskutiert. Dabei wird insbesondere auch die Forderung nach Transparenz wieder gestellt, jedoch wird diese Forderung nicht zum Grundprinzip erhoben, sondern aus verschiedenen Perspektiven betrachtet und hinsichtlich ihres Nutzens im Verhältnis zum Realisierungsaufwand relativiert. Ausgehend von dem Anforderungskatalog an verteilte Datenverwaltungssysteme werden nachfolgend die technischen und theoretischen Grundlagen der verteilten Datenverarbeitung überblicksartig aufgezeigt. Dieser Überblick soll einerseits eine grobe Abgrenzung der vorliegenden Arbeit von anderen Arbeiten auf dem Gebiet der verteilten Datenverarbeitung ermöglichen und andererseits die grundlegenden Verarbeitungsprinzipien erläutern, auf die in nachfolgenden Kapiteln immer wieder Bezug genommen wird.

2.1 Mehrrechner-Datenbanksysteme

Zur Einordnung und Abgrenzung der im Rahmen der vorliegenden Arbeit behandelten verteilten Datenverwaltungssysteme soll an dieser Stelle zunächst das umfassendere Feld der Mehrrechner-Datenbanksysteme betrachtet werden. Darunter versteht man *"alle Systeme, bei denen mehrere Prozessoren oder DBVS-Instanzen an der Bearbeitung von Datenbank-Operationen beteiligt sind"* ([Rah94]). Nachfolgend werden die Architekturvarianten von Mehrrechner-Datenbanksystemen vorgestellt und anschließend die technologischen Grundlagen für die in dieser Arbeit zugrundegelegte Klasse der *Shared-Nothing Systeme* zusammengefaßt.

2.1.1 Architektur von Mehrrechner-Datenbanksystemen

Mehrrechner-Datenbanksysteme lassen sich nach vielen verschiedenen Kriterien klassifizieren. Eine häufig vorgenommene Grobklassifizierung verteilter Systemarchitekturen orientiert sich an der klassischen Aufteilung von Rechnern in Externspeicher, Hauptspeicher und Prozessor ([DG92], [Rei93], [ÖV91]). Danach ergeben sich je nach

Art der Kopplung drei Klassen von Systemen, nämlich SM-Systeme (Shared-Memory), SD-Systeme (Shared-Disk) und SN-Systeme (Shared-Nothing). Rahm klassifiziert die Mehrrechner-Datenbanksysteme mit Hilfe der Kriterien Externspeicheranbindung, räumliche Anordnung und Rechnerkopplung ([Rah88], [Rah94]) und kommt letztlich auf die gleiche Einteilung.

Hinsichtlich der Externspeicheranbindung unterscheidet man solche Systeme, bei denen jeder Rechner einen eigenen Externspeicher besitzt und auch nur auf den eigenen Externspeicher direkten Zugriff hat (*partitionierter Zugriff*), von den Systemen, bei denen auf alle Externspeicher von allen Rechnern gemeinsam zugegriffen werden kann. Bezüglich der räumlichen Verteilung werden *lokal verteilte* und *ortsverteilte Systeme* unterschieden. Bei lokal verteilten Systemen ist typischerweise die Kommunikation zwischen verschiedenen Rechnern erheblich leistungsfähiger als bei ortsverteilten Systemen. Dies bezieht sich sowohl auf die Nachrichtenlaufzeit als auch auf die Verfügbarkeit des Kommunikationsmediums. Bei der Art der Rechnerkopplung unterscheidet Rahm *enge, nahe* und *lose* Kopplung. Eine enge Kopplung liegt dann vor, wenn sich die Prozessoren einen gemeinsamen Hauptspeicher teilen. Bei der losen Kopplung dagegen sind die beteiligten Rechner unabhängig voneinander und besitzen jeweils einen eigenen Hauptspeicher sowie ein eigenes lokales Datenbankverwaltungssystem (DBVS). Zwischen loser und enger Kopplung liegt die nahe Rechnerkopplung, bei der die einzelnen Rechner zwar einen eigenen Hauptspeicher besitzen, aber zur Kooperationsunterstützung andere Systemkomponenten gemeinsam nutzen.

Ausgehend von diesen Unterscheidungsmerkmalen ergibt sich die in Abbildung 2.1 dargestellte Grobklassifikation von Mehrrechner-Datenbanksystemen. Die verschiedenen Architekturklassen für Mehrrechner-Datenbanksysteme können wie folgt charakterisiert werden:

- *Shared-Memory:*
  Im Fall eines Shared-Memory-Systems gibt es nur ein DBVS, das auf einer Multiprozessorarchitektur aufsetzt. Da das Betriebssystem in solchen Fällen typischerweise die Verteilung auf mehrere Prozessoren verbirgt, ändert sich bei SM-

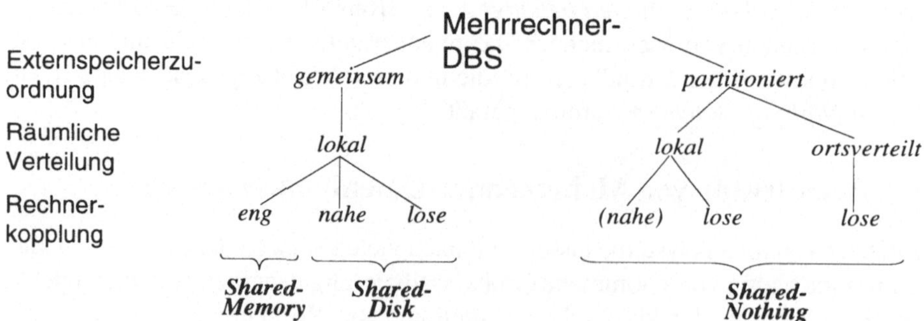

Abb. 2.1: Grobklassifikation von Mehrrechner-DBS (nach [Rah94])

Systemen die Architektur des Datenbanksystems gegenüber Monoprozessorsystemen nur geringfügig. Um die Architektur ausnutzen zu können, muß bei der Implementierung allerdings darauf geachtet werden, daß die Datenbankverarbeitung auf mehrere Aktivitätsträger aufgegliedert wird.

- *Shared-Disk:*
  Es gibt eine Menge von Rechnern auf denen jeweils ein lokales DBVS abläuft. Da von jedem Rechner aus alle Externspeichermedien direkt zugreifbar sind, hat auch jedes DBVS direkten Zugriff auf die gesamte Datenbank. Aus diesem Grund sind in SD-Systemen keine verteilten Transaktionen erforderlich, da alle Datenzugriffe auf einem Rechner abgewickelt werden können. Im Rahmen der globalen Synchronisation muß allerdings das Problem der*"Pufferinvalidierung"* (auch *Cache-Kohärenz*) gelöst werden, das dadurch auftritt, daß Seiten der gemeinsamen Datenbank in den Hauptspeicherpuffern verschiedener DBVS gehalten werden.

- *Shared-Nothing:*
  Wie bei SD-Systemen gibt es auch bei SN-Systemen mehrere Rechner, auf denen jeweils ein lokales DBVS abläuft. Jedem Rechner ist ein eigener Externspeicherbereich exklusiv zugeordnet. Auf die Externspeicherbereiche anderer Rechner ist kein unmittelbarer Zugriff möglich. Ein DBVS kann somit auch nur die auf dem lokalen Externspeicher abgelegten Daten direkt zugreifen. Für einen Zugriff auf andere Externspeicherpartitionen ist eine Kommunikation mit anderen DBVS erforderlich.

Für eine genauere Beschreibung der verschiedenen Klassen von Mehrrechner-Datenbanksystemen wird auf die entsprechenden Literaturstellen verwiesen ([Rah94]). Die in dieser Arbeit behandelten verteilten Datenbanksysteme sind nach dieser Klassifikation als *"integrierte, ortsverteilte Mehrrechner-Datenbanksysteme vom Typ Shared-Nothing"* einzustufen ([Rah94]). Im folgenden werden ausschließlich solche Systeme betrachtet. Die Grobstruktur eines verteilten Datenbanksystems ist in Abbildung 2.2 dargestellt.

Die in Abbildung 2.2 dargestellten Rechnerknoten werden im Rahmen eines Rechnernetzes untereinander verbunden. Dieses Rechnernetz ermöglicht den Austausch von Nachrichten auf der Basis eines gemeinsamen Kommunikationsprotokolls. In den nachfolgenden beiden Abschnitten werden die für die verteilte Datenverwaltung besonders interessanten Aspekte von Rechnernetzen und Kommunikationsprotokollen behandelt.

Abb. 2.2: Grobstruktur eines verteilten Datenbanksystems

2.1.2 Rechnernetze

Rechnernetze können auf vielfältige Weise klassifiziert werden. Ein Klassifikationsmerkmal kann beispielsweise die *Netztopologie* sein. In Abbildung 2.3 werden beispielhaft mögliche Netztopologien aufgezeigt. Dabei werden grundsätzlich Netze mit
Punkt-zu-Punkt Verbindungen von Netzen mit Broadcast-Verbindungen unterschieden
([Tan96]). Bei Punkt-zu-Punkt-Verbindungen werden Rechnerknoten jeweils paarweise durch Kommunikationskanäle miteinander verbunden (Abbildung 2.3 (a)-(e)). Sofern es sich nicht um ein vollständig vermaschtes Verbindungsnetzwerk handelt
(Abbildung 2.3 (c)), muß es bei solchen Netzen Rechnerknoten mit besonderen Fähig-
keiten geben, die in der Lage sind, Nachrichten weiterzuleiten, damit jeder Knoten an
jeden anderen Knoten eine Nachricht schicken kann. Diese weiterleitenden Knoten
werden in der Fachliteratur auch als IMPs (*Interface Message Processors*) oder PSEs
(*Packet-Switching Exchange*) bezeichnet ([Tan96], [CDK94]).

Die Rechnernetze mit Punkt-zu-Punkt-Verbindungen unterscheiden sich grundsätzlich
von solchen Architekturen, bei denen das Kommunikationsmedium Nachrichten prinzipiell an alle Rechner des betreffenden Rechnernetzes überträgt (Broadcast-Verbindungen). Hier sind keine IMPs erforderlich. Beispiele dafür sind Busverbindungen
(Abbildung 2.3 (f)) oder Ringnetze (Abbildung 2.3 (g)). Da Rechnernetze unterschiedlicher Topologie oft im Rahmen größerer Netze untereinander verknüpft werden
spricht man auch gerne von *Subnetzen*, wenn die Topologie einzelner Teilbereiche eines umfassenden Rechnernetzes charakterisiert werden soll.

Neben der Netztopologie spielt vor allem auch die Klassifizierung nach der räumlichen
Entfernung der beteiligten Rechnerknoten eine Rolle. Hiebei kann man im wesentlichen
vier Kategorien unterscheiden: Cluster, lokale Netze, Stadtnetze und Weitverkehrsnetze
([GR93]). Die verschiedenen Kategorien unterscheiden sich nicht nur hinsichtlich der
mittleren Entfernung der Rechner voneinander, sondern typischerweise auch in der

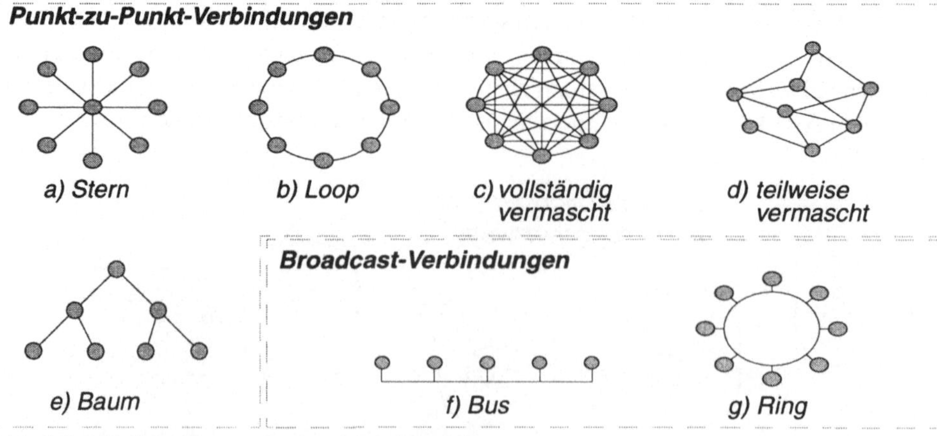

Abb. 2.3: Mögliche Netztopologien (nach [Tan96])

Nachrichtenlaufzeit (*Latenzzeit*), der Übertragungsbandbreite und der Verfügbarkeit. Generell kann man sagen, daß die Zuverlässigkeit und die Leistungsfähigkeit eines Kommunikationsnetzes mit zunehmender geographischer Verteilung stark abnimmt. Nachfolgend werden die verschiedenen Kategorien von Rechnernetzen kurz charakterisiert.

- *Cluster:*
  Ein Cluster besteht aus mehreren Rechnern, die räumlich unmittelbar benachbart sind (z.B. im gleichen Raum), und über ein Kommunikationsnetz mit hoher Bandbreite und Übertragungsgeschwindigkeit miteinander verbunden sind ([Rah94]).

- *Lokales Netzwerk (Local Area Network, LAN):*
  In lokalen Netzwerken können die beteiligten Rechnerknoten bis zu einigen Kilometern voneinander entfernt sein (z.B. innerhalb eines Gebäudes oder auf einem Campus-Gelände verteilt). In einigen Klassifizierungen werden Cluster auch in die Kategorie der lokalen Netzwerke mit einbezogen (z.B. in [CDK94] und [Lam78]).

- *Stadtnetz (Metropolitan Area Network, MAN):*
  Stadtnetze können sich nach [Rah94] und [Lam78] auf ein Gebiet bis zu 100 km Durchmesser erstrecken. In [CDK94] wird die maximale Distanz in Stadtnetzen auf 50 km beschränkt, was deutlich macht, daß durch derartige Entfernungsangaben die verschiedenen Kategorien nur größenordnungsmäßig unterschieden werden sollen.

- *Weitverkehrsnetz (Wide Area Network, WAN):*
  Als Weitverkehrsnetze werden solche Netze bezeichnet, die in ihrer Ausdehnung die Stadtnetze noch übersteigen. Typischerweise versteht man darunter landesweite Netze und Netze, die sich über mehrere Länder oder sogar Kontinente erstrecken. Der bekannteste Vertreter eines Weitverkehrsnetzes ist das Internet, auf das am Ende dieses Abschnitts noch etwas genauer eingegangen wird.

In lokalen Netzen und Clustern werden vorwiegend Netztopologien mit Broadcast-Verbindungen verwendet (z.B. Ethernet oder Token-Ring). Desweiteren unterscheiden sich Cluster und LANs von den größeren Netzen darin, daß sie häufig Eigentum von Unternehmen sind, während für MANs und WANs normalerweise öffentliche Netze genutzt werden ([Rah94]). Typische Kenngrößen für die verschiedenen Kategorien von Rechnernetzen, welche die Entfernung der Rechner, die Latenzzeit und die Übertragungsbandbreite betreffen, werden in Tabelle 2.1 anhand von Schätzwerten gegenübergestellt.

	Durchmesser	Latenzzeit	Bandbreite (Mbit/s)		Übertragung 1KB	
			1990	2000	1990	2000
Cluster	100 m	0,5 µs	1000	1000	10 µs	5 µs
LAN	1 km	5 µs	10	1000	1 ms	10 µs
MAN	100 km	5 ms	1	100	10 ms	0.6 ms
WAN	10 000 km	50 ms	0,05	100	210 ms	50 ms

Tab. 2.1: Kennzeichnende Leistungsmerkmale von Rechnernetzen ([GR93])

Detaillierte Abhandlungen über Rechnernetze finden sich in [CDK94] und [Tan96]. An dieser Stelle soll abschließend kurz das Internet charakterisiert werden, welches heute aufgrund der großen Zahl der weltweit angeschlossenen Rechner eine wichtige Rolle spielt.

Das Internet ist eine Ansammlung von verschiedenen Rechnernetzen, die untereinander verknüpft sind. Dabei gibt es keine einheitliche Netztopologie, sondern es werden Subnetze unterschiedlicher Topologie und Rechner verschiedenster Art direkt oder indirekt miteinander verbunden. Charakteristisch für das Internet ist der gemeinsame Addressierungsmechanismus und das gemeinsame Kommunikationsprotokoll TCP/IP. Dieses Kommunikationsprotokoll ermöglicht es, daß jeder Rechner, der an einer beliebigen Stelle im Netz Anschluß hat, mit jedem beliebigen anderen Rechner im Netz in Kontakt treten kann. Diese offene Struktur hat dazu geführt, daß in den letzten Jahren die Zahl der an das Internet angeschlossenen Rechner enorm zugenommen hat. Das Internet dient somit als Basis für ein weltweites öffentliches Kommunikationsnetz, das mittlerweile mit dem Telefonnetz vergleichbar ist. Der Vorteil der Offenheit und der großen Zahl der angeschlossenen Rechner ist gleichzeitig ein Nachteil des Internet: Verteilte Applikationen, die über das Internet Nachrichten austauschen, können nicht davon ausgehen, daß diese Nachrichten nicht an irgendeiner Stelle im Netz abgehört werden. Außerdem ist die Belastung des Netzes durch die öffentliche Nutzung besonders zu Geschäftszeiten enorm hoch, was sich an den Übertragungszeiten oft drastisch bemerkbar macht. Eine Nutzung des Internet als Basis eines geographisch weit verteilten Datenverwaltungssystems hat somit zwar den Vorteil, daß die Kommunikationsinfrastruktur bereits zur Verfügung steht, ist aber auch mit allen Nachteilen, die das Internet bezüglich Zuverlässigkeit, Sicherheit und Leistungsschwankungen mit sich bringt, verbunden. Ein verteiltes Datenverwaltungssystem für Literaturreferenzen, das speziell an die Gegebenheiten des Internet angepaßt ist und insbesondere auch auf häufige Netzwerkpartitionierungen vorbereitet ist, wird in [Gol92a] beschrieben (vgl. auch Abschnitt 4.4.8). Für eine vertiefte Behandlung des Internet wird auf [Sch95] und [CDK94] verwiesen.

2.1.3 Kommunikation

Bereits im vorangegangenen Abschnitt wurde das Kommunikationsprotokoll TCP/IP erwähnt, auf dem die Kommunikation im Internet basiert. Dieses Protokoll hat sich aufgrund seiner Stabilität und der weltweiten Etablierung des Internet als öffentliche Kommunikationsinfrastruktur zum De-facto-Standard durchgesetzt. Demgegenüber konnten die Standardisierungsbemühungen der ISO (*International Standards Organization*) bei der Entwicklung der offenen Kommunikationsarchitektur OSI (Open Systems Interconnection) nur in prototypischen Implementierungen verifiziert werden. Dennoch stellt das 7-Schichten-Modell der ISO/OSI-Kommunikationsarchitektur ein Referenzmodell dar, das zur Erläuterung der Funktionsweise derartiger Protokolle hervorragend geeignet ist. Das 7-Schichten-Modell wird in Abbildung 2.4 dargestellt. Im

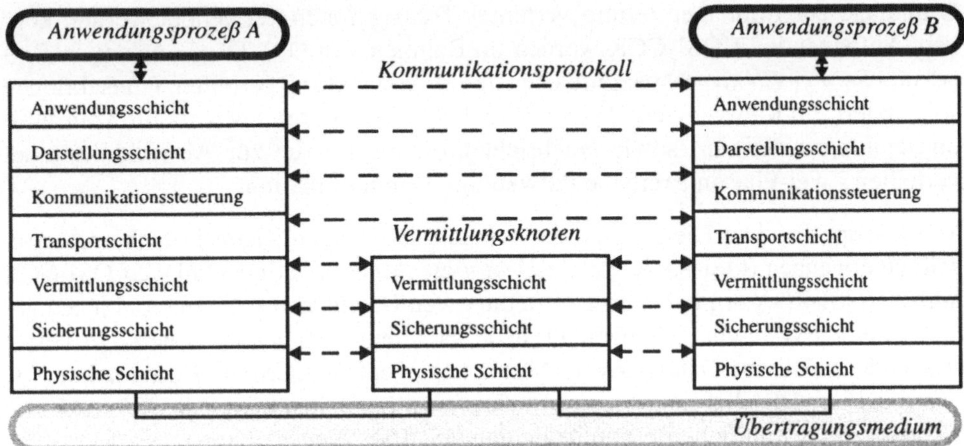

Abb. 2.4: Die sieben Schichten des ISO/OSI-Referenzmodells

Rahmen dieser Arbeit wird nur auf die prinzipielle Funktionsweise und auf die zur Implementierung verteilter Datenverwaltungssysteme relevanten Dienste eingegangen. Die Aufgaben der einzelnen Schichten des ISO/OSI-Referenzmodells und die schichtinternen Kommunikationsprotokolle werden in [Tan96] ausführlich beschrieben.

Die Aufteilung in verschiedene Schichten ist nicht nur beim ISO/OSI-Modell erkennbar, sondern ist allen Kommunikationsarchitekturen gemein. Die verschiedenen Protokolle unterscheiden sich allerdings in der Anzahl der Schichten und in den Aufgaben, die den einzelnen Schichten zugeteilt sind. Generell kann jedoch gesagt werden, daß jede Schicht eine bestimmte Funktionalität realisiert, die auf der Basis der Funktionalität der darunterliegenden Schicht implementiert wird. Innerhalb einer Schicht wird auf diese Weise ein Protokoll implementiert, daß den virtuellen Informationsaustausch zwischen verschiedenen Kommunikationspartnern auf dem entsprechenden Abstraktionsniveau regelt. In Abbildung 2.4 ist dieser virtuelle Informationsfluß durch gestrichelte Pfeile gekennzeichnet. Der tatsächliche Informationsfluß findet über die Schnittstellen der Schichten statt.

Für die Implementierung verteilter Datenverwaltungssysteme ist insbesondere die Anwendungsschicht des ISO/OSI-Modells relevant. Eine DBVS-Instanz verwendet im allgemeinen die Dienste, die von der Anwendungsschicht angeboten werden, um mit anderen DBVS-Instanzen Nachrichten auszutauschen. Dies geschieht ohne weitere Kenntnis der Dienste der darunterliegenden Schichten und ohne Kenntnis der internen Protokolle.

Innerhalb der Anwendungsschicht werden allgemeine Dienste (CASE, *Common Application Service Elements*) und spezifische Anwendungsdienste (SASE, *Specific Application Service Elements*), die auf der Basis der allgemeinen Dienste implementiert werden, unterschieden. Von den allgemeinen Diensten zur Unterstützung verteilter Datenbankverarbeitung ist vor allem OSI-CCR (*Commitment, Concurrency and Recovery Service Element*) zu erwähnen. OSI-CCR enthält Dienste, die als

Grundlage zur Implementierung verteilter Transaktionen verwendet werden können. Aufbauend auf OSI-CCR werden im Rahmen von OSI-TP (*Transaction Processing Service Element*) spezielle Dienste zur Abwicklung verteilter Transaktionen spezifiziert. Im Rahmen von OSI-CCR und OSI-TP werden Formate für Transaktionskennungen definiert sowie Nachrichtenformate für die zur Abwicklung einer verteilten Zwei-Phasen-Freigabe notwendige Kommunikation.

Von den spezifischen Diensten ist desweiteren der standardisierte Datenbankfernzugriff zu erwähnen (OSI-RDA, *Remote Database Access*), der ebenfalls auf OSI-CCR aufbaut. OSI-RDA ermöglicht die Verteilung von Datenbankoperationen in heterogenen verteilten Systemumgebungen. Da in dieser Arbeit nicht der entfernte Zugriff einer Anwendung auf eine Datenbank im Mittelpunkt steht, sondern die Koordination von verschiedenen DBVS-Instanzen, wird auf eine weitere Behandlung von OSI-RDA verzichtet. Eine ausführliche Beschreibung von OSI-RDA findet sich in [Lam78].

Zur Abgrenzung sei noch erwähnt, daß die im Rahmen von ISO/OSI definierten Standards ausschließlich die Kommunikation zwischen kooperierenden Rechnern regeln, indem dazu entsprechende Nachrichten-Schnittstellen und Protokolle definiert werden. Darüber hinaus erfordert die verteilte Transaktionsverarbeitung standardisierte Programmierschnittstellen zwischen Anwendungsprogrammen und Transaktionsmanagern sowie Datenbanksystemen ([GR93], [Rei93]). Ein solcher Standard ist X/Open DTP (*X/Open Distributed Transaction Processing*). Durch die Verwendung von X/Open DTP wird insbesondere die Portabilität von Anwendungsprogrammen unterstützt sowie die Integration heterogener Datenbanksysteme, sofern die verschiedenen Datenbankhersteller den Standard unterstützen. Auf verteilte Transaktionen und auf die Funktionalität der durch X/Open DTP normierten Schnittstelle wird im Rahmen dieser Arbeit in Abschnitt 2.5.3 noch ausführlicher eingegangen.

2.2 Traditionelle Anforderungen an verteilte DBVS

Die grundlegenden Anforderungen an verteilte Datenverwaltungssysteme werden von Date in 12 Regeln zusammengefaßt ([Dat90], [Dat94], [Kud92]). Kerngedanke der 12 Regeln von Date ist die Idee, daß ein verteiltes System sich aus der Sicht der Benutzer genau wie ein zentralisiertes System verhalten soll. Die darauf aufbauenden Regeln werden im folgenden kurz zusammengefaßt.

(1) *Lokale Autonomie:*
Unter lokaler Autonomie versteht man die Eigenschaft eines Knotens in einem verteilten System, unabhängig von anderen Knoten agieren zu können. Dazu gehört, daß der Zugriff auf die lokal abgespeicherten Daten nicht von anderen Knoten abhängig sein darf.

(2) *Keine Abhängigkeit von einem zentralen Knoten:*
     Alle Knoten im verteilten System sollen als gleichwertig betrachtet werden. Diese Forderung ergibt sich zwar schon als Folge aus der lokalen Autonomie, wird jedoch noch einmal explizit aufgeführt, um die besondere Bedeutung zu betonen: Eine zentrale Instanz, die zur Koordinierung erforderlich ist, könnte sich als Flaschenhals erweisen (Performanz-Einbußen) und darüber hinaus im Falle eines Ausfalls das ganze verteilte System blockieren, was wiederum der Forderung nach Verfügbarkeit und Zuverlässigkeit (Regel 3) entgegensteht.

(3) *Fortlaufende Betriebsbereitschaft:*
     Hinter dieser Regel verbirgt sich die Forderung nach erhöhter Zuverlässigkeit und Verfügbarkeit. Dazu gehört, daß beispielsweise durch eine geeignete Datenverteilung die Auswirkungen von Knoten- und Netzwerkfehlern in Grenzen gehalten werden. Außerdem sollte das System so beschaffen sein, daß Umkonfigurierungen (z.B. Installation neuer Knoten) ohne eine Unterbrechung der Betriebsbereitschaft vorgenommen werden können.

(4) *Ortstransparenz:*
     Dem Benutzer soll der Ort, an dem ein Datum abgespeichert ist, verborgen bleiben. Der Zugriff auf ein Datum soll aus der Sicht des Benutzers stets so erfolgen, als ob das Datum lokal abgespeichert wäre.

(5) *Fragmentierungstransparenz:*
     Unter Fragmentierung versteht man (besonders im Zusammenhang mit relationalen Datenbanksystemen) die Aufteilung eines Datenbestandes in disjunkte Teilmengen. Eine derartige Aufteilung kann unter dem Gesichtspunkt der Performanz sehr sinnvoll sein, sollte jedoch dem Benutzer verborgen bleiben.

(6) *Replikationstransparenz:*
     Ein Datenobjekt ist repliziert, wenn es in mehreren verschiedenen physischen Ausprägungen, typischerweise auf verschiedenen Knoten abgelegt ist. Ob ein bestimmtes Datenobjekt repliziert ist oder nicht, soll dem Anwender ebenfalls verborgen bleiben.

(7) *Verteilte Anfragebearbeitung:*
     Hiermit ist die Forderung gemeint, daß auch physisch verteilte Daten im Rahmen von Datenbankanfragen zugreifbar sein sollen. Weiterhin sollte insbesondere bei der Optimierung von Datenbankanfragen die Verteilung der Daten berücksichtigt werden, weil dadurch ganz erhebliche Verbesserungen der Performanz erreicht werden können.

(8) *Verteiltes Transaktionsmanagement:*
     Zur Synchronisation und zur Recovery von Transaktionen in verteilten Systemen sind weitaus komplexere Mechanismen erforderlich als dies bei zentralisierten Datenbanksystemen der Fall ist. Dazu gehört insbesondere ein verteiltes Protokoll zur Gewährleistung der atomaren Freigabe. Die explizite Forderung nach

verteiltem Transaktionsmanagement wird gestellt, um zu betonen, daß auch dann, wenn eine Transaktion auf Daten an verschiedenen Knoten zugreift, die ACID-Transaktionseigenschaften gewährleistet bleiben sollen.

(9) *Hardware-Unabhängigkeit:*
Die Forderung nach Hardware-Unabhängigkeit besagt, daß Rechner unterschiedlichen Typs am verteilten System partizipieren können, und daß die verwendete Hardware dem Benutzer verborgen bleibt.

(10) *Unabhängigkeit vom Betriebssystem:*
Wie die Hardware-Unabhängigkeit sollte auch die Forderung nach Unabhängigkeit vom Betriebssystem aus Gründen der Portabilität sichergestellt werden.

(11) *Netzwerkunabhängigkeit:*
Unterschiedliche Netzwerktypen und Kommunikationsprotokolle sollten keinen Einfluß auf die Datenbankverarbeitung haben.

(12) *Unabhängigkeit vom Datenbankverwaltungssystem:*
Die lokalen Datenbankverwaltungssysteme (DBVS) an den verschiedenen Knoten müssen nicht notwendigerweise homogen sein. Es sollte vielmehr möglich sein, DBVS verschiedener Hersteller zu verwenden. Einschränkend wird jedoch gefordert, daß zumindest einheitliche Schnittstellen verwendet werden (z.B. eine genormte SQL-Version), mit deren Hilfe eine Koordination erleichtert wird.

Die 12 Regeln enthalten offensichtlich gegensätzliche Forderungen. So ist z.B. die Forderung nach Autonomie weitgehend nicht mit den verschiedenen Forderungen nach Transparenz vereinbar ([Kal94], [LMR90]). Date relativiert die Forderung nach Autonomie aus diesem Grund auch dahingehend, daß ein *möglichst hoher Grad an Autonomie* angestrebt werden soll, aber nicht die volle Autonomie. Eine Forderung, die bei den 12 Punkten von Date nicht explizit aufgeführt ist, die aber typischerweise implizit gestellt wird, ist die *Konsistenz* der Datenbank. Die Autonomie ist auch mit dieser zentralen Forderung nicht ohne weiteres vereinbar, insbesondere dann nicht, wenn Daten repliziert vorliegen. Um die Zusammenhänge genauer beurteilen zu können, werden in den nachfolgenden Abschnitten die Anforderungen Transparenz, Autonomie und Konsistenz differenzierter betrachtet.

2.2.1   Transparenz

Im Rahmen der 12 Punkte von Date sind bereits verschiedene Typen von Transparenz genannt worden, von denen hier diejenigen Punkte noch einmal herausgegriffen werden, die unmittelbar etwas mit der Datenverteilung zu tun haben. Es handelt sich dabei hauptsächlich um die Ortstransparenz, die Fragmentierungstransparenz und die Replikationstransparenz, die sich auch unter dem Stichwort *Verteilungstransparenz* zusammenfassen lassen. Alle übrigen von Date genannten Formen der Transparenz fordern im wesentlichen das Einhalten genormter Schnittstellen, und werden daher hier nicht mehr weiter betrachtet. Rahm führt in [Rah94] noch weitere Forderungen auf, die sich größtenteils auf die 12 Regeln von Date zurückführen lassen oder als Konsequenz aus diesen angesehen werden können. So können die Forderungen nach *Fehlertransparenz*, welche die Atomarität von Transaktionen betrifft, sowie die Forderung nach *Transparenz der Nebenläufigkeit*, die auf die Isolationseigenschaft von Transaktionen zu beziehen ist, auf die Regel 8 zur verteilten Transaktionsverarbeitung zurückgeführt werden.

Um die Forderung nach Verteilungstransparenz differenziert betrachten zu können, ist es zunächst einmal erforderlich herauszustellen, welche Vorteile man sich davon verspricht, und ob zur Erreichung dieser Vorteile unbedingt die volle Transparenz erforderlich ist, oder ob nicht vielleicht Einschränkungen tolerierbar sind.

Bei der Programmierung von Datenbankanwendungen ist es sicherlich von Vorteil, wenn der Programmierer für einen Datenbankzugriff nicht spezifizieren muß, an welchem Knoten dieser Zugriff erfolgen soll (Ortstransparenz). Ebenso soll für die Programmierung der Datenbankanwendung keine Kenntnis über Replikation oder Fragmentierung erforderlich sein. Wären diese Forderungen nicht erfüllt, so wäre der Wartungsaufwand für Datenbankanwendungen unvertretbar hoch, denn jede Änderung in der Datenverteilung würde die Notwendigkeit einer entsprechenden Anpassung der Datenbankanwendungen nach sich ziehen. Auch für Ad-hoc-Anfragen an die Datenbank ist es wünschenswert, daß der Ort an dem die Daten aufzufinden sind, nicht in der Anfrage spezifiziert werden muß.

Als Konsequenz daraus wird typischerweise gefolgert, daß jedes Datum zu jedem Zeitpunkt an jedem Knoten im verteilten System zugreifbar sein muß (*Ubiquitätsprinzip*). Diese Folgerung impliziert jedoch sehr viel strengere Korrektheitskriterien als erforderlich, denn die Programmierung von Datenbankanwendungen kann auch dann ohne Kenntnis der Datenverteilung erfolgen, wenn das verteilte Datenverwaltungssystem so konfigurierbar ist, daß es die von der Anwendung benötigten Daten an dem Knoten bereitstellt, an dem die Anwendung läuft. Eine Datenbankanwendung kann zwar dann nur mit Hilfe einer Umkonfigurierung des Systems von einem Knoten auf einen anderen Knoten verlagert werden, aber eine Anpassung der Anwendung an eine gegebene Datenverteilung ist nicht erforderlich, und die Bereitstellung aller Daten an jedem Knoten ist ebenfalls nicht nötig. Dazu sei hier ein einfaches Beispiel aufgeführt:

Beispiel: Eine Firma stellt zwei Produkte, A und B, jeweils in Auftragsfertigung her. Produkt A wird in der Firmenzentrale in Nürnberg hergestellt, während Produkt B in einer Filiale in Regensburg gefertigt wird. Die Auftragsbearbeitung und Kundenbetreuung findet für alle Aufträge in Nürnberg statt. Um die Verfügbarkeit zu erhöhen werden die Auftragsdaten zu Aufträgen, die Produkt B betreffen in Regensburg repliziert (Abbildung 2.5). In diesem Szenario ist unmittelbar ersichtlich, daß die Bereitstellung der Auftragsdaten zu Produkt A in Regensburg, wie es das Ubiquitätsprinzip verlangen würde, nicht erforderlich ist.

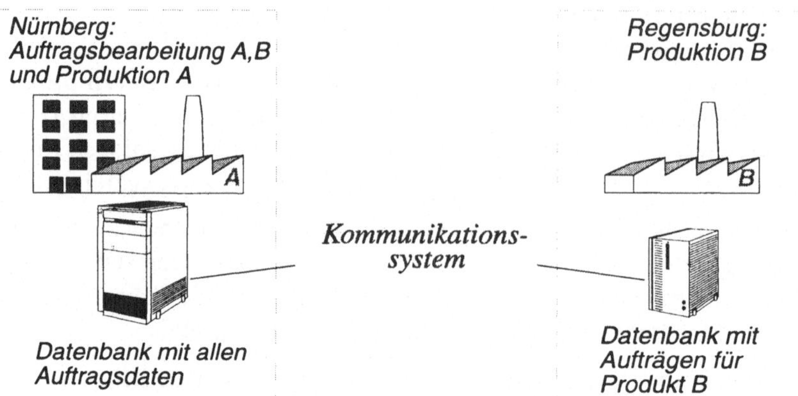

Abb. 2.5: Beispiel zur verteilten Datenhaltung in der Auftragsfertigung

Stellt man an eine verteilte Datenbank die Forderung, daß sie sich in allen Belangen wie eine zentralisierte Datenbank verhält, so kann man daraus in der Tat die Forderung nach dem Ubiquitätsprinzip ableiten. Es stellt sich allerdings die Frage, ob eine derart strenge Forderung sinnvoll ist, oder ob man nicht die Vorteile der Datenverteilung unnötig einschränkt. Das obige Beispiel macht zumindest deutlich, daß es verteilte Anwendungsumgebungen gibt, in denen die Wahrung des Ubiquitätsprinzips nicht erforderlich ist.

Reduziert man die Verteilungstransparenz auf die verteilungsunabhängige Programmierung von Datenbankanwendungen, so wird deutlich, daß in der verteilten Datenverwaltung der Forderung nach Verteilungstransparenz eine ähnliche Rolle zukommt, wie in zentralisierten Datenbanksystemen der Forderung nach *Datenunabhängigkeit* ([CP85]). Dennoch können beide Forderungen nicht als konzeptionell gleichwertig betrachtet werden, weil es in zentralisierten Datenbanken keine strukturellen und organisatorischen Forderungen gibt, die der Forderung nach Datenunabhängigkeit entgegenstehen würden. In verteilten Umgebungen dagegen gibt es diese organisatorischen Anforderungen, die beispielsweise einen bestimmten Autonomiegrad erzwingen, und so der Verteilungstransparenz entgegenstehen. So argumentiert Gray in [Gra87] beispielsweise auch gegen die Verteilungstransparenz in geographisch verteilten Systemen. Die Gründe, die Gray dazu aufführt, basieren vorwiegend auf Autonomieanforderungen. Diese werden im nachfolgenden Abschnitt genauer betrachtet.

2.2.2 Autonomie

Für die lokalen Datenbanksysteme (DBVS-Instanzen), die an einem verteilten Datenbanksystem partizipieren, wird häufig gefordert, daß sie unabhängig von anderen DBVS-Instanzen betrieben werden können. Um diese Forderung differenziert betrachten zu können, ist es zunächst einmal erforderlich, verschiedene Typen der Autonomie zu unterscheiden. Sheth und Larson unterscheiden in [SL90] vier verschiedene Typen von Autonomie: Entwurfsautonomie, Kommunikationsautonomie, Ausführungsautonomie und Assoziationsautonomie. Diese Autonomietypen werden hier kurz charakterisiert:

- *Entwurfsautonomie:*
  Unter dem Begriff Entwurfsautonomie (design autonomy) wird alles zusammengefaßt, was das Design der DBVS-Instanzen betrifft. Dazu gehört beispielsweise die Möglichkeit, lokale Schemata und Integritätsbedingungen in den DBVS-Instanzen unabhängig von einem globalen Schema definieren und modifizieren zu können. Zu beachten ist dabei, daß zu der autonomen Definition des lokalen konzeptionellen Schemas auch die semantische Interpretation der lokal abgespeicherten Daten gehört. Desweiteren gehört zur Entwurfsautonomie auch die unabhängige Wahl des verwendeten Datenmodells sowie die darauf definierten Operationen. Schließlich sind auch noch Implementierungsaspekte wie Datenstrukturen, Synchronisationsalgorithmen und Zugriffspfade zu nennen, die ebenfalls unabhängig von anderen DBVS-Instanzen wählbar sein sollen.

- *Assoziationsautonomie:*
  Mit Assoziationsautonomie ist gemeint, daß jede DBVS-Instanz selbst bestimmen kann, ob und wann sie dem verteilten Datenverwaltungssystem beitritt und wann sie sich von der verteilten Datenverwaltung wieder abkoppeln möchte. Darüber hinaus wird im Zusammenhang mit Assoziationsautonomie auch gefordert, daß es jeder DBVS-Instanz selbst überlassen bleibt, zu entscheiden bis zu welchem Grad die eigene Funktionalität anderen DBVS-Instanzen zur Verfügung gestellt wird.

- *Kommunikationsautonomie:*
  Unter Kommunikationsautonomie versteht man die Entscheidungsfreiheit einer DBVS-Instanz, mit anderen DBVS-Instanzen zu kommunizieren. Einer DBVS-Instanz bleibt es selbst überlassen, zu entscheiden, ob und in welcher Form Anfragen von anderen DBVS-Instanzen beantwortet werden.

- *Ausführungsautonomie:*
  Die Ausführungsautonomie besagt, daß Operationen, die an einem Knoten auf lokalen Daten ausgeführt werden, vollständig lokal kontrolliert werden und nicht etwa abhängig von Operationen auf anderen Knoten sind. Das beinhaltet insbesondere auch die Forderung, daß die Reihenfolge der Operationsausführung nicht etwa durch einen anderen Knoten oder durch einen verteilten Synchronisationsalgorithmus vorgeschrieben wird. Eine genauere Analyse und eine weitere Klassifizierung verschiedener Formen der Ausführungsautonomie findet sich in [CR93].

Ein Grund, Entwurfsautonomie für ein verteiltes Datenhaltungssystem zu fordern, ist der Wunsch, *bestehende* Datenverwaltungssysteme im Rahmen eines verteilten Systems integrieren zu können. Durch die Forderung nach Entwurfsautonomie kommt zwangsläufig der Aspekt der Heterogenität der Teilsysteme ins Spiel. Die Integration heteroge-

ner Teilsysteme ist ein sehr schwieriges Problem und kann insbesondere unter Berücksichtigung der Transparenzanforderungen nur sehr unzureichend gelöst werden. Besondere Schwierigkeiten bereitet dabei die semantische Heterogenität. Logisch gleiche
Datenobjekte oder Attribute können in unterschiedlichen DBVS-Instanzen unterschiedliche Bezeichner haben. Ebenso können Objekte oder Attribute, die in unterschiedlichen
DBVS-Instanzen gleiche Bezeichner haben, sich logisch voneinander unterscheiden.

Ein weiterer Grund, der für die Entwurfsautonomie spricht, hängt mit der Organisationsstruktur der Unternehmen zusammen. Häufig ist es beispielsweise aus Gründen des
Datenschutzes erforderlich, die in einer DBVS-Instanz lokal abgespeicherten Daten gegen Zugriffe aus anderen DBVS-Instanzen, die zu organisatorisch eigenständigen Un-
ternehmensbereichen oder sogar zu fremden Unternehmen gehören, zu schützen. Die
Autonomie der Teilsysteme ist jedoch keine notwendige Voraussetzung um den Anforderungen des Datenschutzes gerecht zu werden. Auch in integrierten Systemen können
geeignete Zugriffsschutzmechanismen eingebaut werden, die diese Anforderungen gewährleisten. Ein Problem stellt jedoch die Administration verteilter Datenverwaltungssysteme dar. Integrierte Datenverwaltungssysteme sind häufig mit einer zentralen Datenbankadministration verbunden, was jedoch mit der organisatorischen Autonomie der
den DBVS-Instanzen zugeordneten Unternehmensteile nicht vereinbar ist. Speziell für
die Aspekte des Zugriffsschutzes muß aus diesem Grund in solchen Fällen zumindest
eine *Administrationsautonomie* der DBVS-Instanzen gefordert werden. Nicht zuletzt
ist auch die schwierige Handhabbarkeit integrierter verteilter Datenverwaltungssysteme
in einem organisatorisch dezentralisiertem Umfeld ein Grund, der Gray dazu bewog in
[Gra87] eine Art Administrationsautonomie für die DBVS-Instanzen zu fordern.

Die organisatorische Autonomie von Unternehmensteilen ist auch ein Grund für die
Forderung nach Assoziationsautonomie der entsprechenden DBVS-Instanzen, die
von diesen Unternehmensteilen benutzt werden. Außerdem hängt die Assoziationsautonomie auch eng mit der Forderung nach *Skalierbarkeit* zusammen. Das Gewicht
dieser Forderung wird insbesondere in Anbetracht des Expansionsdrangs vieler Unternehmen deutlich. Die Skalierbarkeit eines verteilten Datenverwaltungssystems ist
ein entscheidender Faktor für die flexible und dynamische Anpassung eines verteilten
Datenverwaltungssystems an eine sich wandelnde Unternehmensstruktur.

Die Ausführungsautonomie ist im Gegensatz zur Entwurfsautonomie nicht nur aus
Gründen der Integrierbarkeit bestehender Datenbanksysteme bzw. zur Anpassung an
die Organisationsstruktur von Unternehmen wichtig, sondern trägt auch entscheidend
zur Verfügbarkeit verteilter Systeme bei. Unter den hier aufgeführten Autonomietypen kommt der Ausführungsautonomie damit eine besondere Bedeutung zu.

Die volle Umsetzung der genannten Autonomieanforderungen ist offensichtlich un-
vereinbar mit den Forderungen nach Transparenz. Es hat sich jedoch gezeigt, daß
bei einer differenzierten Betrachtung der Ziele, die mit der Autonomie verfolgt werden, auch bereits abgeschwächte Formen der Autonomie ausreichend sind. Ähnlich

verhält es sich mit den Anforderungen nach Transparenz. Auch hier hat sich herausgestellt, daß die eigentlichen Ziele, welche sich hinter dieser Forderung verbergen, oft schon mit einer abgeschwächten Form der Transparenz erreicht werden können. Es sollte somit möglich sein, die Forderungen nach Autonomie und Transparenz gegeneinander abzuwägen und so einen der jeweiligen Anwendungsumgebung entsprechend geeigneten Kompromiß zu finden.

2.2.3   Konsistenz

Unter dem Begriff *Konsistenz* werden im Datenbankbereich eine ganze Reihe von Anforderungen subsumiert. Meist ist die Semantik des Begriffes dem Verwendungskontext zu entnehmen. Gray und Reuter übersetzen den Begriff *konsistent* in [GR93] im Rahmen eines Glossars knapp und vage mit *korrekt*. In der Datenbankliteratur finden sich eine ganze Reihe von Klassifizierungen der verschiedenen Formen der Konsistenz ([Dat94], [LS87], [Nag88], [Sch90]). Häufig spricht man in diesem Zusammenhang auch von der *Integrität* der Datenbank. Die Verwendung der verschiedenen Begriffe ist dabei keineswegs einheitlich. Oft werden die Begriffe Integrität und Konsistenz synonym verwendet, gelegentlich jedoch auch mit unterschiedlicher Semantik.

Schöning unterscheidet in [Sch90] beispielsweise sorgfältig zwischen Konsistenz und Integrität. Nach Schöning ist die Datenbank konsistent, wenn alle *Konsistenzbedingungen* erfüllt sind. Dabei sind Konsistenzbedingungen explizit spezifizierte Regeln zur genaueren Modellierung des abzubildenden Ausschnitts der realen Welt (Miniwelt). Diese Regeln können vom Datenbanksystem überprüft und sichergestellt werden. Der Begriff *Integrität* bezeichnet nach Schöning die Übereinstimmung der Datenbank mit der realen Welt, was nicht vom Datenbanksystem überprüft werden kann. Abweichend von Schönings Definition bezeichnet Date in [Dat94] die Korrektheit der Datenbank als Integrität und die Widerspruchsfreiheit redundanter Daten als Konsistenz.

Angesichts dieser Vielfalt an unterschiedlichen Begriffsdefinitionen, die im jeweiligen Verwendungskontext sicherlich ihre Berechtigung haben, erscheint es angebracht, an dieser Stelle speziell diejenigen Aspekte der Konsistenz zu betrachten, die im Zusammenhang mit der verteilten Datenverwaltung relevant erscheinen. In diesem Abschnitt werden daher die unterschiedlichen Varianten der Konsistenz speziell in verteilten Datenverwaltungssystemen klassifiziert. Eine Übersicht über diese Klassifizierung findet sich in Abbildung 2.6.

Zunächst sind *Verarbeitungskonsistenz* und *Datenkonsistenz* zu unterscheiden. Mit Verarbeitungskonsistenz ist allgemein die *korrekte Ausführung* von Datenbankoperationen gemeint und im besonderen die Vermeidung von Nebenwirkungen im Mehrbenutzerbetrieb. Datenbankoperationen werden in Transaktionen eingebettet. Die Verarbeitungskonsistenz ist gewährleistet, wenn das Korrektheitskriterium zur Ausführung nebenläufiger Transaktionen erfüllt ist. Üblicherweise ist damit die *Serialisierbarkeit*

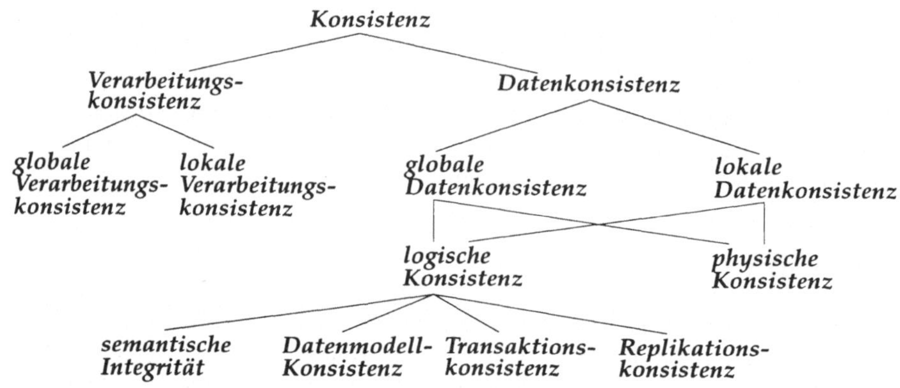

Abb. 2.6: Aspekte der Konsistenz in verteilten Datenbanksystemen

von Transaktionen gemeint. In verteilten Datenverwaltungssystemen muß für eine weiterführende Klassifizierung zwischen lokaler und globaler Verarbeitungskonsistenz unterschieden werden. Es kann durchaus sein, daß an allen DBVS-Instanzen die durchgeführten Transaktionen aus lokaler Sicht serialisierbar sind, und es dennoch keine global eindeutige Serialisierungsordnung gibt. Die Gewährleistung der globalen Serialisierbarkeit ist desweiteren nicht mit der Forderung nach Ausführungsautonomie vereinbar, denn, wie im vorangegangenen Abschnitt bereits erläutert wurde, beinhaltet die Ausführungsautonomie die Selbstbestimmung der Ausführungsreihenfolge von Transaktionen an jedem Knoten. Hier ist also ebenfalls ein Kompromiß zu finden, bei dem das Korrektheitskriterium für die globale Verarbeitungskonsistenz bzw. die Autonomieanforderungen an die DBVS-Instanzen, den jeweiligen Anwendungsanforderungen entsprechend, abgeschwächt werden müssen.

Die Datenkonsistenz muß ebenfalls aus globaler und aus lokaler Sicht betrachtet werden. Bei der globalen Datenkonsistenz wird dabei die Gesamtheit aller im verteilten Datenverwaltungssystem abgespeicherten Daten in Betracht gezogen, während bei der lokalen Datenkonsistenz nur die Daten an einer DBVS-Instanz betrachtet werden. Die Datenkonsistenz kann weiterhin unterteilt werden in die *logische Konsistenz* und die *physische Konsistenz*. Unter physischer Konsistenz versteht man die Korrektheit der physischen Abspeicherung der Daten, was u.a. die Korrektheit von Zugriffspfaden und Speicherungsstrukturen beinhaltet. Abgespeicherte Datensätze müssen zugreifbar sein, und es darf beispielsweise keine Zeiger geben, die ins Leere zeigen. Falls es knotenübergreifende Zugriffspfade gibt, kann die physische Konsistenz auch unter dem Gesichtspunkt der globalen Datenkonsistenz gesehen werden. Ansonsten ist die physische Konsistenz unter der lokalen Datenkonsistenz einzuordnen.

Unter dem Begriff *logische Konsistenz* werden alle Anforderungen bezüglich der Datenkonsistenz zusammengefaßt, die über die physische Konsistenz hinausgehen. Die verschiedenen Aspekte der logischen Konsistenz können sowohl aus lokaler, wie auch aus globaler Sicht interpretiert werden. In verteilten Datenverwaltungssystemen ist diese Unterscheidung speziell bei der Verwendung replizierter Daten sehr wichtig, denn aufgrund veralteter Replikate kann die lokale Sicht auf die Datenbank logisch inkonsistent sein, obwohl die logische Konsistenz aus globaler Sicht möglicherweise gewahrt ist. In Abschnitt 5.7 wird dazu ein Beispiel gegeben. Diese Inkonsistenzen treten natürlich nur dann auf, wenn die Verteilungstransparenz, wie sie in Abschnitt 2.2.1 gefordert wurde nicht in vollem Umfang gewährleistet ist. Eine Abschwächung der Verteilungstransparenz ist jedoch, wie bereits erwähnt, in vielen Fällen wünschenswert und erforderlich, um beispielsweise Autonomie- und Verfügbarkeitsanforderungen gerecht werden zu können. Nachfolgend werden die verschiedenen Aspekte der logischen Konsistenz kurz dargestellt:

- *Semantische Integrität:*
  Die semantische Integrität der Datenbank bezeichnet die Korrektheit der in der Datenbank abgebildeten Miniwelt. Eine Möglichkeit, die semantische Integrität überprüfbar zu machen, besteht in der expliziten Spezifikation von Integritätsbedingungen. Das können z.B. Zustandsregeln oder Zustandsübergangsregeln sein. Die Bedingung, daß das Gehalt eines Mitarbeiters kleiner sein muß als das Gehalt des Vorgesetzten ist ein Beispiel für eine Zustandsregel. Eine Zustandsübergangsregel verbietet im Gegensatz dazu bestimmte Zustandsübergänge. Ein Beispiel dazu: Der Wert eines Attributs *Familienstand* darf nicht von *verheiratet* auf *ledig* geändert werden, sondern nur auf *geschieden* oder *verwitwet*. Weitere Typen von Integritätsbedingungen werden in [Dat94] aufgeführt.

- *Datenmodellkonsistenz:*
  Die Datenmodellkonsistenz umfaßt die Bedingungen, die durch das verwendete Datenmodell vorgegeben sind. Bei Verwendung des Relationenmodells fallen darunter beispielsweise die Eindeutigkeit des Primärschlüssels oder die referenzielle Integrität. Date betrachtet diese Form der Konsistenz als Spezialfall der semantischen Integrität ([Dat94]).

- *Transaktionskonsistenz:*
  Unter dem Begriff der semantischen Integrität wurden die Bedingungen zusammengefaßt, die explizit spezifizierbar und vom Datenbanksystem überprüfbar sind. Viele Bedingungen der realen Welt können jedoch nicht auf diese Weise erfaßt werden. Bei einer Kontoüberweisung wird beispielsweise ein Betrag x von einem Konto A abgebucht und einem anderen Konto B gutgeschrieben. Daß Abbuchen und Gutschreiben semantisch zusammengehören, kann nicht durch Integritätsbedingungen beschrieben werden. Indem diese beiden Operationen aber im Rahmen einer Transaktion zu einer atomaren Einheit geklammert werden, kann die Kontoüberweisung semantisch korrekt auf die Datenbank abgebildet werden. Die atomare Klammerung von Operationen durch Transaktionen trägt somit zur korrekten Abbildung des zu modellierenden Ausschnitts der realen Welt auf die Datenbank bei.

Die Transaktionskonsistenz ist eng verknüpft mit der Verarbeitungskonsistenz. In [Nag88] werden beide Formen der Konsistenz zusammenfassend als *Ablaufintegrität* bezeichnet. Da hier die Transaktionskonsistenz konzeptionell von der Verarbeitungskonsistenz getrennt wurde soll der Unterschied dieser beiden Aspekte der Konsistenz noch einmal deutlich hervorgehoben werden: Die Transaktionskonsistenz meint die Erhaltung der Datenkonsistenz durch korrekte Modellierung der Vorgänge in der realen Welt im Rahmen von Transaktionsprogrammen. Im Gegensatz dazu ist mit Verarbeitungskonsistenz die Einhaltung von Korrektheitskriterien bei der Verarbeitung von Datenbankoperationen zur Vermeidung von Fehlern im Mehrprogrammbetrieb gemeint.

* *Replikationskonsistenz:*
  Die Replikationskonsistenz betrifft die explizite knotenübergreifende Replikation und nicht die bei der Zugriffsoptimierung entstehende knotenlokale Redundanz, die beispielsweise beim Anlegen verschiedener Sortierordnungen oder bei Clusterbildung auftritt und die schon unter der physischen Konsistenz betrachtet wurde. Aus globaler Sicht ist die Replikationskonsistenz dann gewährleistet, wenn alle Replikate eines Datenobjektes den selben Wert besitzen. Auch aus lokaler Sicht kann die Replikationskonsistenz für ein Replikat eines Datenobjektes interpretiert werden: Ein Replikat ist in diesem Sinne konsistent, wenn es den aktuellen Wert des entsprechenden Datenobjektes besitzt. Die knotenlokale Replikationskonsistenz kann daher auch als *Aktualität* bezeichnet werden.

Die Konsistenz der Datenbank kann ebenso wie die Forderungen bezüglich der Transparenz und der Autonomie in Abhängigkeit von den Anforderungen der Anwendungen abgeschwächt werden. Diese anwendungsbezogene Abschwächung von Konsistenzanforderungen gehört zum Kern dieser Arbeit und wird in den nachfolgenden Kapiteln noch eingehend behandelt. Wie sich dabei zeigen wird, ermöglicht insbesondere die Abschwächung der Replikationskonsistenz eine erhöhte Ausführungsautonomie. Die Abschwächung der Replikationskonsistenz kann desweiteren auch eine Abschwächung der Verteilungstransparenz erforderlich machen. Es entsteht somit ein Zielkonflikt zwischen Konsistenz, Transparenz und Autonomie, für den eine Kompromißlösung zu finden ist.

Je nach Gewichtung einzelner Zielsetzungen ergeben sich unterschiedliche Lösungsvarianten für die verteilte Datenverwaltung. Da in der Fachliteratur mit dem Begriff *verteiltes Datenbanksystem* häufig solche Systeme verbunden werden, bei denen die Verteilungstransparenz bereits unterstellt wird, soll im folgenden der neutrale Terminus *globales Datenverwaltungssystem* verwendet werden. Unter diesem Begriff sollen insbesondere auch *Multidatenbanksysteme* und *Föderative Datenbanksysteme* subsumiert werden. Im folgenden Abschnitt werden diese Begriffe weiter präzisiert. Dabei werden verschiedene Integrationsstufen verteilter Datenverwaltungssysteme vorgestellt, die auf jeweils unterschiedlichen Gewichtungen der hier besprochenen allgemeinen Anforderungen an die Datenverwaltung beruhen.

2.3 Integrationsstufen der verteilten Datenverwaltung

Die in diesem Abschnitt diskutierten Varianten globaler Datenverwaltungssysteme orientieren sich im wesentlichen an der von Bright, Hurson und Pakzad in [BHP92] vorgestellten Taxonomie und auf Klassifizierungen von Rahm ([Rah94]), Reinwald ([Rei93]) sowie Sheth und Larson ([SL90]). In [BHP92] werden globale Datenverwaltungssysteme in erster Linie nach der Methode der globalen Integration unterschieden. Dabei wird im wesentlichen danach klassifiziert, ob ein globales konzeptionelles Schema verwendet wird, oder ob die Integration mit Hilfe von speziellen funktionalen Elementen in der Zugriffssprache erreicht wird. Ein weiteres Unterscheidungskriterium ist die Frage nach der Möglichkeit zur Integration (bestehender) heterogener Datenbanksysteme als DBVS-Instanzen eines verteilten Verbundsystems. Schließlich spielt bei der Unterscheidung auch noch das Abstraktionsniveau der Schnittstelle zwischen globaler und lokaler Datenverwaltung eine Rolle. Ist diese Schnittstelle auf niedrigem Abstraktionsniveau, so bedeutet dies, daß die lokale Datenbankfunktionalität unter der Kontrolle der globalen Datenbankfunktionen abläuft. Je höher die Schnittstelle zwischen lokaler und globaler Datenverwaltung angesiedelt ist, um so größer ist die Ausführungsautonomie der lokalen DBVS-Instanzen.

Ausgehend von diesen Kriterien werden im wesentlichen vier Klassen von globalen Datenverwaltungssystemen unterschieden, die im folgenden kurz charakterisiert werden:

- *Verteilte Datenbanksysteme*
  Verteilte Datenbanksysteme stellen in dieser Taxonomie die Klasse der am stärksten integrierten globalen Datenverwaltungssysteme dar. Sie sind durch ein einheitliches globales konzeptionelles Schema gekennzeichnet und mehr oder weniger homogene DBVS-Instanzen. Die Homogenität der DBVS-Instanzen umfaßt dabei mindestens das zugrundegelegte Datenmodell. Darüber hinaus werden verteilte Datenbanksysteme dadurch gekennzeichnet, daß konzeptionell jedes Datum von jedem Knoten aus transparent zugreifbar ist. Schließlich wird auch die Eigenschaft, daß die knotenlokale Funktionalität vollständig unter der Kontrolle der globalen Datenverwaltung untergeordnet ist, häufig als charakteristisches Merkmal verteilter Datenbanksysteme genannt ([BHP92], [Rei93]).

- *Föderative Datenbanksysteme*
  Bei föderativen Datenbanksystemen gibt es kein einheitliches globales Datenbankschema. Vielmehr unterhält jede DBVS-Instanz ein eigenes lokales Datenbankschema. Zusätzlich wird der Teil der lokalen Daten, der anderen Knoten zugänglich gemacht werden soll, in einem Export-Schema spezifiziert. Im Rahmen eines Import-Schemas wird festgelegt, welche Daten aus den Export-Schemata anderer Knoten lokal zugreifbar sein sollen. Die Integration findet somit hier durch die Definition partiell globaler Schemata statt, auf die wie in verteilten Datenbanksystemen ein transparenter Zugriff ermöglicht wird. Eine teilweise Autonomie wird durch die Bewahrung exklusiv lokaler Datenbestände unterstützt.

- *Multidatenbanksysteme*

  Das charakteristische Merkmal von Multidatenbanksystemen ist die Integration bestehender heterogener Datenbanksysteme unter vollständiger Bewahrung der Entwurfsautonomie und der Ausführungsautonomie (Abschnitt 2.2.2). Das globale Datenverwaltungssystem setzt dabei auf die Benutzerschnittstelle der lokalen DBVS-Instanzen auf und hat keinen Zugriff auf interne Funktionen der lokalen Datenbanksysteme. In [BHP92] werden zwei grundsätzlich verschiedene Integrationsmethoden für Multidatenbanksysteme beschrieben, was zu der Unterscheidung zwischen *Multidatenbanksystemen mit globalem Schema* und *Multidatenbanksysteme mit Sprachintegration* führt. Bei dem Versuch die verschiedenen lokalen Schemata im Rahmen eines globalen Datenbankschemas zu integrieren, können schwierige Probleme im Zusammenhang mit der semantischen Heterogenität der lokalen Schemata auftreten, für die es keine allgemein zufriedenstellende Lösung gibt (z.B. Formatunterschiede, Namensunterschiede bzw. Namenskonflikte, Redundanzen und Inkonsistenzen, etc.). Bei redundanten Daten muß die globale Datenverwaltung in jedem Fall die lokale Ausführungsautonomie einschränken, um eine globale Konsistenz erreichen zu können. Multidatenbanksysteme mit Sprachintegration umgehen diese Schwierigkeiten, indem die eigentliche Integration dem Benutzer übertragen wird, der im Rahmen von Anfragen jeweils spezifische Schemata definiert. Das Multidatenbanksystem stellt dazu die erforderlichen sprachlichen Mittel zur Verfügung.

- *Interoperable Systeme*

  Interoperable Systeme weisen den größten Grad an Knotenautonomie auf. Nach [BHP92] beschränkt sich die Funktionalität der globalen Datenverwaltung hier auf einen reinen Datenaustausch. Jegliche Integration semantischer Heterogenität, heterogener Schemata, heterogener Anfragesprachen sowie die Bewältigung globaler Inkonsistenzen muß durch die Anwendung behandelt werden. In [Rei93] werden insbesondere auch solche Systeme unter dieser Klasse eingeordnet, die zwar eine globale Verknüpfung redundanter Daten erlauben, aber keine globalen Zugriffsoperationen unterstützen. Dazu gehören beispielsweise die Ansätze DDMS ([Jab90]), D^3 ([RSK91], [KS92]) und *Identity Connections* ([WQ87], [WQ90]), die im Rahmen dieser Arbeit noch eingehend untersucht werden (vgl. Abschnitt 4.4).

Die hier vorgestellte Taxonomie ist keineswegs vollständig in dem Sinne, daß jedes globale Datenverwaltungssystem einer dieser Klassen zugeordnet werden könnte. Vielmehr reflektieren die Beschreibungen der einzelnen Klassen den Sprachgebrauch in der Fachliteratur. Die Beschreibung der verschiedenen Systemklassen bezieht sich in erster Linie auf den Kompromiß zwischen Knotenautonomie und Verteilungstransparenz. Was dabei nicht berücksichtigt wird, ist die Möglichkeit unterschiedliche Aspekte der Knotenautonomie unterschiedlich stark zu gewichten. Bei einem vollständigen Neuentwurf eines globalen Datenverwaltungssystems spielt beispielsweise die

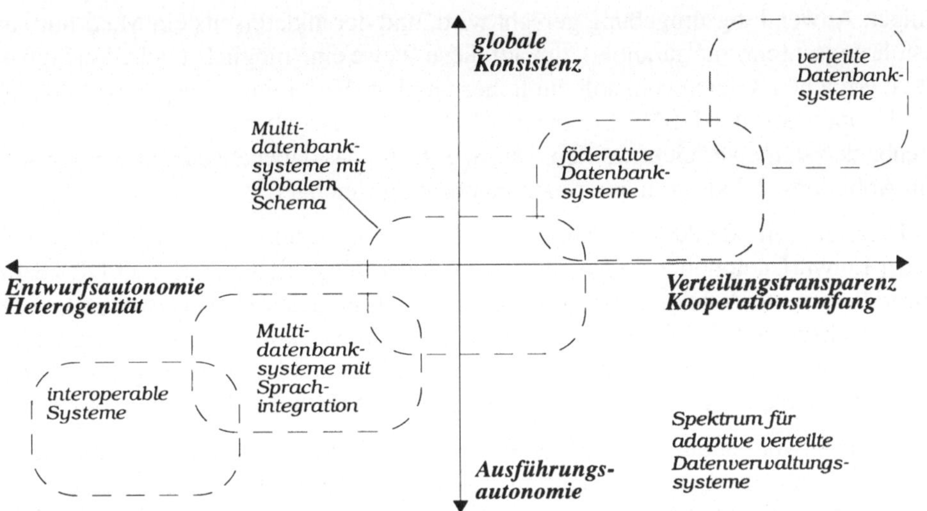

Abb. 2.7: Spektrum globaler Datenverwaltungssysteme

Entwurfsautonomie und die Heterogenität der Komponentensysteme eher eine untergeordnete Rolle, da man die schwierigen Probleme der Integration heterogener Systeme von vorneherein vermeiden kann. Dennoch kann aus Verfügbarkeitsgründen ein gewisser Grad an Ausführungsautonomie erwünscht sein. Wie in Abschnitt 2.2.3 bereits erwähnt, geht dies in der Regel auf Kosten der globalen Konsistenz.

Die Wechselwirkungen zwischen globaler Konsistenz und Ausführungsautonomie auf der einen Seite sowie zwischen Entwurfsautonomie und Verteilungstransparenz auf der anderen Seite werden in Abbildung 2.7 im Rahmen eines Spektrums globaler Datenverwaltungssysteme gegenübergestellt. Es fällt auf, daß die hier besprochenen Typen globaler Datenverwaltungssysteme entlang der Diagonalen in diesem Diagramm angeordnet sind. Dies liegt daran, daß die verschiedenen Aspekte der Autonomie in dieser Taxonomie nicht als unabhängig erachtet werden, sondern Hand in Hand gehen.

Kern der im Rahmen dieser Arbeit untersuchten globalen Datenverwaltungssysteme ist nicht die Integration heterogener DBVS-Instanzen, sondern die Ausschöpfung der Wechselwirkung zwischen Ausführungsautonomie und globaler Konsistenz. Zur Vertiefung der Probleme, die bei der Integration heterogener Datenverwaltungssysteme entstehen, wird auf die umfangreiche Fachliteratur auf diesem Gebiet hingewiesen (z.B. [BH92], [BHP92], [SL90], [SLE91], [SW91], [Tho92]).

Durch die Ausnutzung des Zielkonfliktes zwischen Konsistenz und Ausführungsautonomie soll ein anwendungsspezifisch konfigurierbares Datenverwaltungssystem entstehen. Die Konfigurierbarkeit des Systems soll es ermöglichen, einen geeigneten Kompromiß zu finden, der einerseits den spezifischen Konsistenzanforderungen der jeweiligen Anwendungsumgebung gerecht wird, und der andererseits ein Maximum an Ausführungsautonomie garantiert, um auf diese Weise eine möglichst hohe Verfügbarkeit zu erreichen. Gleichwohl soll ein hoher Grad an Verteilungstransparenz und eine enge Kooperation der DBVS-Instanzen, ähnlich den hier charakterisierten verteilten Datenbanksystemen erreicht werden. Das Spektrum, das dabei abgedeckt werden soll, ist in Abbildung 2.7 als grau unterlegte Fläche eingezeichnet.

Das Diagramm in Abbildung 2.7 soll in erster Linie illustrieren, daß auch unabhängig von der Entwurfsautonomie und unabhängig von der Integration heterogener DBVS-Instanzen bestimmte Aspekte der Knotenautonomie in globalen Datenverwaltungssystemen wünschenswert sind. Natürlich gibt es auch Wechselwirkungen zwischen Entwurfsautonomie und Ausführungsautonomie, die jedoch in der Abbildung weggelassen wurden, um die Kernaussage nicht zu verwässern und die Abbildung übersichtlich zu halten.

Im folgenden werden nur noch solche Systeme betrachtet, bei denen ein einheitliches globales Datenbankschema vorliegt. Für eine vertiefte Behandlung der Integration heterogener Schemata wird auf die entsprechende Fachliteratur verwiesen ([BHP92], [Rah94], [SL90]).

2.4 Grundlagen der Datenverteilung

Die in diesem Abschnitt diskutierten Konzepte zur Datenverteilung basieren auf dem relationalen Datenmodell. Auf eine umfassende Einführung in das Relationenmodell wird an dieser Stelle verzichtet. Dazu wird auf entsprechende Lehrbücher verwiesen ([Dat94], [LS87], [Mit91]). Eine knappe Einführung in die elementaren Konstituenten des Relationenmodells wird auch in Kapitel 7 gegeben. Das Relationenmodell ist gegenwärtig eindeutig das dominierende Datenmodell in kommerziellen Datenbanksystemen. Auch neuere (objektorientierte) Modelle können auf absehbare Zeit nicht die Marktposition relationaler Systeme gefährden ([Rah94]). Besonders in verteilten Datenverwaltungssystemen weist das relationale Datenmodell erhebliche Vorteile gegenüber objektorientierten Systemen auf. Dies liegt insbesondere daran, daß bei der mengenorientierten Anfrageverarbeitung in verteilten Umgebungen ein höheres Optimierungspotential besteht als bei einer satzorientierten und navigierenden Verarbeitung, wie sie in objektorientierten Systemen üblich ist ([DG92]).

Zur Erläuterung der Schemaarchitektur zentralisierter Datenbanksysteme wird üblicherweise der Vorschlag des amerikanischen Normenausschusses ANSI/SPARC, der eine Dreiteilung in *internes Schema, konzeptionelles Schema* und *externes Schema* vorsieht, als Referenzmodell herangezogen ([Wed91]). In verteilten Datenbanksystemen reicht diese Aufteilung nicht mehr aus, da die Datenverteilung in den verschiedenen Abstraktionsstufen nicht berücksichtigt wird. Ein erweitertes Referenzmodell für die Schemaarchitektur in verteilten Datenbanksystemen auf der Basis der ANSI/SPARC-Architektur wird in Abbildung 2.8 schematisch dargestellt. Dabei wird aufgezeigt, welche Modellierungsebenen auf globaler und lokaler Ebene unterschieden werden können. Es ist zu betonen, daß dieses Modell sich nicht notwendigerweise in der Implementierung eines verteilten Datenbanksystems widerspiegeln muß; vielmehr wird hier ein Erklärungsmodell eingeführt, das die unterschiedlichen Abstraktionsebenen, die beim Schemaentwurf in verteilten Datenbanksystemen eine Rolle spielen, aufzeigt.

Im globalen konzeptionellen Schema wird eine Menge globaler Relationen beschrieben, wodurch eine anwendungsneutrale und datenunabhängige Beschreibung der abzubildenden Miniwelt erreicht werden soll. Aufbauend auf dem globalen konzeptionellen Schema können im Rahmen externer Schemata anwendungslokale Sichten definiert werden, die den für die jeweilige Anwendung relevanten Ausschnitt des konzeptionellen Schemas reflektieren. Mit Datenunabhängigkeit ist im Zusammenhang mit dem konzeptionellen Schema das Verbergen von physischen Zugriffspfaden und Speicherungsstrukturen gemeint, die nach ANSI/SPARC im internen Schema beschrieben werden.

In verteilten Datenbanken muß das globale konzeptionelle Schema zusätzlich noch die Datenverteilung verbergen (Verteilungstransparenz). Zur globalen Beschreibung der Datenverteilung werden daher zwei zusätzliche Architekturebenen eingeführt: Das *Fragmentierungsschema* und das *Allokationsschema,* die gemeinsam auch als *Verteilungsschema* bezeichnet werden können.

Die Datenverteilung sollte den Zugriffsanforderungen in der jeweiligen verteilten Anwendungsumgebung angepaßt sein. Ganze Relationen eignen sich somit nicht als Einheit der Datenverteilung, da diese unabhängig von den Zugriffsanforderungen der Anwendungen sind. Im Rahmen des Fragmentierungsschemas wird daher die vollständi-

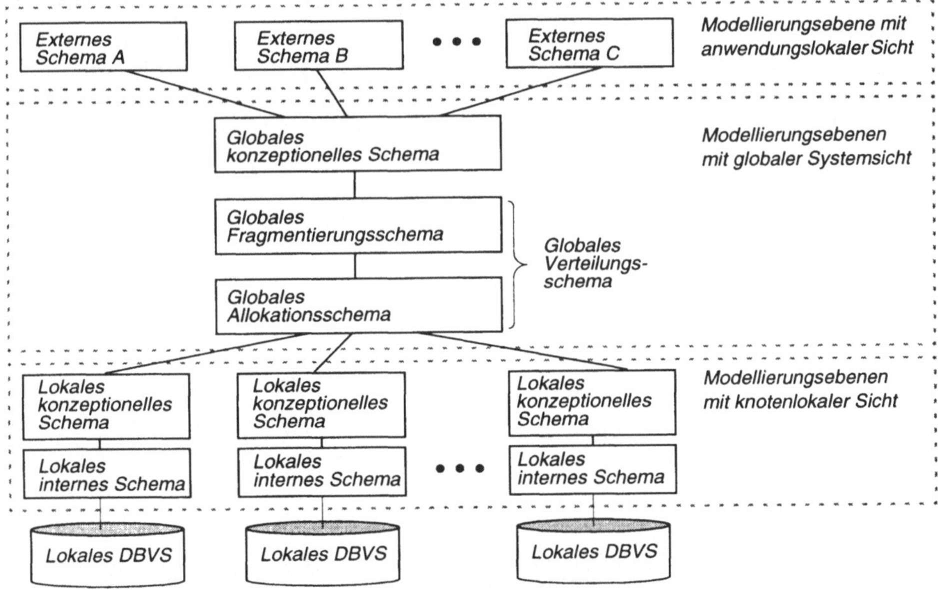

Abb. 2.8: Referenzmodell für die Schemaarchitektur von verteilten DBS

ge Aufteilung von Relationen in disjunkte Teilrelationen (Fragmente) beschrieben. Diese Fragmente bilden die Einheiten der Datenverteilung. Die Zuordnung von Fragmenten zu bestimmten Rechnerknoten bezeichnet man als *Allokation*. Diese wird im Allokationsschema beschrieben. *Replikation* entsteht durch mehrfache Allokation eines Fragments an verschiedenen Rechnerknoten. Fragmentierung und Allokation von Relationen sowie die daraus resultierende Replikation von Daten werden in Abbildung 2.9 verdeutlicht. Die lokale Projektion einer Relation an einem bestimmten Knoten wird im jeweiligen lokalen konzeptionellen Schema beschrieben. Datenstrukturen, Zugriffspfade und dergleichen werden schließlich in den jeweiligen knotenlokalen internen Schemata beschrieben.

2.4.1 Fragmentierung und Allokation

An eine korrekte Fragmentierung werden im wesentlichen drei Anforderungen gestellt: *Vollständigkeit, Disjunktheit* und *Rekonstruierbarkeit*. Die Fragmentierung ist *vollständig* in dem Sinne, daß es keine Daten in einer globalen Relation geben darf, die nicht in einem Fragment enthalten sind. Desweiteren wird durch die *Disjunktheit* gefordert, daß verschiedene Fragmente nicht überlappen, damit die Datenreplikation allein durch das Allokationsschema kontrolliert werden kann. Schließlich muß für die Korrektheit der Fragmentierung auch noch die *Rekonstruierbarkeit* der globalen Relationen aus den Fragmenten gefordert werden, weil die Relationen selbst nicht mehr als solche abgespeichert werden, sondern nur noch Fragmente physisch im Speicher abgelegt werden.

Man unterscheidet zwischen *horizontaler* und *vertikaler Fragmentierung*. Horizontale Fragmentierung entsteht durch Aufteilung der Tupel einer Relation mit Hilfe einer Qualifikationsbedingung. Eine Tupelaufteilung aufgrund einer Qualifikations-

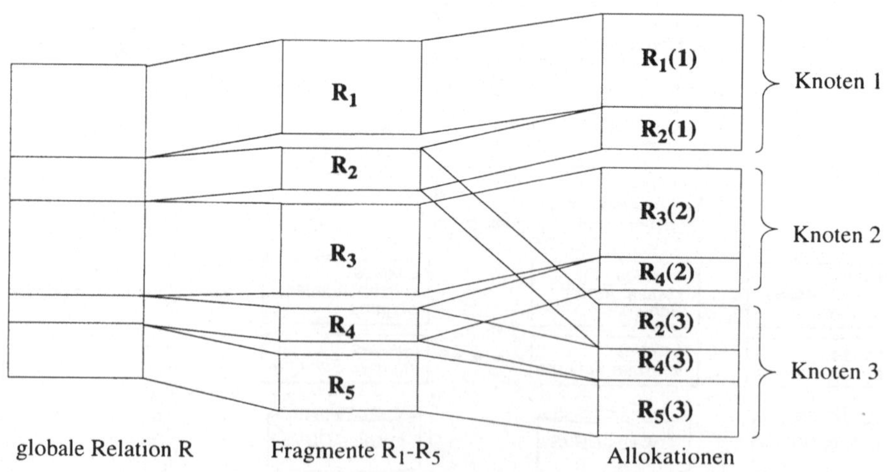

Abb. 2.9: Fragmentierung und Allokation von Relationen (nach [CP85])

bedingung, die nur auf Attributen der Ausgangsrelation beruht, bezeichnet man als primäre horizontale Fragmentierung. Wenn zur Auswertung der Qualifikationsbedingung die Attribute der Ausgangsrelation nicht ausreichen, sondern eine Verbundoperation mit einer anderen Relation erforderlich ist, so spricht man von abgeleiteter horizontaler Fragmentierung.

Bei der vertikalen Fragmentierung werden die Attribute einer globalen Relation in Untergruppen aufgeteilt. Um die Rekonstruierbarkeit der globalen Relation sicherzustellen, wird dabei üblicherweise ein Schlüsselattribut in jedem vertikalen Fragment repliziert. Dies widerspricht zwar der Forderung nach Disjunktheit von Fragmenten, ist aber für die Rekonstruierbarkeit erforderlich. Die Fragmente können wieder als Ausgangsrelationen benutzt werden für eine weitere Fragmentierung. Auf diese Weise können horizontale und vertikale Fragmentierung auch gemischt auftreten. Man spricht dann auch von *hybrider Fragmentierung*.

Ziel der Allokation von Fragmenten ist die Optimierung der Zugriffslokalität bei einer gegebenen Menge von Datenbankanwendungen unter Berücksichtigung verschiedener Kostenfaktoren. Beispiele für derartige Kostenfaktoren sind die Minimierung von Antwortzeiten, die Minimierung von Übertragungskosten oder die Maximierung des Durchsatzes an den einzelnen Knoten. Vielfach wird versucht das Allokationsproblem durch die Optimierung einer globalen Zielfunktion zu lösen. Dabei werden allerdings viele vereinfachende Annahmen gemacht, die das Aufstellen dieser Zielfunktion überhaupt erst ermöglichen. Dennoch ist das Allokationsproblem selbst unter vereinfachten Annahmen NP-vollständig ([Rei93], [ÖV91]). Aufgrund dieser hohen Komplexität werden in der Fachliteratur vor allem heuristische Methoden zur näherungsweisen Optimierung einer globalen Zielfunktion vorgeschlagen (z.B. [Ape88], [SW85], [BHY91]). In [Kre93] werden derartige Ansätze zur Lösung des Allokationsproblems untersucht und vergleichend gegenübergestellt.

Voraussetzung für die Optimierung ist eine eingehende Analyse des Anwendungsverhaltens bzw. eine statistische Auswertung desselben. Die ohnehin komplexen Berechnungsalgorithmen lassen allerdings nur eine sehr oberflächliche Berücksichtigung der Anwendungssemantik zu. In [Rei93] wird in diesem Zusammenhang aufgeführt, daß die meisten heuristischen Verfahren nur die Zugriffshäufigkeit ohne Bezug zur Funktionsverteilung berücksichtigen, und daß viele Verfahren entweder keine replizierten Fragmente oder Replikation nur auf der Basis einer synchronen Replikatverwaltung erlauben. Die Vorteile einer asynchronen Replikatverwaltung werden in keinem bekannten Verfahren in die Optimierung einbezogen. Ein weiterer Nachteil der bekannten Verfahren zur Lösung des Allokationsproblems ist, daß die zeitliche Veränderlichkeit des Zugriffsverhaltens üblicherweise bei derartigen Berechnungen nicht berücksichtigt wird. In [Kre93] werden zwar auch einige Algorithmen erwähnt, die ein dynamisches Anwendungsprofil berücksichtigen, jedoch sind diese Ansätze viel zu komplex um effektiv eingesetzt werden zu können.

In dieser Arbeit wird ein pragmatischer Lösungsansatz für das Allokationsproblem gesucht, wobei insbesondere das funktionale und dynamische Verhalten knotengebundener Anwendungen sowie ein breites Spektrum von Techniken zur synchronen und asynchronen Aktualisierung replizierter Daten ausgenutzt werden soll.

2.4.2   Katalogverwaltung

Im Zusammenhang mit der Datenverteilung spielt die Katalog- oder Metadatenverwaltung in verteilten Datenbanksystemen eine besondere Rolle. In jeder Schemaebene aus Abbildung 2.8 fallen entsprechende Beschreibungsdaten an, die in Katalogen abzulegen sind. Grob kann man globale und lokale Kataloge unterscheiden. Globale Kataloge enthalten Metadaten, die von knotenübergreifendem Interesse sind (z.B. das globale konzeptionelle Schema, das Fragmentierungsschema sowie das Allokationsschema), während lokale Kataloge solche Metadaten enthalten, die nur knotenlokale Bedeutung haben (z.B. Lokales konzeptionelles Schema und internes Schema). In relationalen Datenbanken werden diese verschiedenen Metadaten üblicherweise selbst als Relationen abgelegt, um die im Datenverwaltungssystem implementierten Zugriffsmechanismen auch für den Zugriff auf die Metadaten nutzen zu können.

Neben der Verteilung der Benutzerrelationen spielt somit in verteilten Datenbanksystemen auch die Verteilung der Metadaten eine wichtige Rolle. Die lokale Bereitstellung von Daten nutzt wenig, wenn die für den Zugriff unbedingt erforderlichen Metadaten nicht auch lokal zugreifbar sind. Für lokal abgespeicherte Daten ist also unbedingt auch ein lokaler Katalog vorzusehen. Für die Verwaltung globaler Metadaten bieten sich verschiedene Lösungsalternativen an:

- *Zentraler Katalog*
  Eine einfache Möglichkeit, die globalen Metadaten zu verwalten, ist ein zentraler Katalog, in welchem sämtliche globalen Metadaten abgelegt werden. Nachteil dieser Lösung ist allerdings eine eingeschränkte Knotenautonomie sowie eine verminderte Verfügbarkeit.

- *Vollständig replizierter Katalog*
  Das dem zentralen Katalog entgegengesetzte Extrem ist, alle Metadaten an jedem Knoten vollständig zu replizieren. Dadurch können zwar alle lesenden Katalogzugriffe lokal und schnell abgewickelt werden, aber Änderungen an den Metadaten werden mit zunehmender Knotenzahl und zunehmender geographischer Verteilung immer aufwendiger. Eine Kompromißlösung besteht darin, nicht an jedem Knoten ein vollständiges Replikat des globalen Katalogs bereitzustellen, sondern beispielsweise in verschiedenen Subnetzen des verteilten Systems nur jeweils ein Replikat des Katalogs zur Verfügung zu stellen ([Rah94]).

- *Partitionierter Katalog*
  Bei dieser Alternative gibt es keinen explizit als Ganzes abgespeicherten globalen Katalog. Vielmehr werden die lokalen Kataloge so ergänzt, daß neben der

vollständigen Beschreibung der lokal abgespeicherten Daten auch die Information bereitgestellt wird, die für die Lokalisierung nicht lokal abgespeicherter Daten erforderlich ist. Außerdem muß den Metadaten im Falle replizierter Fragmente auch zu entnehmen sein, mit welchen Knoten Zugriffe auf diese Fragmente zu synchronisieren sind.

Neben den hier vorgestellten Varianten zur Metadatenverteilung gibt es natürlich auch viele Zwischenlösungen. So können beispielsweise unterschiedliche Komponenten des Katalogs auf unterschiedliche Weise verteilt werden. Da bei partitionierten Katalogen gegebenenfalls ein hoher Kommunikationsaufwand zum Zugriff auf globale Metadaten entstehen kann, werden nicht lokal abgespeicherte Metadaten häufig auch temporär in lokalen Pufferspeichern gehalten. Durch die dabei auftretende Replikation ist allerdings das Problem der *Pufferinvalidierung* bei Änderungsoperationen zu berücksichtigen. Methoden zur Behandlung des Pufferinvalidierungsproblems werden in der Fachliteratur meist unter dem Stichwort *Kohärenzkontrolle* aufgeführt.

Mit der Katalogverwaltung ist die Namensverwaltung in verteilten Systemen verknüpft. Die Namen von Datenbankobjekten werden in den Katalogen vermerkt. Bei der Namensvergabe für Datenbankobjekte spielt daher die Katalogverteilung auch eine Rolle. Generell sind für die Namensvergabe folgende Anforderungen zu berücksichtigen:

- Globale Eindeutigkeit

- Ortsunabhängigkeit

- Lokal autonome Namensvergabe

Die verschiedenen Anforderungen sind nicht ohne weiteres miteinander vereinbar. Die globale Eindeutigkeit könnte durch eine zentrale Namensverwaltung erreicht werden, was jedoch einer zentralen Katalogverwaltung entspricht und zudem der Anforderung nach lokal autonomer Namensvergabe widerspricht. Eine lokal autonome Namensvergabe könnte durch Ergänzung des Objektnamens um eine eindeutige Knoten-Id mit der globalen Eindeutigkeit vereinbart werden. Dies widerspricht jedoch der Ortsunabhängigkeit. In [Rah94] wird als Kompromißlösung ein hierarchisches Namenskonzept vorgeschlagen, bei dem der benutzervergebene Objektname automatisch um den Benutzernamen ergänzt wird. Greift ein Benutzer auf Datenbankobjekte zu, so ist die Angabe des Benutzernamens nur dann erforderlich, wenn auf Objekte anderer Benutzer zugegriffen wird. Um die globale Eindeutigkeit zu erzeugen werden Objektnamen zusätzlich automatisch um den Namen des Knotens ergänzt, an dem das Objekt erzeugt wurde. Dies verhindert nicht die Migration von Objekten und vermeidet die Angabe einer Knoten-Id bei der Objekterzeugung.

2.5 Transaktionale Datenverarbeitung

Der Begriff der Transaktion wurde schon im Zusammenhang mit der Verarbeitungskonsistenz und der Datenkonsistenz erwähnt, wobei bereits angedeutet wurde, daß Transaktionen ein Konzept zur Fehlervermeidung und Fehlerbehandlung im Mehrbenutzerbetrieb darstellen. Andererseits tragen Transaktionen auch zur Erhaltung der Datenkonsistenz bei, indem logisch zusammenhängende Datenbankoperationen durch die Einbettung in eine Transaktion zu atomaren Einheiten zusammengeschlossen werden. Die logische Zusammengehörigkeit einer Menge von Datenbankoperationen wird durch die Operationen BOT (*Begin of Transaction*) und *Commit* zum Ausdruck gebracht. Transaktionen, die nicht erfolgreich beendet werden können, werden abgebrochen. Zum expliziten Abbruch einer Transaktion wird eine Operation *Abort* bereitgestellt. Die Idee, Operationen in "logische Hüllen" einzubetten, kommt von der Theorie der *Kontrollsphären* ([Dav78]), aus der das von Gray, Reuter und Härder (u.a. in [HR83], [GR93]) entwickelte klassische Transaktionskonzept letztlich hervorgegangen ist. Ein Kerngedanke, der Transaktionen wie Kontrollsphären gleichermaßen charakterisiert, wird von Wedekind in [Wed94] treffend formuliert:

> *"Eine Kontrollsphäre umschließt eine Operation (Aktion) mit dem Ziel (Zweck), einen Zustand (Sachverhalt) herzustellen, dem das Prädikat 'committed' (verbindlich) zugesprochen werden kann."*

In diesem Abschnitt wird nun das Transaktionskonzept, wie es in zentralisierten Datenbanksystemen verstanden wird, zunächst kurz allgemein erläutert. Dabei wird auf die grundlegenden Eigenschaften von Transaktionen, auf Korrektheitskriterien und auf Mechanismen zur Einhaltung dieser Korrektheitskriterien eingegangen. Anschließend werden die Besonderheiten der Transaktionsverarbeitung in verteilten Datenbanksystemen aufgezeigt.

Die Eigenschaften einer Transaktion werden von Härder und Reuter in [HR83] unter dem Akronym ACID zusammengefaßt (*A*tomicity-*C*onsistency-*I*solation-*D*urability):

- *Atomarität:*
  Eine Transaktion wird entweder vollständig oder gar nicht ausgeführt (Alles-oder-Nichts Eigenschaft).

- *Konsistenz:*
  Eine Transaktion überführt die Datenbank von einem konsistenten Ausgangszustand über möglicherweise inkonsistente Zwischenzustände wieder in einen konsistenten Endzustand.

- *Isolation:*
  Jede Transaktion läuft im *logischen Einbenutzerbetrieb* ab. Das bedeutet, daß aus Sicht einer Transaktion die Operationen anderer, nebenläufig ablaufender Transaktionen unsichtbar bleiben.

- *Dauerhaftigkeit:*
  Die Änderungen einer einmal abgeschlossenen Transaktion bleiben auch nach
  Eintreten möglicher erwarteter Fehler in der Datenbank erhalten. Der erfolg-
  reiche Abschluß einer Transaktion wird auch als *Freigabe* oder *Commit* der
  Transaktion bezeichnet.

Die Eigenschaften Atomarität, Isolation und Dauerhaftigkeit sind vom Datenbanksystem sicherzustellen, während die Konsistenzerhaltung vor allem in der Verantwortung
des Programmierers eines Transaktionsprogrammes liegt. Hier ist die *Transaktionskonsistenz* im Sinne der Klassifikation aus Abschnitt 2.2.3 gemeint. Unterstellt man,
daß jedes einzelne Transaktionsprogramm für sich genommen im Sinne der oben definierten Konsistenzeigenschaft korrekt ist, so ist naturgemäß auch die serielle Ausführung von Transaktionsprogrammen konsistenzerhaltend. Jede nebenläufige Ausführung von Transaktionen, die *äquivalent* ist zu einer seriellen Ausführung, ist ebenfalls
konsistenzerhaltend. Diese Überlegungen bilden die Grundlage der klassischen Serialisierungstheorie, die im nachfolgenden Abschnitt kurz dargelegt wird.

2.5.1   Serialisierungstheorie

Grundlegend für die Serialisierungstheorie ist der Begriff der *Historie*. In einer solchen
Historie wird die Ausführungsreihenfolge von Lese- und Schreiboperationen einer
Menge nebenläufiger Transaktionen festgehalten. Im nachfolgenden Beispiel werden
für eine Transaktion T_i Leseoperationen auf einem Objekt x jeweils als $R_i(x)$ notiert
und Schreiboperationen als $W_i(x)$.

Beispiel: T_1: $\{R_1(x); R_1(y); W_1(y)\}$ **T_2: $\{R_2(x); R_2(y); W_2(x)\}$**
      serielle Historie: H_1: $R_1(x); R_1(y); W_1(y); \mathbf{R_2(x); R_2(y); W_2(x)}$
      überlappende Historie: H_2: $R_1(x); \mathbf{R_2(x)}; R_1(y); W_1(y); \mathbf{R_2(y); W_2(x)}$

Obwohl in der Historie H_2 des Beispiels die Transaktionen T_1 und T_2 überlappend ausgeführt werden, erzeugt diese Historie das gleiche Ergebnis, wie die serielle Historie
H_1. Beide Transaktionen haben in beiden Historien die gleiche *Sicht* auf die Datenbank. Die Historien können somit als äquivalent angesehen werden. In [BHG87] wird
ausgehend von dieser Überlegung als generelles Korrektheitskriterium zunächst die sogenannte *Sichtäquivalenz* eingeführt, die wie folgt definiert wird:

Zwei Historien H_1 und H_2 über der jeweils gleichen Menge von Transaktionen und Datenbankoperationen sind sichtäquivalent, wenn folgende Bedingungen gelten:

(1) Für je zwei Transaktionen T_i und T_j und ein Datenbankobjekt x gilt: Falls T_j in
    H_1 einen Wert von x liest, den T_i geschrieben hat, so liest T_j auch in H_2 einen
    Wert von x, den T_i geschrieben hat.

(2) Wenn $W_i(x)$ die letzte Schreiboperation von H_1 ist, so ist $W_i(x)$ auch die letzte
    Schreiboperation von H_2.

Die Erzeugung sichtäquivalenter Historien ist ein Problem, das als NP-vollständig bekannt ist ([BHG87], [Wed94]). Die Sichtäquivalenz hat somit als Korrektheitskriterium in der Praxis nur eine untergeordnete Bedeutung. Stattdessen wird üblicherweise die sog. *konfliktbasierte Serialisierbarkeit* zur Grundlage genommen. Dabei werden verschiedene Konfliktsituationen als kennzeichnende Charakteristika von Historien herangezogen. Zwei Datenbankoperationen verschiedener Transaktionen auf dem gleichen Datenobjekt konfligieren dann, wenn mindestens eine der beiden Operationen eine Schreiboperation ist. Bei konfligierenden Operationen legt deren Reihenfolge in der Historie eine Reihenfolgeabhängigkeit (*Serialisierungsordnung)* für die zugehörigen Transaktionen fest. Die Menge aller Reihenfolgeabhängigkeiten kann in einem gerichteten Graphen, dem Serialisierungsgraphen, dargestellt werden. Eine Historie ist dann konfliktbasiert serialisierbar, wenn der zugehörige Serialisierungsgraph keine Zyklen enthält.

Mit der Serialisierbarkeit von Transaktionen wird die Konsistenzerhaltung überlappender Transaktionen garantiert, sofern jede einzelne Transaktion konsistenzerhaltend ist. Um auch die Eigenschaften Atomarität, Isolation und Dauerhaftigkeit (unter Berücksichtigung verschiedener möglicher Fehlersituationen) sicherstellen zu können, reicht es nicht aus, serialisierbare Historien zu erzeugen. Die Anomalien, die es dabei zu vermeiden gilt, werden in [BHG87] durch drei Klassen von Historien gekennzeichnet:

(1) RC: "*recoverable*"
Das Datenbanksystem muß, um die Atomarität von Transaktionen sicherstellen zu können, beim Abbruch einer Transaktion T auch diejenigen Transaktionen abbrechen, die bereits Daten gelesen haben, welche durch die Transaktion T modifiziert wurden. Man spricht in diesem Zusammenhang von einem kaskadierenden Abbruch (*Cascading Abort*). Falls eine Transaktion schon abgeschlossen ist, darf sie auch nicht mehr im Rahmen eines kaskadierenden Abbruchs zurückgesetzt werden, weil dadurch die Eigenschaft der Dauerhaftigkeit der Transaktion verletzt werden würde. Um dies zu vermeiden wird gefordert, daß eine Transaktion, erst dann abgeschlossen werden darf, wenn alle anderen Transaktionen, von denen diese Transaktion gelesen hat, bereits abgeschlossen sind. Eine Historie, die diese Forderung erfüllt wird als *recoveryfähig* (*recoverable*) bezeichnet und gehört der Klasse RC an.

(2) ACA: "*Avoids Cascading Aborts*"
Historien aus RC vermeiden keine kaskadierenden Abbrüche. Um auch kaskadierende Abbrüche vermeiden zu können, ist als weitere Forderung zu erfüllen, daß jede Transaktion nur Ergebnisse von abgeschlossenen Transaktionen liest. Historien, die diese Eigenschaft erfüllen, werden in der Klasse ACA zusammengefaßt.

(3) ST: "*Strict Execution*"
Aus praktischen Überlegungen heraus ist es wünschenswert, eine weitere Einschränkung vorzunehmen. Damit für das Rücksetzen einer Transaktion die veränderten Objekte mit dem Zustand vor Ausführung der Transaktion überschrie-

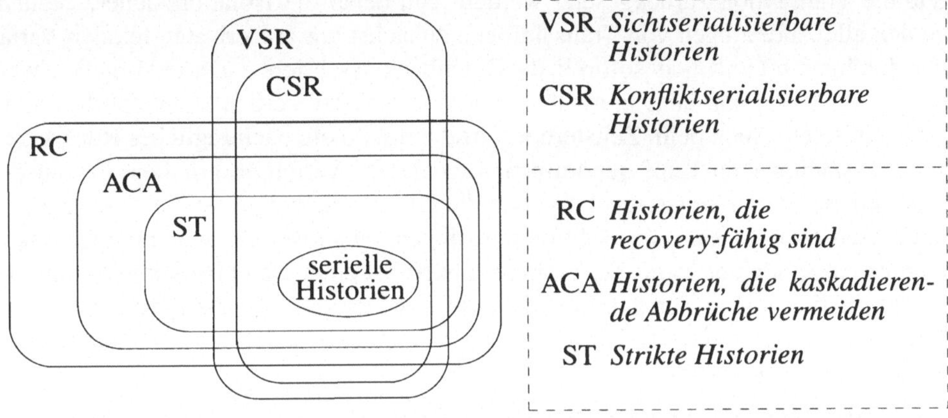

Abb. 2.10: Beziehungen zwischen verschiedenen Typen von Historien (nach [BHG87])

ben werden können (*Before Image*), muß gefordert werden, daß Objekte, die von einer Transaktion T verändert wurden, nicht von anderen Transaktionen verändert werden, bevor die Transaktion T abgeschlossen ist. Historien, die diese Eigenschaft erfüllen, werden als *strikte* Historien bezeichnet und gehören in die Klasse ST.

Das Verhältnis der verschiedenen Klassen von Historien untereinander wird in Abbildung 2.10 dargestellt. In [BHG87] werden die verschiedenen Inklusionen nachgewiesen. In einem Datenbanksystem, das die ACID-Eigenschaften von Transaktionen gewährleisten soll, muß über die Serialisierbarkeit von Historien hinaus mindestens die Recovery-Fähigkeit sichergestellt werden ([BHG87]). Historien, die in RC aber nicht in ACA und nicht in ST sind, führen nicht zwangsläufig zu einer Verletzung der ACID-Eigenschaften von Transaktionen, weil solche Historien nachträglich durch Transaktionsabbrüche korrigierbar sind. Historien, die nicht in RC sind, können dagegen nicht korrigiert werden, ohne die Dauerhaftigkeit von Transaktionen zu verletzen. Um die in diesem Abschnitt diskutierten Eigenschaften von Historien sicherstellen zu können, sind Maßnahmen zur Synchronisation und zur Recovery erforderlich, die im nachfolgenden Abschnitt behandelt werden.

2.5.2 Synchronisation und Recovery

Die Synchronisation nebenläufiger Transaktionen dient der Gewährleistung der Isolationseigenschaft von Transaktionen. Synchronisationsverfahren für Transaktionen können im wesentlichen in drei Klassen eingeteilt werden: *Sperrverfahren*, *optimistische Verfahren* und *Zeitstempelverfahren*[1]. Bei optimistischen Verfahren werden Transaktionen zunächst nicht synchronisiert, um dann im Rahmen der EOT-Behandlung zu überprüfen, ob die Transaktion eine zulässige Historie erzeugt oder nicht. Falls die Validierung ergibt, daß die Transaktion mit anderen Transaktionen konfligiert, so muß die Transaktion zurückgesetzt werden. Um dabei die Isolation sicherzustellen, werden alle Änderungen von Transaktionen zunächst nur auf privaten lokalen Variablen durchgeführt und nicht sofort in die Datenbank geschrieben. Diese Vorgehensweise ist in der Regel nur dann sinnvoll, wenn vorausgesetzt werden kann, daß Konflikte selten auftreten. Auch beim Zeitstempelverfahren wird ein nachträgliches Rücksetzen von Transaktionen in Kauf genommen. Bei diesem Verfahren erhalten sowohl die Transaktionen einen Zeitstempel als auch die Datenbankobjekte (je ein Lese- und ein Schreibzeitstempel). Eine Transaktion muß abgebrochen werden, wenn ihr Transaktionszeitstempel kleiner ist als der Schreibzeitstempel eines Datenbankobjekts, auf das die Transaktion zugegriffen hat. Eine Schreibtransaktion muß zusätzlich auch dann abgebrochen werden, wenn ihr Transaktionszeitstempel kleiner ist als der Lesezeitstempel des Datenbankobjekts.

In der Praxis spielen sowohl Zeitstempelverfahren als auch optimistische Verfahren eine eher untergeordnete Rolle. Üblicherweise werden zur Synchronisation sowohl in verteilten als auch in zentralisierten Datenbanksystemen Sperrverfahren verwendet, bei denen durch Blockieren von Transaktionen mit konfligierenden Operationen von vornherein serialisierbare Historien erzeugt werden. Bei blockierenden Verfahren können allerdings Verklemmungen auftreten.

Das einfachste Sperrverfahren sieht zwei Arten von Sperren vor: Lesesperren (*Shared*) und Schreibsperren (*Exclusive*). Bei jedem Lesezugriff ist zuvor eine Lesesperre beim Datenbanksystem anzufordern, während für einen Schreibzugriff eine Schreibsperre angefordert wird. Lesesperren sind untereinander verträglich, während Schreibsperren mit allen anderen Sperren konfligieren. Falls bei einer Sperranforderung ein Konflikt auftritt, wird die anfordernde Transaktion solange blockiert bis die Sperre gewährt werden kann. Ein Zugriff auf die Daten darf nur dann erfolgen, wenn eine entsprechende Sperre gewährt wurde. Um serialisierbare und strikte Historien zu erzeugen, ist es notwendig, diese Sperren bis zum Ende der Transaktion zu halten. In [EGL76] wird gezeigt, daß derartige Sperrverfahren, die Erzeugung strikter serialisierbarer Historien garantieren. In einer fehlerfreien Umgebung, in der Transaktionen nicht Scheitern können, ist es nicht erforderlich, Sperren bis zum Ende der Transaktion zu halten. Es muß jedoch mindestens die *Zweiphasigkeit* des Sperrprotokolls gefordert werden, um Nebenläufigkeitsanomalien zu vermeiden. Das bedeutet, in der ersten Phase der Transaktion dürfen nur Sperren angefordert werden und in der zweiten Phase der Transaktion dürfen nur Sperren freigegeben, aber keine neuen Sperren angefordert werden. Da eine fehlerfreie Betriebsumgebung nicht realisierbar ist, muß trotz zweiphasiger Sperrprotokolle bei der vorzeitigen Freigabe von Sperren mit

---

1. Eine ausführliche Diskussion der verschiedenen Methoden zur Synchronisation von Transaktionen in zentralisierten und in verteilten Systemen findet sich in [BHG87]. Gute Übersichten zu diesem Thema finden sich u.a auch in [GR93] und [Wei88]

Inkonsistenzen gerechnet werden. In diesem Zusammenhang können, je nachdem welche Sperren verfrüht freigegeben werden, verschiedene Konsistenzebenen unterschieden werden ([LS87]), auf die hier jedoch nicht mehr weiter eingegangen wird.

Sperrverfahren alleine genügen nicht, um die ACID-Eigenschaften für Transaktionen zu gewährleisten. Zusätzlich sind Verfahren zur Recovery (Wiederherstellung) erforderlich, damit auch Atomarität, Konsistenz und Dauerhaftigkeit im Falle eines Fehlers sichergestellt werden können. Üblicherweise unterscheidet man in zentralisierten Systemen Transaktionsfehler (Abbruch einer einzelnen Transaktion - z.B. wegen Division durch Null oder aufgrund einer Verklemmung), Systemfehler (Ausfall des Rechners mit Verlust des Hauptspeicherinhalts) und Medienfehler (Ausfall des Externspeichers). Je nach Fehlerfall müssen einzelne Transaktionen oder alle nicht abgeschlossenen Transaktionen (offene Transaktionen) zurückgesetzt werden. Für Transaktionen, die zum Zeitpunkt des Fehlers schon abgeschlossen waren, deren Ergebnisse aber noch nicht in die Datenbank eingebracht wurden, muß die Wiederholbarkeit gesichert werden, damit die Dauerhaftigkeit der Transaktionsergebnisse gewährleistet ist. Um diese Maßnahmen durchführen zu können, müssen entsprechende Protokollinformationen gesammelt werden. Recoverymaßnahmen auf der Basis des Transaktionskonzepts werden ausführlich in [HR83] diskutiert.

Um die Atomarität der Transaktionen sicherstellen zu können ist ein *Zweiphasen-Freigabeprotokoll* (2PC oder *2-Phase-Commit*) erforderlich, das dafür sorgt, daß alle von einer Transaktion gehaltenen Sperren erst dann freigegeben werden, wenn sichergestellt ist, daß die Transaktion zu einem erfolgreichen Ende kommt. In der ersten Phase dieses Protokolls wird durch Ausschreiben der Protokollinformation auf ein stabiles Speichermedium die Wiederholbarkeit der Transaktion gesichert. Anschließend wird durch Ausschreiben des EOT-Satzes das Ende der Transaktion festgeschrieben. In der zweiten Phase werden alle von der Transaktion gehaltenen Sperren freigegeben, und die Transaktion wird vollständig abgeschlossen.

Die bisherigen Ausführungen sollten zum Verständnis dieser Arbeit als knappe Einführung in das Transaktionskonzept genügen. Für eine vertiefte Behandlung des Transaktionskonzeptes wird auf [HR83], [GR93], [LS87] und [Wei88] verwiesen. Es wird außerdem darauf hingewiesen, daß hier nur sogenannte flache ACID-Transaktionen betrachtet wurden, die in heutigen kommerziellen Datenbanksystemen üblich sind. In der aktuellen Datenbankforschung hat es allerdings in den letzten zehn Jahren viele Bestrebungen gegeben, sog. erweiterte Transaktionsmodelle zu entwickeln, die insbesondere den Anforderungen langandauernder und kooperativer Aktivitäten gerecht werden sollen. In [Elm92] wird eine ganze Reihe derartiger erweiterter Transaktionsmodelle vorgestellt.

2.5.3   Verteilte Transaktionsverarbeitung

Eine verteilte Transaktion ist eine ACID-Transaktion, an deren Bearbeitung mehrere Rechner mit jeweils lokalem Transaktionsmanager involviert sind. Der lokale Transaktionsmanager sorgt für die Einhaltung der ACID-Transaktionseigenschaften am jeweiligen Knoten, ohne sich um andere Knoten zu kümmern. Zur globalen Koordination der beteiligten lokalen Transaktionsmanager ist ein übergeordneter verteilter Transaktionsmanager erforderlich (*DTM - Distributed Transaction Manager*). Dieser verteilte Transaktionsmanager ist ein verteiltes Programm, das an jedem Knoten einen Agenten besitzt, der für die Abwicklung der jeweils lokalen Teiltransaktionen über den lokalen Transaktionsmanager (LTM) zuständig ist. In Abbildung 2.11 wird eine entsprechende Referenzarchitektur für die verteilte Transaktionsverarbeitung gezeigt, auf die nachfolgend näher eingegangen wird.

Die verschiedenen Agenten des DTM tauschen untereinander Nachrichten aus, um eine wechselseitige Koordination zu ermöglichen. Ziel dieser Koordination ist die Sicherstellung der Atomarität und der globalen Serialisierbarkeit verteilter Transaktionen. Das bedeutet, daß beim Abbruch der globalen (verteilten Transaktion) auch alle lokalen Teiltransaktionen abgebrochen werden müssen und umgekehrt, daß die globale Transaktion nur dann erfolgreich abgeschlossen werden kann, wenn auch alle Teiltransaktionen erfolgreich abgeschlossen werden konnten. Um dies zu ermöglichen, muß die Schnittstelle der lokalen Transaktionsmanger so erweitert werden, daß neben *BOT, COMMIT* und *ABORT* auch eine Operation *Prepare_To_Commit* angeboten wird. Diese Operation soll zusichern, daß die lokale Teiltransaktion erfolgreich abgeschlossen werden kann, wobei aber auch die Möglichkeit des Zurücksetzens noch offengehalten wird. Der DTM-Agent des Rechnerknotens, an dem eine verteilte Transaktion gestartet wird, übernimmt die Koordination der verteilten Transaktion und wird als *Koordinator* bezeichnet (Im Beispiel in Abbildung 2.11 ist dies der DTM-Agent$_1$).

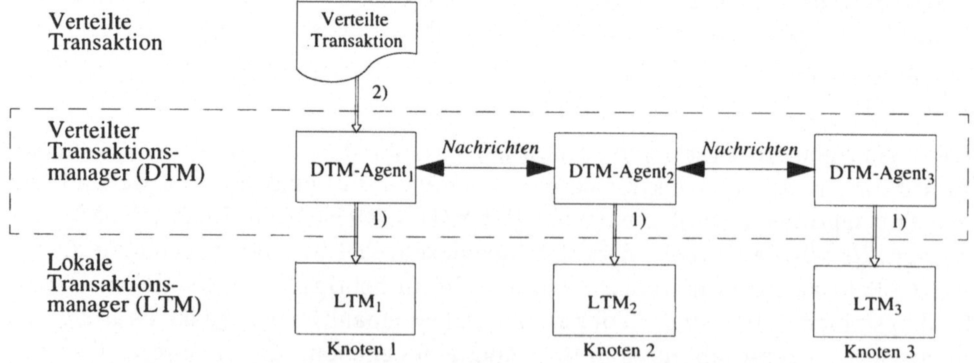

1)   Schnittstelle 1:   BOT, Commit, Abort, Prepare_To_Commit
2)   Schnittstelle 2:   BOT, Commit, Abort

Abb. 2.11: Referenzarchitektur der verteilten Transaktionsverarbeitung ([Wed94])

Ausgehend vom Koordinator werden Teiltransaktionen an anderen Rechnerknoten initiiert. Muß die verteilte Transaktion zurückgesetzt werden, so veranlaßt der Koordinator, daß alle beteiligten Teiltransaktionen ebenfalls zurückgesetzt werden.

In heterogenen Systemumgebungen werden die lokalen Transaktionsmanager auch allgemein als *Ressourcenmanager* bezeichnet ([GR93]), wodurch zum Ausdruck gebracht werden soll, daß neben homogenen lokalen Datenbanksystemen auch heterogene Datenbanksysteme und sogar Dateiverwaltungssysteme von der Einbindung in die verteilte Transaktionsverarbeitung nicht ausgeschlossen werden sollen. Um eine transparente Einbindung derartiger heterogener Komponenten durch einen verteilten Transaktionsmanager zu ermöglichen, ist eine Normierung der erwähnten Schnittstelle der lokalen Transaktionsverwaltung erforderlich. Ein entsprechender Standard wird durch X/Open DTP bereitgestellt (Abschnitt 2.1.3).

2.5.3.1 Synchronisation verteilter Transaktionen

Bei der Synchronisation nebenläufiger verteilter Transaktionen sind gegenüber dem zentralisierten Fall erweiterte Konzepte erforderlich. Überträgt man die Korrektheitskriterien zentralisierter Datenbanken auf die verteilte Transaktionsverarbeitung, so ist das Ziel der Synchronisation die globale Serialisierbarkeit verteilter Transaktionen. Die lokale Serialisierbarkeit auf den beteiligten Knoten garantiert allerdings noch keine globale Serialisierbarkeit, wie das nachfolgende Beispiel einer partitionierten Datenbank mit zwei Knoten K_1 und K_2 zeigt:

Beispiel: gegeben: Knoten K_1 mit Objekt x und Knoten K_2 mit Objekt y

       Transaktionen: $T_1:\{R_1(x); W_1(x); R_1(y); W_1(y)\}$

                                       $T_2:\{R_2(x); W_2(x); R_2(y); W_2(y)\}$

       Historie an K_1: $R_1(x); W_1(x); R_2(x); W_2(x)$

       Historie an K_2: $R_1(y); W_2(y); R_1(y); W_1(y);$

In diesem Beispiel sind die lokalen Historien an jedem Knoten seriell, aber aus globaler Sicht sind die Transaktionen T_1 und T_2 nicht serialisierbar. Es reicht somit nicht aus, die lokalen Teiltransaktionen auf den einzelnen Knoten zu serialisieren, vielmehr muß ein Synchronisationsverfahren, das die globale Serialisierbarkeit verteilter Transaktionen sicherstellen soll, knotenübergreifend arbeiten, damit die verteilte Transaktion als Ganzes gehandhabt werden kann.

Prinzipiell können zur Synchronisation verteilter Transaktionen die gleichen Techniken verwendet werden, wie im zentralisierten Fall. Wird jedoch auf replizierte Daten zugegriffen, so reichen die bisher diskutierten Synchronisationsmethoden nicht mehr aus. Das Korrektheitskriterium Serialisierbarkeit ist so zu erweitern, daß die Kriterien zur wechselseitigen Konsistenz replizierter Daten explizit berücksichtigt werden. Zu den Verfahren der *Nebenläufigkeitskontrolle* (z.B. Sperrverfahren) müssen dann zusätzlich Verfahren der *Replikationskontrolle* in die Synchronisation verteilter Transaktionen mit aufgenommen werden, um die Replikationskonsistenz sicherzustellen.

Das erweiterte Korrektheitskriterium One-Copy-Serialisierbarkeit sowie verschiedene Verfahren zur Replikationskontrolle werden in Kapitel 3 eingehend diskutiert und werden somit an dieser Stelle zurückgestellt.

2.5.3.2   Fehlerfälle bei der verteilten Transaktionsverarbeitung

Die Fehlersituationen, die in verteilten Datenbanksystemen auftreten können, sind wesentlich schwieriger zu handhaben als die Fehler in zentralisierten Datenbanksystemen. Systemfehler in zentralisierten Datenbanksystemen haben beispielsweise eine vollständige Einstellung der transaktionalen Verarbeitung und eine kontrollierte Wiederherstellung aller abgeschlossenen Transaktionen zur Folge. In verteilten Systemen dagegen können *partielle Ausfälle* auftreten. Ein partieller Ausfall liegt vor, wenn ein oder mehrere Knoten ausgefallen sind, während andere Knoten weiterhin betriebsbereit bleiben. Ein *Totalausfall* tritt nur dann auf, wenn alle Rechnerknoten ausgefallen sind. Durch die explizite Berücksichtigung partieller Ausfälle bei der verteilten Transaktionsverarbeitung kann zwar einerseits die Zuverlässigkeit und Verfügbarkeit des verteilten Systems erhöht werden, anderseits wird die Fehlerbehandlung bei verteilten Transaktionen erheblich erschwert. Partielle Ausfälle und Totalausfälle werden unter dem Stichwort *Knotenfehler* subsumiert.

Neben Knotenfehlern treten in verteilten Systemen vor allem auch *Kommunikationsfehler* auf. Übertragungsfehler, die zu verfälschten oder doppelten Nachrichten oder sogar zum Verlust einzelner Nachrichtenpakete führen, müssen an dieser Stelle nicht mehr berücksichtigt werden, weil davon auszugehen ist, daß derartige Fehler im Rahmen des Kommunikationsprotokolls (Abschnitt 2.1.3) in geeigneter Weise behandelt werden. Darüber hinaus kann auch vorausgesetzt werden, daß die Kommunikation zwischen zwei Rechnerknoten solange stattfinden kann, wie es noch mindestens eine Verbindung zwischen den beiden Rechnern gibt. Dennoch kann durch Ausfälle von Kommunikationskanälen und durch Systemausfälle die Kommunikationsverbindung zwischen zwei betriebsbereiten Knoten unterbrochen werden. Tritt eine solche Situation ein, so spricht man von einer *Netzwerkpartitionierung*. Dieser Fehlerfall kann dadurch charakterisiert werden, daß die Menge der betriebsbereiten Rechnerknoten in disjunkte Partitionen aufgeteilt wird, wobei jeder Knoten nur mit den Knoten innerhalb der eigenen Partition kommunizieren kann. Als Folge von Netzwerkpartitionierungen oder Knotenfehlern kann es vorkommen, daß Nachrichten nicht zustellbar sind. Dies muß bei der Synchronisation und der atomaren Freigabe verteilter Transaktionen mit berücksichtigt werden.

Aufbauend auf dem in Abbildung 2.11 gezeigten Referenzmodell wird im folgenden die atomare Freigabe und die Synchronisation verteilter Transaktionen unter Berücksichtigung der hier vorgestellten Fehlersituationen diskutiert.

2.5.3.3   Koordination verteilter Transaktionen und verteilte Freigabeprotokolle

Wie im zentralisierten Fall ist auch bei verteilten Transaktionen ein Zweiphasen-Freigabeprotokoll erforderlich, um die Atomarität und die Dauerhaftigkeit der verteilten Transaktion zusichern zu können. Im verteilten Fall muß im Rahmen der ersten Phase dieses Protokolls allerdings zusätzlich eine Abstimmung der beteiligten DTM-Agenten erfolgen, in der festgelegt wird, ob die Transaktion erfolgreich abgeschlossen werden kann oder zurückgesetzt werden muß. Dazu schickt der Koordinator zunächst eine Nachricht *prepare* an alle beteiligten Teilnehmer. Jeder Teilnehmer teilt dem Koordinator nach Erhalt dieser Nachricht die lokale *Commit/Abort*-Entscheidung mit. Die erste Phase des Protokolls wird abgeschlossen, sobald der Koordinator entschieden hat, ob die Transaktion zurückzusetzen ist oder nicht. Nur dann, wenn alle Teilnehmer einschließlich des Koordinators für *Commit* gestimmt haben, kann die Transaktion erfolgreich abgeschlossen werden, andernfalls entscheidet der Koordinator, daß die Transaktion zurückzusetzen ist. In der zweiten Phase wird die Entscheidung des Koordinators allen Teilnehmern mitgeteilt. Das entsprechende verteilte Protokoll wird mit Hilfe von Zustandsübergangsdiagrammen in Abbildung 2.12 dargestellt.

Sofern keine Fehler auftreten, kann durch das verteilte Zweiphasen-Freigabeprotokoll (auch *"Two-Phase-Commit"* oder *2PC*), so wie es bisher beschrieben wurde, eine atomare Freigabe verteilter Transaktionen sichergestellt werden. Um auch bei Auftreten von Netzwerkpartitionierungen und Knotenfehlern zusichern zu können, daß alle Teiltransaktionen koordiniert beendet werden, sind zusätzliche Maßnahmen zu treffen. Dabei ist in erster Linie zu berücksichtigen, daß 2PC ein blockierendes Protokoll ist, d.h. es können Situationen auftreten in denen entweder Koor-

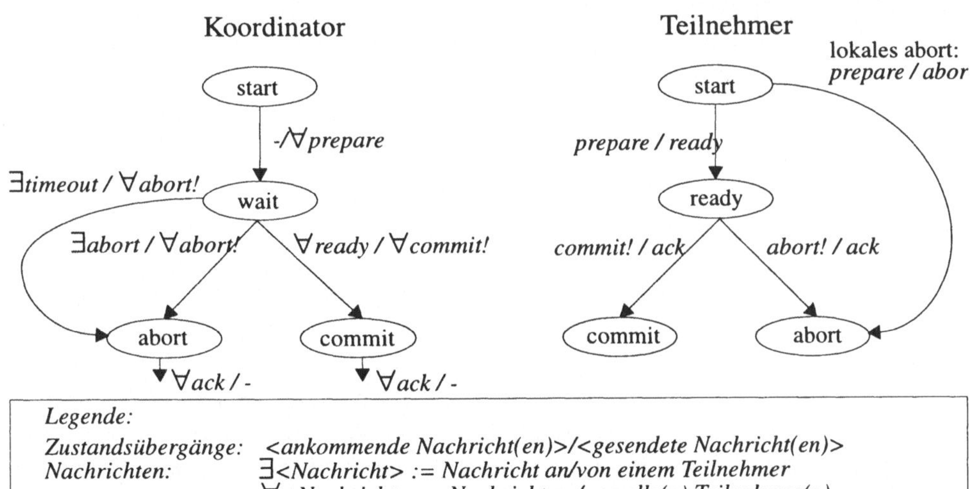

Abb. 2.12: Zustandsübergänge im verteilten 2PC (nach [CP85])

dinator bzw. Teilnehmer blockiert werden, um auf Nachrichten von anderen Knoten zu warten. Durch Knotenfehler oder Netzwerkpartitionierung kann dadurch der Fall eintreten, daß ein blockierter Prozeß die Nachrichten, die er erwartet, nicht erhält. Dabei können die folgenden kritischen Fälle unterschieden werden:

(1) Der Koordinator hat die *prepare*-Nachrichten verschickt und wartet auf Antwort der Teilnehmer. Der Koordinator könnte nun solange blockiert werden, bis alle Teilnehmer ihre jeweilige Commit-Entscheidung getroffen haben, so daß die globale Entscheidung auch getroffen werden kann. Falls zwischenzeitlich jedoch Fehler aufgetreten sein sollten, würden bei dieser Vorgehensweise allerdings sowohl der Koordinator als auch alle Teilnehmer unnötig lange blockiert. Aus diesem Grunde wird in dieser Situation meist ein *Timeout* verwendet. Wenn der Koordinator innerhalb einer vorgegebenen Zeitspanne nicht alle erwarteten Nachrichten erhalten hat, geht er von einer Fehlersituation aus und entscheidet, daß die Transaktion zurückgesetzt wird.

(2) Ein Teilnehmer hat für die lokale Teiltransaktion die Commit/Abort-Entscheidung bereits getroffen und wartet zum endgültigen Abschließen der Transaktion nun auf die globale Commit/Abort-Entscheidung. Sobald ein Teilnehmer seine lokale Commit/Abort-Entscheidung an den Koordinator abgeschickt hat, hat er keinen Einfluß mehr auf den Ausgang der Transaktion. Falls der Teilnehmer mit *Abort* gestimmt hat, kann er davon ausgehen, daß die Transaktion zurückgesetzt wird. Hat der Teilnehmer jedoch mit *Commit* gestimmt, so tritt er in eine *Unsicherheitsphase* ein, die solange andauert bis er die Entscheidung des Koordinators in Erfahrung gebracht hat. Während dieser Unsicherheitsphase muß der Teilnehmer in jedem Fall blockiert werden, weil die lokale Teiltransaktion nur in Übereinstimmung mit der Entscheidung des Koordinators freigegeben oder zurückgesetzt werden darf. Tritt während der Unsicherheitsphase ein Fehler ein, so daß die Nachricht vom Koordinator den Teilnehmer nicht erreicht, bleibt der Teilnehmer solange blockiert, bis der Fehler behoben ist und die Commit/Abort-Entscheidung vom Koordinator erfragt werden konnte.

Die beiden aufgeführten Fälle sind nicht dazu gedacht, eine ausführliche Beschreibung der Recovery beim verteilten Zweiphasen-Freigabeprotokoll zu geben, sondern dienen vielmehr dazu, die charakteristischen blockierenden Eigenschaften des Protokolls zu verdeutlichen. Eine ausführliche Beschreibung der zur Recovery erforderlichen Protokollinformation und eine explizite Unterscheidung der Maßnahmen in verschiedenen Fehlerfällen ist beispielsweise in [BHG87] oder in [CP85] zu finden. Verschiedene Implementierungsvarianten und Optimierungsmöglichkeiten werden in [GR93] beschrieben. Die wichtigsten Eigenschaften des verteilten Zweiphasen-Freigabeprotokolls werden nachfolgend zusammenfassend aufgelistet.

- *Fehlertoleranz*:
  Das Zweiphasen-Freigabeprotokoll toleriert sowohl Netzwerkpartitionierungen als auch Knotenfehler. Voraussetzung dazu ist, daß keine Protokollinformation verloren geht ([CP85]). Beim Wiederanlauf nach einem Knotenausfall muß der Zustand unterbrochener Transaktionen der Protokollinformation entnommen werden. Bei Teiltransaktionen, die sich zum Zeitpunkt des Knotenausfalls in der Unsicherheitsphase befanden, muß zur Recovery sogar die Protokollinformation anderer Knoten herangezogen werden, um die Commit/Abort-Entscheidung des Koordinators in Erfahrung zu bringen.

- *Blockierung*:
  Da Teiltransaktionen, die sich in der Unsicherheitsphase befinden, nicht abgeschlossen werden können bevor sie die globale Commit/Abort-Entscheidung erfahren haben, können bei Fehlerfällen die von diesen Transaktionen gesperrten Ressourcen unter Umständen unnötig lange blockiert werden. Desweiteren ist zum erfolgreichen Abschluß einer verteilten Transaktion bei Verwendung von 2PC unbedingt erforderlich, daß jeder Teilnehmer mindestens so lange mit dem Koordinator in Verbindung steht, bis dieser die *Commit* Nachricht des jeweiligen Teilnehmers bekommen hat.

- *Komplexität*:
  Sofern keine Fehler auftreten erfordert die Abwicklung des verteilten 2PC drei Nachrichtenrunden (1. *prepare*-Nachrichten vom Koordinator, 2. lokale Entscheidung der Teilnehmer, 3. Bekanntmachung des globalen Ergebnisses). Im Fehlerfall können zwei weitere Runden dazu kommen (1. Erfragen des globalen Ergebnisses, 2. Antwort auf Anfragen). Bei n Teilnehmern (ohne Koordinator) werden somit im fehlerfreien Fall $3*n$ Nachrichten verschickt.

Um den Nachteil der langfristigen Blockierung von Ressourcen durch Teiltransaktionen in der Unsicherheitsphase zu vermeiden, oder zumindest auf bestimmte Fehlerfälle einzuschränken, werden in der Literatur weitere atomare Freigabeprotokolle mit drei und mehr Phasen vorgestellt. Derartige Protokolle ermöglichen zwar eine Vermeidung der Blockierung bei Knotenfehlern, dies geht jedoch auf Kosten zusätzlicher Nachrichtenrunden. Zur Vertiefung von Mehrphasen-Freigabeprotokollen, wie dem Dreiphasen-Freigabeprotokoll, wird auf die entsprechende Literatur verwiesen ([BHG87]).

Die Vorschrift, die festlegt wer mit wem Nachrichten auszutauschen hat, bezeichnet man als *Kommunikationstopologie*. Bisher wurde als Kommunikationstopologie für das verteilte 2PC ein Baum der Höhe eins angenommen, wobei der Koordinator die Wurzel bildet. Das bedeutet alle Teilnehmer tauschen nur mit dem Koordinator Nachrichten aus und nicht untereinander. Eine Verallgemeinerung dieser Kommunikationstopologie bilden die hierarchischen 2PC-Protokolle, bei denen die Kommunikationstopologie eine beliebige Baumstruktur sein kann, wodurch eine entsprechende baumartige Transaktionsstruktur in natürlicher Weise reflektiert werden kann. Jeder innere Knoten des Baumes fungiert als Koordinator für die unmittelbaren Nachfolger und als Teilnehmer für den unmittelbaren Vorgänger im Baum. Die Wurzel des Baumes repräsentiert den Koordinator der globalen verteilten Transaktion. Andere Kommunikationstopologien werden im *linearen 2PC* und im *dezentralen 2PC* verwendet. Das lineare 2PC ([Rah94], [BHG87]) erlaubt eine Reduzierung der Zahl der zu versendenden Nachrichten, indem alle Teilnehmer der verteilten Transaktion in einer Kette angeordnet werden und jeweils nur mit dem Vorgänger und dem Nachfolger in der Kette Nachrichten austauschen. Beim dezentralen 2PC kann dagegen die Zahl der erforderlichen Nachrichtenrunden im fehlerfreien Fall auf zwei Runden reduziert werden, indem jeder Teilnehmer die lokale Commit/Abort-Entscheidung an alle anderen Teilnehmer sendet, so daß die globale Entscheidung an jedem Knoten lokal getroffen werden kann ([BHG87]).

2.5.4   Handhabung von Verklemmungen

Wie bereits zuvor angedeutet wurde, kann die Synchronisation von Transaktionen auf der Basis von Sperrverfahren zu Verklemmungen führen. Eine Verklemmung kann entstehen wenn Transaktionen Sperren halten und gleichzeitig Sperren anfordern, die von anderen Transaktionen gehalten werden. Die anfordernde Transaktion wird dann blockiert und wartet auf die Freigabe der angeforderten Sperre. Die Transaktionen, die auf andere Transaktionen warten, können mit Hilfe eines Wartegraphen dargestellt werden *(Wait For Graph - WFG)*. Jede Transaktion wird durch einen Knoten in diesem Graphen repräsentiert. Wartet eine Transaktion T_i auf Sperren die von einer Transaktion T_j gehalten werden, dann wird in den Wartegraphen eine entsprechende gerichtete Kante zwischen den Knoten T_i und T_j eingetragen. Eine Verklemmung liegt dann vor, wenn eine zyklische Wartesituation auftritt, das heißt wenn der Wartegraph einen Zyklus enthält.

Wartegraphen können benutzt werden, um Verklemmungen zu erkennen. Wird eine Verklemmung erkannt, so muß mindestens eine Transaktion, die an dem Zyklus beteiligt ist, ihre Sperren freigeben und zurückgesetzt werden. In verteilten Systemen ist die Situation etwas komplexer als in zentralisierten Systemen. Dies liegt daran, daß die Transaktionen, die an einem Wartezyklus beteiligt sind, möglicherweise auf verschiedenen Knoten ausgeführt werden. Aus diesem Grund reichen knotenlokale Wartegraphen in verteilten Systemen auch nicht aus, um Verklemmungen erkennen zu können. Vielmehr ist ein globaler Wartegraph erforderlich, der durch zusätzliche knotenübergreifende Kanten aus der Gesamtheit aller knotenlokalen Wartegraphen entsteht. In Abbildung 2.13 ist dazu ein Beispiel gegeben. Obwohl in diesem Beispiel die lokalen Wartegraphen an den Knoten A und B jeweils keinen Zyklus enthalten gibt es im globalen Wartegraphen einen Zyklus: T_1 wartet auf T_3, T_3 wartet auf T_5, T_5 wartet auf T_4 und T_4 wartet auf T_1.

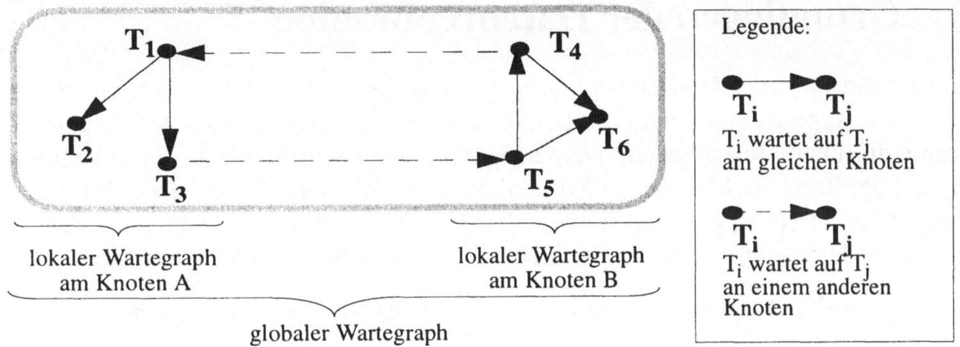

Abb. 2.13: Globaler Wartegraph zur Erkennung von Verklemmungen

Verklemmungen können auf verschiedene Weise behandelt werden. Eine Methode besteht darin, von vorneherein zu vermeiden, daß Verklemmungen entstehen können. Dies kann beispielsweise dadurch erreicht werden, daß Transaktionen alle benötigten Sperren gemeinsam anfordern (*Preclaiming*). Die Sperren werden nur gemeinsam oder gar nicht gewährt. Auf diese Weise kann es nicht vorkommen, daß eine Transaktion Sperren hält und gleichzeitig weitere Sperren anfordert. Preclaiming ist allerdings eine Methode, die die Nebenläufigkeit von Transaktionen unter Umständen stark einschränkt und wird daher üblicherweise nicht verwendet.

Andere Methoden beruhen darauf, eine Verklemmung zu erkennen und gegebenenfalls eine der beteiligten Transaktionen (nach Möglichkeit diejenige, die den geringsten Verlust bedeutet) zurückzusetzen. Dies kann beispielsweise mit Hilfe globaler Wartegraphen geschehen. Eine weitere häufig verwendete Methode zur Auflösung von Verklemmungen besteht darin, eine maximale Wartezeit für die Gewährung von Sperranforderungen einzuräumen (*Timeout*). Ist der Timeout abgelaufen, ohne daß die Sperre gewährt wurde, so geht man von einer Verklemmung aus und setzt die entsprechende Transaktion zurück. Die Bestimmung der Zeitspanne, die für den Timeout verwendet wird, ist dabei sehr kritisch. Wählt man den Timeout zu kurz, so werden möglicherweise Transaktionen zurückgesetzt, obwohl gar keine Verklemmung vorliegt. Wählt man den Timeout dagegen zu lang, so werden die gesperrten Ressourcen unnötig lange blockiert.

Ein Überblick über weitere Verfahren zur Handhabung von Verklemmungen in verteilten Datenverwaltungssystemen wird beispielsweise in [ÖV91] und [Kud92] gegeben. Auf die Besonderheiten bezüglich möglicher Verklemmungen, die bei der Synchronisation von Zugriffen auf replizierte Daten auftreten, wird im nachfolgenden Kapitel noch einmal kurz eingegangen.

3 Grundlagen der Datenreplikation

Ausgehend von einer Analyse der logischen Grundlagen der Datenreplikation werden in diesem Kapitel zunächst die Zielsetzungen und Randbedingungen der Datenreplikation diskutiert. Anschließend werden Verfahren zur Synchronisation von Replikaten auf der Basis des klassischen Korrektheitskriteriums One-Copy-Serialisierbarkeit vorgestellt. Dieses Kapitel bildet damit die Grundlage für die anwendungsbezogenen Konzepte der Datenreplikation, die im nachfolgenden Kapitel erörtert werden.

3.1 Begriffsbestimmungen und logische Grundlagen

Im Zusammenhang mit der Replikation von Daten spricht man häufig auch von redundanter Datenhaltung und abgeleiteten Daten. In diesem Abschnitt werden diese Begriffe gegeneinander abgegrenzt. Desweiteren soll die Replikation von Daten in Anlehnung an [JW90] durch Zurückführung auf *Gleichheitsrelationen* logisch rekonstruiert werden. Um die Begriffe *"Replikat"*, *"abgeleitete Daten"* und *"redundante Daten"* voneinander unterscheiden zu können, ist zunächst einmal eine klare Trennung von logischen und physischen Daten zu treffen. Nachfolgend ist gemäß dieser Unterscheidung auch von der *"logischen Ebene"* und der *"physischen Ebene"* die Rede.

Auf der logischen Ebene ist eine Datenbank durch eine Menge von logischen Datenobjekten definiert, die in ihrer Gesamtheit einen Ausschnitt der realen Welt beschreiben. Jedes logische Objekt für sich genommen, beschreibt gleichfalls einen Ausschnitt der realen Welt, der nachfolgend als *Gegenstand* bezeichnet wird. Ein zu beschreibender Gegenstand kann alles sein, was *benennbar* ist. Die Beschreibung eines Gegenstands erfolgt in Form von Aussagen. Jede Aussage stellt einen Sachverhalt dar und besitzt die Form x ε P. Dabei ist x ein Nominator, der einen Gegenstand benennt, und P ein Prädikator, der dem Gegenstand x eine bestimmte *Eigenschaft* zuschreibt. Das Zeichen "ε", auch als *"Kopula"* bezeichnet, verknüpft Nominator und Prädikator und wird im Deutschen üblicherweise mit "ist" übersetzt. Ein Beispiel für eine solche Aussage ist der Satz "Der Apfel ist grün". Der Nominator "Der Apfel" benennt einen Gegenstand, dem die Eigenschaft "grün" zugesprochen wird. Die Aussage x ε P wird nachfolgend auch vereinfachend als P(x) notiert. Für eine vertiefte Einführung in die Darstellung von Sachverhalten mittels elementarer Aussagen wird auf [KL73] und [Wed92] verwiesen.

Auf der Basis der bisherigen Ausführungen kann der Begriff *"logisches Datenobjekt"* oder auch *"logisches Datum"* folgendermaßen definiert werden:

Definition 3.1: logisches Datenobjekt:
Ein logisches Datenobjekt beschreibt eine Menge von Aussagen zur Darstellung von Sachverhalten, die sich auf denselben Gegenstand der realen Welt beziehen. Die Menge der Aussagen, die zu einem Zeitpunkt durch das logische Objekt beschrieben werden, ist der momentane Wert des logischen Objektes. Der Wertebereich eines logischen Objektes ist die Menge der zulässigen Werte. Der momentane Wert ist immer ein Element des Wertebereiches.

Um die Identität zweier logischer Datenobjekte zu beschreiben, muß auf die obige Definition eines logischen Datenobjektes wieder Bezug genommen werden:

Definition 3.2: Identität logischer Datenobjekte:
Zwei logische Datenobjekte sind identisch, wenn sie denselben Gegenstand der realen Welt beschreiben, denselben Wertebereich haben und zu jedem Zeitpunkt denselben momentanen Wert besitzen.

Da nachfolgend *nicht* die Gleichheit im Sinne der Objektidentität betrachtet werden soll, sei im folgenden angenommen, daß jedes logische Objekt durch eine eindeutige Objektidentifikation (OID) bezeichnet wird. Zwei verschiedene Identifikatoren bezeichnen dann auch zwei logisch verschiedene Objekte. Dies schließt die *Wertgleichheit* und die *semantische Äquivalenz* zweier logischer Objekte nicht aus. Zwei logische Objekte mit gleichen momentanen Werten werden als *wertgleich* bezeichnet. Zwei wertgleiche Objekte sind nicht notwendigerweise auch semantisch äquivalent. Auch handelt es sich bei der Wertgleichheit nicht um eine Form der Redundanz. Die semantische Äquivalenz ist dagegen sehr wohl eine Form der Redundanz.

Definition 3.3: Semantische Äquivalenz:
Zwei verschiedene logische Datenobjekte x und y sind semantisch äquivalent ($x \cong_s y$), wenn sie dieselben Sachverhalte der realen Welt darstellen.

Beispielsweise sind "*Temperatur in Celsius*" und "*Temperatur in Fahrenheit*" zwei logisch verschiedene Objekte, weil sie unterschiedliche Wertebereiche haben, aber diese beiden logischen Objekte sind dennoch semantisch äquivalent, weil sie denselben Sachverhalt der realen Welt beschreiben. Die semantische Äquivalenz kann weiterhin dadurch gekennzeichnet werden, daß es eine Berechnungsvorschrift gibt, die den momentanen Wert eines Objektes in den momentanen Wert eines semantisch äquivalenten Objektes überführt. Die semantische Äquivalenz besitzt alle Eigenschaften einer Äquivalenzrelation, das heißt die Relation "$\cong_s$" ist reflexiv ($x \cong_s x$), transitiv ($x \cong_s y$, $y \cong_s z \Rightarrow x \cong_s z$) und symmetrisch ($x \cong_s y \Rightarrow y \cong_s x$).

Die semantische Äquivalenz ist eine besondere Form *abgeleiteter Daten*. Allgemein können abgeleitete Daten folgendermaßen charakterisiert werden:

Definition 3.4: Abgeleitete Datenobjekte:
Ein abgeleitetes Datenobjekt ist ein logisches Datenobjekt, dessen momentaner Wert sich aufgrund von Berechnungsvorschriften teilweise oder vollständig aus den Werten anderer logischer Datenobjekte ableiten läßt.

So läßt sich beispielsweise aus dem *Preis* eines Produktes und der *Menge* der verkauften Exemplare der *Umsatz* berechnen (*Umsatz = Preis * Menge*). Sind Preis, Menge und Umsatz jeweils logische Objekte in der Datenbank, so läßt sich der Wert eines der Objekte jeweils aus den Werten der beiden anderen Objekte herleiten. Ein anderes Beispiel für abgeleitete Daten sind aggregierte (verdichtete) Daten. Hierbei ist ein logisches Datenobjekt über eine Aggregationsfunktion (z.B. Durchschnitt, Summe, Maximum, Minimum, Anzahl etc.) funktional abhängig von einer Gruppe anderer logischer Datenobjekte. Es ließen sich viele weitere Beispiele für derartige Abhängigkeiten zwischen verschiedenen logischen Objekten finden. Wichtig ist an dieser Stelle nur die Feststellung, daß es sich bei allen genannten Formen abhängiger Daten um *Redundanz* zwischen logischen Datenobjekten handelt. In den Lehrbüchern zum Datenbankentwurf wird üblicherweise gefordert, daß diese Formen der Redundanz nach Möglichkeit zu vermeiden sind. In [Dat94] wird dies beispielsweise durch das elementare Entwurfsprinzip für konzeptionelle Datenbankschemata *"one fact in one place"* zum Ausdruck gebracht. Dennoch kann es in Einzelfällen sinnvoll sein, redundante Datenobjekte in der Datenbank abzulegen, um beispielsweise bestimmten Anwendungsanforderungen gerecht werden zu können, worauf hier jedoch nicht mehr weiter eingegangen werden soll.

Abgeleitete Datenobjekte und semantisch äquivalente Datenobjekte sind Beispiele für redundante logische Datenobjekte. Allgemein weist eine Menge logischer Datenobjekte immer dann Redundanz auf, wenn der gleiche Ausschnitt der realen Welt auch dann noch beschrieben werden kann, wenn einzelne Datenobjekte oder Teile von Datenobjekten weggelassen werden.

Im Gegensatz zur Redundanz auf der logischen Ebene, bezieht sich die Replikation von Datenobjekten ausschließlich auf die physische Repräsentation logischer Objekte.

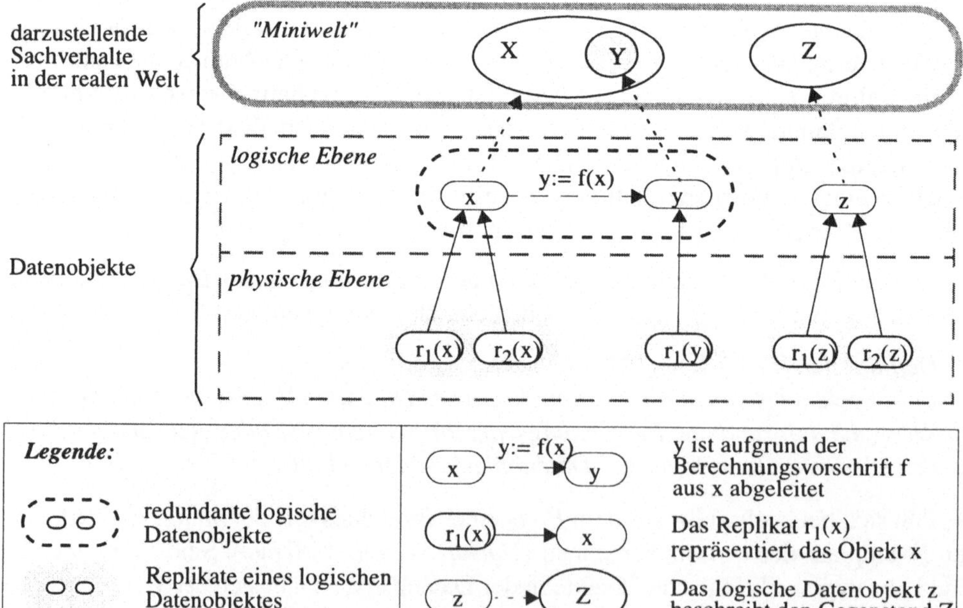

Abb. 3.1: Abgeleitete, redundante und replizierte Daten

Definition 3.5: Replikation:
Ein logisches Datenobjekt ist repliziert, wenn es mehrere physische Ausprägungen besitzt. Jede physische Ausprägung $r_i(x)$ eines logischen Datenobjektes x ist gekennzeichnet durch den Rechnerknoten L_i, an dem sie abgespeichert ist. Darüber hinaus hat jede physische Ausprägung $r_i(x)$ stets denselben Wertebereich wie das zugehörige logische Objekt x. Die Anzahl der physischen Ausprägungen eines Objektes x wird als Replikationsgrad von x bezeichnet.

Der momentane Wert eines physischen Objektes $r_i(x)$ ist *gültig*, wenn er identisch ist mit dem momentanen Wert des zugehörigen logischen Objektes x. Die Unterschiede zwischen Redundanz auf der logischen Ebene und Datenreplikation werden in Abbildung 3.1 graphisch dargestellt. Der Ausschnitt der realen Welt, der auf eine Datenbank abgebildet werden soll, wird üblicherweise als "Miniwelt" bezeichnet. Die Abbildung soll zeigen, daß redundante logische Datenobjekte keine disjunkten Sachverhalte der realen Welt beschreiben. Vor allem soll jedoch verdeutlicht werden, daß Replikate eines Objektes stets denselben Sachverhalt der realen Welt repräsentieren. Es kann daher nicht verschiedene Replikate eines logischen Objektes mit unterschiedlichen gültigen momentanen Werten geben. Zwei physische Datenobjekte, die zum gleichen Zeitpunkt unterschiedliche *gültige* Werte besitzen, müssen zu verschiedenen logischen Objekten gehören, weil ein logisches Objekt zu einem Zeitpunkt nur einen gültigen Wert haben kann.

Zwischen je zwei Replikaten $r_1(x)$ und $r_2(x)$ eines logischen Objektes x gilt eine logische Gleichheitsbeziehung $r_1(x) \cong r_2(x)$, wobei zwischen *"totaler Gleichheit"* ($\cong_{total}$) und *"partieller Gleichheit"* ($\cong_{partiell}$) unterschieden werden kann ([JW90]). Die totale Gleichheit ist durch folgende Eigenschaften charakterisiert:

- *Reflexivität*:
  $r_i(x) \cong_{total} r_i(x)$
- *Substituierbarkeit*:
  $[r_1(x) \cong_{total} r_2(x) \wedge A(r_1(x))] \Rightarrow A(r_2(x))$

Die zweite Eigenschaft besagt, daß jede Aussage A, die für $r_1(x)$ gilt, auch für jedes total gleiche $r_2(x)$ gelten muß. Dabei sollen für die totale Gleichheit von Replikaten nur Aussagen berücksichtigt werden, die sich auf die momentanen Werte von Replikaten beziehen. Ansonsten würde nämlich aus Substituierbarkeit und Reflexivität die Identität folgen. Da sich Replikate aber mindestens hinsichtlich des Knotens, auf dem sie abgespeichert sind, unterscheiden, können sie nicht identisch sein. Aus der Substituierbarkeit und der Reflexivität folgt auch die Transitivität und die Symmetrie der Relation $\cong_{total}$. Es handelt sich somit um eine Äquivalenzrelation im mathematischen Sinne. Die Substituierbarkeit impliziert aber auch die ständige Wertgleichheit von Replikaten. Eine Datenreplikation auf der Basis der totalen Gleichheit resultiert somit in einer sehr restriktiven Form der Replikation.

Eine flexiblere Datenreplikation kann erreicht werden, wenn statt der totalen Gleichheit, die partielle Gleichheit zur Beschreibung der Beziehung zwischen Replikaten herangezogen wird. Die partielle Gleichheit ist dadurch gekennzeichnet, daß die Substituierbarkeit eingeschränkt wird, so daß nicht alle wertbezogenen Aussagen, die für ein Replikat $r_1(x)$ gelten, auch automatisch für $r_2(x)$ gelten müssen. Vielmehr wird die Substituierbarkeit auf bestimmte Aussagen beschränkt. Beispielsweise könnte eine Beschränkung der Substituierbarkeit auf bestimmte Zeitpunkte oder Zeitintervalle stattfinden. In [JW90] wird die partielle Gleichheit verallgemeinernd charakterisiert, indem sie auf die abstrakte Gleichheit[1] bezüglich bestimmter Invarianten zurückgeführt wird. Da Replikate stets zu *einem* gemeinsamen logischen Datenobjekt gehören, sind Replikate beispielsweise immer logisch (abstrakt) gleich bezüglich des Gegenstands der realen Welt, den sie beschreiben. Wann sich die momentanen Werte von Replikaten unterscheiden dürfen, hängt von dem zugrundegelegten Korrektheitskriterium ab, das im nachfolgenden Abschnitt diskutiert wird.

3.2 Zielsetzung

Die wichtigsten Zielsetzungen bei der Replikation von Daten sind eine Erhöhung der Verfügbarkeit und der Zuverlässigkeit sowie eine Verbesserung des Antwortzeitverhaltens. In diesem Abschnitt sollen diese Zielsetzungen nun etwas genauer betrachtet werden. Insbesondere sollen die Voraussetzungen zur Erfüllung dieser Ziele beleuchtet werden. Die Umsetzbarkeit der Ziele hängt mit dem zugrundegelegten Korrektheitsbegriff zur Verwaltung replizierter Daten eng zusammen. Daher wird diesem Punkt anschließend noch ein besonderes Augenmerk gewidmet.

3.2.1 Verfügbarkeit und Zuverlässigkeit

Zunächst werden die Begriffe Verfügbarkeit und Zuverlässigkeit erläutert. Anschließend wird darauf eingegangen, welchen Einfluß verschiedene Komponenten eines verteilten Systems auf die Verfügbarkeit haben und wie die Replikation von Daten in diesem Zusammenhang ausgenutzt werden kann, um die Verfügbarkeit in effektiver Weise zu erhöhen. Dabei soll insbesondere der Einfluß verschiedener Netztopologien beleuchtet werden, da dieser Faktor im weiteren Verlauf der Arbeit nicht mehr berücksichtigt wird.

---

1. In [Mit80] definiert Kuno Lorenz die abstrakte Gleichheit als besondere Form der logischen Gleichheit, die dadurch gekennzeichnet ist, daß die Gleichheit nur bezüglich bestimmter Invarianten gilt. Eine Aussage *A(x) heißt* dabei *invariant bezüglich '$\cong$', wenn aus $x \equiv y$ stets $A(x) \Leftrightarrow A(y)$ folgt.*

Verfügbarkeit

In der einschlägigen Datenbankliteratur bezeichnet man ein Objekt verschiedentlich als *verfügbar*, wenn das Datenverwaltungssystem den Zugriff auf dieses Objekt ermöglicht. Wedekind unterscheidet in diesem Zusammenhang in [Wed88a] zwischen *physischer Verfügbarkeit* und *logischer Verfügbarkeit*. Ein Datenobjekt ist danach physisch verfügbar, wenn es an dem Knoten abgespeichert ist, von dem aus auch auf das Objekt zugegriffen werden soll. Ein Datenobjekt ist logisch verfügbar, wenn das Objekt zugreifbar ist, auch wenn es an einem anderen Knoten abgespeichert ist. Um diese umgangssprachliche Semantik des Begriffes "verfügbar" deutlich von der nachfolgend konkretisierten Semantik des Begriffes zu unterscheiden, wird die prinzipielle Ermöglichung eines Zugriffs auf ein Objekt nachfolgend als *Zugreifbarkeit* bezeichnet. Entsprechend sind auch logische und physische Zugreifbarkeit zu unterscheiden.

Definition 3.6: Verfügbarkeit:
Die Verfügbarkeit eines Datenobjektes in einem verteilten System ist die Wahrscheinlichkeit, mit der zu einem gegebenen Zeitpunkt ein Zugriff auf dieses Objekt erfolgreich ist ([BS95], [Dal79]).

Bei dieser Definition wird bereits deutlich, daß die Verfügbarkeit etwas über das Fehlerverhalten eines verteilten Systems aussagt; wären Fehler ausgeschlossen, so wäre jeder Zugriff auf ein zugreifbares Datenobjekt erfolgreich. Um also Aussagen über die Verfügbarkeit machen zu können, müssen zunächst einmal Annahmen über das Fehlerverhalten gemacht werden. Um die Verfügbarkeit zu erhöhen, müssen die Auswirkungen von Fehlern reduziert werden, so daß gegebenenfalls auftretende Fehler von den Anwendungen toleriert werden können. Verfügbarkeit hat somit auch etwas mit *Fehlertoleranz* zu tun.

Zuverlässigkeit

Unter der *Zuverlässigkeit* eines verteilten Systems versteht man die Wahrscheinlichkeit, daß das System während eines vorgegebenen Zeitintervalls ununterbrochen funktionstüchtig ist ([Dal79]). Die Zuverlässigkeit ist ebenso wie die zuvor genannte Verfügbarkeit ein Maß zur Beschreibung des Fehlerverhaltens verteilter Systeme. Sie kann nur gesteigert werden, indem Unterbrechungen der Funktionstüchtigkeit vermieden werden. Im Gegensatz dazu kann die Verfügbarkeit auch durch eine Minimierung der Zeitdauer von Funktionsausfällen gesteigert werden. Zuverlässigkeit und Verfügbarkeit sind jedoch eng miteinander verknüpft. Im Zusammenhang mit der Aufgabenstellung einer verteilten Datenverwaltung können beide durch die Anwendung von Datenreplikation gesteigert werden. Im folgenden wird auf die Zuverlässigkeit nicht mehr weiter eingegangen, da es nur bedingt sinnvoll erscheint, von der Zuverlässigkeit von Datenobjekten zu sprechen. Wichtig ist jedoch, sich den Unterschied in der Bedeutung der beiden Begriffe klarzumachen.

Anwendungslokale Verfügbarkeit

Die Verfügbarkeit bestimmter Datenobjekte in verteilten Systemen durch Replikation zu steigern, wird üblicherweise mit folgender Argumentation begründet: Wenn ein Datenobjekt repliziert vorliegt, so ist auch bei Ausfall eines oder sogar mehrerer Replikate das Objekt noch verfügbar. Diese Argumentation geht von einer globalen Betrachtungsweise aus, bei der es für die Verfügbarkeit letztlich nicht darauf ankommt, an welchem Knoten in einem verteilten System ein Objekt *benötigt wird.* Da aber die Anwendungen, welche auf die replizierten Objekte zugreifen, selbst auch in das verteilte System eingebettet sind und in der Regel nicht zu jedem beliebigen Zeitpunkt jeden beliebigen Knoten des verteilten Systems erreichen können, ist diese globale Betrachtungsweise nicht immer adäquat. Sie wird aber beispielsweise verwendet, um verschiedene Replikationsprotokolle untereinander zu vergleichen, ohne dabei die speziellen Anforderungen der Anwendungen oder die zugrundeliegende Netztopologie zu berücksichtigen. Aus Sicht der Anwendungen ist vielmehr die *anwendungslokale Verfügbarkeit* von Datenobjekten interessant. Das bedeutet:

Definition 3.7: anwendungslokale Verfügbarkeit:
Die anwendungslokale Verfügbarkeit eines Datenobjektes ist die Wahrscheinlichkeit, mit der das Datenobjekt an dem Knoten, an dem die Anwendung läuft, und zu der Zeit, in der das Objekt benötigt wird, verfügbar ist.

Ein Datenobjekt, das aus globaler Sicht verfügbar ist, ist nicht unbedingt auch aus anwendungslokaler Sicht verfügbar. Analog zu der hier getroffenen Unterscheidung zwischen lokaler und globaler Verfügbarkeit, wird in [Mut90] zwischen Knotenverfügbarkeit und Systemverfügbarkeit unterschieden. Um genauere Aussagen über lokale und globale Verfügbarkeit machen zu können, ist es erforderlich, die Architektur des verteilten Systems und insbesondere die dem Kommunikationssystem zugrundeliegende Netztopologie in die Überlegungen mit einzubeziehen. Dazu sollen nun einige Überlegungen angestellt werden.

Bei zentralisierten Datenbanksystemen laufen die Datenbankanwendungen häufig auf der Basis des Client-Server-Modells auf eigenen Client-Rechnern und greifen über ein Kommunikationsnetzwerk auf die auf dem Server-Rechner installierte Datenbank zu ([Kud92]). Diese Konfiguration wird in Abbildung 3.2 dargestellt. Die Verfügbarkeit

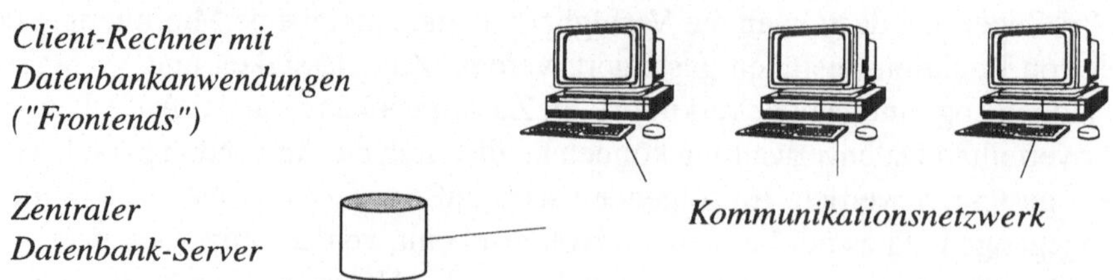

Abb. 3.2: Zentraler Datenbank-Server

der Daten, die von einer Anwendung benötigt werden, wird durch Ausfälle des Datenbankservers, Ausfälle der Kommunikationsverbindung sowie Ausfälle des lokalen Rechners, auf dem die Anwendung selbst läuft, reduziert. Der Ausfall eines Client-Rechners soll hier nicht weiter betrachtet werden, da in diesem Fall die entsprechende Anwendung ohnehin nicht auf Daten zugreift.

Die Verfügbarkeit der Daten kann gesteigert werden, wenn der Datenbankserver repliziert wird, so daß bei Ausfall eines Servers noch Anfragen von dem anderen Server befriedigt werden können. Nach wie vor kann jedoch die Kommunikationsverbindung ausfallen. Besonders bei geographisch weit verteilten Client-Rechnern ist es häufig sogar so, daß das Kommunikationsnetzwerk die fehleranfälligste Komponente darstellt (Abschnitt 2.1.3). Hier spielt nun die Topologie des zugrundeliegenden Kommunikationsnetzes eine wesentliche Rolle. Innerhalb eines Netzes gibt es oft Verbindungen, die sehr selten ausfallen, während andere Verbindungen häufig ausfallen. So ist typischerweise die Kommunikation innerhalb eines Subnetzes relativ zuverlässig, während Verbindungen zwischen verschiedenen Subnetzen oft als unzuverlässig einzustufen sind. Um in dieser Situation die Verfügbarkeit zu erhöhen, liegt es nahe, die Daten, die von Anwendungen in einem bestimmten Subnetz benötigt werden, auch innerhalb dieses Subnetzes bereitzustellen, damit für einen Datenzugriff nach Möglichkeit keine Kommunikation mit Rechnern in anderen Subnetzen erforderlich wird. Eine entsprechende Konfiguration mit mehreren Datenbank-Servern wird in Abbildung 3.3 dargestellt. Die konsequente Fortführung dieser Idee führt dazu, jeder Anwendung die von ihr benötigten Daten jeweils lokal auf dem Rechner zur Verfügung zu stellen, auf dem die Anwendung selbst läuft (Abbildung 3.4). Der unverkennbare Trend hin zu immer leistungsfähigeren Arbeitsplatzrechnern *(Workstations)* legt sicherlich auch eine möglichst weitreichende lokale Datenhaltung nahe.

Falls es gelingt, die von einer Anwendung benötigten Daten lokal bereitzustellen, ohne daß beim Zugriff auf diese Daten eine Koordination mit anderen Rechnern erforderlich wird, so kann dadurch sicherlich die anwendungslokale Verfügbarkeit maximiert werden, da weder der Ausfall anderer Rechner, noch der Ausfall von Kommunikationsverbindungen eine Beeinträchtigung darstellen. Sofern ein be-

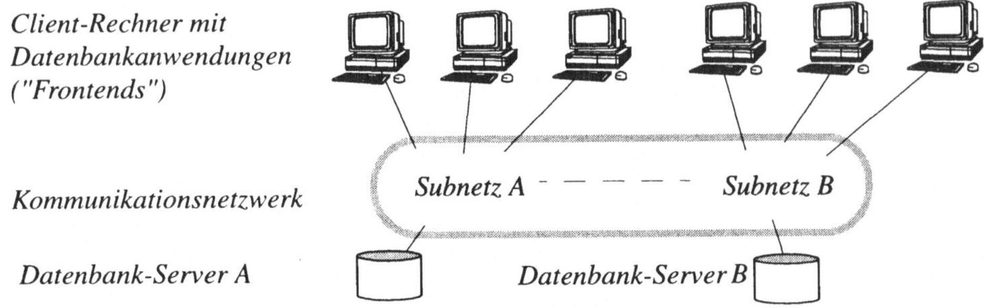

Abb. 3.3: Verteiltes DVS mit mehreren Datenbank-Servern

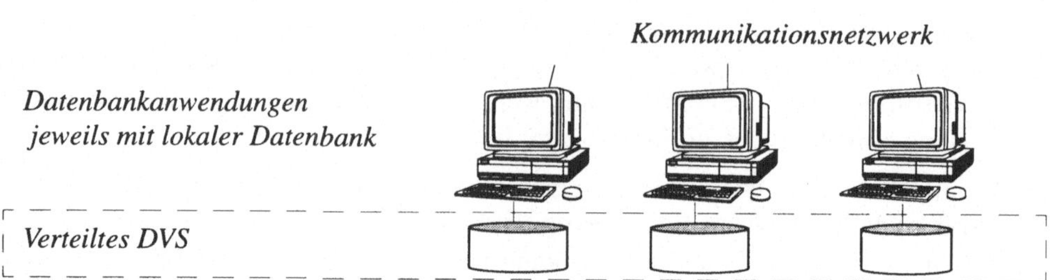

Abb. 3.4: Verteiltes DVS mit anwendungslokaler Datenhaltung

stimmtes Datenobjekt jeweils nur von einer Anwendung benötigt wird, kann die Datenbank entsprechend *partitioniert* und verteilt werden. Dies ist aber natürlich ein Extremfall, da in der Regel in einer Datenbank insbesondere solche Daten verwaltet werden, die von vielen Anwendungen benötigt werden. Sollte es sich nun um Daten handeln, die nur gelesen werden, so kann durch Replikation und lokale Bereitstellung der Daten immer noch die maximale anwendungslokale Verfügbarkeit erreicht werden. Werden jedoch gemeinsam benutzte Daten modifiziert, so ist eine Koordination erforderlich. Das Zugriffsverhalten der Anwendungen spielt somit für die Verfügbarkeit ebenfalls eine entscheidende Rolle. Die Verfügbarkeit von Datenobjekten für Änderungsoperationen unterscheidet sich im allgemeinen auch von der Verfügbarkeit der Datenobjekte für Leseoperationen. Man spricht in diesem Zusammenhang auch von *Leseverfügbarkeit* und *Schreibverfügbarkeit*.

Der Aufwand, der zur Synchronisation von Änderungen erforderlich ist, hängt in hohem Maße von den zu erfüllenden Korrektheitskriterien und dem zur Sicherung dieser Korrektheitskriterien verwendeten Verfahren ab. Je mehr Knoten und Kommunikationsverbindungen erforderlich sind, um einen Datenzugriff erfolgreich abwickeln zu können, um so geringer wird offensichtlich die Verfügbarkeit des Datenobjektes für diese Operation. Die Replikation von Daten ist also insbesondere bei änderungsanfälligen Daten nur dann ein probates Mittel zur Erhöhung der Verfügbarkeit, wenn der Synchronisationsaufwand in Grenzen gehalten werden kann.

Um die Verfügbarkeit im Zusammenhang mit der Synchronisation von Änderungsoperationen zu erhöhen, kann beispielsweise die Anzahl der zu synchronisierenden Replikate gering gehalten werden. Je weniger Rechner im verteilten System kontaktiert werden müssen, um einen erfolgreichen Abschluß einer Änderungsoperation zu erreichen, um so höher wird die Änderungsverfügbarkeit für das entsprechende Datenobjekt. Sofern die zugrundegelegten Korrektheitskriterien dies zulassen, ist auch die asynchrone Propagierung von Änderungen an bestimmte Replikate ein geeignetes Mittel, um die Änderungsverfügbarkeit zu erhöhen. Die zugrundeliegende Idee ist, daß die eigentliche Änderungsoperation lokal abgeschlossen werden kann, unabhängig davon, ob die Änderungsnachricht an die entsprechenden Replikate bereits weitergeleitet wurde oder nicht. Insbesondere ist zur Freigabe der Transaktion, welche die Änderung durchführt, keine Koordination mit den Knoten erforderlich, an denen diese Replikate allokiert sind.

3.2.2 Antwortzeitverhalten

Neben der Erhöhung der Verfügbarkeit und der Zuverlässigkeit ist die Verbesserung des Antwortzeitverhaltens und des Transaktionsdurchsatzes ein weiteres wesentliches Ziel, das mit der Replikation von Daten verfolgt wird. Ein zentraler Datenbank-Server, wie in Abbildung 3.2 gezeigt, stellt nicht selten einen Engpaß dar. Auch hier bietet es sich an, die Kapazitäten der zunehmend leistungsstarken Arbeitsplatzrechner auszunutzen, um entweder den Datenbank-Server zu entlasten, oder sogar vollständig zu ersetzen. Die lokale Bereitstellung (physische Zugreifbarkeit) der von den Anwendungen benötigten Daten erhöht nicht nur die Verfügbarkeit der Daten, sondern kann auch die Antwortzeit für Datenbankoperationen verkürzen, sofern der Zugriff auf die Daten auch tatsächlich vollständig lokal abgewickelt kann. Dabei können verschiedene Faktoren zur Antwortzeitverkürzung beitragen: Zum einen trägt die Vermeidung von Engpässen am zentralen Server zur Antwortzeitverkürzung bei, und zum anderen die Vermeidung von Kommunikation mit anderen Knoten.

Allein durch Partitionierung und entsprechende Verteilung kann in den meisten Fällen die erwünschte Zugriffslokalität nicht erreicht werden. Werden allerdings Daten repliziert, so reicht, wie bereits zuvor diskutiert, der lokale Zugriff nicht immer aus, denn Änderungen müssen an allen Replikaten vorgenommen werden. Zur Erhöhung der Änderungsverfügbarkeit wurde in diesem Zusammenhang vorgeschlagen, die Zahl der zu synchronisierenden Replikate zu reduzieren bzw. Änderungsnachrichten asynchron zu propagieren. Ist eine asynchrone Propagierung von Änderungsnachrichten möglich, so wirkt sich das in aller Regel auch positiv auf das Antwortzeitverhalten aus, weil Änderungstransaktionen freigegeben werden können bevor die Bestätigungen von anderen Knoten eingegangen sind. Ob die asynchrone Propagierung von Änderungen möglich ist, hängt allerdings vom zugrundegelegten Korrektheitskriterium ab.

Die Reduzierung der Zahl der zu synchronisierenden Replikate hat nur indirekt einen Einfluß auf die Antwortzeiten und den Transaktionsdurchsatz. Der Grund dafür ist, daß eine Änderungsnachricht an alle einzubeziehenden Knoten gleichzeitig verschickt wird, so daß es für die Gesamtantwortzeit nicht darauf ankommt, an wievielen Knoten eine Änderung eingebracht werden muß. Entscheidend ist nur, welcher der Rechner am längsten für das Einbringen der Änderung braucht und wie groß die Verzögerung durch die Kommunikation ist. Meistens stellt das Kommunikationsmedium den Engpaß dar. Bei einer großen Zahl zu synchronisierender Replikate hat man allerdings eine höhere Wahrscheinlichkeit, daß einer der Rechner überlastet ist oder nur über eine langsame Kommunikationsverbindung erreichbar ist.

3.2.3 Korrektheit

Wie in Kapitel 2 bereits erläutert, ist die Serialisierbarkeit das Korrektheitskriterium für die nebenläufige Verarbeitung von Transaktionen. Unter der Prämisse der Replikationstransparenz wird angenommen, daß die Verarbeitung replizierter Daten dem Benutzer verborgen bleiben soll, so daß sich eine replizierte Datenbank, soweit dies vom Benutzer beurteilt werden kann, genau wie eine nicht-replizierte Datenbank verhalten soll. Um dieser Anforderung gerecht werden zu können, wird das Korrektheitskriterium zur nebenläufigen Verarbeitung von verteilten Transaktionen zur *One-Copy-Serialisierbarkeit (1SR)* erweitert. Eine nebenläufige Ausführung von verteilten Transaktionen ist *one-copy-serialisierbar*, wenn sie mit einer seriellen Ausführung auf einer nicht-replizierten Datenbank äquivalent ist. Die der One-Copy-Serialisierbarkeit zugrundeliegende Theorie läßt sich auf die *Mehrversionen-Serialisierbarkeit* ([BHG87], [Wei88]) zurückführen, die nachfolgend kurz erläutert wird.

Bei der Mehrversionen-Serialisierbarkeit geht man davon aus, daß jede Schreiboperation auf einem Datenobjekt eine neue *Version* dieses Datenobjektes erzeugt, die explizit vom Datenbanksystem zu verwalten ist. Das Datenbanksystem muß dabei nicht nur entscheiden wann eine Leseoperation auf einem Objekt zugelassen wird, sondern zusätzlich auch welche Version des Objektes gelesen werden soll. Dabei soll sichergestellt werden, daß nur solche Versionen gelesen werden, die eine konsistente Sicht auf die Datenbank gewährleisten. In einer Historie nebenläufiger Transaktionen muß also explizit berücksichtigt werden, auf welche Version eines Objektes im Rahmen einer Leseoperation zugegriffen wird. Eine solche Historie wird auch als *Mehrversionen-Historie* oder *MV-Historie* bezeichnet. In dem nachfolgenden Beispiel für eine MV-Historie bezeichnet x_i jeweils die Version des Objektes x, die von der Transaktion T_i erzeugt wurde. Verschiedene Leseoperationen der gleichen Transaktion T_i auf dem gleichen Objekt x werden dabei durch einen hochgestellten Index unterschieden ($R^1_i(x)$, $R^2_i(x)$, ...).

Beispiel: Transaktionen: $T_0: \{W_0(x)\}$ $T_1: \{R_1(x); W_1(x)\}$ $T_2:$ $\{R^1_2(x);$ $R^2_2(x);$ $W_2(y)\}$

         MV-Historie: $W_0(x_0); R_1(x_0); R^1_2(x_0); W_1(x_1); R^2_2(x_0); W_2(y_2)$

In der obigen Historie liest die Transaktion T_2 zweimal hintereinander das Objekt x. Beim ersten Lesen wird die Version x_0 gelesen. Damit die Isolationseigenschaft gewährleistet bleibt muß also beim zweiten Lesen ebenfalls die Version x_0 gelesen werden. Wenn die Version x_0 trotz zwischenzeitlicher Erzeugung einer neuen Version x_1 zum Zeitpunkt der zweiten Leseanfrage durch T_2 noch bereitgestellt werden kann, entsteht eine Historie, die äquivalent ist mit der seriellen Ausführung $T_2 \rightarrow T_1$.

Um die Korrektheit einer MV-Historie beurteilen zu können, ist es zunächst einmal erforderlich zu definieren, wann eine MV-Historie mit einer gewöhnlichen Historie (*Ein-Versionen-Historie* oder *1V-Historie*) äquivalent ist. Dazu ist es erforderlich, nicht nur die Reihenfolge der Operationen in der Historie zu berücksichtigen, sondern vor allem welche Leseoperation von welcher Schreiboperation liest (*"liest-von"*-Relation). Im obigen Beispiel liest die Leseoperation $R^2_2(x)$ der Transaktion T_2 von der Schreiboperation $W_0(x)$. Bei einer 1V-Historie über den gleichen Transaktionen und mit der gleichen Reihenfolge der Operationen würde $R^2_2(x)$ dagegen von $W_1(x)$ lesen. Die Transaktion T_2 würde also die Version x_1 sehen, wodurch eine nicht serialisierbare Historie entstehen würde.

Eine MV-Historie ist äquivalent zu einer 1V-Historie über den gleichen Transaktionen und den gleichen Operationen, wenn beide Historien die gleiche *"liest-von"*-Relation erfüllen. Entsprechend ist eine MV-Historie *MV-serialisierbar*, wenn sie in diesem Sinne äquivalent zu einer seriellen 1V-Historie ist

Ein MV-Serialisierungsgraph basiert ebenfalls auf dieser *"liest-von"*-Relation. Abgeschlossene Transaktionen bilden die Knoten des MV-Serialisierungsgraphen. Zwischen zwei Knoten T_i und T_j im Serialisierungsgraphen gibt es eine gerichtete Kante von T_i nach T_j, wenn T_j eine Leseoperation enthält, die von einer Schreiboperation aus T_i liest. Zusätzliche Kanten sind in den MV-Serialisierungsgraphen einzufügen, um die Versionsordnung abzubilden. In einer 1V-Historie unterliegen alle Transaktionen, die ein Objekt x ändern, einer totalen Ordnung, denn zwei Schreiboperationen, die das gleiche Objekt ändern, stehen miteinander in Konflikt. Bei der Mehrversionen-Serialisierbarkeit dagegen erzeugt jede Schreiboperation auf einem Objekt x eine neue Version von x und konfligiert nicht mit anderen Schreiboperationen. Wenn eine MV-Historie äquivalent mit einer 1V-Historie ist, dann kann auf den Versionen jedes vorkommenden Objektes x eine entsprechende totale Ordnung "$<_x$" definiert werden. In den MV-Serialisierungsgraphen wird entsprechend dieser Versionsordnung für jedes Paar von Lese- und Schreiboperationen $R_i(x_j)$ und $W_k(x_k)$ eine neue Kante in den Serialisierungsgraphen eingetragen. Falls $x_k <_x x_j$ gilt, so wird eine Kante von T_k nach T_i eingetragen, andernfalls wird eine Kante von T_i nach T_k eingetragen.

Zur Veranschaulichung wird in Abbildung 3.5 der MV-Serialisierungsgraph für eine als Beispiel vorgegebene MV-Historie Schritt für Schritt aufgebaut. Zu der Historie aus diesem Beispiel gibt es - im Gegensatz zum ersten Beispiel - keine äquivalente 1V-Historie. Trägt man alle Lese/Schreib-Abhängigkeiten wie beschrieben ein, so ergibt sich ein Zyklus im MV-Serialisierungsgraphen. In Abbildung 3.5 wurde dies am Beispiel der Versionsordnung $x_0 <_x x_1 <_x x_2$ veranschaulicht. Bei jeder anderen Versionsordnung ergibt sich ebenfalls ein Zyklus im MV-Serialisierungsgraphen.

Eine MV-Historie ist dann MV-serialisierbar, wenn es für jedes vorkommende Objekt eine totale Versionsordnung gibt, so daß der entsprechende MV-Serialisierungsgraph keine Zyklen enthält. Eine ausführliche formale Beschreibung der Mehrversionen-Serialisierbarkeit findet sich in [BHG87].

Im Zusammenhang mit der hier diskutierten Frage der Korrektheit bleibt festzuhalten, daß im Sinne der Mehrversionen-Serialisierbarkeit gegebenenfalls auch Lesezugriffe auf veraltete Versionen eines Objektes als korrekt erachtet werden. Dadurch, daß die

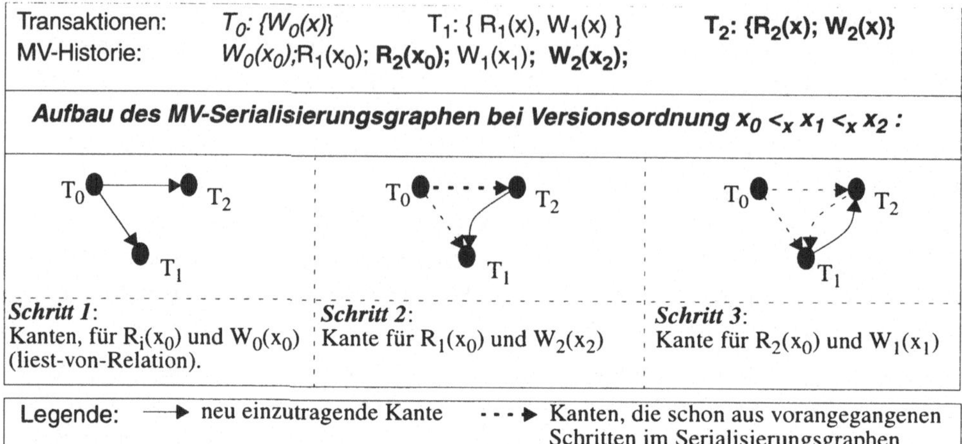

Abb. 3.5: MV-Serialisierungsgraph

tatsächliche Reihenfolge von Operationen bei diesem erweiterten Serialisierbarkeits-
kriterium keine Rolle mehr spielt, sondern nur noch die *"liest-von"*-Relation, ist auch
der tatsächliche Zeitpunkt eines Zugriffs für die Korrektheit irrelevant. So ist beispielsweise die nachfolgende MV-Historie MV-serialisierbar, obwohl die Transaktion T_{n+1}
eine Version des Datums x liest, die beliebig alt sein kann.

Beispiel: Transaktionen: T_0: $\{W(x)\}$ T_1: $\{R_1(x); W_1(x)\}$ ... T_n: $\{R_n(x); W_n(x)\}$
T_{n+1}: $\{R_{n+1}(x); W_{n+1}(y)\}$

MV-Historie: $W_0(x_0)$; $R_1(x_0)$; $W_1(x_1)$; ...; $R_n(x_{n-1})$; $W_n(x_n)$; $R_{n+1}(x_0)$; $W_{n+1}(y_{n+1})$

Das Datenbanksystem wird bei einer Leseanfrage an ein Objekt x natürlich eine möglichst aktuelle Version auswählen. Dennoch wird insbesondere bei langen Transaktionen in Kauf genommen, daß veraltete Versionen gelesen werden. Die erhöhte Nebenläufigkeit, die durch die Mehrversionen-Serialisierbarkeit erzielt werden kann, wird
also gegebenenfalls durch eine verminderte *Aktualität* erkauft. Darüber hinaus kann es
vorkommen, daß (auch wenn keine Verklemmungen vorkommen) bestimmte Transaktionen nur noch durch einen Abbruch beendet werden können, damit die MV-Serialisierbarkeit erreicht werden kann. Sollte beispielsweise eine Transaktion T_i, die eine bereits veraltete Version eines Datenobjekts x gelesen hat, beabsichtigen, eine Schreiboperation auf x durchzuführen, so kann T_i nicht mehr erfolgreich abgeschlossen
werden, ohne die MV-Serialisierbarkeit zu verletzen, und muß also abgebrochen werden. Dies ist genau der Fall, der in Abbildung 3.5 dargestellt wird: Sobald die Transaktion T_2 versucht das Objekt x zu schreiben ($W_2(x_2)$ in der Historie), kann kein azykli-
scher MV-Serialisierungsgraph mehr aufgebaut werden. Falls die Transaktion T_1 zu
diesem Zeitpunkt schon abgeschlossen ist, muß T_2 abgebrochen werden. Andernfalls
muß entweder T_1 oder T_2 abgebrochen werden.

Ein ähnlicher Sachverhalt wie bei der Mehrversionen-Serialisierbarkeit liegt bei einer replizierten Datenbank vor. Datenzugriffe finden aus Benutzersicht stets auf *logischen Datenobjekten* statt. Das verteilte Datenbanksystem bildet Zugriffe auf logische Datenobjekte auf Zugriffe auf physische Datenobjekte (*Replikate*) ab. Wenn jeder Schreibzugriff auf ein logisches Objekt x auf alle Replikate von x abgebildet wird, dann existiert zu jedem Zeitpunkt stets nur eine Version des Objektes x. Werden jedoch nicht immer alle Replikate bei einer Änderung mitaktualisiert, so können verschiedene Replikate des gleichen Objektes zum gleichen Zeitpunkt unterschiedliche Versionen des Objektes enthalten. Projiziert man also die Lese- und Schreibzugriffe, die auf Replikaten stattfinden, auf die jeweils gelesenen bzw. geschriebenen Versionen, so ergibt sich eine Analogie zur Mehrversionen-Serialisierbarkeit.

Zur genaueren Charakterisierung nebenläufiger verteilter Transaktionen auf replizierten Daten ist es zunächst erforderlich, entsprechende Historien für replizierte Daten einzuführen (*RD-Historien*). Zur Beurteilung der Korrektheit einer RD-Historie wird analog zur Mehrversionen-Serialisierbarkeit die Äquivalenz zu seriellen *1C-Historien* (auch *One-Copy-Historien*) überprüft. Dabei versteht man unter einer 1C-Historie eine Historie, bei der jedes logische Datenobjekt nur durch ein einziges physisches Datenobjekt repräsentiert wird. Nachfolgend wird ein Replikat eines Objektes x, das an einem Knoten L_i allokiert ist, als $r_i(x)$ bezeichnet. Entsprechend werden Lese- und Schreiboperationen auf einem bestimmten Replikat $r_i(x)$ als $R(r_i(x))$ bzw. $W(r_i(x))$ notiert.

In Anlehnung an [BHG87] und [BG86] kann eine RD-Historie H über einer Menge von Transaktionen $T = \{T_1...T_n\}$ als partielle Ordnung der Lese- und Schreibzugriffe auf Replikaten aufgefaßt werden. Dabei wird vorausgesetzt, daß jede Leseoperation $R_i(x)$ einer Transaktion T_i auf genau eine Leseoperationen $R_i(r_j(x))$ abgebildet wird. Eine Schreiboperation $W_i(x)$ wird dagegen auf physische Schreiboperationen auf einer Teilmenge der Replikate von x abgebildet. Eine RD-Historie H mit der Ordnungsrelation "<" ist durch folgende Eigenschaften gekennzeichnet:

- Wenn in einer Transaktion T_i die Operation $q_i(x)$ vor $p_i(x)$ kommt, dann gilt für jedes $q_i(r_j(x))$ und jedes $p_i(r_k(x))$, das in H vorkommt: $q_i(r_j(x)) < p_i(r_k(x))$
- H enthält keine Leseoperationen auf Replikaten, die nicht zuvor initialisiert wurden, das heißt für jede Leseoperation $R_i(r_j(x))$ gibt es eine Schreiboperation $W_k(r_j(x))$, so daß $W_k(r_j(x)) < R_i(r_j(x))$ in H gilt.
- Falls eine Transaktion T_i ein Objekt x liest nachdem x von T_i geschrieben wurde, dann muß die entsprechende Leseoperation in H ein Replikat lesen, auf dem auch die vorangegangene Schreiboperation ausgeführt wurde.
- Zwei Operationen auf einem Replikat $r_i(x)$ konfligieren, wenn mindestens eine der beiden Operationen eine Schreiboperation ist. Für zwei konfligierende Operationen $p(r_i(x))$, $q(r_i(x))$ gilt o.B.d.A. $p(r_i(x)) < q(r_i(x))$.

Die bereits zur Erläuterung der Mehrversionen-Serialisierbarkeit aufgeführte *"liest-von"*-Relation zwischen zwei Transaktionen kann nun bezüglich einer RD-Historie H wie folgt definiert werden: Eine Transaktion T_i liest x von T_j in H, wenn es ein $r_k(x)$ gibt, so daß in H gilt $W_j(r_k(x)) < R_i(r_k(x))$ und kein $W_l(r_k(x))$ einer anderen Transaktion $(T_l \neq T_j)$ dazwischen liegt. Die Äquivalenz einer RD-Historie zu einer 1C-Historie kann nun ebenfalls über die Gleichheit der jeweiligen *"liest-von"*-Relationen definiert werden. Eine RD-Historie H ist *one-copy-serialisierbar* oder 1SR, wenn sie in diesem Sinne äquivalent zu einer seriellen 1C-Historie H' ist.[2]

Gemäß dieser Definition der One-Copy-Serialisierbarkeit ist analog zur Mehrversionen-Serialisierbarkeit auch das Lesen veralteter Replikate unter Umständen korrekt. Ebenso könnte es sein, daß Transaktionen, die veraltete Replikate gelesen haben und die nun Änderungen beabsichtigen, zurückgesetzt werden müssen, damit die One-Copy-Serialisierbarkeit gewährleistet werden kann. Eine Voraussetzung zur Gewährleistung der One-Copy-Serialisierbarkeit ist die Sicherstellung der *Konvergenz* von Replikaten. Konvergenz bedeutet im umgangssprachlichen Gebrauch, daß ein Replikationsverfahren garantiert, daß die wechselseitige Konsistenz replizierter Objekte (*Replikationskonsistenz*) auch dann erreicht werden kann, wenn zwischenzeitlich die Replikate eines Objektes voneinander abweichen. Diese Definition ist sehr unpräzise, und wird im Zweifelsfall von jedem Verfahren erfüllt, auch wenn zur Erreichung der Replikationskonsistenz bereits freigegebene Transaktionen rückgängig gemacht (kompensiert) werden müssen. Hier soll daher eine etwas genauere und strengere Definition der Konvergenz angebracht werden:

Definition 3.8: Konvergenz:
Ein Replikationsverfahren konvergiert, wenn die wechselseitige Konsistenz von Replikaten jederzeit erreichbar ist, ohne bereits freigegebene Änderungen rückgängig machen zu müssen.

Das ist gleichbedeutend mit der Forderung, daß es für jedes logische Datenobjekt zu jedem Zeitpunkt nur genau eine gültige *aktuelle Version* geben darf. Interessant ist auch hier wieder die Analogie zur Mehrversionen-Serialisierbarkeit, bei der festgestellt wurde, daß eine MV-Historie nur dann MV-serialisierbar sein kann, wenn auf jedem Objekt eine totale Versionsordnung definiert werden kann. Entsprechend der Definition eines MV-Serialisierungsgraphen kann auch ein Serialisierungsgraph für replizierte Daten (RD-Serialisierungsgraph) auf der Basis der *"liest-von"*-Relation und der Reihenfolge der Transaktionen, die gemeinsame Objekte verändern, definiert werden. Darauf soll hier jedoch nicht vertiefend eingegangen werden.

Wichtig ist an dieser Stelle festzustellen, wie ein Verfahren zur Gewährleistung der One-Copy-Serialisierbarkeit prinzipiell aussehen muß. Entscheidend ist dabei im Unterschied zum Mehrversionen-Szenario, daß die Erkennung, ob eine RD-Historie

---

2. In [BHG87] wird die Serialisierungstheorie ausführlich dargestellt.

one-copy-serialisierbar ist oder nicht, dezentral stattfinden muß. Die Delegation von Synchronisationsaufgaben an einen zentralen Knoten ist zwar möglich, macht aber alle Vorteile der Datenverteilung zunichte. Verfahren zur Synchronisation von Replikaten beruhen daher in der Regel auf der Kontrolle der Ordnung konfligierender Operationen auf Replikaten. Da konfligierende Zugriffe auf das gleiche logische Objekt nicht unbedingt auch zu konfligierenden Zugriffen auf einem Replikat dieses Objektes führen müssen, kann es vorkommen, daß konfligierende Zugriffe auf logischen Objekten nicht erkannt werden. Um diese Problematik zu umgehen, bilden Verfahren zur Replikationskontrolle üblicherweise Zugriffe auf logische Objekte in einer Weise auf Zugriffe auf Replikate ab, die sicherstellt, daß logisch konfligierende Operationen auch zu physisch konfligierenden Operationen an mindestens einem Replikat führen. Wenn alle logischen Konflikte auf diese Weise vom Datenbanksystem erkannt werden können, so ist das Datenbanksystem auch in der Lage, die herkömmliche Serialisierbarkeit von Transaktionen, und damit natürlich auch die One-Copy-Serialisierbarkeit sicherzustellen. Verfahren, die auf diese Weise arbeiten, vermeiden den Nachteil, daß Transaktionen auch veraltete Versionen von Objekten lesen können, nutzen aber auch die bei der Mehrversionen-Serialisierung mögliche höhere Nebenläufigkeit von Transaktionen entsprechend nicht aus.

Aufgrund der Notwendigkeit einer dezentralen Synchronisation wird die One-Copy-Serialisierbarkeit verschiedentlich auch intuitiv auf die Serialisierbarkeit der lokalen Historien an den einzelnen DBVS-Instanzen zurückgeführt. So wird in [ÖV91] die One-Copy-Serialisierbarkeit beispielsweise durch die folgenden Bedingungen definiert:

(1) Jede lokale Historie einer DBVS-Instanz ist serialisierbar.

(2) Zwei konfligierende Operationen haben in allen lokalen Historien, in denen beide Operationen vorkommen, die gleiche relative Reihenfolge.

Zur Synchronisation nebenläufiger Transaktionen auf replizierten Daten sind im wesentlichen zwei Aufgaben zu erfüllen: Nebenläufigkeitskontrolle (*Concurrency Control - CC*) und Replikationskontrolle (*Replication Control - RC*) ([ASC85], [CP92a], [ÖV91]). Die Nebenläufigkeitskontrolle hat dafür zu sorgen, daß Anomalien wie "*lost Update*" oder "*unrepeatable Read*" vermieden werden. Die Replikationskontrolle dagegen sorgt für die wechselseitige Konsistenz von Replikaten und für die korrekte Abbildung logischer auf physische Zugriffe. Verfahren zur Replikationskontrolle werden verschiedentlich auch als *Replikationsprotokolle* bezeichnet. Im nachfolgenden Abschnitt werden verschiedene Verfahren zur Replikationskontrolle erläutert und gegenübergestellt. Zur Kontrolle der Nebenläufigkeit sei angenommen, daß ein striktes 2-Phasen-Sperrprotokoll verwendet wird (Abschnitt 2.5.3). Zu bedenken ist ebenfalls, daß zur Sicherstellung der Atomarität und Dauerhaftigkeit verteilter Transaktionen in jedem Fall, das heißt auch unabhängig vom verwendeten Verfahren zur Nebenläufigkeitskontrolle, ein atomares Freigabeprotokoll zu verwenden ist (Abschnitt 2.5.3).

3.3 Verfahren zur Replikationskontrolle

In der Vergangenheit wurde bereits eine große Anzahl verschiedener Verfahren zur
Replikationskontrolle vorgestellt, von denen an dieser Stelle nur die wichtigsten
Vertreter erläutert werden sollen. Eine allgemeine Einführung in die Replikationskontrolle ist in [Cap90] zu finden. Eine Übersicht sowie eine knappe Charakterisierung einer Vielzahl von Verfahren findet sich in [Cer91], [Tri91] sowie in [HHB96].
Eine Klassifikation verschiedener Verfahren, bei der auch die Nebenläufigkeitskontrolle und die Kommunikation zwischen verschiedenen Knoten berücksichtigt wird
in [CP92b] vorgestellt. Grundlage der in diesem Abschnitt vorgestellten Verfahren
ist das Korrektheitskriterium One-Copy-Serialisierbarkeit, das im vorangestellten
Abschnitt erläutert wurde. An einigen Stellen wird jedoch in Abweichung von diesem strengen Kriterium darauf hingewiesen, in welcher Weise die verschiedenen
Verfahren abgewandelt oder variiert werden können, so daß zwar die Konvergenz
der Replikate nach wie vor erhalten bleibt, die One-Copy-Serialisierbarkeit jedoch
nicht mehr gewährleistet werden kann.

3.3.1   ROWA (Read-One/Write-All)

Die einfachste und offensichtlichste Methode der Replikationskontrolle besteht darin, jede Schreiboperation auf ein Objekt x auf allen Replikaten von x auszuführen
und Leseoperationen auf einem beliebigen Replikat zuzulassen. Indem eine Transaktion entweder alle Replikate eines Objektes x verändert oder keines, wird die Replikationskonsistenz sichergestellt, und es wird garantiert, daß eine Leseoperation
auf einem Replikat von x immer den aktuellsten Wert von x liefert, unabhängig davon auf welches Replikat zugegriffen wurde. Dieses Verfahren ist zwar robust und
einfach zu implementieren, hat jedoch mit zunehmendem Replikationsgrad (Anzahl
der Replikate) auch eine zunehmend geringere Änderungsverfügbarkeit. Dies liegt
daran, daß zum erfolgreichen Abschluß einer Änderungsoperation auf einem Objekt x unter Verwendung von ROWA, alle Knoten verfügbar sein müssen, auf denen
ein Replikat von x allokiert ist. Ist auch nur ein Knoten nicht verfügbar, so kann die
Schreiboperation entweder nicht erfolgreich abgeschlossen werden, oder muß verzögert werden, bis letztlich alle Replikate erreicht worden sind. Dies führt dazu, daß
die Änderungsverfügbarkeit beim Verfahren ROWA sogar geringer ist als im nicht-
replizierten Fall, und daß auch das Antwortzeitverhalten für Änderungsoperationen
nicht befriedigend ist.

Aus den genannten Gründen eignet sich das Verfahren ROWA nur bei sehr geringem Replikationsgrad. Die nachfolgend erläuterten Verfahren zur Replikationskontrolle erlauben eine höhere Änderungsverfügbarkeit als ROWA, dadurch daß Änderungsoperationen gegebenenfalls auch bei partiellen Ausfällen oder sogar bei Netzwerkpartitionierungen ermöglicht werden.

3.3.2 ROWAA (Read-One/Write-All-Available)

Beim Write-All-Available Verfahren (auch *"Read-One/Write-All-Available"* oder *"ROWAA"*) kann eine Leseoperation ebenso wie bei ROWA jedes beliebige Replikat lesen ([BG84], [BHG87]). Um die Schreibverfügbarkeit zu erhöhen, wird jedoch nicht verlangt, Schreiboperationen auf allen existierenden, sondern lediglich auf allen verfügbaren Replikaten auszuführen. Dies führt dazu, daß Replikate, die von einer Schreiboperation nicht erreicht werden konnten, nicht mehr aktuell sind. Das Lesen solcher Replikate könnte zu Historien führen, die nicht mehr one-copy-serialisierbar sind. Es muß also dafür gesorgt werden, daß Replikate auf zwischenzeitlich ausgefallenen Rechnerknoten beim Wiederanlauf des Knotens wieder auf den aktuellsten Stand gebracht werden, bevor sie gelesen werden. Dies genügt jedoch noch nicht, um one-copy-serialisierbare Historien zu garantieren.

Dazu sei zunächst angenommen, daß nur Knotenfehler und keine Kommunikationsfehler auftreten. Das Beispiel in Abbildung 3.6 zeigt die nebenläufige Ausführung von Transaktionen unter Verwendung des Write-All-Available Verfahrens, wie es bisher erläutert wurde. In dem dargestellten Szenario lesen die Transaktionen T_1 und T_2 jeweils nur aktuelle Replikate und bilden ihre Schreiboperationen auch jeweils auf alle verfügbaren Replikate des betreffenden Datenobjektes ab. Dennoch entsteht eine Historie, die nicht one-copy-serialisierbar ist, und dies obwohl auf die ausgefallenen Replikate, die nicht aktualisiert wurden, gar nicht zugegriffen wird. Dies liegt daran, daß logisch konfligierende Operationen bisher nicht korrekt auf physische Operationen abgebildet wurden, so daß auch unter Berücksichtigung von Knotenfehlern Konflikte erkannt werden können. Damit dies erreicht werden kann, ist beim Write-All-Available Verfahren ein zweiphasiges Validierungsprotokoll erforderlich, das im Rahmen des Freigabeprotokolls abzuwickeln ist. Dabei wird überprüft, ob alle Replikate, die im Rahmen einer Schreiboperation nicht erreicht werden konnten (*"Missing Writes"*), immer noch nicht erreichbar sind (*Missing-Writes-Validierung*), und es wird überprüft, ob die Knoten an denen Replikate gelesen wurden nicht zwischen zeitlich ausgefallen sind (*Zugriffsvalidierung*). Erst aufgrund dieser Validierung kann sichergestellt werden, daß Schreib-/Lesekonflikte erkannt werden. Eine genauere Beschreibung des Algorithmus sowie weitere verbesserte Available-Copies Verfahren finden sich in [BG84] sowie in [BHG87].

Die bisherigen Überlegungen beziehen nur Knotenfehler mit ein, nicht aber Kommunikationsfehler. Wenn auch Netzwerkpartitionierungen auftreten, so kann das Write-All-Available Verfahren nicht mehr die One-Copy-Serialisierbarkeit garantieren. Es kann sogar nicht einmal die Konvergenz sichergestellt werden, da in verschiedenen Netzwerkpartitionen Replikate des gleichen Objektes verändert werden können. Das Problem besteht darin, daß Available-Copies Verfahren konfligierende Zugriffe in unterschiedlichen Netzwerkpartitionen grundsätzlich nicht erkennen können. Um also Kommunikationsfehler in geeigneter Weise behandeln zu können, sind Verfahren erforderlich, welche die Ausführung konfligierender Operationen in unterschiedlichen

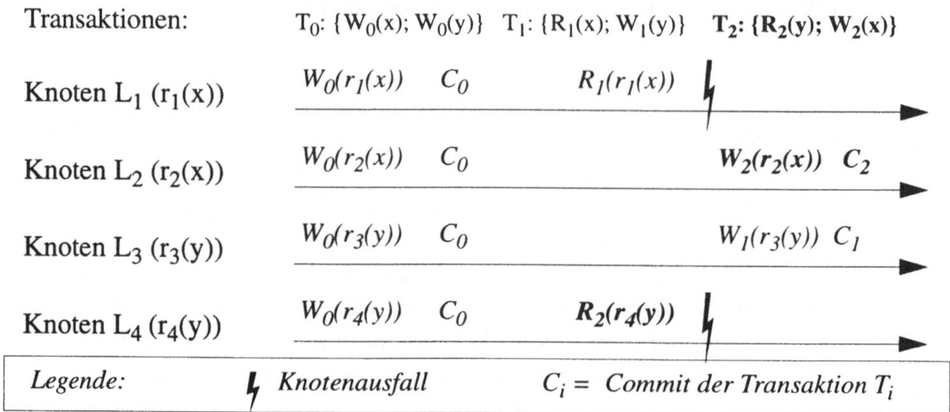

Abb. 3.6: Beispiel für Knotenfehler bei ROWAA

Partitionen verhindern. Dies kann beispielsweise mit Votierungsverfahren oder Primary-Copy Verfahren erreicht werden, die in den nachfolgenden beiden Abschnitten beschrieben werden.

3.3.3 Votierungsverfahren

Bei Votierungsverfahren werden sowohl Lese- als auch Schreiboperationen auf eine Teilmenge der vorhandenen Replikate abgebildet, so daß es mindestens ein Replikat gibt, an dem Schreib-/Schreib-Konflikte, bzw. Schreib-/Lese-Konflikte erkannt werden können. Das einfachste Verfahren dieser Art ist das Votieren mit Mehrheitsentscheidung, verschiedentlich auch als *Majority Consensus* (MC) bezeichnet ([BS95], [Tho79]). Hierbei stimmen alle Knoten, an denen ein Replikat eines Objektes x allokiert ist, über die Zulässigkeit eines Zugriffs auf das logische Objekt x ab. Um einen Zugriff auf ein Datenobjekt gewährt zu bekommen, muß die Mehrheit der Replikate erreicht werden. Auf diese Weise ist sichergestellt, daß konfligierende Operationen an mindestens einem Replikat erkannt werden können.

Der Vorteil des Mehrheitsvotierens gegenüber ROWA besteht darin, daß die Schreibverfügbarkeit erheblich erhöht werden kann, da solange geschrieben werden kann, wie noch eine Mehrheit der Replikate erreichbar ist.[3] Andererseits ist beim Mehrheitsvotieren auch für Lesezugriffe die Zustimmung einer Mehrheit und damit eine Kommunikation mit anderen Knoten erforderlich. Dadurch verschlechtert sich sowohl das Antwortzeitverhalten als auch die Verfügbarkeit für Leseoperationen. Es besteht also offensichtlich eine wechselseitige Abhängigkeit von Leseverfügbarkeit und

---

3. Dies gilt natürlich nur für einen Replikationsgrad, der größer als zwei ist. Bei genau zwei Replikaten macht das Mehrheitsvotieren keinen Sinn, weil für jeden Zugriff beide Replikate konsultiert werden müßten.

Schreibverfügbarkeit. Um diese Abhängigkeit besser ausnutzen zu können und somit die Replikationskontrolle in gewisser Weise dem Anwendungsverhalten anpassen zu können, wurde das *"gewichtete Votieren"* vorgeschlagen ([Gif79]).

Das *gewichtete Votieren*, das verschiedentlich auch als *Quorum Consensus* (QC) bezeichnet wird, ist eine Verallgemeinerung des MC-Verfahrens. Die Verallgemeinerung besteht zum einen darin, daß die für Leseoperationen erforderlichen Stimmen unterschieden werden von den für Schreiboperationen erforderlichen Stimmen. Zum anderen wird jedem Replikat ein Stimmengewicht zugeteilt, so daß "wichtige" Replikate mit mehreren Stimmen belegt werden können, während "unwichtige" Replikate oder Replikate mit hoher Ausfallwahrscheinlichkeit nur eine geringe Anzahl von Stimmen erhalten. Die für eine Schreiboperation erforderliche Stimmenanzahl WQ (*Schreibquorum*) und die für eine Leseoperation nötige Menge an Stimmen RQ (*Lesequorum*) werden in Abhängigkeit von der Summe S aller verfügbaren Stimmen so bestimmt, daß folgende Bedingungen erfüllt sind:

(1) $\quad 2 * WQ > S$

(2) $\quad RQ + WQ > S$

Die erste Bedingung garantiert, daß zwei beliebige Schreibquoren stets an mindestens einem Replikat überlappen, so daß konfligierende Schreiboperationen erkannt werden können. Die zweite Bedingung stellt sicher, daß jedes Schreibquorum mit jedem Lesequorum überlappt, wodurch auch die Erkennung von Schreib-/Lesekonflikten sichergestellt ist. Wurde für eine Schreiboperation ein Schreibquorum erreicht, so werden alle an dem Quorum beteiligten Replikate aktualisiert. Da jedes Lesequorum mit jedem Schreibquorum überlappt, ist sichergestellt, daß jedes Lesequorum mindestens ein Replikat enthält, das auf dem aktuellen Stand ist. Welches Replikat den aktuellsten Wert enthält, kann mit Hilfe von Versionszählern festgestellt werden, die bei den Replikaten mitgeführt werden. Bei einer Schreiboperation wird die höchste Versionsnummer der am Schreibquorum beteiligten Replikate bestimmt. Diese wird inkrementiert und allen Replikaten des Schreibquorums mitgeteilt. Bei einer Leseoperation wird das Replikat mit der höchsten Versionsnummer aus dem Lesequorum zum Lesen ausgewählt.

Der Vorteil der Gewichtung und der Stimmenhäufung an bestimmten Replikaten liegt darin, daß auf diese Weise das Verfahren an unterschiedlich zuverlässige Knoten angepaßt werden kann. So erhält ein Replikat eines Objektes x, das auf einem Knoten mit geringer Verfügbarkeit allokiert ist, einen geringen Stimmenanteil, damit die Unzuverlässigkeit dieses Knotens sich nicht zu sehr auf die Verfügbarkeit des logischen Objektes x auswirkt. Insbesondere ist auch die Zuteilung von *Null-Voten* möglich. Replikate mit Null-Votum haben keine Stimme und können somit leicht erzeugt und entfernt werden, ohne die laufende Replikationskontrolle zu beeinträchtigen. Durch die Quorenbildung kann auch eine Anpassung an das zu erwartende Zugriffsverhalten vorgenommen werden. Wird ein hoher Anteil an Schreiboperationen erwartet, so wird man das Schreibquorum vergleichsweise klein halten. Sind Schreiboperationen eher selten, so wird man auch ein großes Schreibquorum tolerieren können und das Lesequorum entsprechend klein wählen. Auf diese Weise kann der Zielkonflikt zwischen Leseverfügbarkeit und Schreibverfügbarkeit anwendungsspezifisch optimiert werden ([Her87], [KS93]).

Das Votieren mit Mehrheitsentscheidung ist offensichtlich ein Spezialfall des gewichteten Votierens, bei dem Lese- und Schreibquorum gleich groß sind und jedem Replikat das Stimmengewicht eins zugeordnet wird. Auch das eingangs diskutierte Verfahren ROWA ist ein Spezialfall des gewichteten Votierens. Hierbei werden die Quoren so gebildet, daß $RQ = 1$ und $WQ = S$ gilt, wobei auch hier wieder jedem Replikat das Stimmengewicht eins zugeteilt wird.

Von dem hier vorgestellten gewichteten Votieren gibt es noch eine ganze Reihe von Abwandlungen und Verfeinerungen. Eine gute Übersicht über derartige Verfahren findet sich beispielsweise in [BS95]. An dieser Stelle soll auf diese Erweiterungen zwar nicht mehr im einzelnen eingegangen werden, jedoch werden noch kurz einige grundlegende Methoden zur Variierung von Votierungsverfahren erläutert.

- *Gitterprotokoll:*
  Um die Anzahl der für einen Zugriff erforderlichen Rechner zu reduzieren, kann einschränkend festgelegt werden, daß nur bestimmte Kombinationen von Replikaten zulässig sind, um ein Lese- bzw. Schreibquorum zu bilden. Ein Beispiel hierzu ist das *Gitterprotokoll* ([CAA90]). Hier werden die Rechner, die ein Replikat eines Objektes besitzen, logisch in einer Matrix organisiert. Um ein Schreibquorum zu bilden, ist es erforderlich, mindestens eine ganze Spalte der Matrix und zusätzlich aus jeder weiteren Spalte ein Replikat zu sperren. Für ein Lesequorum reicht es dagegen aus, aus jeder Spalte ein Replikat zu sperren. Auf diese Weise ist sichergestellt, daß konfligierende Zugriffe an mindestens einem Replikat erkannt werden können. Gleichzeitig ist die Zahl der zu sperrenden Replikate aber geringer als beim herkömmlichen Votieren.

- *Dreidimensionale Anordnung:*
  Bei einer ausreichend großen Zahl an Replikaten ist es auch vorstellbar, die Replikate dreidimensional in Form eines Würfels anzuordnen, wodurch die Zahl der für ein Quorum erforderlichen Replikate weiter reduziert werden kann. Für ein Schreibquorum wäre es in diesem Fall erforderlich alle Replikate einer Ebene zu sperren und aus jeder weiteren Ebene ein Replikat. Für ein Lesequorum reicht es aus, in jeder Ebene ein Replikat zu sperren. Bei einem Würfel der Kantenlänge drei wären auf diese Weise bei insgesamt 27 Replikaten für ein Lesequorum nur drei Replikate erforderlich, während für ein Schreibquorum immerhin noch 11 Replikate gesperrt werden müssen.

- *Tree Quorum Consensus:*
  Eine andere Möglichkeit besteht darin, die Replikate eines Objektes baumartig zu organisieren. Entsprechende Replikationsprotokolle sind auch unter dem Terminus *Hierarchisches Votieren* bekannt ([BS95]). Ein Beispiel ist das Protokoll

Tree Quorum Consensus (TQP) von Agrawal und Abbadi ([AA91]). Ein Lesequorum wird dabei gebildet, indem die Wurzel des Baumes gesperrt wird. Ist die Wurzel nicht erreichbar, so kann stattdessen die Mehrzahl der unmittelbaren Nachfolger der Wurzel gesperrt werden. Kann ein Knoten nicht erreicht werden, so gilt genau wie bei der Wurzel, daß stattdessen auch die Mehrzahl der Nachfolger gesperrt werden kann. Ein Schreibquorum wird gebildet, indem die Wurzel sowie die Mehrzahl der Nachfolger aller gesperrten Knoten gesperrt wird.

- *Votieren mit Zeugen:*
  Durch die Einführung von sogenannten *Zeugen* kann die Verfügbarkeit erhöht werden, ohne den Replikationsgrad zu erhöhen. Ein Zeuge für ein Objekt x ist ein Rechner, an dem zwar kein Replikat von x allokiert ist, der aber alle Information enthält, um am Votieren teilnehmen zu können. Der Vorteil eines Zeugen kann an einem Beispiel mit zwei Replikaten und MC verdeutlicht werden. Beim herkömmlichen MC-Verfahren kann beim Ausfall eines der beiden Replikate nicht mehr gelesen oder geschrieben werden, weil der Zustand des erreichbaren Replikats unbekannt ist. Wird jedoch ein zusätzlicher Zeuge verwendet, so kann dieser befragt werden. Ist die Versionsnummer des Zeugen kleiner oder gleich der des erreichbaren Replikats, so kann auf das Replikat zugegriffen werden. Andernfalls kann lediglich festgestellt werden, daß das erreichbare Replikat veraltet ist. Für Einzelheiten und Variationsmöglichkeiten zum Votieren mit Zeugen sei an dieser Stelle auf [BS95], [Par90] und [PL91c] verwiesen.

- *Dynamisches Votieren:*
  Durch eine dynamische Zuteilung der Stimmgewichtung kann insbesondere für den Fall von Netzwerkpartitionierungen die Verfügbarkeit erhöht werden. Wird durch Kommunikationsfehler die Menge der Rechner mit Replikaten in zwei Partitionen aufgeteilt, so kann beim gewöhnlichen gewichteten Votieren zwar noch in einer der beiden Partitionen (der sog. *Quorumpartition*) weiterhin gelesen und geschrieben werden, die für ein Quorum erforderliche Stimmenanzahl ist jedoch unverhältnismäßig hoch bezüglich der Gesamtzahl der Stimmen in der Quorumpartition. Beim *Dynamischen Votieren* kann nach Erkennung der Partitionierung innerhalb der Quorumpartition die Stimmgewichtung neuverteilt und entsprechend angepaßt werden. Dies muß in einer Weise geschehen, die auch bei einer Wiedervereinigung der Partitionen die Erkennung von konfligierenden Operationen garantiert. Für Einzelheiten und verschiedene Protokollvarianten wird auf [BS95] und [BGS89] verwiesen.

- *Vorgabe der zugreifbaren Teilmengen:*
  Beim Votieren wird versucht, durch Sammeln von Stimmen solche Schreib- und Lesequoren zu bilden, die garantieren, daß zwei Schreibquoren immer überlappen und daß jedes Lesequorum mit jedem Schreibquorum auch immer überlappt. Der Umweg über das Einsammeln von Stimmen kann umgangen werden, wenn die für einen Lesezugriff, bzw. die für einen Schreibzugriff zulässigen Teil-

mengen der Replikate explizit vorgegeben werden. Garcia-Molina und Barbara führen dazu den Begriff der *Coterie* ein ([GB84]).

Eine Coterie ist eine Teilmenge der Potenzmenge der Replikate eines Objektes x, die folgende Bedingungen erfüllt:

(1) Eine Coterie enthält nur nichtleere Mengen.

(2) Die Schnittmenge zweier beliebiger Mengen, die in einer Coterie enthalten sind, ist nicht leer.

(3) Keine Menge, die in der Coterie enthalten ist, ist echte Teilmenge einer anderen Menge, die auch in der Coterie enthalten ist.

Die zum Mehrheitsvotieren bei drei Replikaten gehörende Coterie ist beispielsweise die Menge aller zweielementigen Teilmengen. In [The93] wird gezeigt, daß die explizite Vorgabe von Coterien ein universelleres Verfahren ist, als das allgemeine gewichtete Votieren. Gleichzeitig wird ein verallgemeinertes mehrstufiges Votierungsverfahren vorgestellt, das mindestens ebenso mächtig ist wie die Bildung von Coterien. Die zugrundeliegende Idee besteht darin, Votierungsverfahren durch Parametrisierung konfigurierbar zu machen, so daß für eine Veränderung der Replikationsstrategie keine Neuimplementierung, sondern nur eine Anpassung ausgewählter Parameter erforderlich wird.

Als Nachteil der Votierungsverfahren wird oft angeführt, daß sowohl zum Lesen als auch zum Schreiben mehrere Replikate konsultiert werden müssen, und daß von den gesperrten Replikaten nicht etwa unbedingt das nächstgelegene zum Lesen ausgewählt werden kann, sondern dasjenige, das den jeweils aktuellsten Änderungsstand aufweist. Dadurch wird die Zugriffslokalität, die nicht nur zur Verbesserung der Antwortzeiten, sondern auch aus Gründen der Knotenautonomie wichtig ist, eingeschränkt.

3.3.4 Primary-Copy Verfahren

Ziel des Primary-Copy Verfahrens ist in erster Linie, den hohen Schreibaufwand zu reduzieren, der in allen anderen bisher diskutierten Verfahren erforderlich war. Dazu wird für jedes logische Objekt ein Replikat zur sog. *Primärkopie (Primary Copy)* ernannt. Alle Änderungen müssen an der Primärkopie vorgenommen werden. Auf diese Weise werden Konflikte zwischen zwei Schreiboperationen auf jeden Fall erkannt und die Konvergenz ist sichergestellt. Die Primärkopie enthält somit auch immer den aktuellen Wert des Objektes. Die Aktualisierung von Replikaten, die nicht Primärkopie des jeweiligen Objektes sind, findet asynchron statt. Das heißt, Änderungen werden zunächst *nur* an der Primärkopie vorgenommen und erst bei erfolgreichem Abschluß der Änderungstransaktion an die anderen Replikate propagiert (*asynchrone Propagierung*). Durch die verzögerte Aktualisierung der Replikate enthalten diese somit zwischenzeitlich veraltete Zustände. Zur Synchronisation von Lesern und Schreibern gibt es nun verschiedene Varianten, die nachfolgend kurz vorgestellt werden:

- *Sperren aller Replikate bei Änderungen*
  Bei dieser Variante werden wie beim ROWA-Verfahren alle Replikate für eine Änderung gesperrt, so daß die Änderung also an jedem Replikat zumindest bemerkt wird. Im Gegensatz zu ROWA wird die Änderung aber nur an der Primärkopie vorgenommen und nach wie vor asynchron an die übrigen Replikate propagiert. Auf diese Weise wird der Aufwand für Änderungsoperationen reduziert. Leseoperationen können wie bei ROWA an ein beliebiges Replikat gerichtet werden, können aber erst dann befriedigt werden, wenn alle Änderungen, die bemerkt wurden, auch tatsächlich eingetroffen sind. Es handelt sich somit bei dieser Variante eigentlich um ein leicht modifiziertes ROWA-Verfahren.

- *Sperren der Primärkopie bei Leseoperationen*
  Da die vorige Variante, ähnlich wie ROWA, eine sehr geringe Änderungsverfügbarkeit aufweist, versucht man häufig Schreibsperren nur an der Primärkopie zu verwalten und nimmt stattdessen für Leseoperationen einen etwas höheren Aufwand in Kauf. Eine Möglichkeit besteht darin, für jede Leseoperation eine Lesesperre bei der Primärkopie anzufordern. Für den eigentlichen Lesezugriff kann dann entweder direkt auf die Primärkopie zugegriffen werden, oder aber auf eine beliebige andere Kopie. Falls die Primärkopie direkt gelesen werden muß, so macht die Replikation nur noch wenig Sinn. Um den Lesezugriff auf eine andere Kopie zu gestatten, ist es allerdings erforderlich, im Zuge der Sperranforderung gleich mit zu überprüfen, ob das zu lesende Replikat bereits den aktuellen Änderungszustand hat oder ob noch Änderungsnachrichten abzuwarten sind.

- *Keine Synchronisation*
  Wenn Lesezugriffe auf Replikate, die verzögert aktualisiert werden, nicht mit Schreibzugriffen auf der Primärkopie synchronisiert werden, müssen kurzzeitige Abweichungen vom aktuellen Wert in Kauf genommen werden. Darüber hinaus ist eine konsistente Sicht auf die Datenbank nicht mehr ohne weiteres gewährleistet. Das Korrektheitskriterium One-Copy-Serialisierbarkeit kann somit nicht sichergestellt werden. Die Konvergenz der Replikate ist jedoch nach wie vor sichergestellt.

Beim Primary-Copy Verfahren können auch bei Netzwerkpartitionierungen noch Änderungen vorgenommen werden, jedoch nur innerhalb der Partition, in der sich die Primärkopie befindet. Fällt die Primärkopie aus, so können keine Änderungen mehr stattfinden, es sei denn, es kann eine neue Primärkopie bestimmt werden. Bei der Neubestimmung der Primärkopie ist allerdings auszuschließen, daß für ein Objekt unterschiedliche Primärkopien in unterschiedlichen Netzwerkpartitionen entstehen. Dies würde dazu führen, daß das Verfahren nicht mehr konvergiert.

Ein Nachteil des Primary-Copy Verfahrens besteht darin, daß die Primärkopie statisch festzulegen ist und nicht dynamisch entsprechend den Anwendungsanforderungen angepaßt wird. Diesen Nachteil versuchen verschiedene auf Token basierende Verfahren zu kompensieren. Ein Token zeigt das Recht an, eine bestimmte Operation durchführen zu dürfen. Ein Beispiel dazu ist das *True-Copy Token* Verfahren ([MW82]). Bei diesem Verfahren existiert auf der Menge aller Replikate eines Datenobjektes zu einem Zeitpunkt entweder genau ein sogenanntes *Exclusive-Token* oder eine Menge von *Shared-Token*. Änderungen an einem Datenobjekt dürfen nur an dem Knoten durchgeführt werden, der im Besitz des zugehörigen Exclusive-Tokens ist. Solange ein Exclusive-Token existiert, darf es kein Shared-Token geben. Wird eine Leseoperation versucht, so muß sichergestellt werden, daß es kein Exclusive-Token gibt, indem mindestens ein anderes Shared-Token aufgespürt wird oder indem das existierende Exclusive-Token invalidiert wird. Um eine Schreiboperation durchführen zu können, ist es erforderlich, das Exclusive-Token an den anfordernden Knoten zu transferieren oder, falls es kein Exclusive-Token gibt, alle Shared Token zu invalidieren. Damit sichergestellt wird, daß auch der aktuelle Wert eines Datenobjektes gelesen wird, muß bei jedem Token-Erwerb der Wert des Replikats, von dem das Token erworben wurde, in das lokale Replikat übertragen werden.

Der Vorteil des True-Copy Token Verfahrens gegenüber Primary-Copy besteht darin, daß die Verfügbarkeit eines Datenobjektes nicht von einem einzigen Replikat abhängt. Dennoch ist bei diesem Verfahren, ähnlich wie bei Primary-Copy, das Datenobjekt nicht mehr verfügbar wenn der Knoten, der im Besitz des Exclusive-Tokens ist, ausfällt. Gegenüber ROWA hat das Verfahren den Vorteil, daß für einen Schreibzugriff nicht unbedingt alle Replikate erreicht werden müssen, sondern nur die, die im Besitz eines Tokens sind. Dadurch wird die Schreibverfügbarkeit gegenüber ROWA erhöht. Wie jedoch schon bei den Votierungsverfahren gesehen, geht dies auf Kosten der Leseverfügbarkeit, weil zum Lesen nicht mehr in jedem Fall der lokale Zugriff genügt. Beim Neuerwerb des Shared-Tokens muß der Wert des zu lesenden Datums von einem anderen Knoten geholt werden. Nur solange ein Knoten ununterbrochen im Besitz eines Shared-Tokens ist, darf vollständig lokal gelesen werden.

Insgesamt besitzt das True-Copy Token Verfahren gegenüber allen bisher untersuchten Verfahren einen wesentlichen Vorteil: Der Ausfall von Knoten, die nicht im Besitz eines Tokens sind, wirkt sich weder auf die Leseverfügbarkeit, noch auf die Schreibverfügbarkeit des betreffenden Datenobjektes aus. Nachteilig gegenüber dem Primary-Copy Verfahren ist jedoch, daß das Exclusive-Token auch dann wandert, wenn auf einem unzuverlässigen Knoten eine Schreiboperation versucht wird. Fällt dieser Knoten während er im Besitz des Tokens ist aus, so ist nachfolgend kein Zugriff mehr auf das Objekt möglich. Beim Primary-Copy Verfahren dagegen wird das Änderungsrecht üblicherweise fest an einen möglichst zuverlässigen Knoten gebunden. Weiterhin wird beim True-Copy Token Verfahren mit zunehmender Anzahl von Shared-Token die Änderungsverfügbarkeit vermindert. Fällt nur ein Rechner aus, der ein Shared-Token für ein Datenobjekt hält, so kann das Objekt nachfolgend nicht mehr verändert werden. Die Nachteile des True-Copy Token Verfahrens können durch eine Token-Regenerierung etwas gemildert werden. Eine Neuerzeugung eines Exclusive-Tokens ist aber nur dann möglich, wenn feststeht, daß alle Knoten, die im Besitz alter Token waren, ausgefallen sind, und wenn sichergestellt wird, daß alte Token beim Wiederanlauf der ausgefallenen Knoten entwertet werden.

3.3.5   Mischverfahren

Durch Kombination der verschiedenen Verfahren lassen sich neue Replikationsprotokolle definieren, bei denen versucht wird, die Vorteile der verschiedenen Verfahren zu vereinen. Der Vorteil des ROWA Protokolls ist beispielsweise die Robustheit und die vollständige Zugriffslokalität für Leseoperationen. Diese Vorteile werden allerdings mit einer extrem geringen Änderungsverfügbarkeit bezahlt. Votierungsverfahren haben eine höhere Änderungsverfügbarkeit, erfordern jedoch den Zugriff mehrerer Replikate zur Abwicklung von Leseoperationen. Das nachfolgend erläuterte Verfahren *"Missing Writes"* (MW) versucht die Vorteile der beiden Protokolle miteinander zu verbinden.

Missing Writes

Die diesem Verfahren zugrundeliegende Idee besteht darin, das Verfahren ROWA zu verwenden, solange keine Knotenfehler oder Netzwerkpartitionierungen auftreten (*Normalmodus*). Erst im Fehlerfall wird auf ein Votierungsverfahren gewechselt (*Fehlermodus*). Der Übergang zum Votierungsverfahren wird vollzogen, sobald eine Transaktion bemerkt, daß ein Replikat nicht auf dem aktuellsten Stand ist. Dies ist dann der Fall, wenn eine Schreiboperation nicht auf allen Replikaten ausgeführt werden konnte. Daher kommt auch der Name *"Missing Writes"* (= fehlende Änderungen). Hat eine Transaktion fehlende Änderungen bemerkt, so muß sie im Fehlermodus ausgeführt werden, das heißt für jede Leseoperation muß ein Lesequorum erreicht werden, und für jede Schreiboperation muß ein Schreibquorum erreicht werden. Wird eine Transaktion T_i im Fehlermodus ausgeführt, so muß auch jede nachfolgende Transaktion T_j, zu der es einen Pfad $T_i \rightarrow T_j$ im Serialisierungsgraphen gibt, im Fehlermodus ausgeführt werden.

Eine Transaktion, die im Normalmodus begonnen hat und erst später fehlende Änderungen bemerkt hat, muß zurückgesetzt und wiederholt werden. Damit eine Transaktion erkennen kann, ob sie im Fehlermodus ausgeführt werden muß, müssen neben den üblichen Sperren zusätzliche Mechanismen vorgesehen werden, die es ermöglichen, daß eine Transaktion erfährt, welche fehlenden Änderungen den Vorgängertransaktionen im Serialisierungsgraphen bekannt waren. Dazu heftet jede Transaktion T_i, den Replikaten $r_i(x)$, auf die sie zugreift, eine Liste an, die alle der Transaktion T_i bekannten fehlenden Änderungen enthält. Außerdem wird vermerkt, ob T_i lesend oder schreibend auf $r_j(x)$ zugegriffen hat. Eine Transaktion T_k, die später auf ein solches Replikat zugreift, kann aufgrund des Vermerks von T_i entscheiden, ob T_i mit T_k konfligiert oder nicht. Liegt ein Konflikt vor, so muß T_k die Liste der fehlenden Änderungen von T_i berücksichtigen.

In [BHG87] wird gezeigt, daß das Verfahren *Missing Writes* (MW) one-copy-serialisierbare Historien garantiert. Im Gegensatz zu ROWA und QC toleriert MW jedoch das Lesen veralteter Replikate. Dies ist darin begründet, daß sowohl bei ROWA als auch bei QC alle logisch konfligierenden Operationen unmittelbar auf physisch konfligierende Operationen abgebildet werden. Dies ist bei MW nicht mehr der Fall. Dazu sei das nachfolgende Beispiel gegeben.

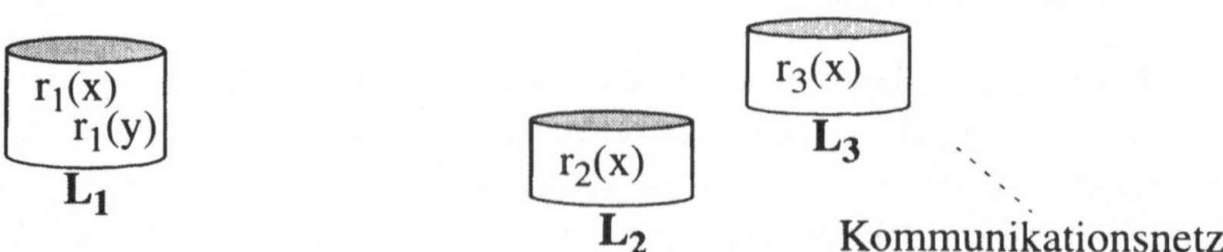

Abb. 3.7: Beispiel einer Netzwerkpartitionierung

Beispiel: Angenommen in einem verteilten System, bestehend aus den Rechner-knoten L_1, L_2 und L_3 werden die Objekte x und y durch die Replikate $r_1(x)$, $r_2(x)$, $r_3(x)$ bzw. durch $r_1(y)$ repräsentiert. Durch einen Kommunikationsfehler entsteht die in Abbildung 3.7 dargestellte Netzwerkpartitionierung: $\{L_1\};\{L_2, L_3\}$. In der Partition $\{L_2, L_3\}$ ist nur noch das Objekt x verfügbar. Da für x jedoch unter Verwendung von MC eine Stimmenmehrheit erreicht werden kann, ist Lesen und Schreiben von x auch im Fehlermodus möglich. Auch nach der Partitionierung kann also eine Transaktion T_1: $\{R(x), W(x)\}$ in der Partition $\{L_2, L_3\}$ erfolgreich abgeschlossen werden. Das Replikat $r_1(x)$ ist dann allerdings veraltet. Dennoch kann $r_1(x)$ gelesen werden, sofern die fehlenden Änderungen nicht bemerkt werden. So kann beispielsweise auch zeitlich nach Abschluß von T_1 noch eine Transaktion T_2:$\{R(x),W(y)\}$ in der Partition L_1 im Normalmodus ablaufen, wobei $r_1(x)$ gelesen und $r_1(y)$ geschrieben wird.

Eine ausführliche Beschreibung des hier verkürzt dargestellten Algorithmus ist in [BHG87] zu finden. Dort werden auch die Maßnahmen aufgezeigt, die erforderlich sind, um vom Fehlermodus wieder zurück in den Normalmodus zu gelangen.

Virtual Partition

Das Verfahren "*Virtual Partition*" (VP) kombiniert die Verfahren ROWA und QC, so daß für Leseoperationen stets nur auf ein Replikat zugegriffen werden muß. Wie bei MW wird auch hier QC nur beim Auftreten von Kommunikations- oder Knotenfehlern verwendet. Wie in QC werden auch beim Verfahren VP für jedes Replikat $r_i(x)$ Stimmengewichte vergeben und es gibt Lese- und Schreibquoren, die allerdings eine etwas andere Bedeutung haben.

Das Verfahren VP basiert darauf, daß an jedem Knoten eine Liste (Sicht) mit den Knoten gehalten wird, von denen angenommen wird, daß mit ihnen kommuniziert werden kann. Die Sicht einer Transaktion entspricht der Sicht des Knotens, an dem die Transaktion initiiert wurde. Jede Transaktion kann nun auf der Basis von ROWA entsprechend der momentanen Sicht ausgeführt werden. Das bedeutet, daß die Transaktion eine Leseoperation auf einem beliebigen Replikat der lokalen Sicht ausführen darf, und daß eine Schreiboperation auf allen Replikaten der lokalen Sicht ausgeführt werden muß. Voraussetzung ist, daß die lokale Sicht mindestens ein Schreibquorum (und damit auch ein Lesequorum) enthält. Die Lese- und Schreibquoren werden also hier nicht mehr zur Verifizierung jedes einzelnen Zugriffs verwendet, sondern zur Überprüfung, ob innerhalb einer bestimmten Sicht prinzipiell Lese- und Schreibzugriffe stattfinden dürfen. Falls sich während des Ablaufs einer Transaktion die lokale Sicht der Transaktion ändert, so muß die Transaktion zurückgesetzt werden.

VP garantiert die One-Copy-Serialisierbarkeit auch bei Knoten- und Netzwerkfehlern. Wie bei MW können allerdings auch bei VP veraltete Zustände gelesen werden. Dies liegt daran, daß in der Sicht eines Knotens nicht alle tatsächlich erreichbaren Knoten enthalten sind, sondern immer nur die Menge der Knoten, die der lokale Knoten *"glaubt"* erreichen zu können. Eine fehlerhafte Sicht wird erst bemerkt, wenn entweder eine Schreiboperation versucht wird, oder wenn versucht wird, ein nicht erreichbares Replikat zu lesen. Geht man davon aus, daß Leseoperationen immer auf dem lokalen Knoten stattfinden, kann also ein Knoten- oder Netzwerkfehler nur erkannt werden, wenn eine Schreiboperation versucht wird. Im Falle einer Netzwerkpartitionierung kann es also vorkommen, daß in der Partition, die das Schreibquorum hat, schon die neue Sicht gebildet wurde und Schreiboperationen stattgefunden haben, während auf einem Knoten, der nicht in dieser Partition ist noch Daten gelesen werden. Zum Nachweis der Korrektheit von VP und für weitere Einzelheiten des Algorithmus sei wiederum auf [BHG87] verwiesen.

3.3.6 Einfluß der Replikationskontrolle auf Verklemmungen

Die Handhabung von Verklemmungen in verteilten Systemen wurde bereits in Abschnitt 2.5.4 angesprochen. An dieser Stelle wird das Problem jedoch noch einmal aufgegriffen, denn durch die Einführung von Replikation kann sich das Risiko für eine Verklemmung in Abhängigkeit vom verwendeten Verfahren zur Replikationskontrolle beträchtlich erhöhen. Verklemmungen entstehen, wenn an verschiedenen Knoten konkurrierend exklusive Sperren für dasselbe logische Objekt angefordert werden. Es werden also zwei Transaktionen T_1 und T_2 angenommen, die auf verschiedenen Knoten laufen und die beide ein Objekt x modifizieren. Gibt es in dieser Situation nur ein Replikat, das zu sperren ist, so kann keine zusätzliche Verklemmungsgefahr entstehen, weil

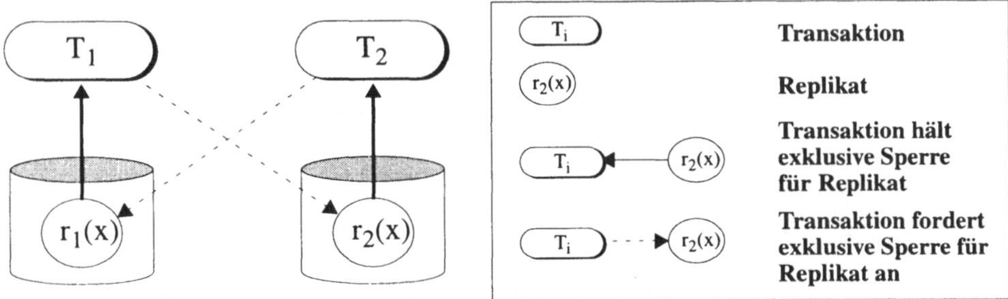

Abb. 3.8: Verklemmungsrisiko beim exklusiven Sperren replizierter Daten

die Sperre entweder an T_1 oder an T_2 vergeben wird. Müssen jedoch mehrere Replikate gesperrt werden, so kann eine Verklemmung entstehen, wenn jede Transaktion zunächst für ein lokales Replikat eine exklusive Sperre erwirbt und dann versucht weitere Replikate gleichfalls exklusiv zu sperren. Die Situation wird in Abbildung 3.8 dargestellt.

Wie stark sich das Verklemmungsrisiko erhöht, hängt sehr vom verwendeten Replikationsprotokoll ab. Je mehr Replikate für eine Schreiboperation gesperrt werden müssen, um so höher ist das Risiko für eine Verklemmung. Das ROWA-Verfahren ist also in dieser Hinsicht das ungünstigste Verfahren, weil für eine erfolgreiche Schreiboperation in jedem Fall alle Replikate gesperrt werden müssen. Beim Primary-Copy Verfahren dagegen entsteht keine zusätzliche Verklemmungsgefahr, weil für eine Schreiboperation stets nur die Primärkopie gesperrt werden muß.

Strategien zur Vermeidung von Verklemmungen beim Zugriff auf replizierte Daten werden in [Hen95] beschrieben. Allgemeine Grundlagen zur Handhabung von Verklemmungen werden in [Hof84] behandelt.

3.4 Bewertung von Replikationsprotokollen

Von den zuvor diskutierten Verfahren zur Replikationskontrolle ist kein Verfahren allen anderen in jeder Anwendungssituation überlegen. Vielmehr ist es so, daß je nach Anwendungsanforderungen, das eine oder das andere Verfahren zu bevorzugen ist. Um Aussagen treffen zu können, welches Verfahren sich in welcher Anwendungssituation zur Replikationskontrolle eignet, ist eine Bewertung und Gegenüberstellung der verschiedenen Verfahren erforderlich. In diesem Abschnitt sollen nun verschiedene Methoden vorgestellt werden, die eine allgemeine Bewertung verschiedener Protokolle erlauben. Dabei ist vorab bereits festzuhalten, daß im Rahmen der Bewertungsverfahren viele vereinfachende Annahmen getroffen werden, die einen Vergleich überhaupt erst möglich machen.

Bewertet werden die Verfahren hinsichtlich der Erreichbarkeit der Ziele, die allgemein mit der Replikation von Daten verbunden werden. Dies sind, wie in Abschnitt 3.2 bereits diskutiert, die Erhöhung der Verfügbarkeit und die Verbesserung des Antwortzeitverhaltens. Eine Bewertung beider Kriterien ist unter Berücksichtigung der Korrektheit des jeweiligen Verfahrens zu relativieren. Die Beurteilung der Korrektheit beschränkt sich dabei keineswegs auf die Gewährleistung der One-Copy-Serialisierbarkeit, sondern ist differenzierter vorzunehmen. Es sind verschiedene Fehlerfälle zu berücksichtigen und je nach Fehlerfall sind folgende Fragen bezüglich der Korrektheit zu beantworten:

- Konvergiert das Verfahren?
- Ist die One-Copy-Serialisierbarkeit garantiert?
- Toleriert das Verfahren das Lesen veralteter Replikate?

Damit sind die wesentlichen Aspekte, die bezüglich der Korrektheit von Replikationsprotokollen zu berücksichtigen sind, bereits genannt. Die wichtigsten Replikationsprotokolle werden unter Berücksichtigung dieser Aspekte in Tabelle 3.1 gegenübergestellt. Dabei werden jeweils die wichtigsten Vor- und Nachteile der verschiedenen Verfahren informell aufgeführt. Bezüglich der Korrektheit des Verfahrens wird gemäß der obigen Fragestellungen grob in die folgenden vier Klassen unterteilt:

(1) 1SR+   Das Verfahren gewährleistet One-Copy-Serialisierbarkeit und toleriert nicht das Lesen veralteter Replikate.

(2) 1SR   Das Verfahren gewährleistet One-Copy-Serialisierbarkeit. Es kann jedoch vorkommen, daß auch veraltete Replikate gelesen werden.

(3) Konv.   Das Verfahren konvergiert gemäß Definition 3.8, garantiert aber nicht die One-Copy-Serialisierbarkeit.

(4) --   Das Verfahren konvergiert nicht.

Die verschiedenen Stufen der Korrektheit werden jeweils auf zwei verschiedene Fehlerklassen bezogen. In der ersten Fehlerklasse können nur Knotenfehler auftreten, wäh-

	Korrektheit	Vorteile	Nachteile
ROWA	1SR+/1SR+	• Einfach • Lokales Lesen immer möglich	• Sehr geringe Schreibverfügbarkeit
ROWAA	1SR+/ --	• Lokales Lesen nach Wiederanlauf des Knotens möglich	• Toleriert keine Kommunikationsfehler
MC	1SR+/1SR+	• Hohe Schreibverfügbarkeit	• Kein lokales Lesen
QC	1SR+/1SR+	• Anpaßbarkeit an das Verhältnis Schreiber:Leser • Hohe Schreibverfügbarkeit	• Kein lokales Lesen (aber flexibler als MC)
PC(1) (Asynchrone Propagierung)	Konv./Konv.	• Einfach • Lokales Lesen immer möglich	• Lesen veralteter Daten wird toleriert • Engpaß Primärkopie
PC(2) (Sperren der Primärkopie)	1SR+/1SR+	• Einfach	• Kein lokales Lesen • Engpaß Primärkopie • Replikation wird kaum ausgenutzt
True-Copy Token	1SR+/1SR+	• Nur Replikate mit Token spielen für die Verfügbarkeit eine Rolle.	• Lokales Lesen nur bei Besitz eines Tokens • Engpaß: Exclusive-Token
MW	1SR+/1SR	• Lokales Lesen solange kein Fehler auftritt • Hohe Schreibverfügbarkeit	• Bei Kommunikationsfehlern wird das Lesen veralteter Daten toleriert
VP	1SR+/1SR	• Lokales Lesen in Quorumpartition immer möglich • Hohe Schreibverfügbarkeit	• Bei Kommunikationsfehlern wird das Lesen veralteter Daten toleriert

Tab. 3.1: Verfahren zur Replikationskontrolle

rend in der zweiten Fehlerklasse auch Kommunikationsfehler und damit Netzwerkpartitionierungen auftreten können. Der in den beiden Fehlerklassen jeweils erreichbare Korrektheitsgrad wird in der Spalte Korrektheit angegeben. Die Notation 1SR+/-- bedeutet dabei beispielsweise, daß 1SR+ gewährleistet wird, solange nur Knotenfehler auftreten, während bei Kommunikationsfehlern die Konvergenz nicht mehr sichergestellt werden kann.

Weiterführende Bewertungskriterien für Replikationsprotokolle werden in den nachfolgenden Abschnitten diskutiert. Dabei wird in der Hauptsache auf die Untersuchungen von Binder in [Bin93] sowie auf die Ausführungen zur Verfügbarkeitsanalyse von Borghoff und Schlichter in [BS95] Bezug genommen. Die Auflistung dieser Bewertungskriterien soll an dieser Stelle nicht mehr zu einer exakten Analyse der verschiedenen Protokolle verwendet werden, sondern soll lediglich aufzeigen, welche Aussagen prinzipiell mit derartigen Vergleichen erreicht werden können und welche Voraussetzungen gemacht werden müssen, um zu aussagefähigen Ergebnissen zu gelangen.

3.4.1   Allgemeine Bewertungskriterien

Eine Möglichkeit, Aussagen über die Verfügbarkeit zu machen, die mit Hilfe eines bestimmten Replikationsverfahrens erreicht werden kann, ist die Berechnung von Wahrscheinlichkeiten auf der Basis entsprechender Wahrscheinlichkeitsmodelle. Aussagen zum Antwortzeitverhalten dagegen gewinnt man üblicherweise mit Hilfe von Simulationen, bei denen die wesentlichen Systemparameter je nach dem gewünschten Untersuchungsgegenstand variabel oder fix gehalten werden können. Derartige Methoden, die auf der Berechnung und dem Vergleich von Kennzahlen beruhen, werden in Abschnitt 3.4.2 behandelt. Eine andere Möglichkeit, verschiedene Replikationsprotokolle miteinander zu vergleichen, besteht darin, die verschiedenen Eigenschaften der Protokolle unter verschiedenen Aspekten direkt zu vergleichen. Eine derartige Analyse ermöglicht zwar zunächst keine allgemeingültige Aussage über die Güte eines bestimmten Verfahrens, aber es wird ein sehr gutes Gefühl dafür vermittelt, wo die Stärken und wo die Schwächen der verschiedenen Protokolle zu suchen sind.

In [Bin93] wird eine ganze Reihe solcher differenzierender Bewertungskriterien für Replikationsprotokolle untersucht. Dabei werden die Kriterien in qualitative und quantitative Kriterien unterteilt. Unter qualitativen Kriterien versteht man solche Merkmale, die nicht auf Zahlen beruhen, sondern lediglich auf die Zuweisung von allgemeinen Beurteilungstermini wie "gut", "zufriedenstellend" oder "schlecht" beschränkt sind. Da derartige Beurteilungstermini nur einen sehr ungenauen Vergleich zulassen und zudem nur nach subjektivem Ermessen den verschiedenen Verfahren zugeordnet werden können, soll hier auf qualitative Vergleichskriterien verzichtet werden. Unter quantitativen Kriterien versteht man solche Kriterien, die durch die Angabe von Zahlenwerten konkret belegt werden können. Nachfolgend wird beispielhaft eine Auswahl derartiger Vergleichskriterien vorgestellt:

- *Maximale Ausfalltoleranz*
  Mit Maximaler Ausfalltoleranz ist die maximale Anzahl der Knoten gemeint die ausfallen dürfen, bevor keine Schreiboperationen mehr möglich sind. Bei insgesamt N Knoten ist die Ausfalltoleranz bei ROWA beispielsweise 0, bei ROWAA dagegen N-1 und bei MC liegt die Ausfalltoleranz bei $\lceil (N/2)-1 \rceil$.

- *Aufwand zur Wiedereingliederung*
  Ein Replikationsprotokoll kann auch dadurch charakterisiert werden, wie groß der Aufwand ist, der erforderlich ist, um einen Knoten nach einem Ausfall wieder in das System einzugliedern. Dies kann beispielsweise durch die Zahl der zur Wiedereingliederung erforderlichen Transaktionen zum Ausdruck gebracht werden. Bei QC (und damit auch bei ROWA) ist dieser Aufwand beispielsweise zu vernachlässigen, weil durch die Quorenbildung bereits sichergestellt ist, daß Replikate, die aufgrund zwischenzeitlicher Ausfälle nicht aktuell sind, nicht gelesen werden. Bei ROWAA dagegen müssen Replikate nach einem Knotenausfall zuerst wieder aktualisiert werden, bevor sie gelesen werden dürfen.

- *Kommunikationsaufwand*
  Der Kommunikationsaufwand, der für eine Lese- oder Schreiboperation erforderlich ist, kann unter Vernachlässigung vieler Einflußfaktoren sehr grob durch die Anzahl der Replikate abgeschätzt werden, die für eine Zugriff zu konsultieren sind. Dies entspricht bei QC beispielsweise der Größe der Quoren. Durch eine Verkleinerung der Quoren, wie sie beispielsweise bei TQP oder beim Gitterprotokoll angestrebt wird, kann somit der Kommunikationsaufwand reduziert werden.

In [Bin93] werden die oben aufgeführten Vergleichskriterien und viele weitere quantitative und auch einige qualitative Kriterien auf die Verfahren ROWA, ROWAA, QC, TQC und Primary Copy angewendet. Der resultierende Vergleich zeigt die Stärken und Schwächen der einzelnen Verfahren grob auf. Um fundiertere Aussagen zur Verfügbarkeit und zur Performanz zu erhalten sind jedoch weiterführende Verfahren erforderlich, wie sie im nachfolgenden Abschnitt besprochen werden.

3.4.2 Methoden zur Berechnung von Kennzahlen

Um konkrete Kennzahlen für Replikationsprotokolle zu berechnen, die einen direkten Vergleich der Protokolle ermöglichen, werden häufig Wahrscheinlichkeiten auf der Basis von Markov-Ketten verwendet (z.B. in [BS95] und in [Lon90]). Um solche Methoden verwenden zu können, sind allerdings eine ganze Reihe von Annahmen zu treffen, welche die Aussagekraft derartiger Kennzahlen wieder relativieren. Bevor also auf die Verfügbarkeitsanalyse mit Hilfe von Markov-Ketten eingegangen wird, werden hier zunächst die Voraussetzungen und vereinfachenden Annahmen diskutiert, die dazu gemacht werden.

- Es wird grundsätzlich angenommen, daß Knotenausfälle und Knotenreparaturzeiten unabhängige Ereignisse sind und exponentiell verteilt sind. Außerdem wird angenommen, daß die Reparatur nach einem Ausfall sofort eingeleitet wird.

- Es wird angenommen, daß nur Knotenfehler und keine Kommunikationsfehler auftreten.

- Es wird angenommen, daß alle Rechner die gleichen Ausfallwahrscheinlichkeiten und Reparaturraten haben.

- Es wird angenommen, daß die Zugriffswahrscheinlichkeit für jedes Objekt auf allen Knoten gleich ist.

Die Annahme, daß nur Knotenfehler und keine Kommunikationsfehler berücksichtigt werden, ist eine recht schwerwiegende Einschränkung, weil die Stärke einiger Verfahren gerade darin besteht, auch Netzwerkpartitionierungen tolerieren zu können. Wenn Kommunikationsfehler in einigermaßen realistischer Weise berücksichtigt werden sollen, so ist vor allem der Einfluß der Netztopologie in die Überlegungen mit einzubeziehen. Wenn allerdings eine konkrete Netztopologie vorgegeben wird, so unterscheidet sich üblicherweise die Verfügbarkeit eines Datenobjektes an unterschiedlichen Knoten, so daß die Berechnung einer globalen Verfügbarkeit für Datenobjekte keinen Sinn mehr macht.

Bei den nachfolgenden Betrachtungen wird die Verfügbarkeit eines Datenobjektes x jeweils in Abhängigkeit vom jeweiligen Replikationsgrad n_x betrachtet. Falls $n_x=1$ gilt, so gibt es für das Objekt x nur eine physische Repräsentation $r_i(x)$. Die Verfügbarkeit für x ist dann trivialerweise gleich der Verfügbarkeit des Rechnerknotens L_i an dem $r_i(x)$ allokiert ist. Die Wahrscheinlichkeit, daß ein bestimmter Rechner innerhalb eines Zeitintervalls t nicht ausfällt, wird gemäß der Annahme der exponentiellen Verteilung durch $e^{-\lambda t}$ abgeschätzt. Dabei wird λ als *Fehlerrate* bezeichnet. Analog dazu wird die Wahrscheinlichkeit, daß ein Rechner innerhalb von t Zeiteinheiten repariert wird, mit $1-e^{\mu t}$ abgeschätzt, wobei μ als *Reparaturrate* bezeichnet wird. Auf der Basis dieser Annahmen berechnet sich die Verfügbarkeit eines Rechners als $p= \mu/(\lambda+\mu)$ (wobei das Zeitintervall t zur Vereinfachung wegelassen wurde).[4]

Markov-Ketten

Die Grundidee zur Berechnung der globalen Verfügbarkeit von Datenobjekten auf der Basis von Markov-Ketten besteht darin, einen Zustandsraum zu erstellen, der alle relevanten Zustände, die das verteilte System annehmen kann, enthält. Für die Zustandsübergänge wird explizit eine Übergangswahrscheinlichkeit angegeben, indem beispielsweise die Ausfall- und Reparaturraten für einen Knoten herangezogen werden. Aus dem so erstellten Zustandsgraphen sollen nun die Wahrscheinlichkeiten berechnet

---

4. Zur weiteren Vertiefung der hier zugrundegelegten Wahrscheinlichkeitstheorie wird auf die entsprechende Fachliteratur verwiesen (z.B. [Fel85]).

werden, mit denen sich das System in einem bestimmten Zustand befindet. Die Verfügbarkeit eines Datenobjektes ergibt sich dann als die Summe der Einzelwahrscheinlichkeiten für diejenigen Zustände, in denen ein Zugriff auf das Objekt zulässig ist.

Als Beispiel wird in Abbildung 3.9 das Zustandsübergangsdiagramm für MC bei einem Replikationsgrad von n aufgezeigt. Das Modell enthält n+1 Zustände Z_0, Z_1, ..., Z_n. Es repräsentiert ein verteiltes System mit n Knoten, wobei an jedem Knoten ein Replikat allokiert ist. Im Zustand Z_n befindet sich das System in voller Betriebsbereitschaft, d.h. kein Knoten ist ausgefallen und alle Replikate sind erreichbar. In diesem Zustand kann mit Wahrscheinlichkeit $n\lambda$ ein Knoten ausfallen. Mit dieser Wahrscheinlichkeit geht das System also auch in den Zustand Z_{n-1} über, in dem nur noch n-1 Knoten verfügbar sind. Mit der Wahrscheinlichkeit μ wird der ausgefallene Knoten wieder aktiv und das System kommt zurück in den Zustand Z_n. Fällt im Zustand Z_{n-1} dagegen ein weiterer Knoten aus, so wird das System in den Zustand Z_{n-2} überführt. In dieser Weise setzt sich die Kette fort bis zum Zustand Z_0, in dem schließlich alle Knoten ausgefallen sind. Nach [BS95] ergibt sich folgendes Gleichungssystem:

$$(1) \qquad n\lambda Z_n = \mu Z_{n-1}$$

$$(2) \qquad (n-1)\lambda Z_{n-1} = 2\mu Z_{n-2}$$

$$\dots$$

$$(n) \qquad \lambda Z_1 = n\mu Z_0$$

Da sich das System zu jedem Zeitpunkt in genau einem Zustand befindet, gilt außerdem:

$$(n+1) \qquad Z_0 + Z_1 + \dots + Z_n = 1$$

Durch Lösung des Gleichungssystems läßt sich ermitteln, mit welcher Wahrscheinlichkeit sich das System in einem bestimmten Zustand befindet. Die Verfügbarkeit für MC ergibt sich dann als die Summe der Wahrscheinlichkeiten, mit denen sich das System in einem Zustand befindet, in dem mehr als die Hälfte der Replikate erreichbar sind. In Abbildung 3.9 werden diese Zustände grau unterlegt markiert.

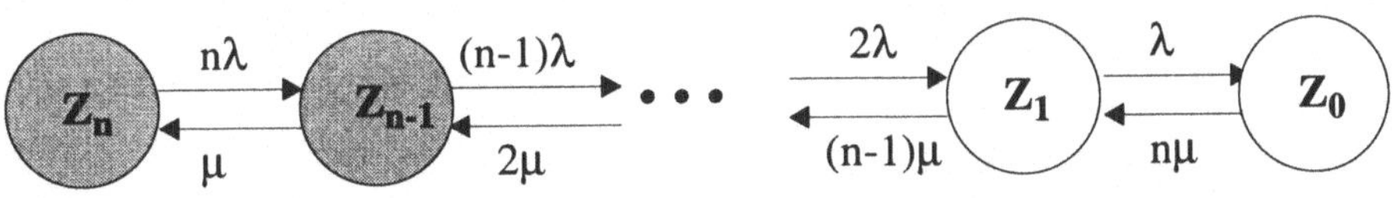

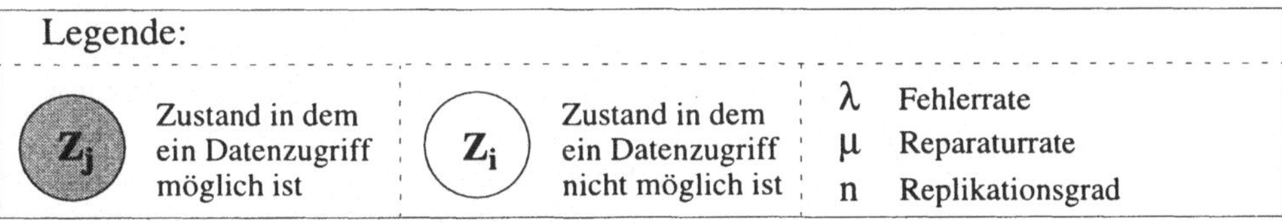

Abb. 3.9: Zustandsübergangsdiagramm für MC

Auf weitere mit Hilfe von Markov-Ketten zu berechnenden Verfügbarkeiten soll an dieser Stelle nicht weiter eingegangen werden, da dies nicht mehr wesentlich zum Kern dieser Arbeit beitragen würde. Hier ging es vor allem darum zu zeigen, welche Voraussetzungen gemacht werden müssen, um mit Hilfe derartiger Methoden zu aussagefähigen Vergleichen verschiedener Replikationsprotokolle zu gelangen.

Die Aussagen, die mit Hilfe dieser Methode erreicht werden können, erlauben zwar einen direkten Vergleich verschiedener Replikationsprotokolle, sagen jedoch wenig über die Eignung bestimmter Protokolle in konkreten Anwendungsszenarien aus. Dazu wurden zu viele vereinfachende Annahmen gemacht.

Stochastische Petrinetze

Einige der Nachteile, welche die Verfügbarkeitsabschätzung auf der Basis von Markov-Ketten mit sich bringt, lassen sich vermeiden, wenn man zur Modellierung stochastische Petrinetze verwendet. Die Grundidee besteht hierbei darin, ein sehr mächtiges Modellierungsmittel zu nutzen, um komplexe Sachverhalte in verteilten Systemen nachzubilden und ausgehend von dem erstellten Modell automatisch die zugehörigen Markov-Ketten ableiten zu lassen und entsprechende Berechnungen durchzuführen.

In [Sch96a] wird die Anwendbarkeit stochastischer Petrinetze zur Analyse der Verfügbarkeit von Replikationsverfahren untersucht.

Simulation

Wenn die Wahrscheinlichkeitsmodelle zu komplex werden, und wenn die Vorraussetzungen für deren Anwendbarkeit nicht mehr gegeben sind (z.B. die exponentielle Verteilung von Zufallsvariablen), dann bleibt noch die Simulation als Methode zum Vergleich verschiedener Verfahren. Simulationen bilden darüber hinaus ein wichtiges Mittel zur Verifikation der Aussagen, die über Wahrscheinlichkeitsmodelle errechnet wurden. Dieser Punkt wird hier jedoch nur der Vollständigkeit halber aufgeführt, wird jedoch nicht mehr weiter vertieft. Ein Beispiel für eine Simulationsstudie zur Datenreplikation, bei der Antwortzeiten, Verfügbarkeit und Transaktionsdurchsatz unter unterschiedlichen Voraussetzungen jeweils in Abhängigkeit von der Transaktionsrate untersucht wurden, findet sich in [LAA94].

3.4.3   Schlußbemerkung

Bei den in diesem Kapitel aufgeführten Verfahren zur Replikationskontrolle wird versucht, die Verfügbarkeit und das Antwortzeitverhalten zu verbessern, ohne irgendwelche Annahmen über die Semantik der Anwendungen zu machen, die auf die replizierten Daten zugreifen. Lediglich die verschiedenen Varianten des gewichteten Votierens erlauben in gewisser Weise eine Anpassung an die Anwendungserfordernisse. Die Anwendungsanpassung kann dabei in zweierlei Hinsicht stattfinden:

- *Wahl der Stimmgewichte*:
  Durch die Wahl der Stimmgewichtungen kann zwischen wichtigen und unwichtigen Replikaten unterschieden werden. Dadurch kann die Zugriffslokalität in begrenztem Maße erhöht werden, indem Replikaten, auf die häufig zugegriffen wird, ein höheres Stimmgewicht zugeteilt wird.

- *Quorenbildung*:
  Durch die Bestimmung der Größe von Lese- und Schreibquoren kann der Zielkonflikt zwischen Lese- und Schreibverfügbarkeit anwendungsspezifisch optimiert werden. Wenn relativ häufig Schreiboperationen erwartet werden, so wird man ein möglichst kleines Schreibquorum wählen, was zu einem entsprechend großen Lesequorum führt. Sind Schreiboperationen dagegen eher selten, so wählt man ein größeres Schreibquorum zugunsten eines kleineren Lesequorums.

Sowohl die Wahl der Stimmgewichte als auch die Bestimmung der Größe der Quoren sind allerdings statische Zuteilungen, die einmal gemacht werden und sich dann nicht mehr ändern. Das dynamische Votieren reagiert zwar dynamisch auf Fehlersituationen, paßt sich aber nicht dynamisch veränderten Anwendungsanforderungen an. Replikationsverfahren, die explizit das Anwendungsverhalten berücksichtigen und insbesondere auch solche Anwendungen berücksichtigen, die das Lesen veralteter Daten tolerieren können, werden im nachfolgenden Kapitel behandelt. Dabei wird deutlich, daß durch eine Anpassung der Datenreplikation an bestehende Anwendungserfordernisse gegenüber der synchronen Datenreplikation, wie sie in diesem Kapitel erörtert wurde, erhebliche Verbesserungen erzielt werden können.

4 Datenverwaltung aus Anwendungssicht

Ein Datenverwaltungssystem erbringt eine Dienstleistung für verschiedene sehr unterschiedlich geartete Anwendungen. Die Anforderungen der Anwendungen an das Datenverwaltungssystem beschränken sich aber nicht nur auf das zuverlässige Abspeichern von Daten und die konsistente Bereitstellung von möglichst aktuellen Daten, sondern umfassen insbesondere auch den effizienten Umgang mit Daten. Effizienz beinhaltet in diesem Zusammenhang neben der Forderung nach einer möglichst kurzen Zugriffszeit beispielsweise auch die Forderung nach möglichst hoher Verfügbarkeit eines Datums. Die konsistente Verarbeitung nebenläufiger Anwendungstransaktionen wirkt der so definierten Effizienz entgegen. Dabei ist insbesondere festzuhalten, daß für manche Anwendungen der effiziente Zugriff durchaus wichtiger als Konsistenz ist. Ebenso gibt es auch Anwendungen, für die ein konsistenter Zugriff unerläßlich ist. Um eine möglichst gute Anpassung an die jeweiligen Erfordernisse einer Anwendung zu gewährleisten, scheint es somit sinnvoll zu sein, das Datenverwaltungssystem in die Lage zu versetzen, auf die Anforderungen der Anwendungen in geeigneter Weise zu reagieren. Dazu ist es erforderlich, Mittel bereitzustellen, die es einer Anwendung erlauben, bezüglich des Zielkonfliktes ("Trade-off") zwischen Konsistenz und Effizienz eine anwendungsspezifische Kompromißlösung zu spezifizieren.

Um diesen Zielkonflikt genauer fassen zu können, wird im folgenden das Need-To-Know Prinzip ([Wed88b]) als grundlegendes Prinzip zur verteilten Datenverwaltung erörtert. Die Begriffe Konsistenz und Kohärenz werden unter diesem Gesichtspunkt noch einmal genau analysiert und in ein neues Licht gestellt. Am Beispiel von Workflow Management Systemen (WfMS) werden dann unterschiedliche Anforderungen von Applikationen aufgezeigt, wobei deutlich wird, daß durch angemessene Anpassung eines verteilten Datenverwaltungssystems erhebliche Vorteile erzielt werden können. Anschließend werden verschiedene in der Literatur bekannte Mechanismen aufgezeigt, die eine Aufweichung des klassischen Konsistenzbegriffs erlauben. Nach einer kurzen Beschreibung der verschiedenen Methoden werden Klassifizierungsmerkmale aufgestellt, die eine Gesamtbewertung und Gegenüberstellung der Verfahren erlauben.

4.1 Ubiquität und Need-To-Know

Ausgehend von den zwölf Regeln zur verteilten Datenverwaltung, werden in verteilten Datenverwaltungssystemen üblicherweise Daten transparent verteilt und repliziert (Abschnitt 2.2.1). Eine Konsequenz aus dieser Forderung nach Transparenz ist die Anwendung des *Ubiquitätsprinzips* als Grundlage der verteilten Datenverwaltung. Das Ubiquitätsprinzip besagt, daß alle Daten an jedem Knoten im verteilten System zugreifbar sein sollen, und daß jedes Lesen eines Datums den jeweils aktuellsten und konsistenten Wert dieses Datums liefern soll. Der konkurrierende Zugriff auf gemeinsame Daten im Rahmen von Transaktionen erfordert die Synchronisation dieser Transaktionen ([BHG87]). Die Serialisierbarkeit von Transaktionen ist als Korrektheitskriterium für eine solche Synchronisation allgemein anerkannt (Abschnitt 2.5.1). Auf der Grundlage des Ubiquitätsprinzips wird dieses Kriterium zur One-Copy-Serialisierbarkeit (1SR) erweitert, wenn der Zugriff auf replizierte Daten synchronisiert werden soll (Abschnitt 3.2.3). Um 1SR sicherzustellen, sind somit im wesentlichen zwei Aufgaben zu erfüllen, nämlich die Nebenläufigkeitskontrolle (CC = Concurrency Control) und die Replikationskontrolle (RC = Replication Control) ([CP92a]). Aufgabe der Nebenläufigkeitskontrolle ist es, für die korrekte Serialisierung nebenläufiger Transaktionen zu sorgen. Die Replikationskontrolle dagegen hat die Aufgabe, die wechselseitige Konsistenz der Replikate zu gewährleisten. Beide Aufgaben sind eng miteinander verknüpft und werden häufig im Rahmen integrierter Protokolle implementiert. Beispiele für Replikationsprotokolle wurden in Abschnitt 3.3 bereits besprochen, jedoch wurde dort der Aspekt der Nebenläufigkeitskontrolle weitgehend außer acht gelassen. Wird dies mit in die Überlegungen einbezogen, so wird deutlich, daß zur Sicherstellung eines logischen Einbenutzerbetriebs eine synchrone Propagierung von Änderungsoperationen an Replikate erforderlich ist (Abschnitt 2.5.3). Die synchrone Modifikation von Replikaten erfordert prinzipiell sehr aufwendige Mehrphasen-Freigabeprotokolle, die typischerweise einen hohen Kommunikationsaufwand verursachen und zudem fehleranfällig sind. Je nach Replikationsgrad und verwendetem Replikationsprotokoll schränkt diese aufwendige Änderungssynchronisation auch die Verfügbarkeit wieder ein. Wie in Abschnitt 3.3 bereits aufgezeigt wurde ist die Änderungsverfügbarkeit gegebenenfalls sogar geringer als bei nicht replizierten Daten.

Um diese Situation zu verbessern, gibt es prinzipiell zwei Möglichkeiten: Zum einen die Verfeinerung der Replikationsprotokolle und zum anderen die Abschwächung von Konsistenzanforderungen. Zunächst ist es natürlich möglich, die Protokolle zur Verwaltung replizierter Daten so zu verfeinern und weiterzuentwickeln, daß sie beispielsweise durch geeignete Quorenbildung, die Einführung von Zeugen oder anderen Mechanismen flexibel auf bestimmte Anwendungsprofile angepaßt werden können. Dieser Weg verspricht aber nur eine beschränkte Verbesserung der Situation, da in jedem Fall alle Replikate in irgendeiner Weise bei der Synchronisation konkurrierender Zugriffe mit berücksichtigt werden müssen und somit immer ein hoher Kommunikationsaufwand zur Synchronisation im Rahmen von Mehrphasen-Freigabeprotokollen erforderlich bleibt.

Weitaus vielversprechender ist die zweite Möglichkeit, die Konsistenzanforderungen unter Verletzung des Ubiquitätsprinzips abzuschwächen. Auf diese Weise muß die Propagierung von Änderungen nicht mehr unbedingt synchron erfolgen. Stattdessen können Änderungen bei Tolerierung kurzzeitiger Inkonsistenzen auch asynchron propagiert werden. Voraussetzung für diesen Ansatz ist, daß es Anwendungen gibt, welche den Zugriff auf veraltete oder sogar inkonsistente Datenbestände tolerieren können. Dies trifft zwar für viele Anwendungen bis zu einem gewissen Grad zu, für andere Anwendungen jedoch nicht. So ist beispielsweise die Kontoauflösung bei einer Bank eine Anwendung, die in keinem Fall veraltete oder inkonsistente Daten tolerieren kann. Der aktuelle Kontostand muß dem Kunden ausbezahlt werden. Bei der Kundenauskunft über den Kontenstand dagegen, wird den Kunden jedoch häufig durchaus zugemutet, geringfügig veraltete Daten zu erhalten. Dieses Beispiel macht bereits deutlich, daß eine Abschwächung der Konsistenz stets mit den Erfordernissen der Anwendungen abzustimmen ist.

Ein anderes Beispiel für eine Anwendung, die teilweise veraltete Daten tolerieren kann, findet sich im Bereich Marktforschung, wo große Datenmengen zu statistischen Zwecken auszuwerten sind. So wird in [LRT95] die Datenhaltung bei der Gesellschaft für Konsumforschung (GfK) untersucht. Als Beispiel werden die Verkaufszahlen von ausgesuchten Produkten betrachtet, die von einer repräsentativen Menge von Geschäften an die GfK gemeldet und dort für statistische Auswertungen verwendet werden. Hier kommt es nicht darauf an, daß alle Verkaufszahlen den aktuellsten Stand aufweisen. Vielmehr ist es üblich, daß Änderungen verspätet oder gar nicht eintreffen. Dennoch können auch aus vorläufigen Ergebnissen bereits wertvolle statistische Aussagen abgeleitet werden.

Die Beispiele haben gezeigt, daß das Ubiquitätsprinzip als Grundlage für ein flexibles verteiltes Datenverwaltungssystem zu strenge Konsistenzanforderungen impliziert und daß durch anwendungsspezifische Abschwächung der Konsistenzanforderungen erhebliche Effizienzgewinne erzielt werden können. Diese mangelnde Adaptierbarkeit verteilter ubiquitärer Datenbanksysteme war nicht zuletzt der Grund dafür, daß diese sich in der Praxis nicht durchsetzen konnten. Wedekind schlägt daher in [Wed88b] als Grundlage einer verteilten Datenverwaltung das Need-To-Know Prinzip vor, mit dem die verteilte Datenverwaltung an die Anwendungserfordernisse angepaßt werden kann. Die wesentlichen Grundsätze des Need-To-Know Prinzips sind:

- *Daten werden nur bereitgestellt, wenn sie benötigt werden.* Das bedeutet, daß zum einen Daten nur an den Knoten im verteilten System verfügbar gemacht werden, an denen auch auf sie zugegriffen wird, und daß zum anderen Daten nur zu den Zeiten verfügbar gemacht werden müssen, zu denen sie auch gebraucht werden.

- *Daten werden nur so aktuell bereitgestellt, wie es für die Anwendungen erforderlich ist.* Diese Forderung kann auf die Kohärenz von Replikaten bezogen werden: Ein Replikat darf veraltet sein, wenn die Anwendungen, die auf dieses Replikat zugreifen, dies tolerieren können.

- *Die Konsistenz der Daten wird auf die Anforderungen der Anwendungen abgestimmt.* Im Gegensatz zur anwendungsspezifischen Aktualität bezieht sich die Forderung nach anwendungsspezifischer Konsistenz auch auf die Beziehungen zwischen verschiedenen logischen Datenobjekten (logische Integrität). Häufig wird aber der Begriff der Kohärenz auch unter dem Begriff der Konsistenz subsumiert. An dieser Stelle soll jedoch ausdrücklich darauf hingewiesen werden, daß auch die Integritätsbedingungen, die zwischen verschiedenen logischen Objekten definiert sind, aus der Sicht bestimmter Anwendungen abgeschwächt werden können.

Zusammengefaßt lautet die Kernaussage des Need-To-Know Prinzips und aller darauf basierenden Mechanismen: *Anwendungsbezogene Abschwächung von Konsistenzanforderungen zugunsten einer Effizienzsteigerung.* Dabei ist der Begriff Konsistenz sehr weit gefaßt. Unter der Prämisse des Ubiquitätsprinzips wurde in bisherigen verteilten Datenbanksystemen die Konsistenz der Daten zusammen mit der Korrektheit nebenläufiger Transaktionen gleichermaßen in dem Korrektheitskriterium Serialisierbarkeit zum Ausdruck gebracht ([RC96]). Das Need-To-Know Prinzip dagegen erfordert eine getrennte Betrachtung von Transaktionskorrektheit und Datenbankkonsistenz. Völlig unabhängig sind Transaktionskorrektheit und Datenbankkonsistenz jedoch nicht, denn eine Transaktion kapselt nach wie vor logisch zusammengehörige Operationen, die insbesondere auch eine Einheit der Konsistenz bilden. Um die verschiedenen Mechanismen zur Konsistenzabschwächung besser einordnen und beurteilen zu können, sollen daher im folgenden zunächst die Zusammenhänge von Datenbankkonsistenz und Transaktionskorrektheit auf der Grundlage des Need-To-Know Prinzips neu untersucht werden.

4.2 Transaktionskorrektheit und Datenbankkonsistenz

Das ACID-Transaktionskonzept ist ein Verarbeitungsmodell, das in seiner ursprünglichen Definition untrennbar mit dem Begriff der Konsistenz verbunden ist. Wie bereits in Abschnitt 2.5 erläutert wurde, ist die Konsistenzerhaltung eine wesentliche Eigenschaft von Transaktionen. Eine Transaktion ist in diesem Zusammenhang aus Sicht der ausführenden Anwendung definiert als eine atomare Folge von Operationen, die eine Datenbank von einem konsistenten in einen (nicht notwendigerweise verschiedenen) konsistenten Zustand überführt (Abschnitt 2.5). Der Begriff Konsistenz taucht in dieser Definition zweimal auf: Ein konsistenter Anfangszustand ist Voraussetzung für einen konsistenten Endzustand. Der konsistente Anfangszustand ist zunächst ausschließlich für diejenige Applikation relevant, die diese Transaktion ausführt. Der Endzustand dagegen ist für jede potentiell auf diesen Zustand aufsetzende Transaktion und die entsprechende ausführende Applikation relevant. Im Sinne des Need-To-Know Prinzips kann daher die Konsistenz des Anfangszustands einer Transaktion bezüglich der Anforderungen der ausführenden Applikation wie folgt abgeschwächt werden:

> *Bei Beginn einer Transaktion müssen alle Daten, die von der Transaktion benötigt werden, gerade so aktuell und konsistent vorliegen, wie es für die ausführende Anwendung erforderlich ist, um einen konsistenten Endzustand zu erzeugen.*

Dabei ist der Konsistenzgrad des Endzustands einer Transaktion zunächst noch nicht eingeschränkt. Als Beispiel betrachte man eine Transaktion, die den Lagerbestand überprüft und bei Unterschreitung eines Bestellpunktes eine Bestellung auslöst. Die Transaktion erzeugt in jedem Fall konsistente Ergebnisse, auch wenn die gelesene Information über den Lagerbestand geringfügig veraltet ist und nicht dem aktuellen Stand der Datenbank entspricht. Da aus Sicht einer Transaktion T nicht bekannt ist,

welche anderen Transaktionen auf den von T erzeugten Zustand aufsetzen, muß für den
Endzustand einer Transaktion ein strengeres Kriterium gelten:

*Der Datenbankzustand, den eine Transaktion T erzeugt, muß so konsistent sein,
daß die Konsistenzanforderungen für den Anfangszustand jeder potentiell nachfolgenden Transaktion T', die auf Ergebnisse der Transaktion T aufsetzt, gewährleistet werden.*

Ausgehend von dieser neuen Betrachtungsweise ergeben sich für die Sicherstellung
der Datenbankkonsistenz neue Freiheitsgrade. Die Serialisierbarkeit von ACID-Transaktionen beruht auf der Annahme, daß jede Transaktion für sich genommen die Datenbank in einem konsistenten Zustand verläßt. Der Zeitpunkt der Konsistenzsicherung ist
also in der klassischen Serialisierungstheorie durch die Transaktionsgrenzen festgelegt.
Davon abweichend ist es nun möglich, Konsistenzanforderungen zu beliebigen anwendungsspezifischen Zeitpunkten herzustellen. Während einer Transaktion kann nach
wie vor keine Aussage über den Konsistenzzustand der Datenbank gemacht werden.
Da unter Berücksichtigung der obigen Überlegungen nun nicht notwendigerweise alle
Transaktionen gleichermaßen auf einen konsistenten Zustand aufsetzen müssen, kann
der Zeitpunkt der Konsistenzsicherung unabhängig von den Transaktionsgrenzen
durch Anwendungserfordernisse gesteuert werden. Die durch das Verarbeitungsmodell festgelegten Zeitpunkte zur Konsistenzsicherung werden hier zur Abgrenzung unter dem Stichwort *modellinhärente Konsistenzsicherung* zusammengefaßt. Die Mechanismen zur Konsistenzsicherung, die aufgrund von Anwendungserfordernissen gesteuert werden, werden als *anwendungsspezifische Konsistenzsicherung* bezeichnet. Durch
eine Abschwächung der modellinhärenten Konsistenzsicherung werden demnach neue
Freiheitsgrade geschaffen, die eine anwendungsspezifische Konsistenzsicherung erlauben. Dabei werden insbesondere auch nicht-serialisierbare Historien als korrekt betrachtet. Die Korrektheit von Transaktionen kann somit nicht mehr allein auf der Serialisierungstheorie beruhen, sondern muß neu definiert werden.

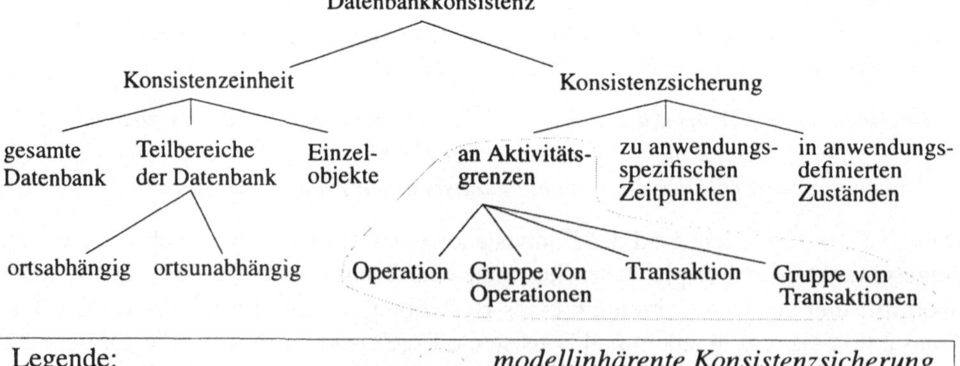

Abb. 4.1: Konstituenten der Datenbankkonsistenz (nach [RC96])

Ramamritham und Chrysanthis klassifizieren in [RC96] Kriterien zur Datenbankkonsistenz unabhängig von den Kriterien zur Transaktionskorrektheit. Bezüglich des Zeitpunktes der Konsistenzsicherung wird hier jedoch nicht nach modellinhärenter und anwendungsspezifischer Konsistenzsicherung unterschieden. Die modellinhärente Konsistenzsicherung bezeichnen Ramamritham und Chrysanthis als *Konsistenzsicherung an Aktivitätsgrenzen (consistency at activity boundaries)*. Aktivitäten werden dabei weiter unterteilt in Operationen, Gruppen von Operationen, Transaktionen und Gruppen von Transaktionen. Neben dem Zeitpunkt der Konsistenzsicherung wird auch das Datengranulat, auf das sich die Konsistenzerhaltung bezieht, als Klassifikationsmerkmal für Mechanismen zur Konsistenzerhaltung herangezogen (*Konsistenzeinheit*). In einer ubiquitären Datenbank ist dieses Granulat stets die gesamte Datenbank: Alle Objekte in der Datenbank müssen aktuell sein und die untereinander spezifizierten Integritätsbedingungen erfüllen. Im Sinne des Need-To-Know Prinzips kann sich die Konsistenzeinheit aber auch auf Teilbereiche der Datenbank oder sogar auf einzelne Objekte beschränken. Im ersten Fall wird die Datenbank als Menge von (nicht notwendigerweise disjunkten) Teilbereichen betrachtet. Integritätsbedingungen sind nur innerhalb der Teilbereiche sicherzustellen, nicht aber bereichsübergreifend. Da diese Teilbereiche häufig identisch mit den an einem Knoten in einem verteilten System benötigten Daten sind, wird weiter nach ortsabhängigen und ortsunabhängigen Konsistenzeinheiten unterschieden. Ein Überblick über die in [RC96] identifizierten Konstituenten der Datenbankkonsistenz wird in Abbildung 4.1 gegeben.

Die modellinhärente Konsistenzsicherung ist abhängig vom zugrundeliegenden Verarbeitungsmodell und stellt somit den Zusammenhang zur Transaktionskorrektheit her. Unabhängig von den Konstituenten der Datenbankkonsistenz kann auch die Transaktionskorrektheit unter verschiedenen Teilaspekten betrachtet werden. Ramamritham und Chrysanthis unterscheiden dabei die Korrektheit der Transaktionsergebnisse, die Korrektheit der Transaktionsstruktur, die Korrektheit des Zugriffsverhaltens auf Daten und die Korrektheit des zeitlichen Verhaltens von Transaktionen. Das Ergebnis einer Transaktion wird als *absolut korrekt* bezeichnet, wenn es einen konsistenten Datenbankzustand widerspiegelt. Falls auch inkonsistente Ergebnisse als korrekt erachtet werden sollen, so wird dies als *relative Korrektheit* bezeichnet. Die Korrektheit der Transaktionsstruktur bezieht sich auf Abhängigkeitsverhältnisse zwischen verschiedenen Transaktionen. Derartige Abhängigkeiten sind in erweiterten Transaktionsmodellen beispielsweise durch die Einführung von geschachtelten Transaktionen oder Sagas explizit spezifizierbar ([Elm92]). Das Zugriffsverhalten auf Daten wird als korrekt bezeichnet, wenn die Historie der Operationen nebenläufiger Transaktionen bestimmte Bedingungen erfüllt. Der letzte Aspekt der Transaktionskorrektheit, das zeitliche Verhalten von Transaktionen, bezeichnet schließlich die Einhaltung von *Deadlines*, die beispielsweise für Echtzeit-Anwendungen erforderlich sind.

Eine detaillierte Erörterung der aufgeführten Kriterien, insbesondere der Konstituenten der Transaktionskorrektheit findet sich in [RC96]. An dieser Stelle bleibt festzuhalten, daß sich die Transaktionskorrektheit in Abweichung vom klassischen Korrektheitskriterium der Serialisierbarkeit weitgehend unabhängig von der Datenbankkonsistenz definieren läßt. Dies wird erreicht, indem die dem Verarbeitungsmodell inhärenten Konsistenzsicherungspunkte in ihrer Tragweite so abgeschwächt werden, daß sich neue Freiheitsgrade zur anwendungsspezifischen Konsistenzsicherung ergeben.

Im folgenden Abschnitt sollen nun beispielhaft Anwendungen aufgeführt werden, für die eine Abschwächung der Datenbankkonsistenz sinnvoll erscheint. Dazu werden zunächst Workflow-Management-Systeme (WfMS) als integrierende Plattform für unterschiedlichste Applikationen erläutert. Aufbauend auf dieser Grundlage wird anhand von Fallbeispielen aufgezeigt, wie auf unterschiedliche Weise die Konsistenz der Datenbank abgeschwächt werden kann und wie daraus Effizienzgewinne erzielt werden können. Ausgehend von den verschiedenen Fallbeispielen, wird ein Anforderungskatalog an verteilte adaptive Datenverwaltungssysteme aufgestellt.

4.3 Anforderungen zur adaptiven verteilten Datenhaltung

Als Ausgangsbeispiel sollen zunächst Workflow-Management-Systeme als Anwendungen verteilter Datenverwaltungssysteme betrachtet werden. Bevor auf die Anforderungen bezüglich einer verteilten adaptiven Datenverwaltung eingegangen wird, werden nachfolgend zunächst die Eigenschaften von Workflow-Management-Systemen charakterisiert.

Workflow-Management befaßt sich mit der automatisierten Abwicklung bzw. der möglichst weitgehenden Rechnerunterstützung der Ablauforganisation von Geschäftsprozessen. Im Rahmen eines Workflows (Arbeitsablauf) werden dabei in der Regel verschiedene Anwendungsprogramme im Sinne der Geschäftsprozeßabwicklung koordiniert. Eine allgemein anerkannte Definition des Begriffs Workflow-Management gibt es nicht. Detaillierte Erörterungen über die Einsatzgebiete und Aufgaben von Workflow-Management finden sich jedoch in [Jab95] und [VB96]. Dabei wird insbesondere in [Jab95] deutlich, daß Workflow-Management sich nicht nur auf die Spezifikation und die Kontrolle von Reihenfolgeabhängigkeiten beschränkt, sondern vielmehr eine ganze Reihe weitgehend orthogonaler Aspekte umfaßt. Da hier jedoch nur die Anforderungen an die Datenverwaltung beispielhaft aufgezeigt werden sollen, wird auf eine Erörterung der verschiedenen Aspekte des Workflow-Management verzichtet und auf die entsprechende Literatur verwiesen ([AAA95], [BJ94], [Bus95], [GHS95], [Jab95], [VB96])

Ein Workflow-Management-System stellt Dienste bereit, die eine Integration heterogener Anwendungssysteme (AWS) in verteilten Systemen erlauben. Dabei bedient sich das WfMS grundlegender Basissoftware, die insbesondere auch die Aufgabe einer verteilten Datenverwaltung zu übernehmen hat ([Rei93]). Die Daten, die auf der Ebene dieser verteilten Datenverwaltung anfallen sind äußerst vielfältig und werden im folgenden kurz klassifiziert:

- *Anwendungsdaten*:
  Die Daten, die durch die Anwendungssysteme selbst verarbeitet werden, sollen hier als Anwendungsdaten bezeichnet werden. Gelegentlich werden diese Daten noch in prozeßrelevante Anwendungsdaten und reine Anwendungsdaten unterschieden ([Wor94]). Reine Anwendungsdaten werden ausschließlich von den AWS benutzt, während prozeßrelevante Anwendungsdaten auch vom WfMS verwendet werden, um beispielsweise Entscheidungen im Kontrollfluß in Abhängigkeit von Anwendungsdaten treffen zu können.

- *Konfigurationsdaten*:
  Idealerweise sollten WfMS auf eine bestimmte Unternehmensinfrastruktur anpaßbar sein - dazu gehört beispielsweise eine Anpassung an die Organisationsform des Unternehmens sowie die Integration bestehender Softwarekomponenten. Im Rahmen dieser Anpassung fallen Konfigurationsdaten an, die nur für das WfMS relevant sind.

- *Workflowtypen*:
  Üblicherweise werden gleichartige, immer wiederkehrende Arbeitsabläufe im Rahmen von Workflowtypen spezifiziert. Wie die Konfigurationsdaten, sind auch diese Typbeschreibungen nur für das WfMS relevant. Im Zusammenhang mit der Typbeschreibung für Workflows wird u.a. festgelegt, welche Applikation wann, wo (auf welchem Knoten im verteilten System) und mit welchen Eingangsdaten aufzurufen ist. Außerdem wird fixiert, welche Benutzer für die Ausführung des Workflows oder bestimmter Teilanwendungen in Frage kommen (*policy management*).

- *Metadaten*:
  Unter Metadaten versteht man alle anfallenden Beschreibungsdaten, die zur Verwaltung von Daten erforderlich sind. Dazu gehört beispielsweise die durch das Datenbankschema gegebene Beschreibung der Anwendungsdaten. Konfigurationsdaten und Workflowtypen sind aber auch Beschreibungsdaten und fallen somit auch in diese Kategorie.

- *Workflowinstanzen*:
  Auch bei der Ausführung eines konkreten Workflows fallen Daten an, die nur für das WfMS relevant sind und auf die kein Anwendungssystem zugegriffen. Dazu gehören beispielsweise der momentane Ausführungszustand des Workflows oder auch Protokollierungsinformationen, die z.B. zur Fehlerbehandlung oder für statistische Auskünfte erforderlich sind.

Diejenigen Daten, auf die ausschließlich vom WfMS zugegriffen wird, werden zusammenfassend auch als *Kontrolldaten* bezeichnet. Dazu gehören Konfigurationsdaten, die Beschreibungsdaten der Workflowtypen sowie die zur Laufzeit anfallenden Kontrolldaten bei Workflowinstanzen.

Alle in dem beschriebenen Szenario zu verwaltenden Daten werden in Abbildung 4.2, in Anlehnung an das in [Rei93] definierte Schichtenmodell, symbolhaft dargestellt. Die Tatsache, daß Applikationen im Rahmen von Workflows vielfach auf gemeinsame Daten zugreifen und daß auch ein Großteil der Kontrolldaten des WfMS an vielen Knoten im verteilten System zugreifbar sein muß, legt die Verwendung einer integrierten Datenverwaltung nahe, das heißt eines gemeinsamen und gegebenenfalls verteilten Datenverwaltungssystems.

Die durch ein WfMS zu koordinierenden verteilten Anwendungen werden in [Rei93] als geregelte arbeitsteilige Anwendungssysteme bezeichnet. Reinwald fordert für die gemeinsamen Daten der verschiedenen Teilanwendungen in solchen geregelten arbeitsteiligen Anwendungssystemen die Definition eines gemeinsamen konzeptionellen Datenbankschemas ([Rei93], [RW92]). Wie jedoch zuvor bereits angedeutet wurde, besteht eine wesentliche Aufgabe des Workflow-Managements auch in der Integration bestehender Anwendungen. Diese Anwendungen verwalten ihre Anwendungsdaten oft nicht in Datenbanksystemen, sondern verwenden proprietäre Dateiformate und heterogene lokal verfügbare Datenverwaltungssysteme. Das bedeutet, daß die Bereitstellung eines gemeinsamen DVS alleine nicht genügt. Vielmehr muß das WfMS dafür sorgen, daß gemeinsam verwendete Daten am richtigen Ort zur richtigen Zeit und im richtigen Format bereitgestellt werden. Zu diesem Zweck können die von den Anwendungen verwendeten Datenformate in irgendeiner Form auf das gemeinsame DVS abgebildet und auf diese Weise im verteilten System verfügbar gemacht werden. Ein einfacher Weg ist beispielsweise die Abbildung von Dateien auf BLOBs (Binary Large OBjects), die kontextfrei in einer Datenbank abgelegt werden können. Für neu zu implementierende Applikationen kann gefordert werden, daß sie direkt auf der Schnittstelle des gemeinsamen Datenverwaltungssystems aufsetzen, so daß die aufwendige Formatabbil-

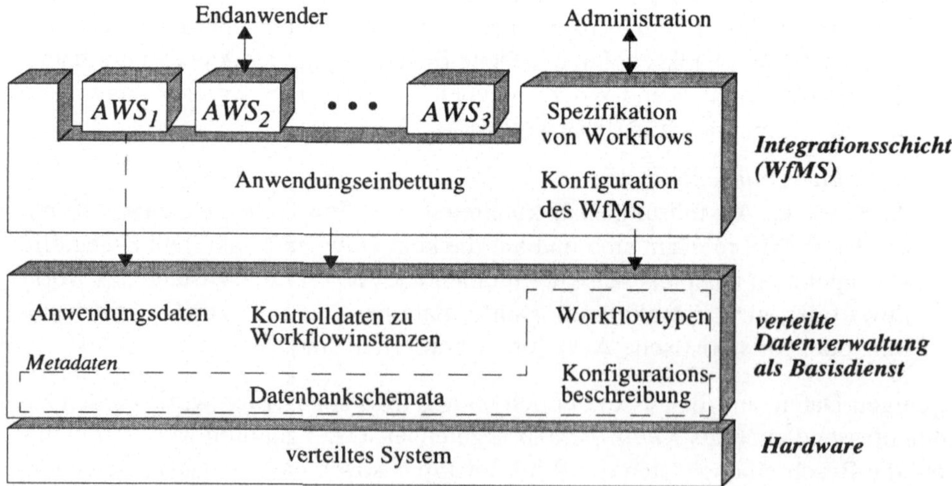

Abb. 4.2: Anwendungsintegration durch WfMS

dung entfällt und die Vorteile der integrierten Datenverteilung effizient ausgeschöpft werden können. Schließlich kann für die Verwaltung von Kontrolldaten davon ausgegangen werden, daß sie ebenfalls im gemeinsamen verteilten DVS abgelegt werden.

Aufgrund der bisherigen Überlegungen wird im folgenden vereinfachend davon ausgegangen, daß alle gemeinsam zu verwendenden Daten in einem integrierten Datenverwaltungssystem abgelegt werden können. Ausgehend von dieser Annahme soll nun aufgezeigt werden, welche besonderen Anforderungen an dieses integrierte Datenverwaltungssystem zu stellen sind.

4.3.1 Zugriffslokalität

Durch die Kontrolldaten hat das WfMS Zugriff auf die Information, welche Anwendung mit welchen Eingangsdaten zu welchem Zeitpunkt auf welchem Knoten laufen soll. Diese Information kann gezielt dazu verwendet werden, die erforderlichen Daten am jeweiligen Knoten lokal zur Verfügung zu stellen. Sowohl aus Verfügbarkeitsgründen als auch aus Gründen der Performanz ist die lokale Bereitstellung der benötigten Daten in der Regel sinnvoll (Abschnitt 3.2). Voll zum Tragen kommen die Vorteile der lokalen Bereitstellung der benötigten Daten allerdings nur dann, wenn auf die Daten vorwiegend lesend zugegriffen wird und wenn im Falle von Änderungen der Synchronisationsaufwand mit anderen Replikaten in Grenzen gehalten werden kann. Höchste *Zugriffslokalität* ist somit genau dann gegeben, wenn zur vollständigen Abwicklung eines Datenzugriffs nur knotenlokale Operationen durchzuführen sind. Die Zugriffslokalität vermindert sich, wenn zum erfolgreichen Datenzugriff eine Kommunikation mit anderen Knoten erforderlich ist.

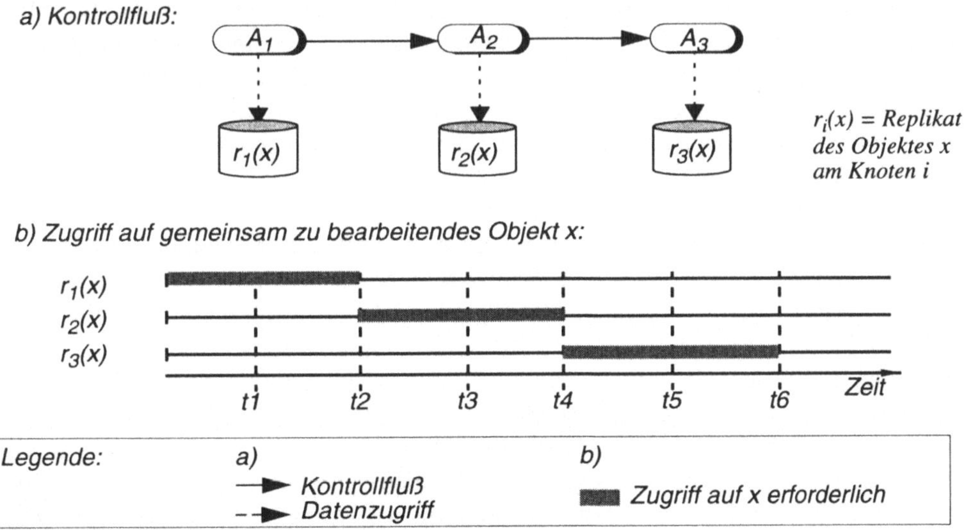

Abb. 4.3: Datenzugriff in verteilten sequentiellen Workflows

Wenn eine Anwendung zum Zeitpunkt ihrer Aktivierung durch das WfMS alle erforderlichen Daten lokal zur Verfügung hat und diese Daten nicht gleichzeitig auf anderen Knoten benötigt werden, so ist sie nicht anfällig gegen Verbindungsausfälle zu anderen Knoten. Dadurch wird zumindest für die Dauer der Applikationsausführung eine autonome Verarbeitung ermöglicht. Eine solche Situation liegt beispielsweise bei der sequentiellen Bearbeitung eines gemeinsamen Datenobjektes vor, wie sie in Abbildung 4.3 dargestellt wird. Ein gemeinsam zu bearbeitendes Objekt x wird im Rahmen des hier betrachteten Workflows nacheinander von den Applikationen A_1, A_2 und A_3 bearbeitet, wobei zu einem Zeitpunkt jeweils nur eine Applikation A_i aktiv ist. Alle drei Applikationen sind an unterschiedlichen Knoten im verteilten System auszuführen und greifen im Idealfall jeweils auf ein lokales Replikat zu (A_i benutzt $r_i(x)$). Eine Synchronisation dieser Replikate ist offensichtlich nur erforderlich, um ein Replikat $r_i(x)$ bei Beginn der Bearbeitung durch die Applikation A_i auf den aktuellen Stand zu bringen. Da zu einem Zeitpunkt immer nur auf ein Replikat zugegriffen wird, ist während der Bearbeitung durch eine Applikation keine weitere Synchronisation mit anderen Replikaten erforderlich. Solange auf ein Replikat nicht zugegriffen wird, kann es beliebig veralten.

Die Sequenz stellt den einfachsten Fall eines Workflows dar. Um die Zugriffslokalität hier zu unterstützen, ist die Replikation von Daten streng genommen nicht erforderlich, sondern die Migration der gemeinsam verwendeten Daten reicht aus. Handelt es sich jedoch um sehr große Datenobjekte (z.B. ganze Relationen), so ist die Migration der Objekte aufwendiger als die Replikation, da beim Aktualisieren eines Replikats gegebenenfalls nur wenige Tupel zu ändern sind (inkrementelles update), während die Migration in jedem Fall den Transport der gesamten Relation einschließlich aller Beschreibungsdaten erfordert.

Betrachtet man komplexere Abläufe, so wird deutlich, daß eine Objektmigration alleine ohnehin nicht ausreicht, um Zugriffslokalität zu gewährleisten. Greift eine Anwendung während der Ausführung auf Daten zu, die gleichzeitig von anderen Anwendungen auf anderen Knoten benötigt werden, so ist der lokale Zugriff nur noch durch Datenreplikation zu erreichen, wobei nun gegebenenfalls auch eine Synchronisation von Änderungsoperationen erforderlich wird. Um eine gute Performanz und hohe Änderungsverfügbarkeit zu erreichen, sollte auch hier eine Synchronisation mit solchen Replikaten vermieden werden, von denen bekannt ist, daß sie gerade nicht benutzt werden. Als Beispiel für einen solchen Workflow dient das in Abbildung 4.4 dargestellte Szenario. Hier startet eine Applikation A_1 einen Workflow auf einem gemeinsam zu bearbeitenden Datenobjekt x. In der Folge wird die Bearbeitung parallel an die Applikationen A_2 und A_3 delegiert, die nun konkurrierend auf x zugreifen. Die Applikation A_1 stellt ihre Arbeit solange ein, bis entweder A_2 oder A_3 zum Ende gekommen ist. In Abbildung 4.4 wird o.B.d.A. angenommen, daß A_2 zuerst fertig wird. A_1 greift danach konkurrierend mit A_3 auf x zu, solange bis A_3 ebenfalls abgeschlossen ist. Das Replikat $r_1(x)$ muß im Zeitintervall $[t_2;t_4]$ nicht mit in die Änderungssynchronisation einbezogen werden, da in dieser Zeit ohnehin kein Zugriff auf das Replikat erfolgt. Dies er-

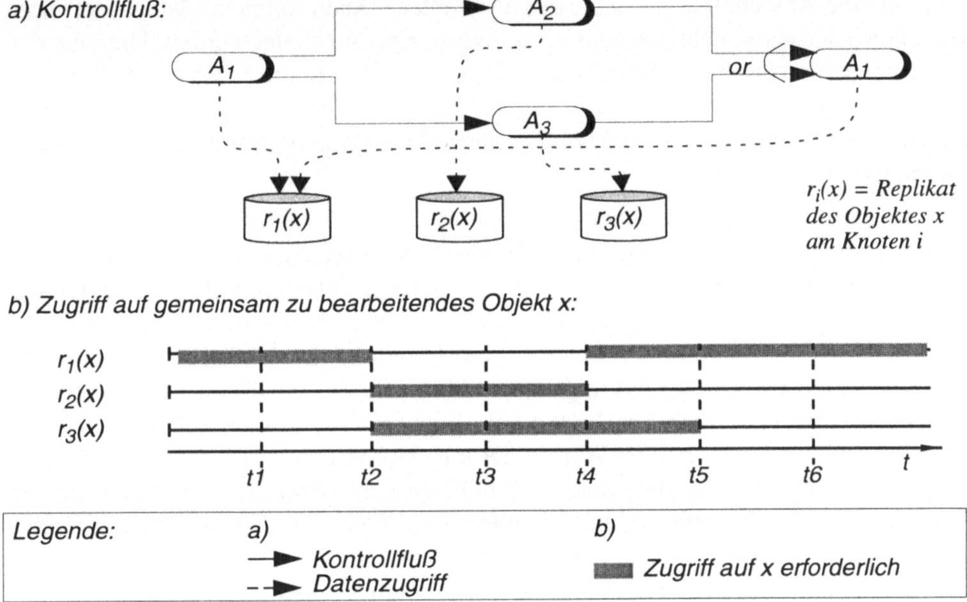

Abb. 4.4: Datenzugriff in verteilten Workflows mit paralleler Verzweigung

höht zum einen die Zugriffslokalität für die Applikationen A_2 und A_3 und erhöht außerdem die Änderungsverfügbarkeit, da ein Ausfall von $r_1(x)$ zum Zeitpunkt t_3 keinen Einfluß mehr hat.

Die obigen Ausführungen haben gezeigt, daß die Information, die im Rahmen von Workflowschemata dem WfMS zur Verfügung steht, ausgenutzt werden kann, um die Datenverteilung zu optimieren. Dabei wurden unter dem Gesichtspunkt der Zugriffslokalität zunächst insbesondere folgende Erkenntnisse gewonnen:

- Die Information, *wo* auf bestimmte Datenobjekte zugegriffen wird, kann dazu ausgenutzt werden, entsprechende Replikate anzulegen und somit die Zugriffslokalität zu erhöhen.

- Die Information, *wann* bestimmte auf Replikate zugegriffen wird, und wann nicht, kann dazu ausgenutzt werden, die Anzahl der zu synchronisierenden Replikate zu reduzieren.

4.3.2   Aktualitätsanforderungen

In den bisherigen Ausführungen wurde die *Semantik von Workflows* ausgenutzt, um die Datenverteilung zu optimieren. Die *Semantik der Anwendungen*, die in einen Workflow eingebettet werden, wurde bisher jedoch nicht berücksichtigt. Wenn nichts über eine zu integrierende Anwendung bekannt ist, so ist davon auszugehen, daß die Daten, die von dieser Anwendung benötigt werden, den jeweils aktuellsten Stand aufweisen müssen. Ob eine Anwendung den Zugriff auf veraltete Daten tolerieren kann oder nicht, kann normalerweise nicht aus dem Workflowschema abgeleitet werden. Um eine derartige anwendungsspezifische Information zur Optimierung der Datenverteilung ausnutzen zu können, ist also eine zusätzliche Spezifikation erforderlich, in welcher anzugeben ist, ob und bis zu welchem Grad veraltete Daten von bestimmten Anwendungen toleriert werden können.

Falls es möglich ist, die Aktualitätsanforderungen für ein Datenobjekt x aufgrund der Anwendungssemantik auf bestimmten Knoten herabzusetzen, so kann dadurch die Zugriffslokalität weiter erhöht werden. Als Beispiel dazu soll ein Replikat betrachtet werden, das nur gelesen wird und jeden Tag einmal auf den aktuellen Stand gebracht werden muß (Dies könnte beispielsweise eine Anforderung an eine Sicherungskopie zur Katastrophenrecovery sein). Im folgenden sollen derartige Replikate als Snapshot bezeichnet werden (vgl. auch Abschnitt 4.4.2). Eine Synchronisation mit anderen Replikaten ist nur zum Zeitpunkt der Aktualisierung erforderlich. In der übrigen Zeit kann der Snapshot unabhängig von anderen Replikaten gelesen werden. Ein Snapshot vermindert somit die Zugriffslokalität für andere Replikate nicht, da Änderungsoperationen nicht mit Snapshots synchronisiert werden müssen.

Das Beispiel hat gezeigt, daß prinzipiell durch eine Verminderung der Aktualitätsanforderungen die Zugriffslokalität erhöht werden kann. Weitere Beispiele für Anwendungen, die eine verminderte Datenaktualität tolerieren können, werden hier nur kurz aufgeführt. Dabei ist zu beachten, daß der bereits erwähnte Snapshot-Mechanismus nicht für alle aufgeführten Beispiele die beste Unterstützung bietet.

- Decision Support System
  Der gesamte Bereich des sogenannten OLAP (*On-Line Analytical Processing*) stellt eine Anwendungsklasse dar, in der häufig der Zugriff auf veraltete Daten toleriert werden kann. Beim OLAP geht es vor allem darum, aus großen Datenmengen unter verschiedenen Gesichtspunkten verdichtete Daten zu extrahieren. Häufig geht es dabei um statistische Auswertungen, wobei das Auswertungsergebnis typischerweise kaum verfälscht wird, wenn die eingehenden Rohdaten nicht aktuell sind, sofern die Aktualität der Daten ein gewisses Toleranzmaß nicht unterschreitet.

- Verteilte Literaturdatenbank
  Bei bestimmten Informationsdiensten für Daten mit sehr geringer Änderungsanfälligkeit kann in der Regel eine verminderte Aktualität toleriert werden. Als Beispiel dazu soll eine weltweit verteilte Datenbank zur Aufnahme von Literaturreferenzen dienen.[1] Die Anforderung an diese Datenbank soll in erster Linie die möglichst schnelle Beantwortung von Anfragen nach Literaturreferenzen

---

1. Die Implementierung einer solchen Literaturdatenbank wird beispielsweise in [Gol92a] und [GLW94] beschrieben.

sein. Dazu ist es sinnvoll die Datenbank vollständig zu replizieren, um an den verschiedenen Anfrageorten jeweils eine lokale Bearbeitung zu ermöglichen. Neue Eintragungen werden zunächst nur an einem Knoten eingetragen und dann asynchron, sobald es möglich ist, an die anderen Knoten propagiert. Würde man hier verlangen, daß alle Replikate immer aktuell sein müssen, so würde das bedeuten, daß eine neue Eintragung in die verteilte Datenbank nur dann stattfinden kann, wenn die Eintragung in allen Datenbanken synchron vorgenommen wird. Dies ist offensichtlich nicht erforderlich, weil damit nichts gewonnen wäre - im Gegenteil: Die Eintragung neuer Referenzen würde sich wegen der geringen Änderungsverfügbarkeit des hier angenommenen ROWA-Verfahrens (Abschnitt 3.3.1) sogar *verspäten*. Das bedeutet, daß der Versuch, *Replikate* aktuell zu halten, hier dazu führt, daß die *Daten* eigentlich weniger aktuell sind! Das klingt paradox, hat aber eine ganz einfache Erklärung: Die Aktualität wird hier aus zwei verschiedenen Blickwinkeln gesehen. Zum einen versteht man unter der Aktualität eines Replikats den Abstand des Replikats zum zugehörigen logischen Datenobjekt. Wenn alle Replikate stets wechselseitig konsistent gehalten werden, dann ist dieser Abstand für jedes Replikat gleich Null und alle Replikate sind in diesem Sinne aktuell, weil sie mit dem zugehörigen logischen Datum übereinstimmen. Die zweite Interpretation betrifft den Bezug des logischen Objektes in der Datenbank zur realen Welt. Die Referenz, die in die Datenbank eingetragen werden soll, existiert, egal ob sie nun früher oder später in der Datenbank sichtbar wird. Je später die Referenz eingetragen wird, um so weniger aktuell ist die Datenbank in Bezug auf die reale Welt. Es ist somit sinnvoll die neu einzutragende Referenz, zumindest am lokalen Knoten sichtbar zu machen, damit sie wenigstens für die lokalen Anfragen sichtbar wird.

Die genannten Beispiele zeigen, daß es durchaus sinnvoll sein kann, die Aktualität von Replikaten zu vermindern, um den Anforderungen bestimmter Anwendungen besser gerecht werden zu können.

4.3.3 Synchronisationsanforderungen

Falls von einer Anwendung bekannt ist, daß sie nur lesend auf Daten zugreift, so kann diese Information ausgenutzt werden, um die Synchronisation von Transaktionen zu optimieren. Um dies zu veranschaulichen, soll auf der Basis des in Abschnitt 3.3.1 vorgestellten ROWA-Verfahrens verdeutlicht werden, wie die Lokalität durch Ausnutzung dieser Information erhöht werden kann, ohne dabei das Korrektheitskriterium One-Copy-Serialisierbarkeit zu verletzen.

Als Beispiel werden zwei Knoten L_1 und L_2 in einem verteilten System betrachtet. Auf dem Knoten L_1 soll eine Applikation A_1 laufen, die ausschließlich lesend auf die Anwendungsdaten zugreift. Auf dem Knoten L_2 läuft eine Applikation A_2, die auf die gleichen Daten zugreift wie A_1, diese aber auch modifiziert. Zur Erhöhung der Zugriffslokalität sei auf jedem Knoten jeweils ein Replikat der gemeinsam verwendeten Daten allokiert. Ein Sperrverfahren auf der Basis von ROWA fordert nun, daß bei einer Schreiboperation auf einem Replikat $r_2(x)$ auch $r_1(x)$ gesperrt wird. Dies ist unter Ausnutzung der Information, daß auf Knoten L_1 nur lesende Zugriffe stattfinden, nicht mehr erforderlich. Es reicht vielmehr aus, eine Änderungstransaktion T auf Knoten L_2 unabhängig von L_1 freizugeben und die Ergebnisse asynchron an L_1 zu propagieren. T kann dann auf L_1 unabhängig von den Transaktionen auf L_2 mit den lokalen Lesetransaktionen synchronisiert werden. Alle Lesetransaktionen, die die Ergebnisse von T nicht sehen, werden im Serialisierungsgraphen vor T serialisiert, so daß durch diese Vorgehensweise die One-Copy-Serialisierbarkeit nicht verletzt wird. Die Zugriffslokalität für Änderungsoperationen auf L_1 wird aber drastisch erhöht, weil nun kein Zugriff auf L_2 mehr erforderlich ist, um Änderungstransaktionen erfolgreich abschließen zu können. Es muß allerdings gewährleistet werden, daß alle Änderungstransaktionen irgendwann propagiert werden und in konsistenter Serialisierungsreihenfolge auf L_1 nachträglich eingebracht werden.

Eine andere Möglichkeit zur Optimierung der Synchronisation ist die Ausnutzung der Kommutativität von Transaktionen. Kommutative Transaktionen können unabhängig voneinander freigegeben werden, und die Ergebnisse können asynchron propagiert werden. Wenn alle Transaktionen an jedem Knoten in beliebiger Reihenfolge ausgeführt werden, sind replizierte Objekte aufgrund der Kommutativität der Transaktionen wechselseitig konsistent.

Zusammenfassend kann aus diesen Beispielen gefolgert werden, daß durch Ausnutzung von Kenntnissen bezüglich des Zugriffsverhaltens bzw. der Transaktionssemantik von Anwendungen die Datenverwaltung weiter optimiert werden kann. Die Zugriffslokalität wurde insbesondere dadurch erhöht, daß Änderungen statt synchron nun asynchron propagiert wurden. Entscheidend dabei ist, daß zur Freigabe der ändernden Transaktion eine erfolgreiche Propagierung nicht mehr Voraussetzung ist. Vielmehr kann die Propagierung auch nach der Freigabe zu einem späteren Zeitpunkt erfolgen, wenn z.B. eine Kommunikationsverbindung hergestellt werden kann.

4.4 Wege zu einer adaptiven Datenverwaltung

In Abschnitt 4.3 wurde deutlich, daß durch die Ausnutzung der Semantik von Anwendungen und von Workflows, in welche diese Anwendungen eingebettet sind, die Zugriffslokalität in verteilten Datenverwaltungssystemen erheblich erhöht werden kann. Als Folge daraus kann sowohl die Performanz als auch die Verfügbarkeit des Gesamtsystems gesteigert werden. Die heute verfügbaren Datenverwaltungssysteme stellen aber nur wenige oder keine Mechanismen zur Verfügung, die eine Ausnutzung dieser Anwendungssemantik erlauben. Im folgenden soll daher eine Übersicht über verschiedene Mechanismen gegeben werden, die in Forschung und Praxis bisher diskutiert wurden und die eine Datenreplikation mit anwendungsbezogener Abschwächung von Konsistenzanforderungen erlauben.

Zur Abgrenzung von anderen Arbeiten auf dem Gebiet der Replikation ist hinzuzufügen, daß in der nachfolgenden Vorstellung verschiedener Verfahren vorwiegend solche Ansätze behandelt werden, bei denen es um eine reine Datenreplikation geht. Auch wenn an einigen Stellen von der Replikation von Objekten die Rede ist, so sind immer *Datenobjekte* gemeint. In objektorientierten Systemen dagegen versteht man unter einem Objekt üblicherweise eine Menge von Zustandsvariablen zusammen mit den darauf definierten Operationen (Methoden). Diese Methoden beschränken sich nicht auf das Lesen und Schreiben der Zustandsvariablen, sondern können auch Zugriffe auf andere Objekte beinhalten. Bei der Replikation von Objekten werden daher nicht nur Daten sondern auch komplexe Berechnungen repliziert. Die Besonderheiten, die bei der Objektreplikation in verteilten objektorientierten Systemen zu berücksichtigen sind, werden in [Lit92], [LMS93], [LS90] und [LS93] diskutiert und werden nachfolgend in dieser Arbeit nicht mehr weiter verfolgt.

4.4.1 Views

Ein View (Sicht) ist ein virtueller Ausschnitt der Datenbank, der auf die Erfordernisse einer bestimmten Anwendung zugeschnitten ist [Dat94]. Views können mit Hilfe beliebiger Datenbankanfragen spezifiziert werden, so daß sie also beispielsweise auch abgeleitete oder verdichtete Daten (Summe, Durchschnitt, etc.) enthalten können. Durch die Definition eines Views für eine bestimmte Anwendung, wird ein "dynamisches Fenster" auf den aktuellen Zustand der Datenbank erzeugt. Das bedeutet, daß Änderungen in der Datenbank unmittelbar im View sichtbar werden. Views können insbesondere verwendet werden, um eine logische Datenunabhängigkeit zu erreichen. Das bedeutet beispielsweise, daß Anwendungen, die auf Views arbeiten, bis zu einem gewissen Grad von Änderungen des konzeptionellen Schemas der Datenbank unberührt bleiben, sofern die Viewdefinition so modifiziert werden kann, daß sie stets den gleichen Datenbankausschnitt repräsentiert. Eine weitere Aufgabe von Views ist der Zugriffsschutz. Indem Anwendungen gezwungen werden, auf die Datenbank nur über bestimmte vorgegebene Views zuzugreifen, kann präzise festgelegt werden, welche Anwendung auf welche Daten zugreifen darf. Schließlich erlauben Views auch, daß die gleichen Daten für unterschiedliche Anwendungen in unterschiedlicher Darstellung bereitgestellt werden.

Obwohl mit dem View-Konzept noch keine Abschwächung von Konsistenzanforderungen verbunden ist, ermöglichen Views bereits eine anwendungsspezifische Konfiguration des Datenbanksystems. Ausgehend vom View-Konzept sind viele Ansätze entstanden, die eine Abschwächung der Datenbankkonsistenz erlauben. Einer dieser Ansätze ist das sogenannte "Snapshot"-Konzept, das im folgenden Abschnitt vorgestellt wird.

4.4.2   Snapshots

Snapshots ermöglichen eine signifikante Verbesserung von Zugriffszeiten und Verfügbarkeit durch Einschränkung der Aktualitätsanforderungen. Analog zum View, wird auch ein Snapshot mit Hilfe einer Datenbankanfrage spezifiziert. Das Ergebnis dieser Anfrage wird allerdings im Gegensatz zum View als eigenständiges Objekt materialisiert. Ein Snapshot wird auch nicht ständig aktuell gehalten, sondern darf veralten, denn der Snapshot repräsentiert einen Datenbankausschnitt zum Zeitpunkt der Snapshot-Definition. Durch periodische oder explizit veranlaßte *Refresh*-Operationen kann der Snapshot aktualisiert werden. Nach der Refresh-Operation gibt der Snapshot den Datenbankzustand zum Zeitpunkt des Refreshs wieder. Snapshots dürfen nicht geändert werden. Ein Snapshot ist somit eine reine Lese-Kopie eines Ausschnitts der Datenbank, der zwar in sich konsistent aber gegebenenfalls veraltet ist ([AL80]).

Der Vorteil von Snapshots ist, daß sie je nach Anwendungsbedarf häufig oder selten aktualisiert werden können. Diese Aktualisierung kann mit Hilfe eines *"Differential Refresh"* ([LHM86]) sehr effizient vorgenommen werden, so daß nur die Teile im Snapshot modifiziert werden müssen, die sich seit dem letzten Refresh tatsächlich geändert haben. Da Snapshots reine Lese-Kopien sind, beeinträchtigen sie die Konvergenz in keiner Weise. Darüber hinaus können Refresh-Operationen so effizient durchgeführt werden, daß sie den laufenden Datenbankbetrieb kaum belasten und insbesondere die Synchronisation laufender Transaktionen nicht beeinträchtigen. Da die Transaktionen, die den Snapshot lesen, nicht mit den laufenden Änderungen in der Datenbank synchronisiert werden müssen, wird einerseits der Zugriff auf den Snapshot sehr performant, und andererseits wird auch der laufende Datenbankbetrieb entlastet. Schließlich wird auch die Verfügbarkeit erhöht, denn der Snapshot kann natürlich auf einem anderen Knoten im verteilten System physisch abgelegt werden und bleibt somit auch bei Ausfall der Originaldaten zugreifbar.

Durch die verminderte Aktualität eines Snapshots ist die Anwendbarkeit des Konzeptes natürlich auf solche Anwendungen beschränkt, die veraltete Daten tolerieren können. Anwendungen, die aktuelle Daten benötigen, müssen nach wie vor direkt auf die Datenbank zugreifen, und werden somit auch in die normale Synchronisation mit eingebunden. Snapshots, können im Gegensatz zu synchronisierten Replikaten bei einem Ausfall der Datenbank auch nur eingeschränkt für die Recovery verwendet werden. Die Flexibilität des Konzeptes wird eingeschränkt durch die Tatsache daß Snapshots nicht verändert werden dürfen. Anwendungen, die zwar veraltete Daten tolerieren können, aber gelegentlich auch Änderungen in die Datenbank einbringen wollen, kommen somit mit Snapshots alleine nicht aus, sondern müssen zum Einbringen von Änderungen auf aktuelle Kopien zugreifen. Dies ist insbesondere deswegen von Nachteil, weil Replikation und Datenverteilung für diese Anwendungen nicht transparent bleiben. Schließlich ist das Snapshot-Konzept für dynamisch wechselnde Anforderungen an unterschiedlichen Knoten, wie es in Abschnitt 4.3 beschrieben wurde, in einem verteilten System gänzlich ungeeignet.

Dem Snapshot sehr verwandt sind die sogenannten *Materialized Views* (materialisierte Sichten), die in jüngster Vergangenheit in der Fachwelt verstärkt diskutiert werden ([BT88], [GKM92]). Der Fokus der Betrachtungen liegt hier allerdings nicht so sehr auf der Aktualisierung veralteter Replikate, sondern vielmehr auf der Wartung von aggregierten Daten. Da es sich hierbei nicht um Replikate im strengen Sinne handelt, werden diese Ansätze hier nicht weiter vertieft.

Snapshots können nicht alle Anforderungen abdecken, die an ein adaptives verteiltes Datenverwaltungssystem gestellt werden. Dennoch sind die Einsatzbereiche dieses Konzeptes vielfältig. Die Vorteile der asynchronen Datenverwaltung mit Snapshots haben dazu geführt, daß führende Datenbankhersteller in den letzten Jahren zunehmend asynchrone Replikationsmechanismen anbieten, die auf dem Snapshot-Konzept basieren. Die wichtigsten dieser Konzepte werden in den folgenden Abschnitten diskutiert.

4.4.3 Quasi-Kopien

Das Konzept der Quasi-Kopie wurde von Alonso, Barbara und Garcia-Molina bereits 1988 vorgestellt ([ABG88]). Quasi-Kopien sind Nur-Lese-Replikate, die bis zu einem gewissen Grad von einer definierten Master-Kopie abweichen dürfen. Die Idee für Quasi-Kopien entstand aus dem Bedürfnis heraus, den Zugriff auf große, stark frequentierte Datenbankserver durch Cache-Replikation auf der Client-Seite effizienter zu gestalten. Um die Änderungsverfügbarkeit des Servers nicht zu reduzieren, kommt dabei eine synchrone Replikation nicht in Frage. Mit wachsender Zahl an Datenbank-Clients wird aber auch bereits eine kontinuierliche asynchrone Aktualisierung der Cache-Replikate sehr aufwendig. Andererseits dürfen die Replikate im Cache des Clients auch nicht beliebig veralten. Aus diesem Grund schlagen Alonso, Barbara und Garcia-Molina vor, in Abhängigkeit von den jeweiligen Anwendungsanforderungen auf der Client-Seite für das lokale Cache-Replikat Kohärenzprädikate zu spezifizieren, mit deren Hilfe ein maximal zulässiger Abstand zur Primärkopie auf dem Datenbankserver definiert werden kann.

Um einen zulässigen Abstand spezifizieren zu können, ist ein Abstandsmaß erforderlich. Dabei werden drei sinnvolle Abstandstypen unterschieden:

(1) *Zeitlicher Rückstand (Delay Condition)*
   Ein zeitlicher Rückstand gibt an, um wieviel älter die Quasi-Kopie sein darf als die Primärkopie im zentralen Server.

(2) *Versionsabstand (Version Condition)*
   Der Versionsabstand bezeichnet die maximal zulässige Zahl von Änderungsoperationen an der Primärkopie, um welche die Quasi-Kopie zurückliegen darf.

(3) *Wertabstand (Arithmetic Condition)*
   Der Wertabstand wird nur für Attribute mit numerischem Wertebereich angegeben. Ein Wertabstand bezeichnet die maximal zulässige Differenz des Wertes der Primärkopie und des Wertes der Quasi-Kopie.

Die genannten Kohärenzprädikate können weiterhin durch die logischen Operatoren AND, OR und NOT miteinander verknüpft werden.

In [ABG88] wird zur Sicherstellung der Kohärenzprädikate eine Strategie vorgeschlagen, die auf sogenannten *Alive-Nachrichten* beruht. Dabei schickt der zentrale Server in festen Zeitabständen von δ Sekunden eine Nachricht an alle Clients. Falls seit der letzten Alive-Nachricht Daten modifiziert wurden, muß dies den Clients mitgeteilt werden. Dazu wird entweder der neue Wert des Datums, die aktuelle Versionsnummer oder eine Invalidierungsmeldung in die Alive-Nachricht mit eingeschlossen. Ein Client kann aufgrund der Alive-Nachrichten feststellen, ob die lokalen Kohärenzprädikate möglicherweise verletzt werden und gegebenenfalls eine Aktualisierung veranlassen. Erhält ein Client länger als δ Sekunden keine Nachricht mehr vom Server, so geht er davon aus, daß der Server ausgefallen ist und invalidiert die lokalen Quasi-Kopien sofern dies aufgrund der spezifizierten Kohärenzanforderungen notwendig ist.

In [BG90] wird das Konzept der Quasi-Kopien dahingehend erweitert, daß die Primärkopien verschiedener Objekte auf unterschiedlichen Knoten allokiert sein können. Dadurch ergeben sich neue Probleme bezüglich der Sicherstellung von objektübergreifenden Integritätsbedingungen, die jedoch an dieser Stelle nicht weiter vertieft werden sollen. Eine weitere Erweiterung des Konzeptes wird in [AC90] vorgeschlagen. Hier wird zur Erhöhung der Verfügbarkeit das sogenannte *"Stashing"* eingeführt. Dabei handelt es sich um zusätzliche Replikate, die beim Ausfall der Primärkopie deren Aufgaben übernehmen können. Da sich es bei dieser Technik nicht um die Anpassung an Anwendungsanforderungen, sondern um eine reine Maßnahmen zur Steigerung der Fehlertoleranz handelt, wird auch darauf nicht mehr weiter eingegangen.

Quasi-Kopien sind im Grunde genommen dem zuvor erläuterten Konzept der Snapshots sehr ähnlich. Es handelt sich bei beiden Konzepten jeweils um Nur-Lese-Replikate für die anwendungsbezogen abgeschwächte Konsistenzanforderungen definiert werden. Der Unterschied liegt in der Art der Konsistenzanforderungen: Für Snapshots wird spezifiziert, *wann* eine Aktualisierung erfolgen soll, während für Quasi-Kopien ein tolerierbarer *Abstand* definiert wird, der kontinuierlich sicherzustellen ist.

4.4.4   Identity Connections

Die Spezifikation abgeschwächter Konsistenzanforderungen beschränkt sich beim Snapshot-Konzept auf die Definition von Triggern zur ereignisorientierten Aktualisierung. Ein umfassenderes Spezifikationskonzept für Konsistenzanforderungen bieten die von Wiederhold und Qian vorgeschlagenen *Identity Connection*s ([WQ87], [WQ90]). Die Zielsetzung bei der Entwicklung dieses Konzeptes war die Integration replizierter oder abgeleiteter Daten in einem verteilten System, bestehend aus heterogenen autonomen Datenbanken. Eine Identity Connection spezifiziert die Konsistenzanforderungen zwischen zwei Datenobjekten. Dabei handelt es sich typischerweise um eine Verbindung von zwei Replikaten desselben Objektes, die auf verschiedenen Knoten allokiert sind. Diese Verbindung kann entweder gerichtet oder ungerichtet sein. Ist die Verbindung gerichtet, so werden Änderungen nur in der spezifizierten Richtung propagiert, andernfalls werden Änderungen in beiden Richtungen propagiert. Jede Identity Connection ist mit einem Prädikat behaftet, das die Art der Konsistenzbeziehung definiert. Dieses Prädikat ist so zu spezifizieren, daß die Konsistenzanforderungen der Anwendungsumgebung gewährleistet sind, wenn das Prädikat erfüllt ist. Es werden folgende Typen von Konsistenzanforderungen unterschieden:

(1) Zeitlicher Rückstand (*Delay*): Eine Änderung muß innerhalb des spezifizierten Zeitintervalls propagiert werden.

(2) Zeitpunkt: Zum spezifizierten Zeitpunkt muß die Konsistenz eines Replikats hergestellt sein.

(3) Ereignis: Die Konsistenz eines Replikats muß vor Eintreten des Ereignisses sichergestellt sein.

Mit Hilfe dieser Spezifikationsmittel kann beispielsweise auch ein Snapshot mit periodischem Refresh zu vorgegebenen Zeitpunkten definiert werden (gerichtete Identity Connection mit Zeitpunkt-Prädikat). Ebensogut kann spezifiziert werden, daß zwei Replikate ständig wechselseitig konsistent gehalten werden sollen (ungerichtete Identity Connection mit Prädikat *Delay*=0). Durch Spezifikation eines tolerierbaren zeitlichen Rückstands (*Delay*>0) kann im Prinzip eine Quasi-Kopie mit entsprechendem Abstandsmaß definiert werden. Die anderen für Quasi-Kopien definierten Abstandsmaße sind bei Identity Connections nicht vorgesehen.

Um die Konvergenz von Replikaten sicherzustellen, fordern Wiederhold und Qian, daß unabhängige Änderungen an verschiedenen Replikaten nicht vorkommen dürfen. Das bedeutet, Identity Connections müssen in einer gegebenen verteilten Anwendungsumgebung so spezifiziert werden, daß nebenläufige Änderungen auf jeden Fall synchronisiert werden. Die Konvergenz von Replikaten muß somit durch "korrekte" Spezifikation von Identity Connections explizit herbeigeführt werden.

Das Konzept der Identity Connections ist in erster Linie eine Technik zur Spezifikation von Konsistenzanforderungen. Die Sicherstellung dieser Konsistenzanforderungen wird in der Literatur nur äußerst oberflächlich behandelt. Viele der möglichen Spezifikationen lassen sich jedoch mit Hilfe bekannter Mechanismen (wie z.B. Snapshot-Refresh) implementieren.

4.4.5 Data Dependency Descriptors

Das von Rusinkiewicz, Karabatis und Sheth vorgeschlagene Konzept der *Data Dependency Descriptors (D³)* ([RSK91], [KS92]) ist im wesentlichen eine Weiterentwicklung der Identity Connections von Wiederhold und Qian (Abschnitt 4.4.4). Zielsetzung des Ansatzes ist die Integration abhängiger Daten aus heterogenen autonomen

Datenbanken. Ein D^3 kann dabei, wie eine Identity Connection, zwei Replikate desselben Objektes verknüpfen. Im Gegensatz zu Identity Connections ist ein D^3 aber immer eine gerichtete Verbindung. Außerdem können neben der Identität (bei Replikaten des gleichen Objektes) auch andere Abhängigkeitsbeziehungen spezifiziert werden.

Allgemein wird ein D^3 als Quintupel $< S, U, P, C, A >$ definiert, wobei die einzelnen Komponenten folgende Bedeutung haben:

S Datenquelle oder das unabhängige Datenobjekt (*source data object*)

U Datensenke oder das abhängige Datenobjekt (*target data object*)

P Prädikat, das die Abhängigkeitsbeziehung zwischen S und U beschreibt. Zur Spezifikation dieser Abhängigkeitsbeziehung können die Operatoren der Relationenalgebra verwendet werden (z.B. Selektion, Projektion, Join, etc.)

C Prädikat zur Spezifikation der Konsistenzanforderungen zwischen S und U. Das Prädikat C besitzt eine zeitbezogene Komponente und eine zustandsbezogene Komponente. Durch die zeitbezogene Komponente wird insbesondere festgelegt, *wann* das Prädikat P erfüllt sein soll. Die zustandbezogene Komponente spezifiziert den maximal tolerierbaren Abstand den das abhängige Objekt vom unabhängigen Objekt haben darf.

A Menge von Prozeduren, die zur Herstellung der spezifizierten Konsistenzanforderungen aufzurufen sind. Eine Wiederherstellung der Konsistenz wird veranlaßt, wenn das Prädikat C erfüllt ist und die Abhängigkeitsbeziehung P nicht erfüllt ist. Dabei können in Abhängigkeit von einer benutzerspezifizierten Bedingung unterschiedliche Prozeduren zur Konsistenzsicherung aufgerufen werden.

Durch S und U wird die Richtung der Änderungspropagierung festgelegt. Zur Spezifikation der Beziehung zwischen zwei Objekten tragen somit nur die Komponenten P, C und A bei, die in Abbildung 4.5 noch einmal dargestellt werden. Bezüglich der Konsistenzanforderungen für replizierte Daten spielt das Prädikat P keine Rolle, da für Replikate stets gilt P = *Identität*. Die Konsistenzspezifikation findet ausschließlich durch das Prädikat C statt. Neu gegenüber den Identity Connections ist die explizite Unterscheidung zustandsbezogener und zeitbezogener Konsistenzanforderungen. Dabei ist vor allem hervorzuheben, daß mit Hilfe der zeitbezogenen Komponente der Konsistenzspezifikation C nun auch eine dynamische Veränderung von Konsistenzanforderungen modelliert werden kann, was bei Identity Connections noch nicht vorgesehen war. Die Unterscheidung nach zeitbezogenen und zustandsbezogenen Konsistenzanforderungen wurde erstmals von Sheth und Rusinkiewicz in [SR90] formuliert. Mit der Entwicklung des D^3-Ansatzes wurden die dort vorgestellten Ideen weitergeführt und präzisiert. Die zeitbezogene Konsistenzkomponente umfaßt dabei folgende Spezifikationsmöglichkeiten:

- Zeitpunkt (Uhrzeit / Datum)
- Unterscheidung von *vorher* und *nachher*
- Zeitintervalle (festgelegt durch zwei Zeitpunkte, jeweils mit Uhrzeit und Datum)
- Periodisch wiederkehrende Zeitpunkte

Eine Einschränkung gegenüber Identity Connections ist, daß nur Zeitereignisse zur Spezifikation von Zeitpunkten vorgesehen sind. Durch die Spezifikation von Zeitintervallen wird hier nicht wie bei Identity Connections ein tolerierbarer zeitlicher Rückstand spezifiziert, sondern es wird gefordert, daß während des spezifizierten Zeitintervalls ein bestimmter Konsistenzzustand dauerhaft (kontinuierlich) sichergestellt wird. Auch durch die Prädikate *vorher* und *nachher* können kontinuierliche Anforderungen spezifiziert werden (z.B. vor 17:00 Uhr). Der geforderte Konsistenzzustand, der kontinuierlich sicherzustellen ist, wird im Rahmen der zustandsbezogenen Komponente der Konsistenzanforderung spezifiziert. Dabei wird analog zu den Spezifikationsmöglichkeiten bei Quasi-Kopien (Abschnitt 4.4.3) ein maximal tolerierbarer Abstand definiert. Zu beachten ist bei den zustandsbezogenen Konsistenzanforderungen insbesondere, daß auch die Spezifikation eines maximal tolerierbaren zeitlichen Rückstands dazu gehört (*Delay*).

Eine weitere Neuerung gegenüber Identity Connections ist die Einbeziehung der Prozeduren zur Wiederherstellung (A) der spezifizierten Konsistenzanforderungen (Restaurierung). Da diese Prozeduren nicht näher spezifiziert, oder klassifiziert werden, ist das Konzept zwar sehr generisch, aber für jeden konkreten Anwendungsfall müssen die Restaurierungsprozeduren explizit angegeben und gegebenenfalls neu implementiert werden. Zur Spezifikation der Synchronisationsanforderungen bei Aktualisierungen können verschiedene Ausführungsmodi für eine Restaurierungsprozedur spezifiziert werden. Durch den Ausführungsmodus wird festgelegt, wie sich eine Restaurierungstransaktion zu der Transaktion verhält, die die Restaurierung veranlaßt hat. Der Modus *coupled* erlaubt beispielsweise eine synchrone Aktualisierung, indem die Restaurierungstransaktion als Subtransaktion der auslösenden Transaktion ausgeführt wird. Im Modus *decoupled* erfolgt die Aktualisierung asynchron. Im Modus *coupled* ist darüber hinaus zu spezifizieren, ob die auslösende Transaktion im Falle eines Abbruchs der Restaurierungstransaktion freigegeben werden darf oder nicht.

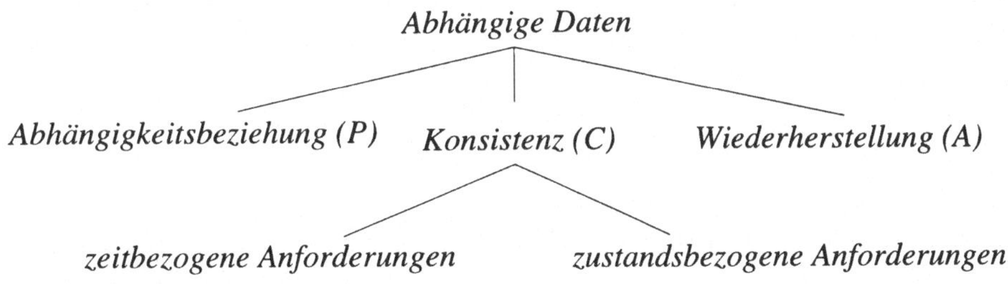

Abb. 4.5: Hauptkomponenten eines D^3 nach [KS92]

Obwohl Identity Connections, wie auch Data Dependency Descriptors, in erster Linie zur Integration heterogener autonomer Datenbanken gedacht sind, ermöglichen diese Konzepte insbesondere auch eine Spezifikation abgeschwächter Konsistenzanforderungen für replizierte Daten. Im folgenden Abschnitt wird mit dem DDMS ein ähnliches Konzept vorgestellt, das jedoch speziell zur Umsetzung des Need-To-Know Prinzips im Rahmen eines verteilten Datenverwaltungssystems entwickelt wurde.

4.4.6   DDMS und Propagierungsregeln

Propagierungsregeln bilden die Grundlage der anwendungsbezogenen Datenreplikation im verteilten Datenverwaltungssystem DDMS (*Distributed Data Management System*) ([Jab90]). Unter den hier vorgestellten Konzepten zur Datenreplikation nimmt das DDMS eine besondere Stellung ein, da es den Ausgangspunkt für die Forschungen bildete, deren Ergebnisse in dieser Arbeit zusammengefaßt werden. Konzeptionell ist das DDMS mit den zuvor genannten Konzepten Snapshot, Identity Connections und D^3 sehr verwandt. Mit dem DDMS wird erstmals ein in sich abgeschlossenes Konzept zur adaptiven verteilten Datenverwaltung nach dem Need-To-Know Prinzip vorgestellt, das insbesondere auch im Rahmen einer prototypischen Implementierung verifiziert wurde.

Im DDMS wird im Gegensatz zu den in Abschnitt 4.4.4 und Abschnitt 4.4.5 beschriebenen Ansätzen nicht versucht, die Redundanzen in bestehenden heterogenen Datenbanksystemen zu handhaben, sondern es geht vielmehr um einen Gesamtentwurf einer verteilten Datenhaltung in Anpassung an eine gegebene verteilte Anwendungsumgebung. Dabei wird für alle Anwendungen ein gemeinsames globales Datenschema zugrunde gelegt. Ausgehend von der Semantik der Anwendungsumgebung wird dieses Schema in disjunkte Partitionen zerlegt, die dann die Einheiten der Datenverteilung bilden. Jede Partition wird zur Steigerung der Zugriffslokalität an jedem Knoten allokiert, an dem sie benötigt wird. Um nun die wechselseitige Konsistenz von Replikaten dieser Partitionen herzustellen, werden in Abhängigkeit von den Erfordernissen der Anwendungen Propagierungsregeln spezifiziert, auf deren Grundlage die Propagierung von Änderungsoperationen erfolgt.

Analog zu den Identity Connections und Data Dependency Descriptors basieren auch Propagierungsregeln auf einer expliziten paarweisen Kopplung von Replikaten. Propagierungsregeln umfassen jedoch eine noch genauere Spezifikation der Synchronisation zwischen Sender- und Empfängerreplikat, als dies bereits beim D^3-Ansatz möglich war. Insbesondere wird durch die explizite Unterstützung eines Zwischenpuffers die Trennung von Datenbereitstellung und Datenentgegennahme ermöglicht, was in Abbildung 4.6 verdeutlicht wird

Wie in der Abbildung gezeigt, wird bei der Datenbereitstellung zwischen direktem und indirektem Anbieten unterschieden. Direktes Anbieten von Änderungen bedeutet dabei, daß die Datenmodifikationen einer Anwender-Transaktion (Primäraktion)

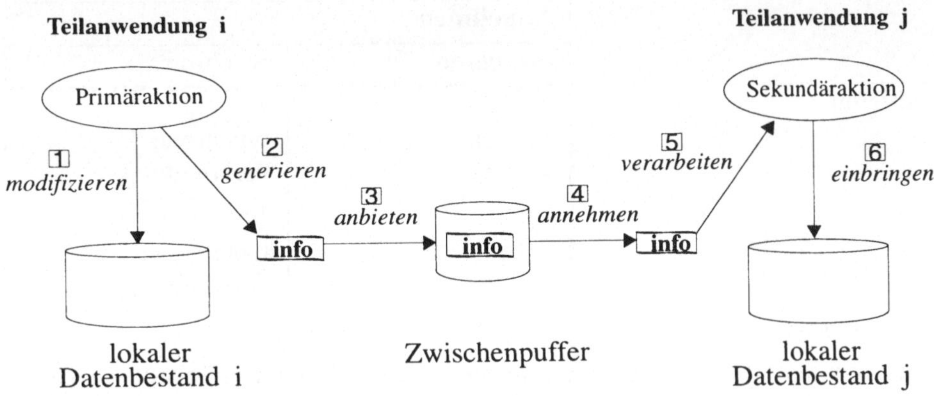

Abb. 4.6: Datenbereitstellung und Datenentgegennahme im DDMS ([Jab90])

einer Teilanwendung i auf dem lokalen Datenbestand i bereits im Rahmen dieser Transaktion in den Zwischenpuffer eingebracht werden. Durch indirektes Anbieten kann dagegen das Einbringen in den Zwischenpuffer von der Freigabe der ändernden Transaktion entkoppelt werden. Dazu wird unabhängig von der ursprünglichen Primäraktion eine Ersatzprimäraktion durch ein benutzerdefiniertes Ereignis getriggert. Im Rahmen dieser Ersatzprimäraktion wird dann die Modifikationsinformation in den Zwischenpuffer geschrieben.

Die im Zwischenpuffer bereitgestellte Änderungsinformation kann im Rahmen einer Sekundäraktion in den lokalen Datenbestand j auf einem anderen Rechnerknoten eingebracht werden. Sekundäraktionen sind ebenso wie Ersatzprimäraktionen Systemtransaktionen, die nicht vom Anwender ausgeführt, sondern vom DDMS veranlaßt werden. Entsprechend der verschiedenen Strategien für das Anbieten können auch bei der Entgegennahme von Modifikationen verschiedene Strategien verfolgt werden. Eine Möglichkeit ist das *synchrone* Annehmen der Datenmodifikationen aus dem Puffer. Das bedeutet, daß die Sekundäraktion gestartet wird, sobald die Änderungsinformation im Zwischenpuffer eintrifft Dabei wird die Transaktion, welche die Änderungsinformation in den Zwischenpuffer einbringt, erst dann freigegeben, wenn die Sekundäraktion die Information ausgelesen und verarbeitet hat. Als Alternative zur synchronen Verarbeitung ist auch die Spezifikation einer *asynchronen* Verarbeitung möglich. Bei der asynchronen Verarbeitung wird die Sekundäraktion nicht durch das Eintreffen von Nachrichten im Zwischenpuffer, sondern wiederum durch ein benutzerdefiniertes Ereignis getriggert. Bei der synchronen Datenentgegennahme ist die Sekundäraktion also als Subtransaktion einer Primärbzw. Ersatzprimäraktion aufzufassen, während bei der asynchronen Entgegennahme die Sekundäraktion als eigenständige Transaktion auftritt.

Durch Kombination der verschiedenen Bereitstellungs- und Entgegennahmestrategien ergeben sich vier verschiedene Kommunikationsformen zwischen zwei Teilanwendun-

		Annehmen	
		asynchron	synchron
Anbieten	indirekt	indirekt asynchrone Verarbeitung	indirekt synchrone Verarbeitung
	direkt	direkt asynchrone Verarbeitung	direkt synchrone Verarbeitung

Tab. 4.1: Kommunikationsmöglichkeiten im DDMS (nach [Jab90])

gen in einer verteilten Anwendungsumgebung. Diese werden in Tabelle 4.1 zusammenfassend dargestellt.

Grundlegend für das DDMS ist, daß im Gegensatz zum Snapshot-Konzept alle Replikate gleichberechtigt sind. Darüber hinaus sind Datenmodifikationen grundsätzlich auf jedem Replikat erlaubt. Da neben den vorgestellten Propagierungsregeln keine weiteren Mechanismen zur Synchronisation von Änderungen vorgesehen sind, können somit prinzipiell verschiedene Replikate der gleichen logischen Partition unabhängig voneinander modifiziert werden. Änderungen an zwei Replikaten werden dann und nur dann serialisiert, wenn in beiden Richtungen Propagierungsregeln mit direkter und synchroner Verarbeitung spezifiziert sind. Um die bei indirekter bzw. asynchroner Propagierung auftretenden Inkonsistenzen aufzulösen, ist eine Zusammenführung (*"Merge"*) verschiedener *Varianten* einer Partition erforderlich. Die zugrundeliegende Idee hierbei ist, daß im Rahmen der Sekundäraktion entschieden wird, welche der einzubringenden Änderungen anderer Knoten aus Sicht der lokalen Anforderungen relevant sind. Aufgabe der Sekundäraktion ist somit nunmehr die Berechnung eines neuen lokalen Datenbankzustandes, der sich aus einer anwendungsspezifischen Zusammenführung von einzubringenden Änderungen anderer Knoten und lokalen Änderungen ergibt.

Obwohl Identity Connections und Data Dependency Descriptors in erster Linie zur Integration heterogener Datenbanken entwickelt wurden, so ist die Ähnlichkeit der Konzepte mit den hier erörterten Propagierungsregeln nicht zu verkennen. Alle drei Konzepte erlauben die Spezifikation von Konsistenzanforderungen durch *paarweise Verknüpfung von Replikaten*. Ein Vergleich der Spezifikationsmöglichkeiten der drei Konzepte wird in Tabelle 4.2 dargestellt. Die ersten drei Zeilen in der Tabelle stellen dabei die zeitbezogenen Spezifikationsmöglichkeiten dar, während die folgenden drei Zeilen zustandsbezogene Spezifikationen beschreiben. In keinem der drei Ansätze werden konfligierende Änderungen an Replikaten, zwischen denen keine synchrone Propagierung spezifiziert ist, abgefangen. Dadurch können prinzipiell die Replikate divergieren. Bei Identity Connections wird zur Vermeidung dieses Problems einfach gefordert, daß die Konsistenzanforderungen so zu spezifizieren sind, daß derartige Konflikte aufgrund des Verhaltens der Anwendungen nicht auftreten können. Treten dennoch Konflikte auf, so

Spezifikation von Konsistenzanforderungen	Identity Connection	D^3	DDMS
Zeitereignisse	✓	✓	✓
Benutzerdefinierte Ereignisse	✓		✓
Zeitintervalle (kontinuierlich)		✓	
Zeitlicher Rückstand (Delay)	✓	✓	
Versionsabstand		✓	
Wertabstand		✓	
Trennung von zeitbezogener und zustandsbezogener Spezifikation		✓	
Spezifikation von Synchronisationsanforderungen		✓	✓
Trennung von Anbieten und Annehmen in der Konsistenzspezifikation			✓
Explizite Unterstützung von Merge-Operationen bei Änderungskonflikten		**?**	✓

Tab. 4.2: Vergleich von Propagierungsregeln, Identity Connections und D^3

können diese weder erkannt noch behoben werden. Im Falle der Propagierungsregeln im DDMS ist der Sachverhalt anders: Hier werden konfligierende Änderungen prinzipiell toleriert, womit auch eine Divergenz von Replikaten billigend in Kauf genommen wird. Durch zusätzliche Spezifikation von Merge-Strategien können divergierende Replikate anwendungsspezifisch zusammengeführt werden. Wie bei Identity Connections gilt jedoch auch hier, daß Änderungskonflikte, die durch unerwartetes Anwendungsverhalten hervorgerufen werden, nicht erkannt und nicht behandelt werden können. Im D^3-Ansatz können theoretisch bei den Prozeduren zur Wiederherstellung der Konsistenz auch Prozeduren angegeben werden, die eine Zusammenführung divergierender Replikate erlauben. In der Literatur zu D^3 werden jedoch dazu keine Angaben gemacht. Es gibt auch keinen spezifizierbaren Maßnahmenkatalog, wie er beispielsweise im DDMS vorhanden ist. Aus diesem Grund enthält die Tabelle an der entsprechenden Stelle ein "?". Die Stärken und Schwächen der Technik, Konsistenzanforderungen durch paarweise Verknüpfung von Replikaten auf physischer Ebene zu spezifizieren, werden in den folgenden Ausführungen am Beispiel von Propagierungsregeln aufgezeigt. Die Aussagen gelten jedoch weitgehend auch für Identity Connections und Data Dependency Descriptors.

Die Spezifikation von Konsistenzanforderungen mit Hilfe von Propagierungsregeln erlaubt eine flexible Anpassung an die Anwendungserfordernisse in verteilten Systemumgebungen. So erlauben Propagierungsregeln beispielsweise eine direkte Modellierung eines Datenflusses. Dies ermöglicht insbesondere eine gute Unterstützung von sequentiellen Verarbeitungsvorgängen, wie im Beispiel in Abbildung 4.3 dargestellt. Charakteristisch ist hierbei, daß auf das gemeinsam zu bearbeitende Datum zu einem

Zeitpunkt nur an einem Knoten des Systems zugegriffen wird. Dieses Anwendungswissen wird ausgenutzt, um entsprechende Propagierungsregeln zu spezifizieren und so die Datenverwaltung nach dem Need-To-Know Prinzip zu optimieren. Im Beispiel reicht eine indirekte synchrone Propagierung aus, um eine ausreichende Konsistenz der Replikate zu gewährleisten. Dabei triggert der Abschluß einer Applikation A_i, die das Replikat $r_i(x)$ modifiziert hat, jeweils die Bereitstellung der Änderungsinformation in einem Zwischenpuffer für die in der Sequenz nachfolgende Applikation A_j. Durch das Eintragen in den Zwischenpuffer wird das Replikat $r_j(x)$ synchron aktualisiert. Falls der Start der Applikation A_j nicht unmittelbar nach Abschluß des Vorgängers A_i erfolgt, sondern zu einem späteren Zeitpunkt, kann die Datenverwaltung durch asynchrone Datenannahme weiter optimiert werden. Da bekannt ist, daß aufgrund der Anwendungssemantik keine Änderungskonflikte auftreten können, ist weder eine weitere Synchronisation noch eine Zusammenführung erforderlich.

Propagierungsregeln sehen keine zeitliche Veränderung einer bestehenden Propagierungsstrategie vor. Aus diesem Grund kann ein komplexer Workflow, wie er beispielsweise in Abbildung 4.4 dargestellt ist, nur ungenügend unterstützt werden. Da in dem in Abbildung 4.4 gezeigten Beispiel in jeder beliebigen Propagierungsrichtung potentiell eine direkte synchrone Propagierung erforderlich sein könnte, muß zur korrekten Synchronisation der Replikate eine direkte synchrone Propagierungsregel von jedem Replikat zu jedem anderen Replikat spezifiziert werden. Das aus dieser Spezifikation resultierende Systemverhalten entspricht dem Protokoll ROWA, das in Abschnitt 3.3.1 vorgestellt wurde. Dabei wird allerdings das Wissen, daß das Replikat $r_1(x)$ beispielsweise zum Zeitpunkt t_3 gar nicht mit in die Synchronisation eingebunden werden muß, nicht mehr ausgenutzt, wodurch die Änderungsverfügbarkeit des Systems vermindert wird.

Eine konzeptionelle Erweiterung von Propagierungsregeln um Restriktionen zur zeitlichen Einschränkung der Gültigkeit ist ohne weiteres denkbar. Mit Hilfe derartig erweiterter Propagierungsregeln ist auch eine bessere Unterstützung des in Abbildung 4.4 dargestellten Sachverhalts möglich. Hierbei ist allerdings bereits ein hoher Spezifikationsaufwand erforderlich, da der Datenfluß hier im Gegensatz zum ersten Beispiel (Abbildung 4.3) keine eindeutige Richtung mehr aufweist. Dies hat zur Folge, daß entsprechend viele Regeln zu spezifizieren sind. Während für das erste Beispiel noch zwei Regeln für die Synchronisation von drei Replikaten ausreichend waren, sind hier nun schon mindestens sechs Regeln erforderlich, da für jede mögliche Richtung des Datenflusses mindestens eine Regel zu spezifizieren ist. Außerdem sind in einer Richtung mehrere Regeln zu spezifizieren, wenn zu unterschiedlichen Zeitpunkten verschiedene Synchronisationsanforderungen bestehen. Für den Datenfluß von $r_1(x)$ nach $r_3(x)$ ist beispielsweise zum Zeitpunkt t_2 eine indirekte synchrone Propagierung ausreichend. Im Zeitintervall $[t_4, t_5]$ ist dagegen eine direkte synchrone Propagierung erforderlich. Entsprechend ist der Datenfluß von jedem Replikat zu jedem anderen Replikat zu betrachten. Es ist leicht ersichtlich, daß der Spezifikationsaufwand mit der Zahl der zu synchronisierenden Replikate quadratisch ansteigt.

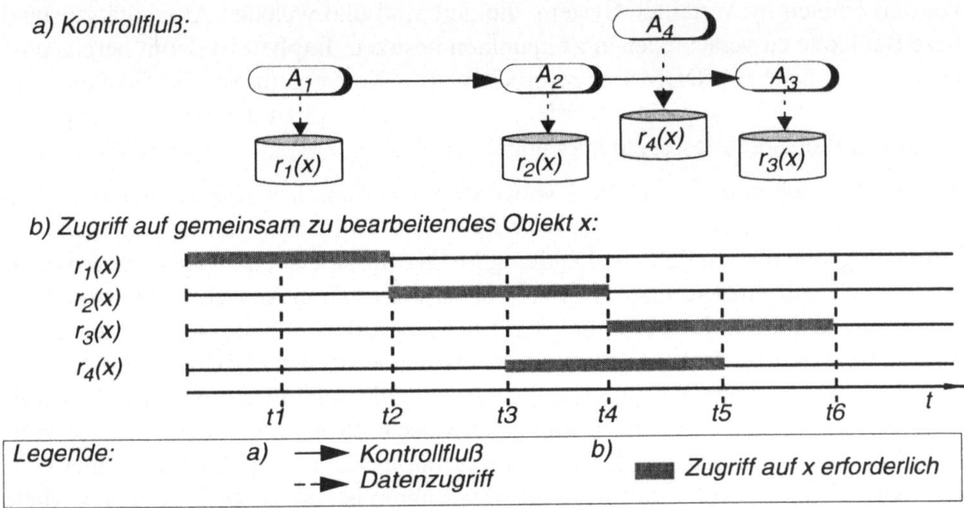

Abb. 4.7: Konkurrierender Datenzugriff in unabhängigen Abläufen

Wenn mehrere unabhängige Workflows unterstützt werden sollen, die auf gemeinsame Daten zugreifen, ist die Spezifikation von Konsistenzanforderungen mit Hilfe von Propagierungsregeln gänzlich ungeeignet. Um dies zu verdeutlichen, soll nocheinmal das einfache Beispiel des sequentiellen Workflows aus Abbildung 4.3 herangezogen werden. Angenommen, auf einem Knoten L_4 sei ein weiteres Replikat $r_4(x)$ allokiert. Eine Applikation A_4 soll unabhängig von A_1, A_2 und A_3 auf die gemeinsame Ressource x zugreifen (Abbildung 4.3). Dabei könnte es sich beispielsweise um einen übergeordneten Manager handeln, der gelegentlich den Fortgang des Workflows überwachen möchte und sich vorbehält, regulierend einzugreifen. Da sich die aktuelle Version des logischen Datums x zu unterschiedlichen Zeitpunkten auf unterschiedlichen Knoten befindet, ist zur korrekten Modellierung dieses Sachverhalts eine entsprechende Fallunterscheidung erforderlich. So muß $r_4(x)$ den aktuellen Wert des Objektes x erhalten sobald die Applikation A_4 beginnt. Von wo dieser Wert zu propagieren ist, ist abhängig vom momentanen Ausführungsstand des sequentiellen Workflows. Ebenso müssen Änderungen an $r_4(x)$ direkt und synchron an dasjenige Replikat propagiert werden, das im Rahmen des Workflows gerade aktuell ist und bearbeitet wird, nicht aber an die anderen beiden Replikate. Umgekehrt gilt, daß eine Modifikation an $r_1(x)$, $r_2(x)$ oder $r_3(x)$ dann und nur dann direkt und synchron an $r_4(x)$ zu propagieren ist, wenn die Applikation A_4 tatsächlich gerade läuft. Die Spezifikation wird um so komplexer je mehr unabhängige Abläufe und je mehr Replikate in Betracht zu ziehen sind.

Eine wesentliche Ursache für die hohe Komplexität der Spezifikation von Konsistenzanforderungen mit Hilfe von Propagierungsregeln ist die Tatsache, daß zur Sicherstellung der Konvergenz der Replikate eine globale Systemsicht erforderlich ist. Um Propagierungsregeln spezifizieren zu können, muß man wissen, welche Partitionen auf

welchen Knoten im verteilten System allokiert sind und welchen Aktualitätszustand
diese Replikate zu verschiedenen Zeitpunkten besitzen. Implizit ist damit bereits eine
weitere Schwäche des DDMS angesprochen: Die Konvergenz von Replikaten kann
nicht automatisch herbeigeführt werden, sondern muß explizit durch korrekte Spezifikation von Propagierungsregeln erzwungen werden.

Weitere Schwächen der im DDMS verwendeten Verfahrensweise werden vor allem
deutlich, wenn das Fehlerverhalten betrachtet wird. In [Ste94] wurden Konzepte zur
anwendungsorientierten Fehlerbehandlung im DDMS untersucht. Dabei wurde vor allem deutlich, daß eine automatische Fehlerbehandlung nur in Ausnahmefällen möglich
ist. Der Grund dafür ist hauptsächlich darin zu suchen, daß im Falle eines Fehlers allein
aufgrund der Propagierungsregeln und der Zustände der beteiligten Replikate nicht
festgestellt werden kann, welches Replikat die aktuelle Version des logischen Objektes
beinhaltet und welches veraltet ist. Möglicherweise muß der tatsächliche aktuelle Wert
eines Objektes erst durch eine Zusammenführung mehrerer Replikate berechnet werden. Wie bei einem Fehler im Einzelfall zu verfahren ist, hängt somit in hohem Maße
von der zugrundeliegenden Anwendungsumgebung ab. In [Ste94] wird daher vorgeschlagen, in Abhängigkeit von der jeweiligen Anwendungssituation entsprechende
Fehlerbehandlungsmaßnahmen zu spezifizieren. Die im DDMS zur Verfügung stehen-
den Spezifikationsmittel wurden zu diesem Zweck um einen entsprechenden Maßnahmenkatalog erweitert. Insbesondere wurden dabei verschiedene Strategien zum Wiederanlauf nach einem Knotenausfall sowie alternative Propagierungsregeln und Mechanismen zur Propagierung auf Anfrage mit aufgenommen.

Trotz der hier aufgeführten konzeptionellen Schwächen des DDMS-Ansatzes ist mit
diesem Forschungsprojekt ein erster Schritt hin zur adaptiven verteilten Datenhaltung
in verteilten Systemen gelungen. Die Probleme, die durch die Konzeption des DDMS
und der zugehörigen Konsistenzspezifikation aufgeworfen wurden, waren Ausgangspunkt und Motivation für die in dieser Arbeit entworfene Methode zur Spezifikation
von Konsistenzanforderungen (Kapitel 5) und die darauf aufbauenden Protokolle zur
Replikationskontrolle (Kapitel 6).

4.4.7   Epsilon-Serialisierbarkeit

In Abschnitt 4.2 wurde dargelegt, daß die One-Copy-Serialisierbarkeit nicht mehr als
alleiniges Korrektheitskriterium für Transaktionen ausreicht, wenn die Konsistenzanforderungen im Sinne des Need-To-Know Prinzips abgeschwächt werden. Die bisher
vorgestellten Konzepte definieren implizit neue Korrektheitskriterien, indem der tolerierbare Zustand einzelner Replikate spezifiziert wird. Dabei unterliegen die Historien
nebenläufiger Transaktionen auf *einem* Knoten im verteilten System nach wie vor dem
Korrektheitskriterium der Serialisierbarkeit. Knotenübergreifende Historien dagegen,
die den Zugriff auf replizierte Daten berücksichtigen, werden nicht betrachtet. Die Korrektheit ergibt sich implizit durch Sicherstellung der spezifizierten Aktualitätsanforde-

rungen der Replikate. Eine andere Möglichkeit, die Konsistenzanforderungen abzuschwächen, besteht darin, explizit neue Korrektheitskriterien zu definieren, welche die Serialisierbarkeit ablösen. Ein solches neues Transaktions-Korrektheitskriterium ist die *Epsilon-Serialisierbarkeit* (ESR), die 1991 von Pu und Leff vorgestellt wurde ([PL91a], [PL91b]) und in zahlreichen weiteren Publikationen behandelt wird (unter anderem auch in [PL92], [PHK95], [RP95] sowie in [DP95]).

ESR kann als Verallgemeinerung der klassischen Serialisierbarkeit (SR) aufgefaßt werden. Die klassischen ACID-Transaktionen werden dabei abgelöst durch sogenannte *Epsilon-Transaktionen* (ET), die eine Spezifikation der tolerierbaren Inkonsistenz erlauben. Die Spezifikation der Konsistenzanforderungen wird hier also nicht mehr auf die zu verarbeitenden Daten beschränkt, sondern wird auf Verarbeitungseinheiten bezogen. Es werden *Query-ET* und *Update-ET* unterschieden, wobei eine Query-ET nur lesend auf Daten zugreift, während eine Update-ET auch Daten ändern kann. Update-ET werden nach wie vor untereinander serialisiert. Für eine Query-ET kann der tolerierbare Grad der sichtbaren Inkonsistenz spezifiziert werden, indem die Zahl der tolerierbaren Schreib-Lese-Konflikte für eine Query-ET beschränkt wird. Das bedeutet, daß Query-ET solange beliebig mit Update-ET überlappen können, bis die spezifizierte Toleranzschwelle erreicht ist. Wenn keine Inkonsistenzen tolerierbar sind, konvergiert ESR zur klassischen Serialisierbarkeit (SR). Bei dieser Vorgehensweise ist vor allem zu beachten, daß (im Gegensatz zu allen bisher diskutierten Ansätzen) insbesondere auch nicht freigegebene Ergebnisse von Update-ET nach außen sichtbar werden können ([DP95]).

ESR ist primär zur Erhöhung der Nebenläufigkeit von Transaktionen ausgelegt, jedoch auch in verteilten replizierten Datenbanken einsetzbar. Die Konvergenz von Replikaten wird dabei sichergestellt, indem Update-ET untereinander serialisiert werden. Da im verteilten Fall potentiell an jedem Knoten Update-ET initiiert werden können, müssen bei der Synchronisation von Update-ET bei replizierten Daten auch alle Replikate berücksichtigt werden, damit Änderungskonflikte erkannt werden können. Dies ist ein fundamentaler Unterschied zu den bisher diskutierten Verfahren, bei denen Replikate mit abgeschwächten Konsistenzanforderungen die Synchronisation entlasten. Damit ist der Nutzen von ESR im Zusammenhang mit Replikation zunächst einmal sehr gering, weil die Zielsetzung der Abschwächung von Konsistenz-anforderungen bei replizierten Daten ja gerade war, den Synchronisationsaufwand zu reduzieren. Aus diesem Grunde schlagen Pu und Leff vor, die Ergebnisse von Update-ET asynchron zu propagieren ([PL91b], [PHK95]). Um die Konvergenz der Replikate bei gleichzeitiger asynchroner Änderungspropagierung sicherzustellen, werden vier verschiedene Methoden vorgeschlagen, die jedoch alle in ihrer Anwendbarkeit sehr restriktiv sind. Eine der vorgeschlagenen Möglichkeiten ist beispielsweise, jeder Update-ET eine eindeutige Sequenznummer zuzuordnen, die von einem zentralen Ordnungs-Server angefordert werden kann, so daß alle Update-ET an jedem Knoten in der gleichen Reihenfolge ausgeführt werden können. Query-ET können dann gemäß der spezifizierten Toleranzschwelle mit Update-ET überlappen. Dieses Verfahren hinsichtlich das Synchronisationsaufwands und der Verfügbarkeit vergleichbar mit einem Primary-Copy Ansatz mit asynchroner Änderungspropagierung. Änderungen finden dabei nicht wirklich unabhängig statt, sondern werden im Prinzip über den zentralen Ordnungs-Server synchronisiert. Alle weiteren von Pu und Leff vorgeschlagenen Verfahren erlauben zwar unabhängige Änderungen, sind aber in ihrer Anwendbarkeit sehr restriktiv.

Die grundsätzliche Problematik der Konvergenz bei asynchroner Änderungspropagierung und die damit zwangsläufig verbundenen Restriktionen werden im nachfolgenden Abschnitt 4.4.8 behandelt. Auch die von Pu und Leff aufgeführten Methoden zur asynchronen Änderungspropagierung sind nicht essentiell mit ESR verbunden, sondern können unabhängig davon betrachtet werden. ESR stellt vielmehr eine anwendungsunabhängige Schnittstelle zur Verfügung, auf die anwendungsspezifische Konsistenzanforderungen abgebildet werden können. Dadurch ist in erster Linie eine Erhöhung der Nebenläufigkeit erreichbar. In verteilten replizierten Datenbanken kann desweiteren unter Verwendung einer asynchronen Änderungspropagierung durch ESR die Knotenautonomie erhöht werden ([PL92]).

4.4.8 Konvergenzsicherung bei asynchroner Propagierung von Änderungen

Bei der Definition von Identity Connections wurde gefordert, daß Replikate entsprechend der jeweiligen Anwendungssituation so zu verknüpfen sind, daß unabhängige Änderungen nicht vorkommen können. Die Verwendung von Data Dependency Descriptors oder Propagierungsregeln schließt dagegen unabhängige Änderungen an verschiedenen Replikaten nicht aus. Die dabei möglicherweise entstehende Divergenz wird jeweils anwendungsspezifisch durch zusätzliche Spezifikation von Zusammenführungsstategien abgefangen. Die Konvergenz von Replikaten kann aber in beiden Fällen nicht vom System erzwungen werden, sondern muß durch korrekte Spezifikation explizit herbeigeführt werden. Da im Fehlerfall die aktuelle Version eines replizierten Datums im allgemeinen nicht mehr eruierbar ist, kann darüber hinaus in vielen Fällen eine manuelle Fehlerbehandlung erforderlich sein, um die Konvergenz sicherzustellen ([Ste94]). Eine manuelle Fehlerbehandlung wird generell bei allen Ansätzen in Kauf genommen, bei denen unabhängige Änderungen an verschiedenen Replikaten zugelassen werden, ohne besondere Vorkehrungen zu treffen um die Konvergenz sicherzustellen. Ein verteiltes Datenverwaltungssystem, das solche unkoordinierten Änderungen zuläßt, wird beispielsweise in [DGP90a] und [DGP90b] beschrieben.

In diesem Abschnitt werden Ansätze untersucht, die eine asynchrone Propagierung von Änderungen erlauben, aber trotzdem die Konvergenz von Replikaten automatisch sicherstellen. Falls alle Änderungen an einer Primärkopie vorgenommen werden müssen, ist die Konvergenz von Replikaten natürlich sichergestellt, so daß die Änderungen von der Primärkopie aus an andere Replikate asynchron propagiert werden können. Mit Snapshots (Abschnitt 4.4.2) und Quasi-Kopien (Abschnitt 4.4.3) wurden bereits zwei Ansätze vorgestellt, die aufbauend auf dem Primärkopie-Konzept eine Spezifikation von Konsistenzanforderungen für die asynchron zu aktualisierenden Replikate erlauben. Der Vorschlag von Pu und Leff, die Reihenfolge von Änderungstransaktionen durch eine zentral zu vergebende Sequenznummer an allen Knoten eindeutig festzulegen, erweitert die Möglichkeiten der asynchronen Änderungspropagierung ([PL91b]). Unter bestimmten Voraussetzungen und Einschränkungen können Änderungen an verschiedenen Replikaten auch unabhängig voneinander freigegeben und asynchron propagiert werden, ohne die Konvergenz von Replikaten zu gefährden. Beispiele dazu wurden bereits in Abschnitt 4.3.3 erwähnt. Falls dies gelingt, kann die Änderungsverfügbarkeit replizierter Daten in verteilten Systemen entscheidend erhöht werden.

4.4.8.1 Independent Updates

Ceri, Houtsma, Keller und Samarati untersuchen in [CHK92] und [CHK95] die Voraussetzungen, die erforderlich sind, um unabhängige Änderungen zulassen zu können und dennoch die Konvergenz von Replikaten automatisch sicherzustellen. Der vorgeschlagene Lösungsweg wird hier mit dem Terminus *"Independent Updates"* belegt. Grundlegend für die Zusammenführung unabhängiger Änderungen ist die lokale Protokollierung von Änderungsaktionen, wobei jeder Protokolleintrag mit einem Zeitstempel versehen wird. Darüber hinaus wird an jedem Knoten k für jedes Objekt o eine zusätzliche Datenstruktur RV_o^k *(Reception Vector)* geführt, die dazu dient, Inkonsistenzen zwischen verschiedenen Knoten zu erkennen. $RV_o^k[1, ...,n]$ ist ein Vektor, der für jeden Knoten im verteilten System einen Zeitstempel enthält. Dabei gibt $RV_o^k[y]$ den Zeitpunkt der letzten Aktion am Knoten y auf Objekt o an, die an Knoten k schon eingebracht ist. Der in [CHK95] beschriebene Algorithmus garantiert, daß alle Aktionen mit kleinerem Zeitstempel als $RV_o^k[y]$ bereits am Knoten k eingebracht sind.

Bei einer Änderungsoperation wird nun zunächst versucht, alle Replikate synchron zu aktualisieren. Anders als bei den in Abschnitt 3.3 beschriebenen Verfahren kann hier jedoch unabhängig von der Zahl der erreichten und aktualisierten Replikate die ändernde Transaktion auf jeden Fall freigegeben werden. Der Koordinator einer Änderungstransaktion merkt sich jedoch bei Änderung eines Objektes o für jeden Knoten k, der bei dieser Änderung nicht erreicht werden konnte, ein Tupel (o, k) in einer Tabelle *Rec_Info*. Dieser Tabelle kann entnommen werden, mit welchen Knoten eine Zusammenführung erforderlich ist. Eine Zusammenführung *(Reconciliation)* findet immer zwischen zwei Knoten statt und kann zu einem beliebigen Zeitpunkt von einem der Teilnehmer angestoßen werden *(reconciliation-request)*. Durch Vergleich der Vektoren *RV* können so paarweise die noch nicht empfangenen Änderungsnachrichten ausgetauscht werden.

Damit das Verfahren die semantische Integrität der Datenbank erhalten kann, muß eine erhebliche Einschränkung gegenüber klassischen auf ACID-Transaktionen basierenden Datenbanksystemen gemacht werden: Es können nur unäre Operationen zugelassen werden. Das bedeutet, daß eine Operation auf einem Objekt x stets die Form x:=f(x) haben muß, während eine Operation x:=f(x,y) nicht zulässig ist.

Eine weitere Voraussetzung für die Korrektheit des beschriebenen Verfahrens ist neben einigen weiteren in [CHK95] aufgeführten Restriktionen vor allem die Kommutativität von Änderungsoperationen. Das ist natürlich eine gravierende Einschränkung. Deshalb wurden weitere Überlegungen angestellt, welche Voraussetzungen zu erfüllen sind, damit auch nicht-kommutative Änderungen Berücksichtigung finden. Änderungen, die nicht kommutativ sind, müssen auf allen Knoten in der gleichen Reihenfolge ausgeführt werden. Um dies zu ermöglichen ist allerdings eine weitere Einschränkung zu machen: Für jede Änderungsaktion muß es eine entsprechende Kompensationsaktion geben, die es erlaubt, die Effekte einer Änderung rückgängig zu machen. Im Rahmen einer Zusammenführung zweier Knoten reicht es nun nicht mehr aus, die fehlenden Aktionen des jeweils anderen Knoten nachträglich einzubringen, sondern die Aktionen, die bereits abweichend von der global eindeutigen Ordnung verfrüht eingebracht wurden, müssen zunächst kompensiert werden, um dann mit den übrigen Aktionen gemischt und entsprechend der globalen Ordnung wiederholt zu werden.

4.4.8.2 Timestamped Anti-Entropy

Zur Implementierung der verteilten Literaturdatenbank *refdbms* ([GLW94]) entwickelten Golding und Long ebenfalls einen Mechanismus zur asynchronen Propagierung von Änderungen ([GL91], [Gol92a], [Gol92b], [GL93]). Mit *Timestamped Anti-Entropy* (TSAE) wurde ein Protokoll vorgestellt, das eine epidemische Ausbreitung von Änderungen erlaubt. Ähnlich wie das zuvor besprochene Verfahren der *Independent Updates* basiert auch TSAE auf dem Austausch von Zeitstempelvektoren. Ein Unterschied besteht jedoch darin, daß Änderungen nicht sofort an alle Replikate propagiert werden. Außerdem ist es auch für eine Zusammenführung von divergierenden Replikaten nicht unbedingt erforderlich, daß sich jedes Replikat mit jedem anderen austauscht. Vielmehr reicht es aus, wenn ein Replikat periodisch mit bestimmten anderen Replikaten in sogenannten *Anti-Entropy-Sitzungen* noch nicht empfangene Nachrichten austauscht. Dabei kann die Auswahl des Austauschpartners zufällig oder auf der Basis eines vorgegebenen Algorithmus erfolgen. Das Verfahren garantiert, daß jede Nachricht an jedem Knoten ankommt und daß alle Nachrichten an jedem Knoten in der gleichen Reihenfolge ausgeführt werden. Dazu werden ankommende Nachrichten an jedem Knoten zunächst in einem Puffer vorläufig zwischengespeichert *(pending images)*. Durch geschickten Austausch und Vergleich von Zeitstempelvektoren kann festgestellt werden, welche Nachrichten auf jeden Fall an allen Knoten angekommen sind, so daß die entsprechenden Eintragungen in korrekter Reihenfolge in die Datenbank eingebracht und aus dem Puffer entfernt werden können. Für weitere Einzelheiten, die das TSAE Protokoll betreffen, sei auf die entsprechende Literatur verwiesen ([Gol92a], [Gol92b], [GL93], [GL91]). In [DDO94] wird eine verbesserte Version des TSAE Protokolls vorgestellt, wobei insbesondere der Umfang der erforderlichen Verwaltungsdaten deutlich reduziert werden konnte.

TSAE wurde speziell für die verteilte Anwendung *refdbms* konzipiert und optimiert in erster Linie die Performanz und die Systemverfügbarkeit in unzuverlässigen, weit verteilten Netzen (wie beispielsweise im Internet). Übertragen auf allgemeine verteilte Datenverwaltungssysteme und unabhängig von dem Anwendungssystem *refdbms*, kann eine Replikatverwaltung auf der Basis von TSAE in dem in dieser Arbeit zu diskutierenden Zusammenhang wie folgt charakterisiert werden:

- Änderungen werden grundsätzlich auf der Grundlage veralteter Daten freigegeben und asynchron propagiert.

- Um Kompensationen zu vermeiden, können bereits freigegebene Änderungen erst in die Datenbank eingebracht werden, wenn alle vorher einzubringenden Änderungen an dem betreffenden Knoten eingetroffen sind.

- Die Effizienz der Änderungspropagierung und damit die Aktualität der Replikate ist nicht spezifizierbar und hängt von einer Vielzahl von Faktoren ab (z.B.: Strategie zur Partnerwahl für Anti-Entropy-Sitzungen, Häufigkeit von Anti-Entropy-Sitzungen, etc.).

Die Anwendbarkeit von TSAE beschränkt sich somit auf solche Anwendungssysteme, deren Konsistenzanforderungen die angesprochenen Charakteristika nicht übersteigen.

4.4.8.3   Lazy Replication

Eine wesentliche Schwäche der beiden bisher vorgestellten Verfahren zur Propagierung unabhängiger Änderungen ist, daß der Grad der tolerierbaren Inkonsistenz nicht spezifizierbar ist. Ein Lesen des aktuellen Wertes eines Objektes ist außerdem nur möglich, wenn alle Änderungen unterbunden werden und alle Replikate explizit zusammengeführt werden. Wird dies nicht getan, so kann über den Zustand eines gelesenen Replikats wenig ausgesagt werden, außer, daß der gelesene Wert möglicherweise inkonsistent ist. Es kann nicht einmal zugesichert werden, daß der Wert, der gelesen wurde, in der resultierenden Serialisierungsordnung der Transaktionen eine Version des Objektes widerspiegelt. Um hier etwas mehr Anpassungsfähigkeit zu erreichen, bietet das Konzept der *Lazy Replication* die Möglichkeit, verschiedene Konsistenzgrade für Operationen zu spezifizieren ([LLS90a]). Dazu werden die Operationen auf replizierten Daten in unterschiedliche semantische Klassen aufgeteilt:

- kausale Operation (*Causal Operation*):
  Die Operation kann nur ausgeführt werden, wenn bestimmte andere Operationen zuvor bereits bearbeitet wurden.

- dringliche Operation (*Forced Operation*):
  Die Operation muß auf allen Replikaten relativ zu allen anderen dringlichen Operationen ausgeführt werden.

- sofortige Operation (*Immediate Operation*):
  Die Operation muß auf allen Replikaten in der gleichen Ordnung relativ zu allen anderen Operationen ausgeführt werden.

Mit Hilfe dieser zusätzlichen Spezifikation ist eine gewisse Kontrolle über den Konsistenzgrad möglich. Insbesondere ist gegenüber den beiden zuvor diskutierten Methoden auch eine Verschärfung der Konsistenzanforderungen möglich, wodurch das Konzept für ein breiteres Anwendungsspektrum nutzbar wird. Mit sofortigen Operationen läßt sich insbesondere auch ein konsistentes Lesen des aktuellen Wertes eines Objektes erreichen. Allerdings ist eine sofortige Operation sehr aufwendig, da sie nach wie vor eine vollständige Zusammenführung aller Replikate erfordert. Daraus folgt unmittelbar, daß die Verfügbarkeit für sofortige Operationen auch sehr gering ist.

4.4.9   Replikation in kommerziellen Datenbanksystemen

In den vorangegangen Abschnitten wurden vorwiegend Forschungsprojekte und allgemeine Konzepte zur Replikation mit abgeschwächter Konsistenz untersucht. Abschließend sollen nun auch die bereits in kommerziell verfügbaren Datenbanksystemen verwendeten Konzepte zur Datenreplikation behandelt werden. Die Untersuchungen beschränken sich dabei auf die momentan marktführenden relationalen Datenbanksysteme. Bereits an dieser Stelle kann darauf hingewiesen werden, daß viele der zuvor erörterten Konzepte sich hier bereits (z.T. in abgewandelter Form) wiederfinden. Dies zeigt den Trend hin zu adaptiven verteilten Systemen und zu schwach konsistenter Replikation. Im Rahmen einer vergleichenden Untersuchung kommerzieller Datenbanksysteme stellte Ute Ofer schon 1994 fest: *"Nur durch das Prinzip der Replikation ist es möglich, Datenbanklösungen zu entwickeln, die sich genau den Organisationsstrukturen und Arbeitsabläufen eines Unternehmens anpassen"* ([Ofe94]).

In den nachfolgenden Ausführungen werden zunächst die wichtigsten Techniken zur Replikation von Daten in relationalen Datenbanksystemen vorgestellt. Die folgenden Datenbanksysteme bzw. die zugehörigen Replikationswerkzeuge wurden dabei in die Untersuchungen mit einbezogen:

- ADABAS - Entire SQL ([Ofe94])
- DB2 ([Sta95])
- INGRES - CA-OpenIngres/Replicator ([Har95], [Ofe94], [Rah94])
- INFORMIX - Informix Descrete Data Replication, Informix Continuous Data Replication ([Inf96], [Ofe94], [Rah94])
- ORACLE - Symmetric Replication
  ([Del95], [Ofe94], [Ora95a], [Ora95b], [Rin95], [Sta95])
- SYBASE - Replication Server ([Moi95], [Ofe94], [Rin95], [Sta95])

Der Schwerpunkt der Untersuchungen besteht hier nicht darin herauszufinden, welcher Hersteller die besten Replikationsmechanismen bereitstellt. Vielmehr soll ein Überblick über den Stand der Technik bezüglich der Adaptierbarkeit kommerzieller Datenbanksysteme gegeben werden. An dieser Stelle soll jedoch bereits darauf hingewiesen werden, daß die Entwicklung auf diesem Gebiet sehr schnell voran schreitet, und daß zu erwarten ist, daß in den nächsten Jahren die verschiedenen Hersteller mit neuen flexibleren Replikationskonzepten die Adaptierbarkeit ihrer Produkte weiter steigern werden. Außerdem sind viele der aufgeführten Mechanismen bislang lediglich angekündigt und noch nicht produktreif.

Im wesentlichen können drei verschiedene Konfigurierungsvarianten unterschieden werden: Die *Master/Slave Replikation*, die *Peer-To-Peer Replikation* und die *Replikation mit dynamischem Änderungsrecht*. Die verschiedenen Konfigurierungsvarianten werden in Abbildung 4.8 überblicksartig dargestellt und den folgenden Ausführungen genauer erläutert.

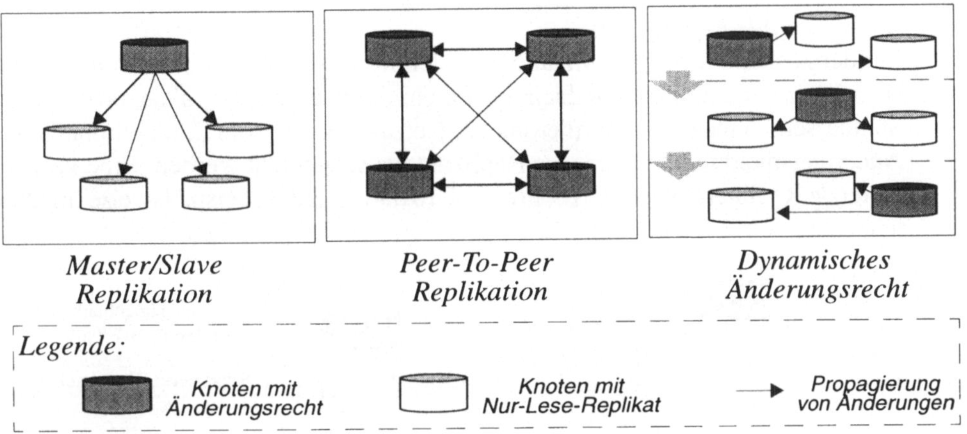

Abb. 4.8: Konfigurierungsvarianten relationaler Datenbanksysteme

4.4.9.1 Master/Slave Replikation

Alle untersuchten Datenbanksysteme erlauben eine Replikation nach dem Master/Slave-Prinzip. Das bedeutet, daß Änderungen nur an einem ausgezeichneten Knoten, dem *Master*, vorgenommen werden dürfen. Ein *Slave* ist ein passives Replikat, auf das nur lesend zugegriffen werden darf. Änderungen werden vom Master an den Slave propagiert.

Verschiedene Anbieter verfeinern die Master/Slave Replikation auf unterschiedliche Weise:

- *Partitionierung*:
  Die Datenbank wird partitioniert und für verschiedene Partitionen können jeweils unterschiedliche Knoten als Master definiert werden. Ein solches Szenario ist in Abbildung 4.9 dargestellt. Die Flexibilität dieses Konzepts ist um so größer, je feiner das Granulat der Partition gewählt werden kann. Beim Sybase Replication-Server und bei Informix (*Discrete Distributed Data Replication*) läßt sich die Master-Slave-Beziehung beispielsweise auf Tupelebene spezifizieren ([Moi95], [Ofe94]).

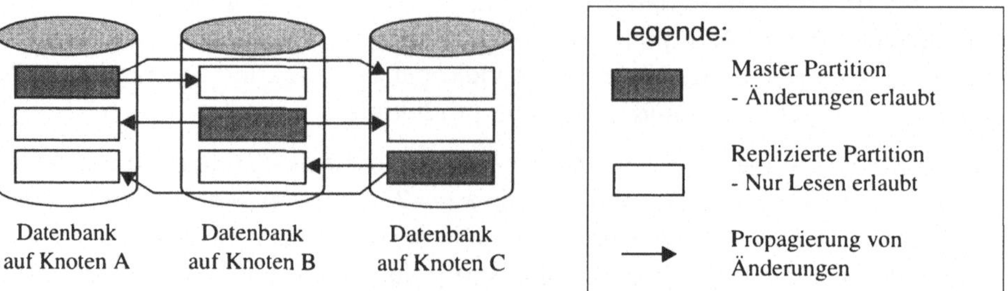

Abb. 4.9: Verfeinerte Master/Slave Replikation durch Partitionierung

- *Kaskadierende Replikation*:
  Bei der kaskadierenden Replikation werden nach wie vor alle Änderungen nur
  am Master vorgenommen, jedoch nicht mehr direkt an alle Replikate propagiert.
  Stattdessen können zur Optimierung der Netzauslastung vom Slave empfangene
  Änderungsmeldungen an andere Replikate weitergereicht werden. Eine kaskadierende Replikation wie in Abbildung 4.10 dargestellt ist beispielsweise im Datenbanksystem Ingres (Ingres-Replicator) konfigurierbar ([Har95]).

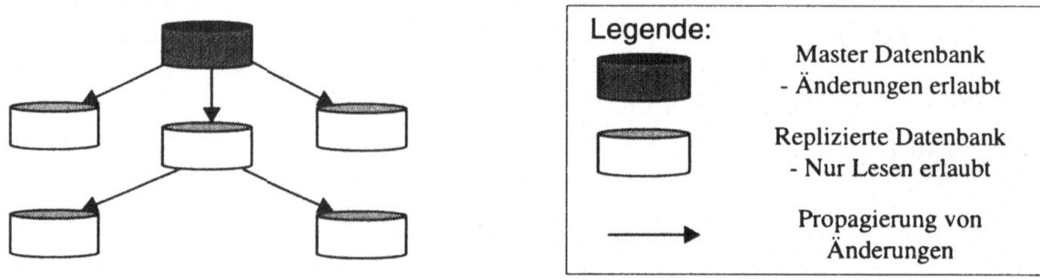

Abb. 4.10: Kaskadierende Master/Slave Replikation

Viele weitere Konfigurationsvarianten auf Basis der Master/Slave Replikation werden
von den verschiedenen Herstellern unterstützt. Ein Beispiel dazu ist die sog. *Konsoli-
dierung*, bei der viele Knoten jeweils Master für eine lokale Partition sind und alle Änderungen an einen zentralen Knoten propagiert werden, auf dem nur gelesen werden
kann ([Har95], [Moi95], [Inf96], [Del95]). Es handelt sich hierbei jedoch lediglich um
Abwandlungen der bereits erörterten Konfigurationsvarianten, die konzeptionell keine
Neuerungen bringen. Charakteristisch für die Master/Slave Replikation bleibt, daß nur
der Master verändert werden darf. Unter dem Stichwort *Primärkopie* wurde das zugrundeliegende Konzept bereits mehrfach in dieser Arbeit erwähnt.

4.4.9.2   Peer-To-Peer Replikation

Bei der Peer-To-Peer Replikation sind Änderungen prinzipiell an allen Replikaten
zulässig. Bei gleichzeitiger asynchroner Propagierung von Änderungen sind somit
Änderungskonflikte, wie sie in Abschnitt 4.4.8 beschrieben wurden, vorprogram-
miert. Aus diesem Grund müssen Maßnahmen zur Zusammenführung divergieren-

der Replikate vorgesehen werden. Dazu ist zunächst einmal ein Mechanismus erforderlich, der Änderungskonflikte erkennt. Bei Oracle beispielsweise wird zu diesem Zweck im Rahmen einer Änderungsnachricht nicht nur der neue Zustand eines Tupels, sondern auch der alte Zustand (*Before Image*) verschickt. Falls beim Empfänger einer solchen Nachricht das Before Image nicht mit dem lokalen Datenbankzustand übereinstimmt, wurde ein Änderungskonflikt entdeckt ([Sta95], [Ora95b]). Da nicht auszuschließen ist, daß im Konfliktfall nachfolgende Transaktionen bereits fehlerhafte Ergebnisse gelesen haben und darauf auch aufbauen, kann eine allgemein anwendbare Methode zur Konfliktauflösung nicht immer angegeben werden. Vielmehr müssen in solchen Fällen Mittel zu einer geeigneten manuellen Fehlerbehandlung vorgesehen werden. In bestimmten Anwendungsumgebungen kann jedoch eine automatische Zusammenführung erfolgen. Als Beispiele zur automatischen Zusammenführung werden meist zwei verschiedene Strategien aufgeführt:

- Bestimmung der "überlebenden" Änderung bei konfligierenden Änderungen (z.B. Änderung mit dem größten Zeitstempel, Änderung mit dem niedrigsten Zeitstempel, Änderung mit höchster Benutzer-Priorität, Änderung mit höchster Knoten-Priorität oder anderes benutzerdefiniertes Kriterium).

- Berechnung eines resultierenden Wertes aus allen beteiligten Änderungen. Hierzu sind in der Regel spezifisch für die jeweilige Anwendungssituation vom Benutzer entsprechende Routinen zu programmieren ([Ora95a]).

Peer-To-Peer Replikation wird nach [Ofe94] bereits von Informix, Ingres und Oracle angeboten. Sybase dagegen verzichtet bislang bewußt auf diese Konfigurierungsvariante ([Sta95]). Das Lesen des aktuellen Wertes eines Objektes kann bei der Peer-To-Peer Konfiguration nicht garantiert werden, da nie auszuschließen ist, daß das gelesene Objekt bereits an einem anderen Knoten modifiziert wurde. Durch die Zusammenführung von Änderungen kann es notwendig werden, bestimmte Änderungen rückgängig zu machen, wodurch die Dauerhaftigkeit von Transaktionen verletzt wird. Die Peer-To-Peer Replikation ist somit ungeeignet für solche Anwendungen, die ein Rücksetzen ihrer Änderungen nicht tolerieren können (z.B. Buchungssysteme). Für solche Anwendungen ist in jedem Fall ein synchroner Zugriff auf einen aktuellen Datenwert erforderlich. Dennoch kann es auch in solchen Szenarien erforderlich sein, konkurrierende Änderungen auf verschiedenen Knoten zuzulassen. Sybase ermöglicht daher im Zusammenhang mit der Master/Slave Replikation auch eine Aktualisierung auf dem Slave-Knoten. Dabei werden zwei verschiedene Techniken unterschieden: Entweder wird im Rahmen einer verteilten Transaktion die Aktualisierung beim Master synchron veranlaßt oder eine Aktualisierungsprozedur wird asynchron an den Master geschickt. Im asynchronen Fall kommen die Änderungen auf dem normalen Propagierungsweg zum Replikat zurück. Da die Änderungstransaktion im Fall, daß sie zurückgesetzt werden muß, beim Master in eine Warteschlange eingereiht wird, ist gegebenenfalls eine manuelle Korrektur erforderlich ([Sta95]).

4.4.9.3 Dynamisches Änderungsrecht

Mit der Möglichkeit, das verteilte System so zu konfigurieren, daß das Änderungsrecht dynamisch von einem Knoten zu einem anderen Knoten weitergereicht werden kann, wird insbesondere für das Datenbanksystem Oracle geworben ([Del95], [Ora95a], [Ora95b]). Auch Informix erlaubt laut [Inf96] bereits diese Konfigurierungsvariante. Im folgenden soll nun die von Oracle angebotene Konfigurierung mit dynamischem Änderungsrecht genauer untersucht werden.

Der von Oracle angebotene Mechanismus basiert auf einer Peer-To-Peer Replikation mit asynchroner Änderungspropagierung, wie sie zuvor bereits beschrieben wurde. Statt jedoch Änderungskonflikte nachträglich zu behandeln wird hier versucht, Änderungskonflikte zu vermeiden, indem ein Änderungsrecht eingeräumt wird, das dynamisch weitergereicht werden kann. Dies wird ermöglicht, indem für jedes Tupel in einer Tabelle der momentane Eigentümer (*Owner*) durch ein Prädikat festgelegt wird, das auf dem Tupel definiert ist. Um Änderungskonflikte zu vermeiden, müssen dabei folgende Bedingungen eingehalten werden:

- Nur der Eigentümer eines Tupels, darf dieses Tupel verändern.
- Zu einem Zeitpunkt darf es höchstens einen Eigentümer geben.
- Die eindeutige Reihenfolge von Änderungsoperationen muß an jedem Knoten rekonstruierbar sein.

Diese Eigenschaften müssen von der Datenbankanwendung sichergestellt werden ([Ora95b]). Das bedeutet, daß bestehende Anwendungen nicht ohne entsprechende Modifikationen in eine Datenbankkonfiguration mit dynamischem Änderungsrecht eingebettet werden können. Zur Unterstützung von Workflows ist jedoch, wie in Abschnitt 4.3 beschrieben, genau die transparente Einbindung bestehender Applikationen in verteilte Abläufe, sowie eine darauf abgestimmte Datenbereitstellung eine grundlegende Forderung. Die Einbettung einer Anwendung auf der Basis des hier beschriebenen dynamischen Änderungsrechts würde jedoch zumindest die Implementierung einer Zusatzschicht erfordern.

Das Änderungsrecht für ein bestimmtes Tupel ist abhängig vom Wert dieses Tupels. Da die Zugriffsanforderungen auf ein Datenobjekt sich in realen verteilten Anwendungen aber durchaus auch unabhängig vom Wert eines Objektes dynamisch ändern können, müssen im allgemeinen die Relationen, die die Nutzdaten enthalten, um zusätzliche Attribute erweitert werden. In [Ora95b] wird dazu vorgeschlagen, ein zusätzliches Attribut OWNER einzuführen, in welchem der momentane Eigentümer eines Tupels geführt wird, sowie ein Attribut EPOCH, das einen Zähler enthält, der mit jeder Änderung des Eigentümers zu inkrementieren ist. Mit Hilfe des Attributs EPOCH können Ordnungskonflikte an jedem Knoten im verteilten System gelöst werden.

Auf der Basis des so eingeführten dynamischen Änderungsrechts können nun wiederum verschiedene Strategien zur Vermeidung von Änderungskonflikten aufsetzen. Als Beispiel werden dazu nachfolgend zwei unterschiedliche Strategien beschrieben. Die Strategien unterscheiden sich jeweils in der Art, wie das Änderungsrecht von einem zu einem anderen Knoten weitergereicht wird.

- *Explizite Festlegung des nachfolgenden Eigentümers*:
  Der Eigentümer eines Tupels bleibt solange Eigentümer bis er selbst das Änderungsrecht explizit an einen anderen Knoten weitergibt. Ein Knoten, der nicht Eigentümer ist, kann das Änderungsrecht nicht anfordern.[2]

- *Token Passing*:
  In [Ora95b] wird beschrieben, wie mit Hilfe der Attribute OWNER und EPOCH ein *Token Passing* Algorithmus implementiert werden kann. Ein Knoten, der das Änderungsrecht für ein bestimmtes Tupel erhalten möchte, sendet dazu eine Anfrage an alle anderen Knoten. Sofern alle Knoten eine Bestätigung zurückschicken, kann das *Token* übernommen werden. Dazu wird das OWNER-Attribut entsprechend modifiziert und das EPOCH-Attribut inkrementiert. Erneut ist festzuhalten, daß der Algorithmus zur Token-Übernahme in der Datenbankanwendung zu programmieren ist.

Die Einführung eines dynamischen Änderungsrechts ist sicherlich eine Möglichkeit, die Anpaßbarkeit einer verteilten Datenverwaltung an die Anwendungserfordernisse erheblich zu steigern. Der hier vorgestellte Mechanismus ist jedoch leider in seiner Anwendbarkeit sehr stark eingeschränkt, da die erforderliche Anwendungssynchronisation praktisch in der Datenbankanwendung programmiert werden muß und darüber hinaus das Änderungsrecht an den Werten der Anwendungsdaten festgemacht wird. Auf dieser Grundlage ist ein dynamisches Änderungsrecht in jedem Datenbanksystem möglich, das eine Peer-To-Peer Konfiguration anbietet, wie sie zuvor beschrieben wurde. Wünschenswert wäre jedoch eine Konfigurierung, die ein dynamisches Änderungsrecht unabhängig von den Anwendungsdaten spezifizierbar macht und die transparente Einbettung von Datenbankanwendungen zuläßt. Dies wird aber leider zur Zeit noch von keinem Datenbankhersteller angeboten. In [DGD95] wird eine entsprechende SQL-Erweiterung vorgeschlagen, die eine deklarative Spezifikation eines dynamischen Änderungsrechts (ownership) erlaubt. Dazu wird die Datenbank in disjunkte Fragmente aufgeteilt, die Gegenstand der Replikation sind. Eine prototypische Implementierung auf der Basis von Sybase erlaubt eine dynamische Konfigurierung des Änderungsrechts je nach Anwendungsanforderungen. Dazu übersetzt ein Compiler die entsprechenden SQL-Erweiterungen in Datenbank-Trigger. Der von Sybase angebotene Replikationsmechanismus wird dabei nicht ausgenutzt.

---

2. In [Ora95b], [Del95] und anderen Publikationen wird diese Vorgehensweise fälschlich als *Workflow* bezeichnet. Es handelt sich jedoch bestenfalls um eine Technik der verteilten Datenverwaltung, die geeignet erscheint speziell sequentielle Workflows zu unterstützen.

4.4.9.4   Propagierungstechniken

Unterschiede ergeben sich nicht nur bezüglich der möglichen Konfigurierungsvarianten, sondern auch hinsichtlich der Art der Propagierung von Änderungen. Eine automatische synchrone Propagierung von Änderungen ist nur beim Datenbanksystem Adabas ([Ofe94]) vorgesehen. Zur Steigerung der Flexibilität plant jedoch auch Adabas die Einführung eines Snapshot Mechanismus. Die meisten anderen Systeme ermöglichen eine synchrone Propagierung von Änderungen nur durch explizite Spezifikation entsprechender Trigger ([Ora95a], [Ofe94]). Eine asynchrone Propagierung wird von den meisten Herstellern bevorzugt, um die Verfügbarkeit der Teilsysteme zu erhöhen und die Performanz zu verbessern. So bauen auch die verwendeten Replikationswerkzeuge auf den Techniken zur asynchronen Änderungspropagierung auf. Um die gesteigerte Knotenautonomie zu betonen, spricht man häufig auch von *Store-And-Forward* Propagierung. Dadurch soll zum Ausdruck gebracht werden, daß Änderungsnachrichten nach der Freigabe der ändernden Transaktion persistent zwischengespeichert werden, so daß sie im Fehlerfall auch zu einem späteren Zeitpunkt verschickt werden können. Dabei gibt es durchaus unterschiedliche Techniken zur Realisierung dieser asynchronen Propagierung von Änderungen. Eine Unterscheidungsmöglichkeit richtet sich beispielsweise danach, ob die Propagierung vom Sender oder vom Empfänger veranlaßt wird. Die vom Sender veranlaßte Propagierung wird häufig auch als *Push*-Methode bezeichnet. Analog dazu bezeichnet man die vom Empfänger veranlaßte Propagierung als *Pull*-Methode. Bei der Push-Methode wird die Propagierung in der Regel unmittelbar durch die Freigabe der ändernden Transaktion angestoßen (z.B. bei Sybase - [Sta95], [Rin95]), während bei der Pull-Methode (auch: *Replication on demand*) typischerweise periodische oder benutzerdefinierte Ereignisse eine Propagierungsanfrage von Seiten des Replikats veranlassen (z.B. bei DB2 - [Sta95]). Die Pull-Methode wird üblicherweise auch als Snapshot-Replikation bezeichnet, die bereits an anderer Stelle in dieser Arbeit erläutert wurde. Im Datenbanksystem Oracle sind beide Varianten konfigurierbar ([Ora95a], [Ora95b]). Nach [Rah94] bietet Ingres ebenfalls beide Möglichkeiten an. Speziell bei der sofortigen Propagierung (*Push*) unterscheidet man gemäß [Whi94] und [Ofe94] weiterhin zwei grundsätzlich verschiedene Techniken zur Implementierung:

- *Triggerbasierte Propagierung:*
  Triggerbasierte Propagierung wird beispielsweise in den Datenbanksystemen Ingres und Oracle verwendet ([Ofe94]). Bei dieser Methode werden die Prozeduren zur Propagierung von Änderungen durch Datenbank-Trigger angestoßen. Da diese Prozeduren innerhalb des gleichen Prozesses wie die auslösende Transaktion ablaufen, haben sie einen direkten Einfluß auf die Performanz von Änderungstransaktionen.

- *Logbasierte Propagierung:*
  Bei der logbasierten Änderungspropagierung wird die interne Protokollinformation des Datenbanksystems, in welcher Änderungen ohnehin vom Datenbanksystem eingetragen werden, von einem separaten Datenbankprozeß ausgewertet. Wird bei dieser Auswertung festgestellt, daß Daten modifiziert wurden, die an einem anderen Knoten repliziert sind, so werden einfach die entsprechenden Protokolldaten ausgelesen und an diesen Knoten propagiert. Eine logbasierte Propagierung liegt beispielsweise den Replication-Servern von Sybase ([Moi95], [Ofe94]) und Informix ([Ofe94]) zugrunde.

Da die Protokolldatei von einem separaten Prozeß asynchron ausgewertet wird, ist die Performanz der logbasierten Propagierung sicherlich besser als bei einer triggerbasierten Propagierung. Andererseits ist die Implementierung einer logbasierten Propagierung aufwendiger, da im Rahmen des Replikationswerkzeugs zusätzliche Puffer gegen Ausfall zu sichern sind. Außerdem können zusätzliche Kohärenzprobleme zwischen Datenbank und Replikationswerkzeug auftreten ([Ofe94]). Ein weiterer Nachteil der logbasierten Propagierung ist die schwierigere Integration mit heterogenen Datenhaltungskomponenten. Das liegt daran, daß bei der logbasierten Methode das interne Protokollformat eines bestimmten Herstellers propagiert wird, während bei der triggerbasierten Propagierung mit den Datenbank-Triggern eine vom Benutzer zugängliche Schnittstelle verwendet wird.

Die möglichen Konfigurierungsvarianten und die bei den verschiedenen Herstellern verwendete Propagierungstechnik werden in Tabelle 4.3 gegenübergestellt.

Hersteller	Adabas	DB2	Ingres	Informix	Oracle	Sybase
Master/Slave	✓	✓	✓	✓	✓	✓
Peer-To-Peer	--	--	✓	✓	✓	--
Dynamisches Änderungsrecht	--	--	In der Anwendung zu programmieren	in der Anwendung zu programmieren	in der Anwendung zu programmieren	--
Synchrone Propagierung	Automatisch	Trigger	Trigger	Trigger	Trigger	Trigger
Asynchrone Propagierung: - Push-Methode	--	--	Trigger-basiert	Log-basiert	Trigger-basiert	Log-basiert
- Pull-Methode (Snapshot)	Geplant	✓	✓	--	✓	--

Tab. 4.3: Vergleich von Replikationswerkzeugen kommerzieller Datenbankhersteller

Obwohl von allen Herstellern übereinstimmend bezeugt wird, daß in bestimmten Anwendungsszenarien eine synchrone Replikation nach wie vor erforderlich ist, sind die bereitgestellten Mechanismen zur synchronen Replikation sehr unflexibel. Ein synchroner Zugriff auf ein aktuelles Replikat ist zwar prinzipiell von jedem Knoten aus möglich, aber dazu muß erst einmal bekannt sein, wo sich die aktuelle Version eines Datums befindet. Dies ist nur bei statischer Master/Slave Replikation der Fall. Anwendungsszenarien wie sie in Abbildung 4.4 oder Abbildung 4.3 dargestellt werden, können auf der Basis dieser Konfiguration aber nur unzureichend unterstützt werden, weil die Synchronisation mit einer statischen Primärkopie nicht die erwünschte Zugriffslokalität erlaubt. Die Einführung einer Konfiguration mit dynamischem Änderungsrecht ermöglicht zwar eine größere Flexibilität und eine erhöhte Anpaßbarkeit an verschiedene Anwendungserfordernisse, weist jedoch auch etliche schwerwiegende Nachteile auf. Besonders negativ ist zu werten, daß zur Implementierung bestimmter Konfigurationen mit dynamischem Änderungsrecht die Datenbankanwendungen verändert werden müssen ([Del95]). Unvorteilhaft ist ebenfalls, daß die Benutzertabellen zur Einführung des dynamischen Änderungsrechts gegebenenfalls verändert werden müssen, was möglicherweise ebenfalls einen Eingriff in bestehende Anwendungsprogramme erforderlich machen könnte.

Neben den in diesem Abschnitt diskutierten Replikationsmechanismen verschiedener Datenbankhersteller haben sich mittlerweile auch eine Reihe von Firmen auf Werkzeuge spezialisiert, die eine Replikation über heterogene Plattformen hinweg erlauben. Dabei werden typischerweise Datenbanken unterschiedlicher Hersteller als Komponenten integriert. Da die Konfigurierungsvarianten aber bislang nicht über die bereits diskutierten Mechanismen hinausgehen, werden diese Systeme hier nicht mehr weiter betrachtet.

4.5 Klassifikation und Bewertung

Die oben beschriebenen Ansätze zur anwendungsbezogenen Replikatverwaltung sind nur sehr schwer vergleichbar, da bei ihrer Entwicklung meist von unterschiedlichen Randbedingungen und Voraussetzungen ausgegangen wurde. Aus diesem Grunde wurden die Stärken und Schwächen der verschiedenen Verfahren bereits im vorangegangenen Abschnitt jeweils weitgehend genannt. Dennoch soll an dieser Stelle der Versuch unternommen werden, die verschiedenen Ansätze zu kategorisieren. Diese Kategorisierung soll zum einen dazu dienen, auch solche Ansätze einordnen zu können, die nicht im einzelnen hier behandelt wurden. Zum anderen sollen gewisse Abhängigkeiten zwischen verschiedenen Designentscheidungen aufgedeckt werden, die zum Teil schon in den vorangegangenen Abschnitten angedeutet wurden.

4.5.1   Ansätze ohne Konsistenzspezifikation

In den klassischen verteilten Datenbanksystemen, die auf dem Ubiquitätsprinzip aufbauen, ist keine Spezifikation von Konsistenzanforderungen erforderlich, da alle Daten immer in maximaler Aktualität und Konsistenz bereitgestellt werden. Soll diese strenge Konsistenzsicherung aus Effizienzgründen abgeschwächt werden, so ist entweder eine anwendungsorientierte Spezifikation der zu gewährleistenden Konsistenzanforderungen nötig oder aber das verteilte Datenverwaltungssystem wird von vorneherein nur zur Unterstützung einer bestimmten Anwendungsklasse ausgelegt, die den Zugriff auf schwach konsistente Daten tolerieren. Ein Beispiel dafür bietet die verteilte Literaturdatenbank refdbms ([GL91], [GL93], [Gol92a]). Das zugrundeliegende Verfahren zur Verwaltung von Replikaten basiert auf dem Gruppenkommunikationsprotokoll TSAE (Abschnitt 4.4.8). Eine Spezifikation von Konsistenzanforderungen ist nicht erforderlich. Dafür können aber auch nur solche Anwendungen auf der Basis von TSAE betrieben werden, für die der durch TSAE gewährleistete Konsistenzgrad ausreicht. Ein verteiltes Datenverwaltungssystem bei dem unabhängige Änderungen grundsätzlich zulässig sind und Änderungsnachrichten sich asynchron und epidemisch ausbreiten, kann naturgemäß nicht gewährleisten, daß beim Zugriff auf ein Objekt der aktuelle Wert dieses Objektes geliefert wird. Applikationen, die eine derartige Anforderung haben, können somit nicht auf der Basis eines solchen verteilten Datenverwaltungssystems betrieben werden.

4.5.2   Datenorientierte vs. ablauforientierte Ansätze

Datenorientierte Ansätze knüpfen die Konsistenzanforderungen an die Daten bzw. an bestimmte Replikate. Bei ablauforientierten Ansätzen dagegen werden die Konsistenzanforderungen unabhängig von bestimmten Replikaten auf Ablaufeinheiten (Transaktionen oder Operationen) bezogen. Beide Ansätze haben ihre Vor- und Nachteile, die im folgenden kurz erläutert werden.

Als Beispiele für eine datenorientierte Konsistenzspezifikation können alle Verfahren genannt werden, die ein schwach konsistentes Replikat definieren, indem es zu einer Primärkopie in Beziehung gesetzt wird. Dazu gehören Snapshots (Abschnitt 4.4.2) und Quasi-Kopien (Abschnitt 4.4.3). Ein weiterer Ansatz, bei dem ebenfalls Replikate zu einer Primärkopie in Beziehung gesetzt werden, wird in [GN95] und [GKN94] beschrieben. Hier werden, wie bei Quasi-Kopien, Kohärenzprädikate für Replikate spezifiziert. Zur Beurteilung der Vorgehensweise werden in [GN95] sieben verschiedene Klassen von Kohärenzprädikaten aufgeführt, für die jeweils ein Kohärenzindex definiert wird. Mit Hilfe dieses Index können Performanzabschätzungen gemacht werden, welche die Vorteile einer Abschwächung von Konsistenzanforderungen verdeutlichen.

Neben den Verfahren mit definierter Primärkopie sind auch alle Ansätze, die Beziehungen zwischen je zwei gleichberechtigten Replikaten spezifizieren, zu den datenorientierten Verfahren zu rechnen. In diese Kategorie fallen Identity Connections (Abschnitt

4.4.4), D^3 (Abschnitt 4.4.5) und die Propagierungsregeln des DDMS (Abschnitt 4.4.6). In Abbildung 4.11 werden die genannten Verfahren dargestellt.

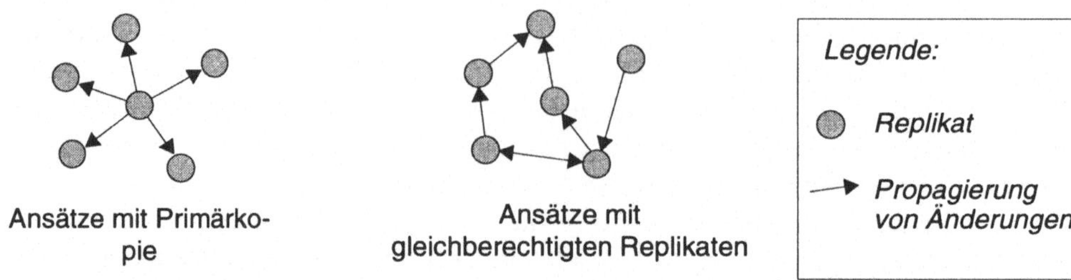

Abb. 4.11: Datenorientierte Spezifikation von Konsistenzanforderungen

Als Vorteil der datenorientierten Verfahren ist besonders hervorzuheben, daß durch die explizite Kopplung von Konsistenzanforderungen an bestimmte Replikate, der Synchronisationsaufwand für diese Replikate direkt reduziert werden kann. Bestes Beispiel dafür ist der Snapshot-Mechanismus: Zur Synchronisation der Transaktionen, die auf die Primärkopie zugreifen, müssen Snapshots in keiner Weise berücksichtigt werden. Ein Nachteil des Snapshot-Mechanismus und aller anderen Ansätze mit Primärkopie ist jedoch die mangelnde Anpaßbarkeit an wechselnde Anwendungsanforderungen und vor allem die fehlende Dynamik. Wenn, wie in Abschnitt 4.3 beschrieben, ein Datum zu verschiedenen Zeiten an jeweils unterschiedlichen Knoten modifiziert werden soll, dann ist die Lokalität der Primary-Copy Methode gering, da alle Änderungen stets an der gleichen Kopie vorzunehmen sind. Überdies entsteht durch die Primärkopie leicht ein Engpaß, der zu Performanzeinbußen führen kann. Dies wird bei den Ansätzen mit gleichberechtigten Replikaten behoben. Alle hier vorgestellten datenorientierten Methoden mit gleichberechtigten Replikaten basieren auf einer *expliziten paarweisen Kopplung von Replikaten*. Die Nachteile dieser Technik wurden bereits in Abschnitt 4.4.6 dargelegt und werden an dieser Stelle nocheinmal zusammengefaßt:

- *Globale Systemsicht*
  Zur Spezifikation der Konsistenzanforderungen ist eine globale Systemsicht erforderlich. Das bedeutet, daß Konsistenzanforderungen ganzheitlich für ein verteiltes System unter expliziter Berücksichtigung der Datenverteilung und der vorhandenen Replikate spezifiziert werden ([LKR94]).

- *Keine automatische Konvergenzsicherung*
  Eine Spezifikation, die das Anwendungsverhalten fehlerhaft modelliert, kann zu divergierenden Replikaten führen ([LKR94]).

- *Mangelnde Fehlertoleranz*
  Durch den zeitweisen Ausfall einzelner Replikate oder Kommunikationsverbindungen können ebenfalls Situationen entstehen, bei denen die Konvergenz nicht mehr gewährleistet ist und manuelle Eingriffe zur Fehlerbehandlung erforderlich werden ([Ste94]).

- *Hoher Spezifikationsaufwand*
  Wie in Abschnitt 4.4.6 aufgezeigt wurde, ist der Spezifikationsaufwand beträchtlich, wenn komplexe Abläufe mit sich dynamisch ändernden Lokalitätsanforderungen unterstützt werden sollen. Wenn unabhängige Abläufe, die konkurrierend auf gemeinsame Daten zugreifen, unterstützt werden sollen, ist die Methode ungeeignet.

Der hohe Spezifikationsaufwand wird wesentlich durch die erforderliche globale Systemsicht bedingt. Einfacher wäre die Spezifikation von Konsistenzanforderungen, wenn sie analog zu Snapshots und Quasi-Kopien auf einzelne Replikate beschränkt bleibt oder auf Ablaufeinheiten beschränkt werden kann.

Beispiele für *ablauforientierte* Ansätze sind Epsilon-Transaktionen (Abschnitt 4.4.7) und Lazy Replication (Abschnitt 4.4.8). Bei beiden Methoden werden Konsistenzanforderungen unabhängig von den Replikaten, auf die tatsächlich zugegriffen wird, an Ablaufeinheiten geknüpft. Der Vorteil dieser Methode ist die unmittelbare Anpassung der Spezifikation an sich dynamisch ändernde Anwendungsanforderungen. Ein Nachteil gegenüber den datenorientierten Verfahren ist, daß die Möglichkeiten zur Optimierung der Synchronisation beim Zugriff auf replizierte Daten vergleichsweise gering sind. Das liegt daran, daß bei den ablauforientierten Ansätzen die Anforderungen an die Konsistenz einzelner Replikate nicht unmittelbar spezifiziert werden, sondern daß beim Zugriff auf replizierte Daten prinzipiell erst einmal alle Replikate mit in die Synchronisation einbezogen werden müssen.

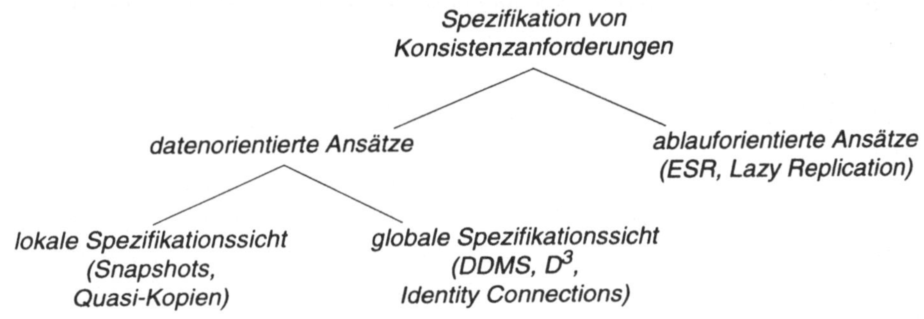

Abb. 4.12: Methoden zur Spezifikation von Konsistenzanforderungen

In Abbildung 4.12 werden die verschiedenen Methoden zur Spezifikation von Konsistenzanforderungen in einer Übersicht dargestellt. Zusammenfassend können vorgestellten Techniken zur Konsistenzspezifikation wie folgt beurteilt werden:

- Die datenorientierten Ansätze, bei denen Replikate zu einer Primärkopie in Bezug gesetzt werden, erlauben zwar eine drastische Verringerung des Synchronisationsaufwands für replizierte Daten, sind aber nur schlecht anpaßbar an wechselnde Lokalitätsanforderungen.

- Die datenorientierten Ansätze mit gleichberechtigten Replikaten, bei denen zwischen je zwei Replikaten Beziehungen spezifiziert sind, erlauben auf der einen Seite eine Anpassung an wechselnde Lokalitätsanforderungen, gewährleisten auf der anderen Seite jedoch keine automatische Konvergenz und erfordern eine globale Systemübersicht.

- Ablauforientierte Ansätze erlauben ebenfalls eine gute Anpassung an wechselnde Konsistenzanforderungen. Werden die Konsistenzanforderungen jedoch nicht auf konkrete Replikate bezogen, sondern unabhängig von der Datenverteilung spezifiziert, so ist der Optimierungseffekt bezüglich der Synchronisation replizierter Daten gering.

4.5.3   Techniken zur Aktualisierung von Replikaten

Bei der Aktualisierung von Replikaten ist zunächst grundsätzlich die synchrone von der asynchronen Aktualisierung zu unterscheiden. Eine synchrone Aktualisierung findet im Rahmen der ursprünglichen ändernden Transaktion statt, während eine asynchrone Aktualisierung in eine eigenständige Transaktion eingebettet wird. Wie bereits in Abschnitt 4.4.9 beschrieben wurde, kann bei der asynchronen Aktualisierung weiter dahingehend unterschieden werden, ob die Propagierung der Änderung unmittelbar durch die ändernde Transaktion angestoßen wird (sofortige Propagierung oder Push-Methode) oder zu einem späteren Zeitpunkt erfolgt (verzögerte Propagierung). Implementierungsvarianten für eine sofortige Propagierung wurden bereits unter Abschnitt 4.4.9 diskutiert und sollen deshalb hier nicht weiter vertieft werden. Die verschiedenen Variationen zur verzögerten Propagierung von Änderungen werden im folgenden zusammengefaßt.

Die meisten der unter Abschnitt 4.4 vorgestellten Konzepte, die eine verzögerte Propagierung von Änderungen erlauben, basieren im wesentlichen auf Triggermechanismen. Dabei wird die Aktualisierung eines veralteten Replikats durch das Eintreten eines spezifizierten Ereignisses veranlaßt. Diese Form der Aktualisierung soll daher hier als *ereignisorientierte Aktualisierung* bezeichnet werden. Über die Art des auslösenden Ereignisses wird bei dieser Klassifizierung noch keine Aussage getroffen. Die Anpaßbarkeit an die Erfordernisse der Anwendungen hängt bei der ereignisorientierten Aktualisierung sehr stark von der Vielfalt der spezifizierbaren Ereignisse ab.

Im Bereich der *aktiven Datenbanksysteme* wurde auf dem Gebiet der Ereignisspezifikation bereits sehr viel geleistet ([GD93], [GGD94], [GJS92], [KLS94b], [RW93]). In [KLS94b] sowie in [RW93] werden die begrifflichen und logischen Grundlagen des Ereignisbegriffs im Zusammenhang mit ECA-Regeln erarbeitet. Eine ECA-Regel besteht aus einem Ereignis (E), einer Bedingung (C) und einer Aktion (A). Bei Eintreten des Ereignisses E (Zeitbezug) wird die Aktion A ausgeführt, falls die Bedingung C (Sachbezug) erfüllt ist ([RW93]). Im Zusammenhang mit der verzögerten Aktualisierung von Replikaten interessiert an dieser Stelle vor allem der Zeitbezug. Dabei ist fest-

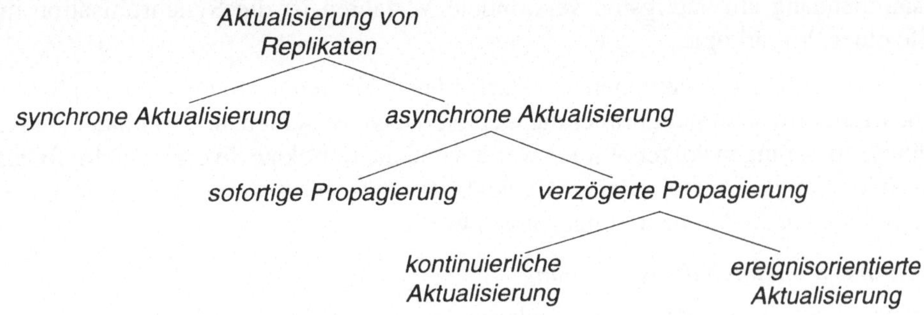

Abb. 4.13: Techniken zur Propagierung von Änderungen

zuhalten, daß ein Ereignis im Sinne der ECA-Regeln stets einen Zeitpunkt definiert. Um diesen Zeitpunkt möglichst flexibel an die Erfordernisse der Anwendungen anzupassen, ist es sinnvoll, die Spezifikation unterschiedlicher Typen von Ereignissen zu ermöglichen. In [GD93] wird eine Ereignissprache vorgestellt, die neben der Spezifikation unterschiedlicher Elementarereignisse insbesondere auch die Modellierung komplexer Umweltsituationen durch zusammengesetzte Ereignisse ermöglicht. In den nachfolgenden Kapiteln wird die Spezifikation von Ereignissen (Abschnitt 5.5) und die ereignisorientierte Aktualisierung von Replikaten (Abschnitt 6.3) noch weiter vertieft.

Als Gegensatz zur ereignisorientierten Aktualisierung ist die *kontinuierliche Aktualisierung* zu sehen. Hierbei gibt es kein Ereignis, das eine Aktualisierung auslöst. Ein veraltetes Replikat muß auch nicht unbedingt auf den aktuellen Stand gebracht werden, sondern es reicht aus, einen definierten Abstand dauerhaft (kontinuierlich) sicherzustellen. Analog zur ereignisorientierten Aktualisierung wird auch bei der kontinuierlichen Aktualisierung die Anpaßbarkeit an die Erfordernisse der Anwendungen erhöht, wenn verschiedene Abstandstypen spezifizierbar sind. Das Konzept der Quasi-Kopien (Abschnitt 4.4.3) und die in diesem Zusammenhang bereits aufgeführten Abstandstypen können als Beispiel für die kontinuierliche Aktualisierung herangezogen werden.

In Abbildung 4.13 werden die beschriebenen Techniken zur Aktualisierung von Replikaten zusammenfassend dargestellt.

4.5.4   Techniken zur Behandlung konfligierender Änderungen

Maßnahmen zur Behandlung von Änderungstransaktionen sind erforderlich, um die Konvergenz von Replikaten zu gewährleisten. Im Rahmen der verschiedenen Verfahren, die bisher diskutiert wurden, wurde dieses Problem auf unterschiedlichste Weise gehandhabt. Die verschiedenen Techniken zur Handhabung konfligierender Änderungen sollen in diesem Abschnitt klassifiziert und bewertet werden.

Die klassische Methode zur Behandlung von Änderungskonflikten ist natürlich die Serialisierung von Änderungstransaktionen. Das bei replizierten Daten in diesem

Zusammenhang am häufigsten verwendete Verfahren ist die Synchronisation mit Hilfe einer Primärkopie.

Werden Änderungstransaktionen an verschiedenen Knoten in einem verteilten System nicht serialisiert, so besteht immer die Gefahr, daß an verschiedenen Replikaten unkoordiniert Änderungen vorgenommen werden und die Replikate divergieren. Im folgenden sollen nun drei verschiedene Möglichkeiten aufgeführt werden, wie mit solchen unkoordinierten Änderungen umgegangen werden kann.

Synchronisation durch die Anwendung

Eine Möglichkeit, unkoordinierte Änderungen zu vermeiden, besteht darin, die Synchronisation von Änderungen der Anwendung zu überlassen. Das kann beispielsweise durch eine Absprache unter allen Benutzern in einem verteilten Anwendungssystem oder durch Synchronisationsmechanismen erfolgen, die in den Teilanwendungen eines verteilten Anwendungssystems implementiert sind. Bei diesen Methoden hat das Datenverwaltungssystem allerdings (speziell im Fehlerfall) keine Möglichkeit die Konvergenz zu gewährleisten. Entsprechende Maßnahmen müssen somit ebenfalls von der Anwendungsseite berücksichtigt werden. Als Beispiel für ein Verfahren, bei dem davon ausgegangen wird, daß Änderungskonflikte vollständig durch die Anwendung vermieden werden, können die Identity Connections genannt werden, die in Abschnitt 4.4.4 erläutert wurden.

Konflikterkennung und Zusammenführung

Eine andere Möglichkeit zur Handhabung von unkoordinierten Änderungen basiert ebenfalls auf der Ausnutzung von Anwendungssemantik, verlagert jedoch die Konfliktbehandlung nicht völlig in den Zuständigkeitsbereich der Anwendung. Gemeint ist die Bereitstellung von Mechanismen zur Erkennung von Änderungskonflikten sowie die automatische Aktivierung anwendungsbezogener Zusammenführungsstrategien (*Merge-Strategien*) im Datenverwaltungssystem. Derartige Mechanismen wurden bereits in Abschnitt 4.4.9 im Zusammenhang mit der Peer-To-Peer Konfiguration in kommerziellen Datenbanksystemen diskutiert. Auch im verteilten Datenverwaltungssystem DDMS (Abschnitt 4.4.6) ist diese Methode zur Konfliktbehandlung vorgesehen.

Automatische Konfliktauflösung

Die dritte Möglichkeit ist schließlich die automatische Behandlung konfligierender Änderungen durch das Datenverwaltungssystem. Wie in Abschnitt 4.4.8 bereits dargelegt, ist eine automatische Auflösung konfligierender Änderungen nur in solchen Anwendungsumgebungen, die bestimmte Voraussetzungen erfüllen, durchführbar. Verkürzt können diese Einschränkungen wie folgt zusammengefaßt werden: Änderungstransaktionen müssen kompensierbar oder kommutativ sein. Außerdem müssen die Anwendungen tolerieren können, daß die lokale Sicht auf die Datenbank nachträglich korrigiert wird, indem verspätet eingetroffene Änderungstransaktionen in der Serialisierungsordnung vorgezogen werden.

Die aufgeführten Methoden zur Behandlung unkoordinierter Änderungstransaktionen erlauben zwar eine nachträgliche Zusammenführung divergierender Replikate, weisen jedoch alle einige Nachteile auf. Grundsätzlich sind alle Methoden, die unkoordinierte Änderungen zulassen, ungeachtet der Performanzvorteile, die sicherlich durch die hohe Lokalität bei Änderungstransaktionen erreicht werden können, in vielen Anwendungsszenarien nicht anwendbar oder nur sehr schlecht anpaßbar. Dafür können unter anderem folgende Gründe aufgeführt werden:

- Es kann im allgemeinen Fall nicht garantiert werden, daß Transaktionen nicht auf Datenbankzustände aufsetzen, die später rückgängig gemacht oder zumindest korrigiert werden. Anwendungen, die das nicht tolerieren können, sind nicht vereinbar mit einer Datenverwaltung die unkoordinierte Änderungen zuläßt.

- Globale Inkonsistenzen können nicht durch lokale Konfliktlöseroutinen aufgelöst werden ([Gol95]). Die Sicherung von Integritätsbedingungen kann somit bei unkoordinierten Änderungen nicht mehr gewährleistet werden.

- Eine Anwendung, die auf ein bestimmtes Replikat zugreift, kann im allgemeinen keine Annahmen über den Grad der Inkonsistenz machen, mit dem dieses Replikat behaftet ist. Das liegt daran, daß aus Sicht einer Änderungstransaktion normalerweise nicht bekannt ist, wieviele andere Änderungstransaktionen noch nachträglich in der Serialisierungsordnung vorgezogen werden und wie weit der aktuelle Wert des Datenobjektes (sofern der überhaupt definiert ist) vom Wert des lokalen Replikats abweicht. Darüberhinaus kann die Propagierung von Änderungen durch Fehlersituationen so verzögert werden, daß auch keine Aussage darüber getroffen werden kann, wie alt ein bestimmtes Replikat im Vergleich zum aktuellen Wert des zugehörigen Objektes ist.

- Für Anwendungen, die eine konsistente Sicht auf den aktuellen Datenbankzustand benötigen, ist für jedes benötigte Datenobjekt eine sehr aufwendige Zusammenführung aller Replikate erforderlich. Während der Zusammenführung müssen alle weiteren Änderungstransaktionen unterbunden werden.

Aus den genannten Gründen ist ein repliziertes Datenverwaltungssystem, das unkoordinierte Änderungen an Replikaten erlaubt, nur beschränkt an vorgegebene verteilte Anwendungsumgebungen anpaßbar.

Die in diesem Kapitel diskutierten Konzepte zur adaptiven Datenverwaltung werden unter den hier aufgeführten Gesichtspunkten in Tabelle 4.4 nocheinmal vergleichend gegenübergestellt.[3] Dieser Vergleich kann natürlich nur auf sehr hohem Abstraktionsniveau stattfinden, weil die Randbedingungen für die Einsetzbarkeit und

---

3. Die Ergebnisse aus Tabelle 4.4 wurden in [Len96b] bereits in komprimierter Form veröffentlicht.

Zielsetzung der verschiedenen Ansätze sich zu stark voneinander unterscheiden. So ist beispielsweise die Epsilon-Serialisierbarkeit eigentlich kein Konzept zur Verwaltung replizierter Daten, sondern ein Korrektheitskriterium für Transaktionen, das in erster Linie zur Erhöhung der Nebenläufigkeit dient, nicht aber zur Erhöhung der Zugriffslokalität.

4.5.5 Zusammenfassung

Bei den in diesem Kapitel vorgestellten Mechanismen zur adaptiven Replikation in verteilten Systemen sind eindeutig Schwächen zu erkennen, wenn es um die flexible Unterstützung von Anwendungen geht, die eine konsistente und aktuelle Sicht auf die Datenbank benötigen. Insbesondere ist es bisher nicht gelungen, auf dynamisch wechselnde Anwendungsanforderungen an verschiedenen Knoten flexibel zu reagieren. Diese Dynamik ist aber genau das wesentliche Kennzeichen der Anwendungen aus dem Bereich Workflow-Management, die in Abschnitt 4.3 charakterisiert wurden. In dieser Arbeit sollen daher insbesondere solche Konzepte untersucht werden, die es ermöglichen, die Replikatverwaltung so zu optimieren, daß neben Anwendungen, die den Zugriff auf veraltete Daten tolerieren können, auch solche Anwendungen eingebettet werden können, für die eine konsistente Sicht auf die Datenbank erforderlich ist.

Den Ansätzen, die eine ablauforientierte Konsistenzspezifikation unterstützen, ist die zeitliche Veränderlichkeit der Anforderungen inhärent, weil für unterschiedliche in der Zeit aufeinanderfolgende Ablaufeinheiten natürlich unterschiedliche Kohärenzanforderungen definiert werden können. Die datenorientierten Ansätze dagegen erfordern eine explizite Spezifikation der zeitlichen Veränderung von Konsistenzanforderungen. Von den hier vorgestellten Ansätzen unterstützt jedoch nur das Konzept der Data Dependency Descriptors diese Forderung. In [SR90] wird vorgeschlagen, die Konsistenz in eine zeitliche und eine räumliche Dimension aufzuteilen und Konsistenzanforderungen entlang dieser Dimensionen zu spezifizieren. Dadurch wird erstmals die fundamentale Bedeutung der zeitlichen Veränderlichkeit von Konsistenzanforderungen hervorgehoben.

Die im folgenden Kapitel vorgestellte Spezifikationsmethodologie für Konsistenzanforderungen baut im wesentlichen auf den Forderungen von Sheth und Rusinkiewicz auf. Um den Schwächen der globalen Konsistenzspezifikation entgegenzuwirken, wird eine zusätzliche Abstraktionsebene eingeführt, durch die einerseits eine lokale Konsistenzspezifikation ermöglicht wird, ohne auf eine feste Primärkopie bezug nehmen zu müssen, und andererseits auch die automatische Konvergenz von Replikaten sichergestellt werden kann.

	Anwendungsgebiet/ Kurzbeschreibung	Konsistenz-spezifikation	Handhabung konfligierender Änderungen	Konsistentes Lesen
Snapshots	Nur-Lese-Kopie mit verminderter Aktualität	Datenorientiert: Lokale Spezifikationssicht Ereignisorientierte Aktualisierung	Änderungen am Replikat nicht erlaubt / Änderungstransaktionen nur auf Primärkopie	Nur an der Primärkopie
Quasi-Kopien	Nur-Lese-Kopie mit verminderter Aktualität	Datenorientiert: Lokale Spezifikationssicht Kontinuierliche Aktualisierung	Änderungen am Replikat nicht erlaubt / Änderungstransaktionen nur auf Primärkopie	Nur an der Primärkopie
Identity Connection	Paarweise Kopplung von gleichberechtigten Replikaten	Datenorientiert: Globale Spezifikationssicht	Synchronisation durch die Anwendung/ Konvergenz im Fehlerfall gefährdet	An verschiedenen Knoten (sofern konvergent)
D^3	Paarweise Kopplung von gleichberechtigten Replikaten (auch abgeleitete Daten)	Datenorientiert: Globale Spezifikationssicht	Synchronisation durch die Anwendung/ Konvergenz im Fehlerfall gefährdet	An verschiedenen Knoten (sofern konvergent)
DDMS / Propagie-rungsregeln	Paarweise Kopplung von gleichberechtigten Replikaten	Datenorientiert: Globale Spezifikationssicht	Anwendungsbezogene Zusammenführung (Merge) divergierender Replikate.	An verschiedenen Knoten (sofern konvergent)
Independent Updates	Unkoordinierte Änderungen an gleichberechtigten Replikaten	Keine	Automatische Auflösung unkoordinierter Änderungen (globale Ordnung)	Nur nach vollständiger Zusammenführung
TSAE	Epidemische Ausbreitung von Änderungen bei massiver Replikation	Keine	Automatische Auflösung unkoordinierter Änderungen (globale Ordnung)	Nur nach vollständiger Zusammenführung
Lazy Replica-tion	Kontrollierte Abschwächung der Konsistenzanforderungen für einzelne Operationen	Ablauforientiert: (verschiedene Operationsklassen)	Je nach Operationsklasse	Nur nach vollständiger Zusammenführung
Epsilon Transaktionen	Transaktions-Korrektheits-Kriterium/ Erhöhung der Nebenläufigkeit	Ablauforientiert: (transaktionsgebunden)	Je nach verwendetem Replikationsprotokoll	Aufwand abhängig vom verwendeten Protokoll

Tab. 4.4: Merkmale von Replikationsverfahren mit abgeschwächter Konsistenz

5 *ASPECT* - Konzeptioneller Entwurf einer Spezifikationsmethodologie für Konsistenzanforderungen

Im vorangegangenen Kapitel wurde bereits deutlich, daß die Umsetzung des Need-To-Know Prinzips in einem adaptiven verteilten Datenverwaltungssystem zunächst die Spezifikation der Konsistenzanforderungen der Anwendungen voraussetzt. Zur Sicherstellung dieser Anforderungen sind entsprechende Maßnahmen erforderlich, die im Rahmen verteilter Protokolle automatisch durchzuführen sind. Diese Protokolle müssen in einer Weise fehlertolerant sein, die es ermöglicht, die Nichteinhaltung von spezifizierten Konsistenzanforderungen in angemessener Weise zu behandeln, zumindest aber zu erkennen. An dieser Stelle soll nun ausdrücklich auf die konzeptionelle Trennung von Spezifikation und Protokoll hingewiesen werden. Dieses Kapitel befaßt sich ausschließlich mit der Spezifikation von Konsistenzanforderungen. Sie ist in erster Linie dazu erforderlich, dem verteilten Datenverwaltungssystem Informationen bezüglich der Semantik der Anwendungen zur Verfügung zu stellen. Protokolle zur Sicherstellung von Konsistenzanforderungen nutzen diese Information aus, um beispielsweise die Verfügbarkeit zu erhöhen oder die Zugriffslokalität zu steigern und somit die Performanz zu verbessern. Dies bedeutet, daß insbesondere solche Spezifikationen von Interesse sind, die Optimierungen bezüglich der Systemeffizienz und der Performanz versprechen. In den nachfolgenden Kapiteln wird jedoch deutlich werden, daß die Sicherstellung bestimmter Konsistenzanforderungen sehr komplexe und aufwendige Protokolle erfordern kann. Die Umsetzung mancher Konsistenzanforderungen ist so aufwendig, daß der Gewinn hinsichtlich Verfügbarkeit und Antwortzeitverkürzung gemessen am Wartungsaufwand sehr gering ist. Andere Anforderungen wiederum können mit einfachen Mitteln sichergestellt werden und stellen somit gute Hilfsmittel zur Systemoptimierung dar. Darüber hinaus können natürlich auch unterschiedliche Protokolle zur Sicherstellung der gleichen Konsistenzanforderungen verwendet werden. Die Vorteile, die aus den hier besprochenen Spezifikationen für die Antwortzeiten oder die Verfügbarkeit erzielt werden können, hängen immer von dem konkreten Protokoll ab, das für die Sicherstellung verwendet wird.

Bevor die anwendungslokale Spezifikation von Konsistenzanforderungen erläutert wird, wird in Abschnitt 5.1 ein vereinfachtes Modell eingeführt, das eine vom Datenmodell unabhängige Beschreibung eines verteilten Datenverwaltungssystems ermöglicht. Dieses Modell wird im folgenden zur Verdeutlichung der zu erläuternden Sachverhalte herangezogen.

5.1 Referenzmodell eines verteilten Datenverwaltungssystems

Ein verteiltes System S wird als Menge von Rechnern (Knoten) aufgefaßt, die über ein Kommunikationssystem miteinander verbunden sind. Nachfolgend werden Knoten in Anlehnung an die englische Bezeichnung "*location*" mit dem Buchstaben L abgekürzt.

Eine Datenbank Ω wird als Menge disjunkter Objekte aufgefaßt. Weiterhin wird gemäß der Ausführungen in Abschnitt 3.1 explizit zwischen logischen Objekten $x \in \Omega$ und physischen Repräsentationen dieser Objekte unterschieden. Entsprechend wird zwischen der logischen Ebene und der physischen Ebene der Datenverwaltung unterschieden. Jedes logische Objekt x besitzt mindestens eine physische Repräsentation, die auch als Kopie oder Replikat von x bezeichnet und mit r(x) abgekürzt wird. An jedem Knoten L_i können Replikate verschiedener Objekte in einem lokalen Speicher abgelegt werden. Ein Replikat eines Objektes x, das an einem Knoten $L_i \in S$ gespeichert ist, wird im folgenden auch kurz als $r_i(x)$ bezeichnet. Die Konstituenten eines verteilten Datenbanksystems sollen in nachfolgender Definition zusammengefaßt werden:

Definition 5.1:
Ein verteiltes Datenbanksystem ist durch folgende Konstituenten definiert:

(1) Ein verteiltes System S ist eine Menge von Rechnerknoten:
- $S := \{ L_1, L_2, ..., L_n \}$

(2) Eine Datenbank Ω auf S ist eine Menge logischer Objekte:
- $\Omega := \{x_1, x_2, ..., x_m\}$,
- $\forall x \in \Omega$: Dom(x) ist der Wertebereich des Objektes x

(3) Die zu Ω gehörende *physische Datenbank* Π ist eine Menge physischer Objekte, die auf den Knoten des verteilten Systems S abgespeichert sind.
- $\Pi := \{r_i(x) \mid r_i(x) \text{ ist Replikat von x auf } L_i: x \in \Omega, L_i \in S\}$
- $\forall r_i(x) \in \Pi$: Dom $(r_i(x))$ ist der Wertebereich des Replikats $r_i(x)$
- Es gilt: $\forall r_i(x) \in \Pi$: $\text{Dom}(r_i(x)) = \text{Dom}(x)$

(4) Jedes logische Objekt x wird abgebildet auf eine Menge von Rechnerknoten
- Alloc : $\Omega \to 2^S$
  $\forall x \in \Omega$: Alloc(x) $\subseteq$ S, Alloc(x) $\neq \varnothing$
- Es gilt: $L_i \in$ Alloc(x) $\Leftrightarrow r_i(x) \in \Pi$
- Die Funktion Rep: $\Omega \to 2^\Pi$ definiert für ein Objekt x die Menge der zugehörigen Replikate und ist gemäß der bisherigen Definitionen wie folgt bestimmt:
  $\forall x \in \Omega$: Rep(x) := $\{ r_i(x) \mid L_i \in$ Alloc(x) $\}$

Objekte der Datenbank Ω können von Applikationen im Rahmen von Transaktionen gelesen und modifiziert werden. Jede Applikation wird als Menge von Transaktionen aufgefaßt und läuft auf einem Knoten des verteilten Systems S. Auf einem Knoten können natürlich auch mehrere Applikationen laufen. Die nachfolgend erläuterte anwendungslokale Spezifikation von Konsistenzanforderungen ist so geartet, daß sich die knotenlokalen Konsistenzanforderungen bei mehreren Anwendungen pro Knoten automatisch aus der konjunktiven Verknüpfung der anwendungslokalen Anforderungen ergeben. Aus diesem Grund wird hier zunächst vereinfachend angenommen, daß an einem Knoten nur jeweils eine Applikation läuft. Eine Applikation A, die auf dem Knoten L_i läuft, wird im folgenden kurz als A_i bezeichnet. Eine Transaktion ist eine Folge von Lese- und Schreiboperationen auf Objekten der Datenbank Ω. Eine Transaktion T_1, die ein Objekt x liest und ein Objekt y schreibt wird abgekürzt wie folgt notiert: $\{T_1: R(x); W(y)\}$. Jede Transaktion wird abgebildet auf Lese- und Schreiboperationen auf Replikaten. Dabei wird jede Leseoperation R(x) auf genau eine physische Leseoperation $R(r_i(x))$ abgebildet, während jede Schreiboperation auf mindestens eine physische Schreiboperation $W(r_i(x))$ abgebildet. Die Transaktion T_1 könnte beispielsweise auf eine Leseoperation auf dem Replikat $r_1(x)$ sowie Schreiboperationen auf $r_1(y)$ und $r_2(y)$ abgebildet werden. Diese Abbildung auf Replikate für die Transaktion T_1 wird wie folgt notiert: $\{T_1: R(r_1(x)); W(r_1(y)), W(r_2(y))\}$.

Jedes Objekt x der Datenbank besitzt einen Wertebereich Dom(x) (Definition 5.1(2)). Darüber hinaus besitzt jedes Objekt einen zeitlich veränderlichen Zustand bestehend aus drei Komponenten w(x), t(x) und v(x), die im folgenden erläutert werden. Die Komponente $w(x) \in Dom(x) \cup \{undefiniert, gelöscht\}$ bezeichnet den momentanen Wert des Objektes x. Neben den definierten Werten des Wertebereichs Dom(x) kann w(x) auch die Werte *undefiniert* und *gelöscht* annehmen. Jede Transaktion, die mindestens eine Schreiboperation w(x) enthält, erzeugt zum Zeitpunkt der Freigabe der Transaktion eine neue Version von x. Transaktionen, die zurückgesetzt werden, erzeugen keine neuen Versionen für logische Objekte. Die Komponente v(x) ist die *Versionsnummer* von x und bezeichnet die Anzahl der Wertänderungen des logischen Objektes x seit seiner Erzeugung. Die Komponente t(x) bezeichnet den Zeitpunkt der letzten Wertänderung. Als Zeitmaß wird dabei angenommen, daß es an jedem Rechnerknoten L_i eine lokale Uhr gibt. Der Zeitpunkt t(x) wird durch die lokale Systemzeit des Knotens festgelegt, an dem die Transaktion, die x zuletzt verändert hat, koordiniert wurde.

Es ist bekannt, daß knotenlokale Uhren auch bei gelegentlicher Synchronisation geringfügig divergieren können ([Lam78]). Deswegen sei bereits an dieser Stelle darauf hingewiesen, daß die Systemzeit nicht zur Synchronisation von Transaktionen verwendet werden kann. Wohl aber kann die Systemzeit zur Spezifikation von Konsistenzanforderungen herangezogen werden. Bei der Spezifikation von Kohärenzprädikaten für Quasi-Kopien (Abschnitt 4.4.3) ist es beispielsweise möglich, für ein Replikat einen maximal tolerierbaren zeitlichen Rückstand gegenüber einer Primärkopie zu spezifizieren. Eine solche Spezifikation bezieht sich auf eine tatsächliche Zeitdauer und nicht auf eine logische Zeit, wie sie zur Synchronisation in verteilten Systemen verwendet wird ([Lam78]). Derartige Konsistenzanforderungen können damit höchstens so genau erfüllt werden, wie die Genauigkeit bzw. die Übereinstimmung der verschiedenen knotenlokalen Uhren es zulassen. Diese Ungenauigkeit ist somit auch bei der Konsistenzspezifikation zu berücksichtigen. Nachfolgend soll diese Divergenz zunächst vernachlässigt werden, das Problem wird jedoch immer dann angesprochen wenn es relevant ist. Die Funktion $t(x)$ wird verallgemeinernd auf eine Funktion *Tmp* zurückgeführt. $Tmp(x, n)$ gibt den Zeitpunkt der Freigabe der Transaktion an, welche die Version n des Objektes x erzeugt hat. Die Zustandskomponente $t(x)$ ist damit definiert als $Tmp(x, v(x))$.

Jedes Replikat $r_i(x)$ besitzt ebenfalls einen zeitlich veränderlichen Zustand bestehend aus drei Komponenten $(w(r_i(x)), t(r_i(x)), v(r_i(x)))$. Dabei gibt $v(r_i(x))$ an, welche Version des Objektes x in $r_i(x)$ gespeichert wird. Somit gilt stets $v(r_i(x)) \leq v(x)$. Falls $v(r_i(x)) = v(x)$ gilt, so gilt auch $w(r_i(x)) = w(x)$. Die Komponente $t(r_i(x))$ gibt den Zeitpunkt der letzten Aktualisierung von $r_i(x)$ an. Es ist zu beachten, daß $t(r_i(x))$ normalerweise nicht identisch ist mit dem Zeitpunkt $Tmp(x,v(r_i(x)))$, der die Freigabe der von $r_i(x)$ gehaltenen Objektversion kennzeichnet. Ein Replikat muß nicht unbedingt die aktuelle Version des Objektes x enthalten. Somit kann $t(r_i(x))$ kleiner als $t(x)$ sein. Da ein Replikat aber auch verspätet auf den aktuellen Stand gebracht werden kann, könnte $t(r_i(x))$ auch größer als $t(x)$ sein. Ein Replikat $r_i(x)$ ist *aktuell*, wenn $v(r_i(x)) = v(x)$ gilt. Für ein aktuelles Replikat gilt immer $t(x) \leq t(r_i(x))$ und $w(x) = w(r_i(x))$. Replikate, die nicht aktuell sind, werden als *veraltet* bezeichnet.

Der momentane Zustand eines verteilten Datenbanksystems wird in nachfolgender Definition noch einmal zusammengefaßt:

Definition 5.2:
Der momentane Zustand bzw. die Zustandsänderungen eines verteilten Datenbanksystems sind bestimmt durch folgende Konstituenten:

(1) Jedes logische Objekt $x \in \Omega$ besitzt einen momentanen Zustand
$\{w(x), t(x), v(x)\}$

- $w(x) \in \mathrm{Dom}(x) \cup \{undefiniert, gelöscht\}$ ist der momentane Wert von x

- $t(x)$ ist der Zeitpunkt der letzten Aktualisierung von x und

- $v(x)$ ist die aktuelle Versionsnummer von x

(2) Jede Transaktion T_i, die eine Schreiboperation $W_i(x)$ enthält, verändert bei erfolgreicher Freigabe den Zustand des logischen Objektes $x \in \Omega$. Die Komponenten des Zustandsvektors für x werden dabei aus dem alten Zustandsvektor wie folgt bestimmt:

$$\bullet \ v(x) := \begin{cases} 0 & \text{falls } W_i(x) \text{ das Objekt } x \text{ neu erzeugt.} \\ v(x) + 1 & \text{sonst} \end{cases}$$

- $w(x) := \mathrm{Eval}(T_i, x)$ (*Wert, den die Transaktion T_i für x erzeugt.*)

- $t(x) := \mathrm{Time}(T_i)$ (*Zeitpunkt der Freigabe der Transaktion T_i*)

(3) Jedes physische Objekt $r_i(x) \in \Pi$ besitzt einen momentanen Zustand
$\{w(r_i(x)), t(r_i(x)), v(r_i(x))\}$

- $w(r_i(x)) \in Dom(x)$ ist der momentane Wert von $r_i(x)$
- $t(r_i(x))$ ist der Zeitpunkt der letzten Aktualisierung von $r_i(x)$
- $v(r_i(x))$ ist die Versionsnummer von $r_i(x)$
- Der Zeitpunkt, zu dem die von $r_i(x)$ gehaltene Objektversion freigegeben wurde, ist gegeben durch $Tmp(x, v(r_i(x)))$

(4) Ein physisches Objekt $r_i(x)$ ist *aktuell*, wenn gilt: $v(r_i(x)) = v(x)$.
Sonst ist $r_i(x)$ *veraltet*.

In dieser Definition sind Fehlerzustände noch nicht berücksichtigt. Unter Bezugnahme auf Abschnitt 2.5.3 sind Knotenfehler und Kommunikationsfehler für eine vollständige Beschreibung des momentanen Systemzustands zu berücksichtigen. Knotenfehler teilen die Menge der Knoten im verteilten System in aktive und ausgefallene Knoten auf. Die Menge der aktiven Knoten kann weiterhin durch Kommunikationsfehler in disjunkte Partitionen aufgeteilt werden. Die möglichen Zustände, die ein verteiltes System S im Fehlerfall einnehmen kann, werden nachfolgend in Definition 5.3 charakterisiert:

Definition 5.3:
Der Fehlerzustand eines verteilten Systems S wird beschrieben durch die Menge der aktiven Knoten S_{up} und eine Partitionierung P. Es gilt:

(1) $S_{up} \subseteq S$
(2) $P := \{P_1, P_2, ..., P_k\}, k \geq 1$
- $\forall P_i \in P: P_i \subseteq S_{up}, P_i \neq \varnothing$
- $\forall i,j \in \{1, ..., k\}: i \neq j \Rightarrow P_i \cap P_j = \varnothing$
- $\forall L_i \in S_{up}: [\exists j \in \{1, ..., k\}: L_i \in P_j]$
- Die Partition, in der sich ein bestimmter Knoten L_i befindet, wird als $Part(L_i)$ bezeichnet.

Die Konstituenten des vereinfachten Modells eines verteilten Datenverwaltungssystems werden in Abbildung 5.1 noch einmal zusammenfassend dargestellt. Die Zeichnung in Abbildung 5.1 stellt den voll replizierten Fall dar, in welchem an jedem Knoten $L_i \in S$ für jedes Objekt $x_j \in \Omega$ ein Replikat $r_i(x_j)$ gespeichert ist (das heißt $\forall x \in \Omega$: Alloc(x)=S). Nachfolgend sei jedoch angenommen, daß an jedem Knoten L_i gemäß dem Need-To-Know Prinzip nur Replikate derjenigen Objekte abgelegt sind, die von der jeweils lokalen Anwendung A_i benötigt werden. Eine Spezifikation der Anwendungsanforderungen gemäß dem Need-To-Know Prinzip umfaßt natürlich die Spezifikation des Fragmentierungs- und des Allokationsschemas (Abschnitt 2.4.1). Da an dieser Stelle aber von einem vereinfachten Datenmodell mit disjunkten Datenobjekten ausgegangen wird, soll dieser Teil der Anwendungsspezifikation hier zunächst vernachlässigt werden und erst bei der Abbildung der nachfolgend diskutierten grundlegenden Konzepte auf das Relationenmodell wieder aufgegriffen werden (Kapitel 7). Die Da-

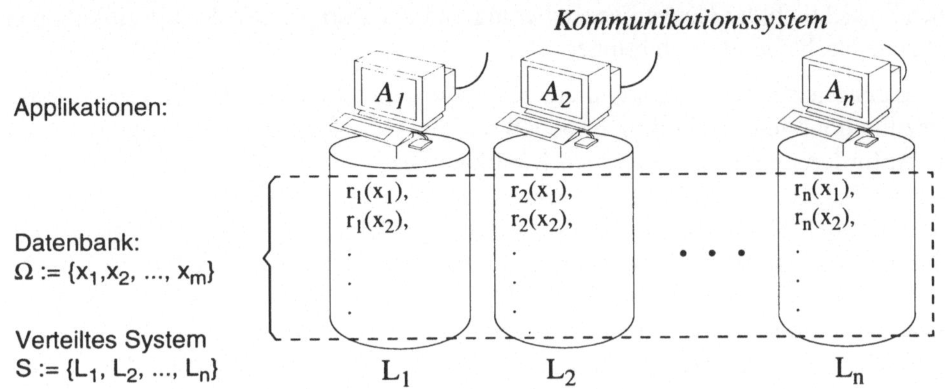

Abb. 5.1: Modell eines verteilten Datenverwaltungssystems

tenverteilung gemäß dem Need-To-Know Prinzip ist im vorliegenden vereinfachten Modell durch die Definition der Funktion *Alloc* (Definition 5.1(4)) gegeben.

In den folgenden Abschnitten werden die grundlegenden Konzepte zur Spezifikation der Konsistenzanforderungen für die abgespeicherten Replikate diskutiert. Dabei wird eine knotenlokale Spezifikationssicht angenommen. Das bedeutet, es werden nur die Konsistenzanforderungen für die Replikate eines Knotens gemäß der Anforderungen der lokalen Anwendung berücksichtigt.

5.2 Das Konzept der "virtuellen Primärkopie"

In Kapitel 4 wurde deutlich, daß Replikationsverfahren, die unkoordinierte Änderungen auf Replikaten zulassen, zwar eine enorme Erhöhung der Verfügbarkeit ermöglichen, aber nicht generell die Konvergenz garantieren können, bzw. nur für bestimmte Anwendungsgebiete, in denen eine ganze Reihe einschränkender Bedingungen gelten müssen, geeignet sind. Darüber hinaus kann bei derartigen Ansätzen in der Regel nichts über den momentanen Aktualitätszustand eines Replikats ausgesagt werden, das heißt für Anwendungen die tatsächlich den Zugriff auf aktuelle Daten benötigen, ist diese Art der Replikation ohnehin nicht geeignet. Adaptive Replikationsverfahren, bei denen ein möglichst breites Anwendungsspektrum abgedeckt werden soll, erfordern die Spezifikation der Konsistenzanforderungen der Anwendungen, die unterstützt werden sollen. In Kapitel 4 hat sich auch herausgestellt, daß die ablauforientierten Methoden der Konsistenzspezifikation gegenüber den datenorientierten Methoden das geringere Optimierungspotential haben. Der Grund dafür ist, daß bei der Synchronisation von Änderungen bei ablauforientierten Ansätzen immer noch alle Replikate berücksichtigt werden müssen, während datenorientierte Ansätze die Synchronisationsanforderungen für bestimmte Replikate gezielt reduzieren können. Von den aufgeführten datenorientierten Ansätzen wiederum scheiden die Ansätze mit globaler Konsistenzspezifikation aus, da sie zwar eine hohe Flexibilität hinsichtlich der Spezifikationsmöglichkeiten zeigen, jedoch hinsichtlich der Konvergenzsicherung und der Komplexität der Spezifikation erhebliche Nachteile mit sich bringen.

Die datenorientierten Techniken zur Konsistenzspezifikation, die mit einer lokalen Spezifikationssicht auskommen, benötigen ein konsistentes Bezugsobjekt, auf das die Anforderungen für die lokalen Replikate bezogen werden können. Ausgehend von der Begriffsbestimmung aus Abschnitt 3.1, ist der Wert eines Replikats dann gültig (aktuell), wenn er mit dem Wert des zugehörigen logischen Objekts übereinstimmt. Der natürliche Bezugspunkt zur Konsistenzspezifikation für ein Replikat $r_i(x)$ ist also nicht etwa ein anderes Replikat $r_j(x)$, sondern das logische Objekt x. Die bisher vorgestellten datenorientierten Spezifikationstechniken mit lokaler Spezifikationssicht - Quasi-Kopien (Abschnitt 4.4.3) und Snapshots (Abschnitt 4.4.2) - sind stets davon ausgegangen, daß es ein fest vorgegebenes physisches Objekt $r_p(x)$ gibt (Primärkopie), das ständig wertgleich ist mit dem logischen Objekt x. Ein lokales Replikat $r_i(x)$ konnte also zum logischen Objekt x in Bezug gesetzt werden, indem es zur Primärkopie $r_p(x)$ in Bezug gesetzt wurde. Die Existenz einer fest vorgegebenen Primärkopie ist jedoch für die Konsistenzspezifikation nicht unbedingt erforderlich. Vielmehr reicht es aus sicherzustellen, daß der Wert des logischen Objektes zu jedem Zeitpunkt aufgrund der momentanen Werte der Replikate eindeutig definiert ist. Unter dieser Annahme könnte also beispielsweise ein Replikat $r_i(x)$ als Snapshot definiert werden, indem nur der Zeitpunkt für einen erforderlichen Refresh spezifiziert wird, nicht aber das Replikat, von dem aus der Snapshot aktualisiert werden soll. Man nimmt also sozusagen eine *"virtuelle Primärkopie"* an, von der aus der Refresh erfolgen soll. Damit der Refresh tatsächlich stattfinden kann, muß dafür gesorgt werden, daß der aktuelle Wert des logischen Objektes jederzeit aus den momentanen Werten der Replikate dieses Objektes abgeleitetet werden kann. Dazu wird das Konzept der *Konsistenzinseln* vorgestellt, das im nachfolgenden Kapitel ausführlich erläutert wird. An dieser Stelle genügt es, die Konsistenzinsel K(x,t) als eine nicht leere Menge von Replikaten von x zu betrachten, die zu einem gegebenen

Die Konsistenzanforderungen der Anwendung A_i für das Objekt x können spezifiziert werden, indem das Replikat $r_i(x)$, auf das von der Anwendung A_i zugegriffen wird, entsprechend zum logischen Objekt x in Beziehung gesetzt wird. Dabei wird angenommen, daß der momentane Wert von x jederzeit durch die Gesamtheit der Replikate definiert ist.

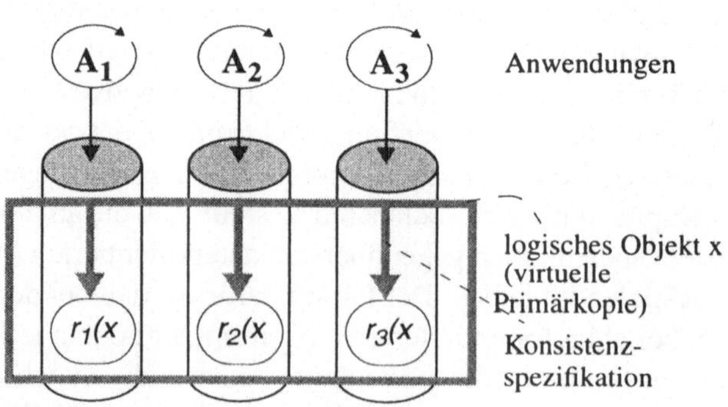

Abb. 5.2: Anwendungslokale Spezifikation von Konsistenzanforderungen

Zeitpunkt t wertgleich mit dem zugehörigen logischen Objekt x sind (aktuelle Replikate). Die Konsistenzinsel als Ganzes verhält sich aus der Sicht der Replikate außerhalb der Konsistenzinsel wie eine Primärkopie. Die Spezifikation von Konsistenzanforderungen aus anwendungslokaler Sicht wird in Abbildung 5.2 schematisch dargestellt.

Die Idee der anwendungslokalen Konsistenzspezifikation durch die Einführung virtueller Primärkopien und das daraus resultierende Konsistenzinselkonzept bilden das Fundament, das der nachfolgend vorgestellten *ASPECT* Methodologie zugrunde liegt. *ASPECT* ist dabei ein Akronym für die englische Bezeichnung *"Application-oriented SPEcification of Consistency Terms"*. *ASPECT* wurde erstmals in [LKR94] vorgestellt und bildet auch in [Len94], [LW94], [Len95a], [Len95b], [Len96a] sowie in [Len96b] die grundlegende Idee.

5.3 Dimensionen der Konsistenzspezifikation

Quasi-Kopien und Snapshots unterscheiden sich hauptsächlich in der Art der Konsistenzanforderungen, die an sie gestellt werden. Entsprechend unterscheidet sich auch die Art der Konsistenzspezifikation. Für einen Snapshot wird spezifiziert, wann er auf den aktuellen Stand gebracht werden soll, während für eine Quasi-Kopie spezifiziert wird, wie weit sie sich höchstens vom aktuellen Stand entfernen darf. Beide Konzepte haben sicherlich in bestimmten Anwendungsbereichen ihre Berechtigung. Während sich für Snapshots die Häufigkeit der Refresh-Operationen dynamisch festlegen läßt, wurde für Quasi-Kopien vor allem die fehlende dynamische Veränderbarkeit der Konsistenzanforderungen kritisiert. Um diese Dynamik mit berücksichtigen zu können, schlugen Sheth und Rusinkiewicz in [SR90] erstmals vor, die Konsistenzanforderungen, die an ein physisches Datenobjekt gebunden werden, explizit nach zwei Dimensionen zu unterscheiden. Diese Unterscheidung wird auch in *ASPECT* als wesentliches Merkmal der Konsistenzspezifikation übernommen.

Die erste Dimension ist die *zeitliche Dimension*, in der festzulegen ist, *wann* ein bestimmter Konsistenzgrad von einem Replikat gefordert werden soll. Bei der Konsistenzspezifikation für Snapshots wurde durch die ereignisorientierte Spezifikation bislang nur diese zeitliche Dimension der Konsistenz berücksichtigt. Die zweite Dimension ist die *räumliche Dimension*, in welcher der für das Replikat maximal tolerierbare Grad der Inkonsistenz festzulegen ist. Analog zur Notation in [ABG88] sollen derartige Anforderungen auch hier als Kohärenzprädikate bezeichnet werden. Der Begriff *räumliche Dimension* ist vielleicht nicht intuitiv in dieser Verwendung zu verstehen, er erklärt sich aber, wenn man die hier zu spezifizierenden Kohärenzprädikate als *Abstandsmaße* versteht. Ein Kohärenzprädikat definiert in diesem Sinne einen maximal tolerierbaren Abstand eines Replikats r(x) zum zugehörigen logischen Objekt x. Die Konsistenzspezifikation für Quasi-Kopien hat bislang einzig diese Dimension der Konsistenz berücksichtigt.

Um sowohl die räumliche als auch die zeitliche Dimension der Konsistenz bei der Spezifikation von Anwendungsanforderungen berücksichtigen zu können, reicht die ereignisorientierte zeitliche Spezifikation der Snapshots nicht aus, weil eine kontinuierliche Aktualisierung von Replikaten nicht mit einer ereignisorientierten Aktualisierung vereinbar ist. Aus diesem Grund muß zusätzlich die Spezifikation von Zeitintervallen in der zeitlichen Dimension möglich sein. Auch in der räumlichen Dimension reichen die bisherigen Spezifikationsmöglichkeiten, die bei Quasi-Kopien für Kohärenzprädikate vorgesehen waren, nicht aus, da es auch möglich sein muß zu spezifizieren, daß ein Replikat wertgleich ist mit dem logischen Objekt x, was die Basis des Konsistenzinselkonzeptes ist.

Aufgrund dieser Überlegungen ergeben sich im wesentlichen die nachfolgend aufgezeigten Spezifikationsmöglichkeiten:

(1) In der zeitlichen Dimension wird spezifiziert, *wann* ein Replikat aktualisiert werden soll:

- *Zeitpunkte*:
  Zeitpunkte können mit Hilfe von Ereignissen spezifiziert werden. Tritt ein Ereignis ein, so wird eine Aktualisierung des Replikats veranlaßt. Die mit der Spezifikation von Aktualisierungszeitpunkten verbundene Konsistenzanforderung wird nachfolgend auch als *ereignisorientierte Konsistenzanforderung* bezeichnet. Entsprechend ist in diesem Zusammenhang in Analogie zu der bei Snapshots verwendeten Terminologie (Abschnitt 4.4.2) von ereignisorientierter Aktualisierung die Rede.

- *Zeitintervalle*:
  Ein Zeitintervall kann spezifiziert werden, um *kontinuierliche Konsistenzanforderungen* zu beschreiben. Die Intention dieser Spezifikation ist die kontinuierliche Gewährleistung eines bestimmten Konsistenzgrades während des spezifizierten Zeitintervalls. Zeitintervalle können ebenfalls mit Hilfe von Ereignissen spezifiziert werden. Im wesentlichen gibt es dazu zwei Möglichkeiten, nämlich die Spezifikation eines Start-Ereignisses zusammen mit einem Ende-Ereignis, oder die Spezifikation eines Start-Ereignisses zusammen mit einer Zeitdauer. Um auch zeitlich unbegrenzte Kohärenzprädikate zu ermöglichen, sollten auch "offene" Zeitintervalle spezifiziert werden können. Die Möglichkeiten zur Ereignisspezifikation werden in Abschnitt 5.5 noch genauer untersucht.

(2) In der räumlichen Dimension wird ein *Kohärenzprädikat* spezifiziert, das festlegt, wie weit ein Replikat maximal vom logischen Datum abweichen darf. Dabei werden die folgenden Fälle unterschieden:

- *Konsistente Replikate:*
  Ist der tolerierbare Abstand eines Replikats $r_i(x)$ zum logischen Objekt x gleich Null, so bedeutet das, daß dieses Replikat den Anwendungsanforderungen nur dann genügt, wenn es wertgleich ist mit dem zugehörigen logischen Datum x. Es wird also gefordert, daß das Replikat r(x) auf dem aktuellen Stand ist. Nachfolgend wird diese Anforderung auch als "*maximale Konsistenz*" bezeichnet.

- *Schwach konsistente Replikate:*
  Ist die maximale Konsistenz für ein Replikat $r_i(x)$ nicht erforderlich, so kann je nach Anwendungsanforderung ein maximal tolerierbarer Abstand (>0) zum logischen Objekt x spezifiziert werden. Dabei können verschiedene Abstandsmaße verwendet werden. Die Möglichkeiten zur Spezifikation derartiger Kohärenzprädikate werden in Abschnitt 5.4 diskutiert.

- Keine Anforderung:
  Es ist nicht unbedingt erforderlich, zu jedem Zeitpunkt ein Kohärenzprädikat zu spezifizieren. Beispielsweise kann das Replikat in Zeitintervallen, in denen bekannt ist, daß es nicht benutzt werden wird, auch beliebig veralten. Da diese Anforderung nicht explizit zu spezifizieren ist, sondern implizit daraus hervorgeht, daß keine anderen Anforderungen spezifiziert wurden, wird nachfolgend nicht mehr weiter darauf eingegangen. Es sei jedoch ausdrücklich darauf hingewiesen, daß durch die Möglichkeit, Replikate beliebig veralten zu lassen, ein erhebliches Optimierungspotential besteht, da diese Replikate vollständig aus der Synchronisation ausgeklammert werden können.

Die Spezifikationsmöglichkeiten, die sich durch Kombination von zeitlichen und räumlichen Konsistenzanforderungen ergeben, werden in Abbildung 5.3 graphisch dargestellt. Es wird deutlich, daß sowohl Snapshots als auch Quasi-Kopien spezifiziert werden können. Durch die Spezifikation von Zeitintervallen ist eine zeitliche Begrenzung kontinuierlicher Konsistenzanforderungen möglich. Dadurch wird der dynamische Übergang eines Replikats vom Snapshot zur Quasi-Kopie und zum konsistenten Replikat ermöglicht. Snapshots werden üblicherweise zu einer Primärkopie in Bezug gesetzt, so daß das Replikat bei einem Refresh auf den aktuellen Stand gebracht wird. Die Kombination der ereignisorientierten Aktualisierung mit einem tolerierbaren Konsistenzabstand größer als Null ermöglicht nun die Spezifikation einer degenerierten Form des Snapshot, bei der auch ein Refresh möglich ist, der das Replikat zwar auf einen neueren Versionsstand, aber nicht notwendigerweise auf den aktuellen Stand bringt. Diese Form der Konsistenzanforderung ergibt sich durch die Kombination der räumlichen mit den zeitlichen Konsistenzanforderungen. Nachfolgend soll vereinfachend angenommen werden, daß bei der ereignisorientierten Aktualisierung das Replikat auf den jeweils aktuellen Stand gebracht wird.

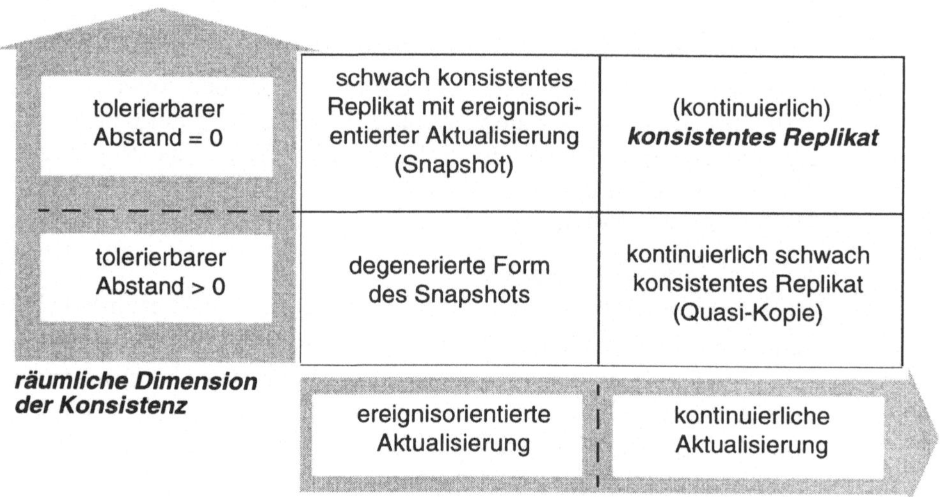

Abb. 5.3: Dimensionen der Konsistenzspezifikation

In den nachfolgenden Abschnitten wird zunächst auf die Spezifikation von Kohärenzprädikaten für kontinuierlich konsistente Replikate eingegangen. Anschließend folgt
eine Diskussion der verschiedenen Möglichkeiten zur Ereignisspezifikation, wobei
insbesondere darauf eingegangen wird, wie mit Hilfe von Ereignissen ein Zeitbezug
hergestellt werden kann, und wie *"genau"* dieser Zeitbezug sein kann. Bei Zeitereignissen, die sich auf eine lokale Systemzeit beziehen, kann der Zeitbezug beispielsweise
nicht genauer sein als die knotenlokale Uhr.

5.4 Spezifikation von Kohärenzprädikaten

Für jedes Replikat $r_i(x)$ können gemäß den Anforderungen der Anwendungen, die auf
$r_i(x)$ lokal zugreifen, Kohärenzprädikate spezifiziert werden. Dabei handelt es sich in
erster Linie um Aktualitätsanforderungen. Beispielsweise könnte man spezifizieren,
daß $r_i(x)$ höchstens eine Stunde alt sein darf. Bei einer solchen Spezifikation wird $r_i(x)$
implizit in Beziehung zum (abstrakten) logischen Objekt x gesetzt. Es wird ein maximal zulässiger Abstand des Replikats $r_i(x)$ zum logischen Objekt x gefordert. Dieser
Abstand kann nur spezifiziert werden, indem der momentane Zustand des logischen
Objektes mit dem momentanen Zustand des Replikats in Bezug gesetzt wird. Nachfolgend werden zunächst verschiedene Abstandsmaße vorgestellt. Anschließend wird diskutiert, wie durch Kombination dieser verschiedenen Anforderungstypen die Spezifikation von Konsistenzanforderungen verfeinert werden kann. Schließlich wird im Rahmen einer Diskussion der verschiedenen Möglichkeiten zur Synchronisation der
verschiedenen Anforderungen darauf eingegangen, wie genau die spezifizierten Kohärenzprädikate eingehalten werden können.

5.4.1 Spezifikation eines tolerierbaren Abstands

Der Zustand eines logischen Objekts enthält drei verschiedene Komponenten. Entsprechend können auch drei verschiedene Dimensionen zur Abstandsdefinition unterschieden werden. Analog zu den Kohärenzprädikaten bei Quasi-Kopien ergeben sich somit die folgenden Alternativen zur Spezifikation von Aktualitätsanforderungen:

- *Versionsabstand*:

  Jede Änderungsoperation erzeugt eine neue Version des logischen Objektes x. Der *tolerierbare Versionsabstand* $\Delta v(r_i(x))$ bezeichnet die maximal zulässige Zahl von Änderungsoperationen, die das Replikat $r_i(x)$ hinter dem logischen Objekt x zurückliegen darf. Das Prädikat, das zu erfüllen ist, um den tolerierbaren Versionsabstand $\Delta v(r_i(x))$ einzuhalten, sieht also wie folgt aus:

  $\Delta v(r_i(x)) \geq v(x) - v(r_i(x))$

  Der Term $[v(x) - v(r_i(x))]$ gibt dabei den *tatsächlichen Versionsabstand* von $r_i(x)$ an.

- *Wertabstand*:

  Ein tolerierbarer Wertabstand $\Delta w(r_i(x))$ bezeichnet die maximal zulässige Differenz des Wertes $w(r_i(x))$ und des Wertes des logischen Objektes $w(x)$. Um den Wertabstand überhaupt messen zu können, ist die Definition einer Abstandsfunktion *Dist* auf dem Wertebereich Dom(x) erforderlich:

  $Dist: \mathrm{Dom}(x) \times \mathrm{Dom}(x) \rightarrow \mathbb{R}$

  Damit ist zur Gewährleistung eines tolerierbaren Wertabstands $\Delta w(r_i(x))$ die Erfüllung des nachfolgenden Prädikats sicherzustellen:

  $\Delta w(r_i(x)) \geq Dist(w(x), w(r_i(x)))$

  Dabei bezeichnet der Term $Dist(w(x), w(r_i(x)))$ den tatsächlichen Wertabstand des Replikats $r_i(x)$.

- *Zeitlicher Rückstand:*

  Ein *tolerierbarer zeitlicher Rückstand* (*Deadline*) ist eine Zeitspanne $\Delta t(r_i(x))$ die angibt, um wieviel ein Replikat $r_i(x)$ älter sein darf als das zugehörige logische Objekt x. Das Alter eines Replikats $r_i(x)$ ist definiert als:

$$Age(r_i(x)) := \begin{cases} 0 & \text{falls } v(x)=v(r_i(x)) \\ t_0 - Tmp(x, v(r_i(x))+1) & \text{sonst} \end{cases}$$

  Dabei ist t_0 der aktuelle Zeitpunkt. Für das Replikat $r_i(x)$ mit Deadline $\Delta t(r_i(x))$ muß damit folgendes Prädikat erfüllt sein:

  $\Delta t(r_i(x)) \geq Age(r_i(x))$

Bei der Spezifikation eines maximalen zeitlichen Rückstands fällt auf, daß der Aktualisierungszeitpunkt $t(r_i(x))$ eines Replikats für das Alter des Replikats keine Rolle spielt. Zur Veranschaulichung wird das Alter eines Replikats in Abbildung 5.4 an einem Beispiel graphisch dargestellt. Die Graphik zeigt das Alter eines Replikats in Abhängigkeit von der Zeit. Der Zeitpunkt t_0 sei der aktuelle Zeitpunkt. Die Zeitpunkte t(i)

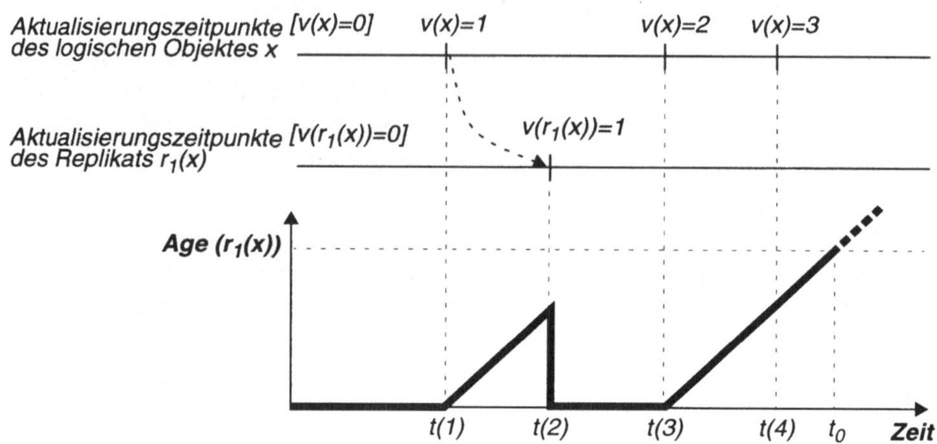

Abb. 5.4: Alter von Replikaten

sind Zeitpunkte in der Vergangenheit. Zum Zeitpunkt t(1) wird das Objekt x aktualisiert. Mit der Freigabe dieser Änderung beginnt das Replikat $r_1(x)$ zu altern. Zum Zeitpunkt t(2) wird die Änderung , die zum Zeitpunkt t(1) stattgefunden hat, an $r_1(x)$ nachgezogen. Damit ist $r_1(x)$ wieder aktuell. Zum Zeitpunkt (3) findet eine weitere Änderung des logischen Objektes x statt, so daß $r_1(x)$ wieder zu altern beginnt. Da $r_1(x)$ in der Folgezeit nicht aktualisiert wird, hat eine weitere Änderung des logischen Objekts x zum Zeitpunkt t(4) keinen Einfluß mehr auf das Alter des Replikats $r_1(x)$. Das Alter des Replikats zum aktuellen Zeitpunkt t_0 ergibt sich wie folgt: $Age(r_1(x))=t_0 - t(3)$.

Die drei verschiedenen elementaren Prädikate können analog zu den Kohärenzanforderungen für Quasi-Kopien ([ABG88]) aussagenlogisch kombiniert werden, so daß daraus neue Kohärenzanforderungen entstehen. Die Interpretation derartiger aussagenlogisch erweiterter Kohärenzprädikate, wird nachfolgend anhand einiger Beispiele erläutert.

- *Konjunktive Verknüpfung:*
  Die konjunktive Verknüpfung zweier Kohärenzprädikate bedeutet, daß beide Prädikate einzuhalten sind. Als Beispiel sei die konjunktive Verknüpfung von Wert- und Zeitabstand hier angeführt: $\Delta w(r_i(x))=10 \wedge \Delta t(r_i(x))=1h$
  Das Prädikat besagt, daß der Wertabstand von $r_i(x)$ zum aktuellen Wert von x gemäß einer gegebenen Distanzfunktion *Dist* höchstens 10 betragen darf, und daß gleichzeitig das Alter des Replikats nicht größer als eine Stunde sein darf. Eine Aktualisierung von $r_i(x)$ wird also erforderlich, wenn entweder eine Transaktion x so verändert, daß die Wertabweichung zu $r_i(x)$ größer als 10 wird, oder wenn $r_i(x)$ älter als eine Stunde wird.

- *Disjunktive Verknüpfung:*
  Die disjunktive Verknüpfung von zwei Kohärenzprädikaten besagt, daß mindestens eines der beiden Prädikate zu erfüllen ist. Dazu sei für das obige Beispiel

eine disjunktive Verknüpfung angenommen: $\Delta w(r_i(x))=10 \lor \Delta t(r_i(x))=1h$
Eine Aktualisierung von $r_i(x)$ wird mit diesem Kohärenzprädikat erst dann erforderlich, wenn das Replikat älter als eine Stunde ist und eine Änderung von x vorgenommen wird, so daß die tolerierbare Wertabweichung überschritten wird.

- *Negation:*
  In [ABG88] wird vorgeschlagen, auch negierte Kohärenzprädikate zuzulassen. Auf die Semantik eines derartigen Prädikats wird jedoch nicht eingegangen. Die semantische Interpretation negierter Kohärenzprädikate soll daher an dieser Stelle nachgeholt werden. Als Beispiel soll zunächst der tolerierbare zeitliche Rückstand betrachtet werden. Wird das Prädikat $\Delta t(r_i(x)) \geq Age(r_i(x))$ negiert, so erhält man $\Delta t(r_i(x)) < Age(r_i(x))$. Das bedeutet aber, daß der tatsächliche zeitliche Rückstand des Replikats $r_i(x)$ mindestens $\Delta t(r_i(x))$ betragen muß. Damit wird also nicht mehr ein maximal tolerierbarer Abstand spezifiziert, sondern ein *Mindestabstand*. Es stellt sich die Frage, ob eine derartige Spezifikation sinnvoll sein kann. Die Spezifikation eines minimalen Wertabstands macht sicherlich keinen Sinn. Ob eine Negation der anderen elementaren Kohärenzprädikate sinnvoll sein kann, sei dahingestellt. Die Frage, ob negierte Kohärenzprädikate zulässig sein sollen oder nicht, soll hier unter Berücksichtigung praktischer Überlegungen beantwortet werden. Angenommen an einem Knoten L_i laufen k verschiedene Anwendungen $\{A_{i1}, ..., A_{ik}\}$, die konkurrierend auf $r_i(x)$ zugreifen. Jede dieser Anwendungen kann nun aus anwendungslokaler Sicht ein Kohärenzprädikat $P(A_{ij}, r_i(x))$ für $r_i(x)$ definieren. Die konjunktive Verknüpfung aller Prädikate $P(A_{i1}, r_i(x)) \land P(A_{i2}, r_i(x)) \land ... \land P(A_{ik}, r_i(x))$ ergibt ein kombiniertes Kohärenzprädikat, das den Anforderungen aller Anwendungen entspricht. Die konjunktive Verknüpfung eines Kohärenzprädikats P_1 mit einem negierten Kohärenzprädikat P_2 ist fragwürdig, weil dies zu unerfüllbaren Prädikaten führen könnte. Fordert beispielsweise die Anwendung A_{i1}, daß $r_i(x)$ höchstens eine Stunde alt sein darf, und fordert gleichzeitig A_{i2}, daß $r_i(x)$ mindestens zwei Stunden alt sein muß, so ist das resultierende Kohärenzprädikat für $r_i(x)$ nicht erfüllbar. Aus diesem Grund wird die Spezifikation negierter Kohärenzprädikate und damit die Spezifikation von Mindestabständen untersagt. Eine Anwendung A_{ij}, die dennoch solche Anforderungen haben sollte, ist darauf angewiesen, zusätzlich ein anwendungslokales Replikat anzulegen, auf das nur von dieser Anwendung zugegriffen werden kann und dessen Konsistenzzustand explizit von A_{ij} kontrolliert wird.

Zusammenfassend wird festgehalten, daß für jedes Replikat $r_i(x)$ Kohärenzprädikate definiert werden können, die auf den Abstandsmaßen Versionsabstand, Wertabstand und Deadline beruhen. Die Kohärenzprädikate können durch konjunktive oder disjunktive Verknüpfung kombiniert werden. Jedes Kohärenzprädikat $P(r_i(x))$ definiert einen maximal zulässigen Abstand zum zugehörigen logischen Objekt x. Die Spezifikation von Mindestabständen ist nicht zulässig.

5.4.2   Synchronisationsanforderungen

Wird für ein Replikat $r_i(x)$ eine kontinuierliche Konsistenzanforderung mit einem tolerierbaren Abstand zu x größer als Null spezifiziert, so kann die Anwendung, die dieses Replikat zugreift, offensichtlich mit einer veralteten Version auskommen. Es stellt sich nun die Frage, wie genau das spezifizierte Kohärenzprädikat einzuhalten ist. Handelt es sich bei dem Kohärenzprädikat um eine exakte oder nur um eine ungefähre Anforderung? Wenn das Kohärenzprädikat exakt eingehalten werden soll, so ist zumindest zur Gewährleistung von Versions- und Wertabständen eine Synchronisation mit jeder Transaktion erforderlich, deren Änderungsoperationen das Kohärenzprädikat verletzen würden. Das würde wiederum bedeuten, daß die Freigabe einer Änderungstransaktion, die Kohärenzprädikate schwach konsistenter Replikate verletzt, verzögert werden muß, bis die Änderung auch auf den schwach konsistenten Replikaten eingebracht ist.

Eine andere Interpretation der Kohärenzprädikate wäre, daß die Verletzung eines Kohärenzprädikats $P(r_i(x))$ als auslösendes Ereignis aufgefaßt wird, durch das die asynchrone Aktualisierung von $r_i(x)$ veranlaßt wird. Diese Interpretation hätte zur Folge, daß das Replikat $r_i(x)$ zwischen dem Zeitpunkt der Invalidierung des Kohärenzprädikats $P(r_i(x))$ und der Aktualisierung von $r_i(x)$ noch gelesen werden kann, obwohl $P(r_i(x))$ nicht erfüllt ist. Die verschiedenen Interpretationen von Konsistenzanforderungen werden hier unter dem Stichwort *Synchronisationsanforderungen* zusammengefaßt. Neben den beiden erläuterten Varianten sind weitere Möglichkeiten denkbar, die nachfolgend zunächst am Beispiel des Versionsabstands diskutiert werden. Angenommen für ein gegebenes Replikat $r_i(x)$ ist ein tolerierbarer Versionsabstand $\Delta v(r_i(x))=1$ spezifiziert worden. Das bedeutet streng genommen, daß jede Änderungstransaktion T, die x modifiziert und das Kohärenzprädikat für $r_i(x)$ damit verletzt, mit $r_i(x)$ synchronisiert werden muß. Dies wiederum bedeutet, daß die Änderungstransaktion T nicht freigegeben werden darf, solange $r_i(x)$ noch gelesen wird. Eine asynchrone Aktualisierung dagegen würde bedeuten, daß T unabhängig von den Transaktionen, die $r_i(x)$ lesen, freigegeben werden darf, und daß die Änderung von T erst nachträglich im Rahmen einer unabhängigen Erneuerungstransaktion T' für $r_i(x)$ eingebracht werden. Zur Erläuterung weiterer Synchronisierungsvarianten wird ein einfaches Modell zur Propagierung von Änderungen zugrundegelegt, das in Abbildung 5.5 graphisch dargestellt wird. Die in der Abbildung eingezeichneten Synchronisationsvarianten werden nachfolgend erklärt.

In Abbildung 5.5 wird eine Änderungstransaktion T dargestellt, die das Objekt x modifiziert. Dabei wird o.B.d.A. angenommen, daß die Modifikation auf das physische Objekt $r_1(x)$ abgebildet wird. Weiterhin wird angenommen, daß für das Replikat $r_2(x)$ auf Knoten L_2 ein maximal tolerierbarer Versionsabstand von 1 gefordert wird, welcher durch die Änderungen der Transaktion T am Objekt x verletzt wird. Die Änderungen von T werden in einer persistenten Warteschlange zwischengespeichert, von wo aus sie an den Scheduler des Knotens L_2 propagiert werden. Der

Scheduler nimmt die lokale Ressourcenzuteilung vor und ist dafür verantwortlich, wann die lokale Änderungstransaktion T' die Änderungen von T in $r_2(x)$ einbringen kann. Die verschiedenen Synchronisierungsvarianten, die in Abbildung 5.5 durch die Ziffern (1) bis (4) angedeutet werden, unterscheiden sich im wesentlichen darin, bis zu welchem Zeitpunkt die Freigabe von T verzögert werden soll und ob die Transaktion T' auf L_2 eine unabhängige eigenständige Transaktion oder eine Teiltransaktion der verteilten Transaktion T ist. Die verschiedenen Varianten sollen nachfolgend kurz erläutert werden:

(1) *Globale Synchronisation:*
Die strengste denkbare Form der Synchronisation ist die globale Synchronisation, die bereits in den vorangegangenen Abschnitten beschrieben wurde. Hierbei wird die Freigabe der Änderungstransaktion T verzögert, bis die Änderung auch auf dem schwach konsistenten Replikat $r_2(x)$ eingebracht ist. Die Transaktion T' auf L_2 ist in diesem Fall nur eine Teiltransaktion der verteilten Transaktion T. Das bedeutet, daß die globale Transaktion T nur dann erfolgreich freigegeben werden kann, wenn auch die Teiltransaktion T' erfolgreich abschließt (Abschnitt 2.5.3). Alle nachfolgenden Varianten der Synchronisation erlauben eine unabhängige Freigabe der Transaktion T'.

(2) *Strenge Synchronisation:*
Wird die Transaktion T freigegeben, bevor T' abgeschlossen ist, so könnte das Objekt x bereits von anderen Transaktionen verändert worden sein, bevor die Änderungen von T auf $r_2(x)$ eingebracht wurden. Das bedeutet, daß zu dem Zeitpunkt, an dem $r_2(x)$ gelesen wird, der spezifizierte tolerierbare Versionsabstand schon weit überschritten sein könnte. Um diese Ungenauigkeit in Grenzen zu halten, kann die Transaktion T zumindest mit dem lokalen Scheduler auf dem Knoten L_2 synchronisiert werden. Dabei wird die Freigabe der Transaktion T solange verzögert, bis eine Bestätigung vom Scheduler auf dem Knoten L_2 empfangen wird. Setzt man beim Scheduler die Zuteilungsstrategie FCFS (First-Come-First-Serve) voraus, so wird dadurch sichergestellt, daß für eine Lesetransaktion T_{Read} auf L_2 zumindest bei Beginn der Transaktion das Kohärenzprädikat für $r_2(x)$ noch erfüllt ist, weil jede bereits freigegebene Änderung zumindest dem lokalen Scheduler schon bekannt ist, so daß die entsprechende Aktualisierungstransaktion T' lokal auf L_2 vor T_{Read} serialisiert wird. Bei der strengen Synchronisation verzögert der Scheduler das Versenden der Bestätigung an die Änderungstransaktion T so lange, bis die Änderung von T die nächste Änderung ist, die auf $r_2(x)$ einzubringen ist. Dadurch wird verhindert, daß beliebig viele Änderungen auf x freigegeben werden können während die lokale Lesetransaktion T_{Read} läuft. Während des Verlaufs einer Lesetransaktion, die auf $r_2(x)$ zugreift, wird somit der tolerierbare Versionsabstand um maximal 1 überschritten.

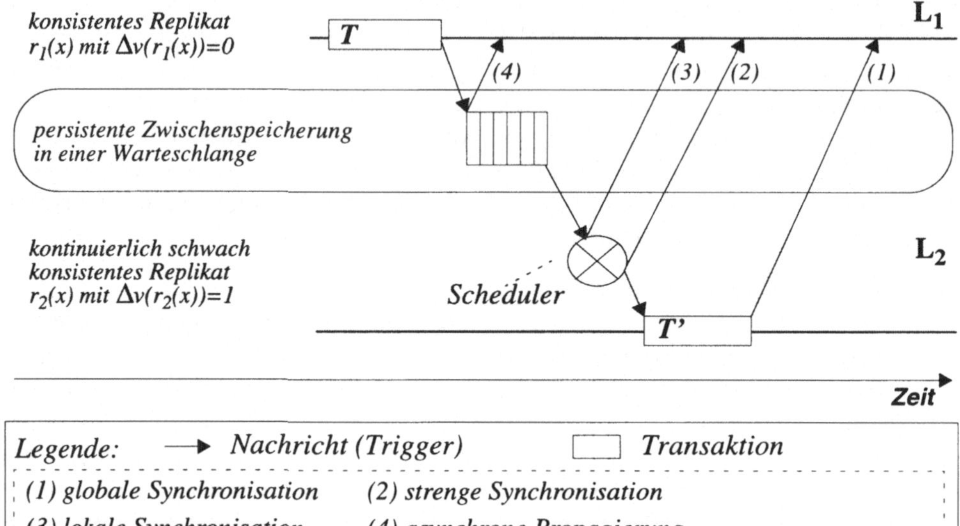

Abb. 5.5: Synchronisation kontinuierlich schwach konsistenter Replikate

(3) *Lokale Synchronisation:*

Bei der lokalen Synchronisation muß die Änderungstransaktion T mit der Freigabe ebenfalls warten bis der Scheduler des Knotens L_2 die Bestätigung zurückgeschickt hat. Hier kann der Scheduler die Bestätigung allerdings sofort nach Erhalt der Änderungsnachricht abschicken. Dadurch wird, unter Voraussetzung der Zuteilungsstrategie FCFS, sichergestellt, daß zumindest beim Beginn einer Lesetransaktion die spezifizierten Kohärenzprädikate erfüllt sind. Während des Verlaufs der Transaktion können allerdings beliebig viele weitere Änderungstransaktionen auf dem Objekt x freigegeben werden.

(4) *Asynchrone Propagierung:*

Bei der asynchronen Propagierung findet überhaupt keine Synchronisation mehr zwischen der Änderungstransaktion T und den Lesetransaktionen auf $r_2(x)$ statt. Durch das Eintragen der Propagierung in eine persistente Warteschlange wird lediglich zugesichert, daß die Propagierung der Änderung zum Knoten L_2 auf jeden Fall stattfindet.

Weitere Synchronisierungsvarianten sind denkbar. Durch die Auflistung der verschiedenen Synchronisationsvarianten soll aufgezeigt werden, daß mit der Spezifikation von Kohärenzprädikaten durchaus unterschiedliche Semantiken verbunden werden können, und daß zur Unterscheidung dieser verschiedenen Interpretationsmöglichkeiten entweder eine weitere Spezifikation nötig ist oder grundsätzlich nur eine der Varianten sichergestellt wird. Entscheidet man sich für eine der Varianten, so sind die Eigenschaften der gewählten Variante bei der Spezifikation von Kohärenzprädikaten mit zu berücksichtigen.

In der bisherigen Beschreibung der kontinuierlichen Konsistenzanforderungen ist nur von Konsistenzprädikaten die Rede. Es ist jedoch noch nichts darüber ausgesagt, wie genau das spezifizierte Kohärenzprädikat einzuhalten ist. Wenn hier eine zusätzliche Unschärfe spezifiziert werden kann, so wird dadurch eine weitere Optimierungsmöglichkeit geschaffen, indem eine bessere Anpassung an die Anwendungserfordernisse ermöglicht wird. Die oben beschriebenen verschiedenen Varianten zur Synchronisation kontinuierlich schwach konsistenter Replikate bieten Alternativen an, eine solche Unschärfe zu spezifizieren. Im nachfolgenden Kapitel, wenn es um die Gewährleistung von Konsistenzanforderungen unter Berücksichtigung von Knoten- und Kommunikationsfehlern geht, wird die Diskussion über unscharfe Konsistenzanforderungen noch einmal aus anderem Blickwinkel aufgegriffen.

5.5 Zeitabhängigkeit von Konsistenzanforderungen

Die dynamische Veränderlichkeit von Konsistenzanforderungen für Replikate wird mit Hilfe der zeitlichen Komponente der Konsistenzspezifikation erreicht. Sowohl die Definition von Zeitpunkten als auch die Definition von Zeitintervallen beruhen dabei auf der Spezifikation von Ereignissen. Aus diesem Grunde werden in diesem Abschnitt nach einer kurzen Erläuterung des Ereignisbegriffs verschiedene Möglichkeiten zur Ereignisspezifikation aufgezeigt.

5.5.1 Ereignisse

Bevor über die Spezifikation zeitbezogener Konsistenzanforderungen mit Hilfe von Ereignissen gesprochen werden kann, ist zunächst die Frage zu klären, was überhaupt unter dem Begriff *"Ereignis"* zu verstehen ist. In diesem Zusammenhang ist insbesondere klarzustellen, wie über Ereignisse ein Zeitbezug hergestellt werden kann und welche grundlegenden Annahmen über den Zeitbegriff zu machen sind, wenn Ereignisse zur Konsistenzspezifikation herangezogen werden.

In den vergangenen Jahren wurde der Begriff "Ereignis" im Datenbankbereich bereits sehr strapaziert. Insbesondere im Zusammenhang mit *aktiven Datenbanksystemen*, *Datenbanktriggern* und der Entwicklung der *ECA-Regeln* steht der Begriff "Ereignis" im Mittelpunkt des Interesses. ECA steht für *"Event-Condition-Action"* und besagt, daß beim Eintreten des Ereignisses E (Event) die Bedingung C (Condition) zu überprüfen ist, und falls die Bedingung erfüllt sein sollte, die Aktion A (Action) auszuführen ist. Da durch das Eintreten eines Ereignisses der Zeitpunkt der Regelauswertung festgelegt wird, wird also auch bei einer ECA-Regel durch das Ereignis ein Zeitbezug hergestellt. In der Fachliteratur werden zwar meist verschiedene Typen von Ereignissen unterschieden, jedoch wird über die grundlegenden Eigenschaften von Ereignissen in verteilten Systemen und über deren Implikationen auf die anwendungsbezogene Verwendung von Ereignissen zur expliziten Herstellung eines Zeitbezugs wenig ausgesagt. Stattdessen wird ein intuitives Verständnis für die Handhabung von Ereignissen vorausgesetzt. Reinert hat dieses Defizit in [Rei95] erkannt und faßt daher die wesentlichen Aspekte des Ereignisbegriffs im Rahmen der Datenverarbeitung explizit in vier Punkten zusammen. Nachfolgend werden die vier Punkte Reinerts aufgeführt und in den zu diskutierenden Zusammenhang gestellt:

(1) *Ereignisse treten ein.*
Durch das *Eintreten* eines Ereignisses wird ein Zeitbezug hergestellt. Reinert verallgemeinert diese Aussage dahingehend, daß es ausreicht, einen partiell geordneten Bezugsrahmen herzustellen, der Aussagen über Vorher und Nachher erlaubt. In dem hier diskutierten Zusammenhang werden Ereignisse ausschließlich dazu verwendet, den zeitlichen Rahmen für Konsistenzanforderungen festzulegen. Daher soll nachfolgend davon ausgegangen werden, daß durch das Eintreten eines Ereignisses ein *Zeitpunkt* festgelegt wird. Es gibt somit insbesondere keine Zeitdauer von Ereignissen und keine überlappenden Ereignisse, womit der DV-technische Terminus "Ereignis" sich eindeutig vom umgangssprachlichen Begriff abgrenzt. Eine Rekonstruktion des Begriffes "Ereignis" aus philosophischer sowie aus DV-technischer Sicht findet sich in [KLS94b].

(2) *Ereignisse müssen erkannt werden.*
Bei der Ereigniserkennung spielen im wesentlichen folgende Aspekte eine Rolle:

- *Relevanz (Erheblichkeit) des Ereignisses*:
  Nicht alle auftretenden Ereignisse sind relevant. Um die Menge der zu betrachtenden Ereignisse einzuschränken, ist es wichtig, sich auf relevante Ereignisse zu beschränken. Die Menge der relevanten Ereignisse kann durch die Spezifikation von Ereignisschemata festgelegt werden.

- *Erkennbarkeit des Ereignisses*:
  Reinert bezeichnet die Systemkomponente, die ein Ereignis erkennen kann, als *"Wahrnehmungssystem"* (WS). Zu jedem WS gehört ein *"Wahrnehmungsraum"* (WR). Der WR ist die Menge der relevanten Ereignisse, die prinzipiell vom zugehörigen WS erkannt werden können. Wenn also ein bestimmtes Ereignis erkannt werden soll, so ist sicherzustellen, daß es im WR eines WS enthalten ist.

Es sei darauf hingewiesen, daß die Trennung von *Entstehungszusammenhang* (1) und *Erkennungszusammenhang* (2) von Ereignissen in [RW93] als grundlegend für den Entwurf von Triggersystemen herausgestellt wird.

(3) *Ereignisse müssen interpretiert werden.*
Die Interpretation eines Ereignisses besteht darin, eine geeignete Reaktion auf das Ereignis zu bestimmen. Die Systemkomponente, die für die Ereignisinterpretation zuständig ist, wird von Reinert als *"Interpretierendes System"* (IS) bezeichnet. Im vorliegenden Fall der Spezifikation zeitlicher Konsistenzan-

forderungen besteht die Interpretation eines Ereignisses darin, zu bestimmen, welche zeitbezogenen Konsistenzanforderungen für welches Replikat durch das Eintreten des Ereignisses berührt werden. Weiterhin ist zu entscheiden, ob die betreffenden Replikate zu aktualisieren und in einen anderen Zustand zu versetzen sind. Für eine detaillierte Beschreibung der Reaktionen auf Ereignisse wird auf Kapitel 6 verwiesen.

(4) *Ereignisse haben Reaktionen zur Folge.*
Die Durchführung der durch das IS bestimmten Reaktion bildet den letzten Schritt der Ereignisverarbeitung. Die entsprechenden Systemkomponenten, die mit der Ausführung der Reaktion beauftragt werden, werden analog zur bisherigen Terminologie als *"Reagierendes System"* (RS) bezeichnet.

Die vier Punkte Reinerts spiegeln im wesentlichen den Ablauf der Ereignisverarbeitung wider und erlauben, wie später noch deutlich wird, wichtige Erkenntnisse bezüglich der Anwendbarkeit von Ereignissen zur Sicherstellung zeitbezogener Konsistenzanforderungen in verteilten Systemen. Dabei ist insbesondere entscheidend, daß es sich bei den aufgeführten Aspekten um eine Kausalkette handelt, die nicht unterbrochen werden darf. Da es in diesem Kapitel jedoch in erster Linie um die Spezifikation von Ereignissen geht, soll hier zunächst nur festgehalten werden, daß *ein Ereignis einen Zeitpunkt definiert, der durch eine Veränderung im Wahrnehmungsraum eines Wahrnehmungssystems festgelegt wird* ([Rei95]).

Die *"Genauigkeit"* des zeitlichen Bezugs, der mit Hilfe von Ereignissen hergestellt werden kann, hängt damit zusammen, wie groß die zeitliche Verzögerung ist, die zwischen dem Eintreten des Ereignisses und der Reaktion auf das Ereignis liegt. Der Zeitbezug ist streng genommen nur dann exakt, wenn die Reaktion gleichzeitig mit dem Ereignis stattfindet. Da dies normalerweise nicht gewährleistet werden kann, ist bei der Interpretation des durch Ereignisse hergestellten Zeitbezugs eine Unschärfe zu berücksichtigen, die von verschiedenen Faktoren beeinflußt wird.

5.5.2 Spezifikation von Ereignissen

Wenn von der Spezifikation und der Verarbeitung von Ereignissen die Rede ist, muß zwischen *Ereignisschemata* und *Ereignisinstanzen* unterschieden werden. Ereignisse werden durch Ereignisschemata spezifiziert. Ein Ereignisschema beschreibt eine Menge von Ereignisinstanzen. Jedes Eintreten eines im Rahmen eines Ereignisschemas beschriebenen Ereignisses wird als Ereignisinstanz bezeichnet. Eine Ereignisinstanz definiert somit genau einen (nicht wiederkehrenden) Zeitpunkt. Ereignisschemata werden nachfolgend mit Großbuchstaben bezeichnet, während Ereignisinstanzen durch entsprechende Kleinbuchstaben dargestellt werden und zusätzlich zu ihrer Unterscheidung einen Index erhalten. Als Beispiel dient ein Ereignisschema A mit den Ereignisinstanzen a_1, a_2, ... a_n.

Zur Spezifikation von Ereignisschemata wird eine Ereignissprache benötigt. Je genauer die relevanten Zeitpunkte dabei spezifiziert werden sollen, um so mächtiger muß die zugrundegelegte Ereignissprache sein. Ein Beispiel für eine solche Ereignissprache wird in [GGD94] vorgestellt.

Ereignisse, die unmittelbar erkannt werden können, werden in Anlehnung an [RW93] als Elementarereignisse bezeichnet. Elementarereignisse werden verschiedentlich auch als *primitive Ereignisse* ([GGD94]) oder auch als *Basis-Events (*[Rei95]*)* bezeichnet. Nachfolgend werden einige Beispiele für Elementarereignisse aufgeführt, die speziell im Zusammenhang mit Datenbanksystemen von Interesse sind. Es ist zu beachten, daß die angegebenen Spezifikationen jeweils elementare Ereignisschemata darstellen:

- *Zeitereignisse*
  Ein Ereignis kann durch die explizite Angabe einer Uhrzeit spezifiziert werden. Dabei können *absolute Zeitereignisse* (z.B. "20. Oktober 1996, 10:00 Uhr") von periodisch wiederkehrenden Zeitereignissen (z.B. "täglich 10:00 Uhr") unterschieden werden.

- *Operationsbezogene Ereignisse*
  Ereignisse können durch die Angabe bestimmter Operationen spezifiziert werden. Eine Änderungsoperation W(x) auf einem Datenobjekt x könnte beispielsweise im Rahmen einer Ereignisspezifikation angegeben werden. Da jedes Ereignis einen Zeitpunkt darstellt, die Ausführung einer Operation aber eine Zeitdauer in Anspruch nimmt, muß zur genaueren Festlegung der Semantik des Ereignisses noch angegeben werden, ob es sich um den Beginn oder um das Ende der Operation handelt.

- *Transaktionsereignisse*
  Transaktionsereignisse sind solche Ereignisse, die unmittelbar mit der transaktionalen Datenverarbeitung zusammenhängen. Dazu gehören die Operationen BOT (*begin of transaction*), EOT (*end of transaction*) und Abort.

- *Abstrakte Ereignisse*
  Ein abstraktes Ereignis ist ein Ereignis, das vom Datenbankbenutzer definiert wird und explizit auch vom Datenbankbenutzer oder im Rahmen einer Datenbankanwendung ausgelöst wird. Beispielsweise könnte ein Benutzer ein Ereignis "Ende_der_Bearbeitung" definieren. Dazu muß eine Operation zur Spezifikation elementarer abstrakter Ereignisse aufgerufen werden (z. B. DEFINE_EVENT(Ende_der_Bearbeitung)). Das Ereignis wird explizit durch den Benutzer (bzw. durch eine Datenbankanwendung) ausgelöst, indem wiederum eine entsprechende Operation aufgerufen wird, die mit dem Namen des auszulösenden Ereignisses parametrisiert wird (beispielsweise durch einen Aufruf RAISE_EVENT(Ende_der_Bearbeitung)).

Elementare Ereignisse können im Rahmen einer Ereignisalgebra unter Zuhilfenahme von Ereigniskonstruktoren zu komplexen Ereignissen zusammengesetzt werden. Man spricht dann auch allgemein von *zusammengesetzten Ereignissen*. Für zusammengesetzte Ereignisse gelten die gleichen grundlegenden Annahmen, wie sie für Elementarereignisse gelten. Das bedeutet, daß auch jedes zusammengesetzte Ereignis genau einen Zeitpunkt definiert. Nachfolgend sind einige Ereigniskonstruktoren beispielhaft aufgeführt. Weitere Ereigniskonstruktoren sowie parametrisierte Ereigniskonstruktoren finden sich beispielsweise in [GJS92] und [GGD94].

- *Sequenz*: C:= (A → B)
  Das zusammengesetzte Ereignis (A → B) tritt ein, wenn die Elementarereignisse A und B in dieser Reihenfolge eingetreten sind.

- *Disjunktion*: C:= (A ∨ B)
  Das zusammengesetzte Ereignis (A∨ B) tritt ein, wenn entweder A oder B eintritt.

- *Konjunktion*: C:= (A ∧ B)
  Das zusammengesetzte Ereignis (A ∧ B) tritt ein, wenn die Elementarereignisse A und B in beliebiger Reihenfolge eingetreten sind.

Neben den hier aufgeführten zweistelligen Ereigniskonstruktoren gibt es auch einstellige Ereigniskonstruktoren, die beispielsweise die Spezifikation relativer Zeitereignisse zulassen:

- *Relative Zeitereignisse*: C:= (Δt after A)
  Das Eintreten des Ereignisses C wird relativ zu dem Zeitpunkt definiert, an dem das Ereignis A eintritt, indem ein zusätzliches Zeitintervall Δt als Verzögerung angegeben wird.

Zusammengesetzte Ereignisse können auch geschachtelt werden. Das heißt ein zusammengesetztes Ereignis C = (A ∧ B) kann beispielsweise zur Spezifikation eines neuen zusammengesetzten Ereignisses (etwa D := (Δt after C)) wieder verwendet werden.

5.5.3   Lebensdauer und Gültigkeitsbereich von Ereignissen

Um die Semantik von Triggersystemen mit zusammengesetzten Ereignissen festzulegen, ist es erforderlich, zu definieren, wann eine Instanz eines zusammengesetzten Ereignisses zu erzeugen ist und auf welche Instanzen von zusammengesetzten Ereignissen die Instanzen elementarer Ereignisse einen Einfluß haben. Dazu sind über die intuitive Definition der Ereigniskonstruktoren hinaus *Lebensdauer* und *Gültigkeitsbereich* der zu verknüpfenden Ereignisse zu definieren ([RW93]). Reinert spricht in diesem Zusammenhang auch vom *semantischen Kontext* ([Rei95]). Die Problematik wird im folgenden zunächst mit Hilfe eines Beispiels verdeutlicht.

Beispiel: Gegeben seien die elementaren Ereignisschemata A und B sowie die zusammengesetzten Ereignisschemata C:= (A ∧ B) und D := (A → B). In dem beschriebenen Szenario kann die Frage, wann Ereignisinstanzen der Schemata C und D eintreten, ohne eine weitere Spezifikation der Semantik der Ereigniskonstruktoren nicht eindeutig beantwortet werden. Nachfolgend werden beispielhaft einige Ereignishistorien zusammen mit verschiedenen Interpretationen aufgeführt, die jeweils zu unterschiedlichen Ergebnissen führen.

- *Ereignishistorie: a_1b_1*

  Ohne Zweifel erfüllt diese Ereignishistorie sowohl die Spezifikation für das zusammengesetzte Ereignis C, als auch für das Ereignis D. Es stellt sich die Frage, ob eine Instanz eines Elementarereignisses an Instanzen verschiedener Ereignisschemata teilhaben kann oder nicht. Im ersten Fall würden mit dem Eintreten von b_1 auch die Ereignisse c_1 und d_1 eintreten, während im zweiten Fall höchstens eines der beiden zusammengesetzten Ereignisse eintreten könnte.

- *Ereignishistorie: $b_1b_2a_1a_2$*

  Im Fall dieser Ereignishistorie stellt sich die Frage, wann die Interpretation einer neuen Instanz von C begonnen werden kann. Weiterhin gilt es zu klären, ob es gleichzeitig mehrere Instanzen von C geben kann, die sich in jeweils unterschiedlichen Zuständen befinden. Wenn es zu einem Zeitpunkt nur eine Instanz von C geben kann, dann wird das Ereignis b_2 ignoriert und es tritt nur ein Ereignis vom Typ C ein (nämlich zusammen mit a_1). Wenn es zu einem Zeitpunkt verschiedene nicht abgeschlossene Instanzen eines Ereignisschemas geben kann, stellt sich weiterhin die Frage, was passiert, wenn verschiedene Instanzen desselben Ereignisschemas auf dasselbe Elementarereignis warten. Wird beispielsweise mit b_2 die Interpretation eines neuen Ereignisses vom Typ C begonnen, so gibt es nach Eintreten von b_2 zwei Instanzen c_1 und c_2 vom Typ C, die beide auf das Eintreten eines Ereignisses vom Typ A warten.

Das erste Beispiel betrifft den *Gültigkeitsbereich* von Ereignissen. Da das "Verbrauchen" von elementaren Ereignisinstanzen durch zusammengesetzte Ereignisse verschiedenen Typs ohne eine globale Festlegung von Zuordnungsregeln zu nicht-deterministischem Verhalten führt, ist wohl zumindest im hier diskutierten Zusammenhang diese Strategie unsinnig, denn es ist anzunehmen, daß die verschiedenen Ereignisschemata unabhängig voneinander spezifiziert werden und ein nicht-deterministisches Verhalten nicht erwünscht ist. Der Gültigkeitsbereich eines Elementarereignisses erstreckt sich also immer über alle Ereignisschemata, in denen das Elementarereignis vorkommt.

Das zweite Beispiel betrifft die *Lebensdauer* von Ereignissen. Hier geht es um die Zuordnung von Elementarereignissen zu verschiedenen Instanzen eines Ereignisschemas. Es gibt eine ganze Reihe von möglichen Zuordnungen, die jeweils eine unterschiedliche Interpretation der Ereigniskonstruktoren widerspiegeln. Beispielhaft soll hier die von Reinwald und Wedekind in [RW93] vorgeschlagene Interpretation übernommen werden. Diese sieht vor, daß ein Elementarereignis nur auf jeweils eine Instanz eines zusammengesetzten Ereignisses einen Einfluß hat. Verschiedene Instanzen eines Ereignisschemas, die auf das gleiche Elementarereignis warten, werden in eine Warteschlange eingereiht. Tritt das erwartete Elementarereignis ein, so hat es nur Auswirkungen auf die Ereignisinstanz, die sich am längsten in der entsprechenden Warteschlange befindet (FCFS-Strategie). Für das obige Beispiel bedeutet diese Interpretation, daß das erste Ereignis c_1 mit a_1 eintritt, und das zweite Ereignis c_2 tritt mit a_2 ein. In [Rei95] wird diese Strategie als *"Chronicle-Kontext"* bezeichnet.

Damit sollen die Ausführungen zur Spezifikation von Ereignissen abgeschlossen sein. Für eine weitere Vertiefung sei auf die umfangreiche Literatur auf dem Gebiet der aktiven Datenbanken hingewiesen ([BCL91], [GGD94], [GJS92]). In [Koh93] wird darüber hinaus die Implementierung eines Wahrnehmungssystems zur Erkennung zusammengesetzter Ereignisse auf der Basis endlicher Automaten beschrieben.

Zusammenfassend sei noch einmal festgehalten, daß unabhängig davon, ob es sich um zusammengesetzte Ereignisse oder um Elementarereignisse handelt, ein Ereignis einen mehr oder weniger unscharfen Zeitpunkt definiert, der zur Herstellung eines Zeitbezugs für Konsistenzanforderungen herangezogen werden kann. Aus der Sicht eines verteilten Datenverwaltungssystems kann ein Ereignis nur dann einen exakten Zeitbezug herstellen, wenn das Eintreten des Ereignisses selbst unter der Kontrolle des verteilten Datenverwaltungssystems liegt. Dies ist zum Beispiel der Fall, wenn das Ereignis die Freigabe einer Änderung ist. In diesem Fall kann die Ereigniserkennung und die Interpretation bereits vor dem Eintreten des eigentlichen Ereignisses stattfinden, und die Reaktion kann mit dem Eintreten synchronisiert werden.

Die verschiedenen Varianten zur Synchronisation von Ereignissen, die im Rahmen von Transaktionen ausgelöst werden, mit der zugehörigen Reaktion, werden verschiedentlich auch als *Kopplungsmodi* unterschieden. Üblicherweise unterscheidet man die Modi *Immediate, Deferred* und *Decoupled*. Im Immediate-Modus wird die Reaktion sofort nach der Erkennung ausgelöst. Beim Deferred-Modus wird die Reaktion ans Ende der auslösenden Transaktion verschoben. Beim Decoupled-Modus wird schließlich die Reaktion in eine unabhängige Transaktion eingebettet. Dabei ist darauf zu achten, daß die auslösende Transaktion nicht abgebrochen wird wenn die "reagierende Transaktion" freigegeben wurde, weil sonst auf ein Ereignis reagiert wird, das nicht stattgefunden hat.

Die Unterscheidung derartiger Kopplungsmodi ist im Bereich der aktiven Datenbanken ein gängiges Mittel zur genaueren Modellierung von ECA-Regeln. Für eine weitere Vertiefung der Zusammenhänge von Ereigniserkennung und Reaktion sei wiederum auf [Rei95] verwiesen.

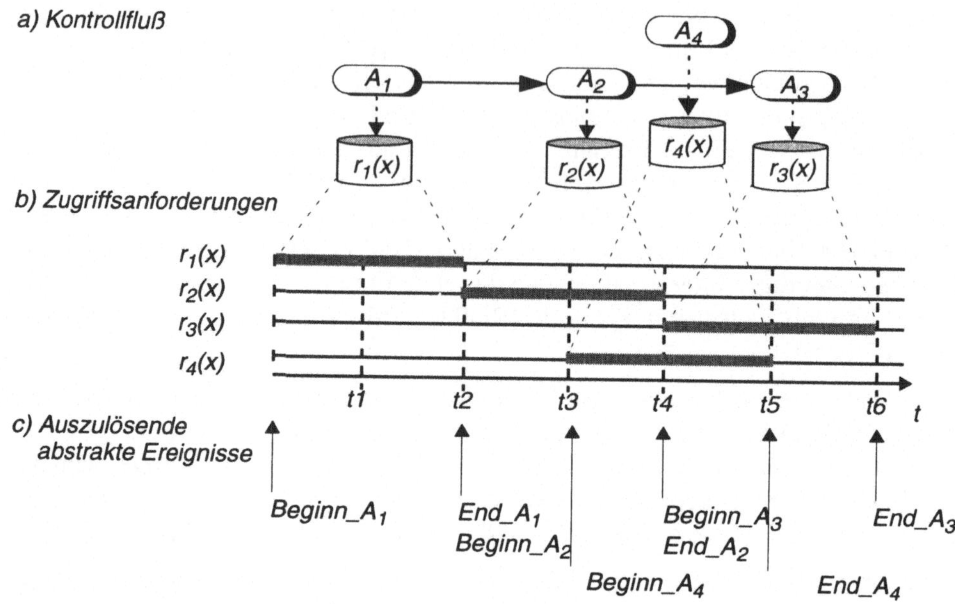

Abb. 5.6: Spezifikation von Zugriffsanforderungen

Beispiel

Zur Erläuterung der beschriebenen Konzepte zur Spezifikation zeitbezogener Konsistenzanforderungen sollen abschließend die in Abschnitt 4.3 und Abschnitt 4.4.6 aufgeführten Beispiele aus dem Bereich Workflow-Management herangezogen werden. In den genannten Beispielen greifen verschiedene Anwendungen konkurrierend auf ein gemeinsames Datenobjekt x zu. Jede Anwendung A_i läuft auf einem eigenen Rechnerknoten L_i ab, auf dem jeweils ein lokales Replikat $r_i(x)$ vorliegt. Die Zugriffsanforderungen der Anwendungen können nun spezifiziert werden, indem die Zeitintervalle angegeben werden, in denen der konsistente Zugriff auf das Objekt x aus der Sicht der jeweiligen Anwendung erforderlich ist. Dies sei hier am Beispiel des in Abbildung 4.3 dargestellten Szenarios exemplarisch gezeigt. Zur Erinnerung werden die dort diskutierten Zugriffsanforderungen noch einmal in Abbildung 5.6 dargestellt. Auf der Basis der *ASPECT*-Methode ist es für die Spezifikation dieser Zugriffsanforderungen zunächst erforderlich, für jede Applikation A_i jeweils die Ereignisschemata *Beginn_A_i* und *End_A_i* explizit zu spezifizieren. Um die Konsistenzanforderungen für die Replikate $r_1(x)$, $r_2(x)$, $r_3(x)$ und $r_4(x)$ zu spezifizieren, genügt es dann jeweils anzugeben, daß $r_i(x)$ zwischen Beginn_A_i und End_A_i maximal konsistent sein soll. Die entsprechenden Ereignisinstanzen sind entweder explizit vom Benutzer oder vom integrierenden Workflow-Management-System auszulösen. Das Datenverwaltungssystem muß für derartige Spezifikationen natürlich entsprechende Sprachkonstrukte zur Verfügung stellen.

Das Beispiel zeigt insbesondere, daß der Spezifikationsaufwand hier erheblich geringer ist als bei der Beschreibung der gleichen Anwendungsanforderungen mit Hilfe von Propagierungsregeln, wie es in Abschnitt 4.4.6 beschrieben wurde.

5.6 Mögliche Zustände von Replikaten

Bisher wurde der Zustand eines Replikats durch die Prädikate *"veraltet"* oder *"aktuell"* charakterisiert (Definition 5.2(4) in Abschnitt 5.1). In Abschnitt 3.2 wurden zusätzlich die Termini *"gültig"* und *"ungültig"* verwendet, um auszudrücken, ob ein Replikat wertgleich mit dem zugehörigen logischen Datum ist oder nicht. Diese Termini werden nun im Zusammenhang mit Replikaten, die mit Konsistenzanforderungen behaftet sind, neu definiert. Dabei ist nun zusätzlich zum Ausdruck zu bringen, ob ein Zugriff auf ein Replikat $r_i(x)$ aus der Sicht einer Anwendung A_i, die ein bestimmtes Kohärenzprädikat $P(r_i(x))$ spezifiziert hat, als korrekt erachtet wird oder nicht. Der Zustand eines Replikats wird also zum einen durch den tolerierbaren Konsistenzzustand und zum anderen durch den tatsächlichen Konsistenzzustand des Replikats charakterisiert. Der tolerierbare Konsistenzgrad wurde in Abschnitt 5.3 bereits mit den Prädikaten *konsistent* und *schwach konsistent* belegt. In der nachfolgenden Definition werden die bereits bekannten Zustandsprädikate noch einmal zusammengefaßt und in bezug auf den beschriebenen Sachverhalt weiter präzisiert:

Definition 5.4:
Der Konsistenzzustand eines Replikats $r_i(x)$ kann unter Berücksichtigung von zeitbezogenen Konsistenzanforderungen und Kohärenzprädikaten durch folgende Prädikate beschrieben werden:

Prädikate zur Beschreibung des tatsächlichen Konsistenzgrades

    (1) *aktuell* (Definition 5.2(4))

    (2) *veraltet* (Definition 5.2(4))

Prädikate zur Beschreibung des tolerierbaren Konsistenzgrades

    (3) *konsistent*
        Ein Replikat $r_i(x)$ wird als konsistent bezeichnet, wenn es eine kontinuierliche Konsistenzanforderung für $r_i(x)$ gibt, die die maximale Konsistenz von $r_i(x)$ fordert. (vgl. auch Abbildung 5.3)

    (4) *schwach konsistent*
        Ein Replikat $r_i(x)$ ist schwach konsistent, wenn es eine Konsistenzanforderung für $r_i(x)$ gibt und wenn $r_i(x)$ nicht konsistent im Sinne von Definition 5.4(3) ist.

Prädikate zur Beschreibung des relativen Konsistenzgrades in bezug auf die momentanen Konsistenzanforderungen:

(5) *gültig (bezüglich einer Konsistenzanforderung)*
Ein Replikat $r_i(x)$ ist *gültig bezüglich einer Konsistenzanforderung* $P(r_i(x))$, wenn der tatsächliche Konsistenzgrad von $r_i(x)$ die Anforderung $P(r_i(x))$ erfüllt. Ein Replikat $r_i(x)$ ist *voll gültig* wenn $r_i(x)$ gemäß Definition 5.2(4) aktuell ist. Ein voll gültiges Replikat ist gültig bezüglich jeder Konsistenzanforderung.

(6) *ungültig*
Ein Replikat $r_i(x)$ ist ungültig, wenn es die momentanen Konsistenzanforderungen nicht erfüllt.

Gemäß dieser Begriffsdefinition ist ein Zugriff auf ein Replikat immer dann als korrekt zu erachten, wenn das Replikat gültig bezüglich der Konsistenzanforderungen der zugreifenden Anwendung ist.

5.7 Spezifikation von Integritätsbedingungen

Bisher wurden nur Aktualitätsanforderungen für einzelne Objekte in der Datenbank spezifiziert. Es gibt jedoch auch *Integritätsanforderungen* zwischen verschiedenen logischen Objekten der Datenbank (Abschnitt 2.2.3).

Da in dem hier beschriebenen Szenario auf veraltete Replikate zugegriffen wird, können sowohl explizite als auch implizite Integritätsbedingungen nicht mehr ohne weiteres sichergestellt werden. Dies wird in Abbildung 5.7 anhand eines Beispiels illustriert. In dem dargestellten Szenario wird angenommen, daß die Datenbank die Objekte x_1, x_2 und x_3 enthält und daß diese Objekte durch globale Transaktionen T_1 und T_2 modifiziert werden. Es sei nun weiter angenommen daß x_1, x_2 und x_3 jeweils numerische Wertebereiche haben, und daß auf den Objekten die implizite Integritätsbedingung $w(x_1)+w(x_3)=w(x_2)$ durch die Transaktionen sichergestellt werden soll. Die Transaktion T_1 inkrementiert x_1 und x_2 jeweils um den gleichen Wert, und garantiert somit, daß bei vollständiger Ausführung der Transaktion die Integrität der Datenbank erhalten bleibt. Das gleiche gilt für die Transaktion T_2, die x_2 und x_3 um jeweils den gleichen Wert inkrementiert.

An einem Knoten L_1 liegen jeweils Replikate $r_1(x_1)$, $r_1(x_2)$ und $r_1(x_3)$ vor, für die jeweils ein tolerierbarer Versionsabstand $\Delta v(r_1(x_i))=1$ spezifiziert wurde. Nach Ausführung von Transaktion T_1 erhöht sich der tatsächliche Versionsabstand für $r_1(x_1)$ und $r_1(x_2)$ jeweils auf 1, was noch toleriert werden kann. Nach Ausführung der Transaktion T_2 erhöht sich der Versionsabstand für $r_1(x_2)$ auf 2 und der Abstand für $r_1(x_3)$ erhöht sich auf 1. Für $r_1(x_2)$ wird damit die Aktualitätsanforderung $\Delta v(r_1(x_2))=1$ verletzt. Wird nun $r_1(x_2)$ aktualisiert, so enthält $r_1(x_2)$ anschließend die Summe aus x_1 und x_3. Dadurch würde jedoch die Integrität *aus lokaler Sicht* verletzt, denn da $r_1(x_1)$ und $r_1(x_3)$ nach wie vor eine veraltete Version der jeweiligen

Objekte halten, ist die Aussage $w(r_1(x_1))+w(r_1(x_3))=w(r_1(x_2))$ falsch! Eine erste Idee zur Sicherstellung der lokalen Integrität könnte darin bestehen, alle Objekte zu aktualisieren, die durch die Transaktion T_2, welche die Verletzung der Aktualitätsanforderungen für $r_2(x)$ veranlaßt hat, verändert wurden. Dies würde dazu führen, daß nun $r_1(x_2)$ und $r_1(x_3)$ aktualisiert werden, was aber die lokale Integrität nach wie vor verletzt, denn $r_1(x_1)$ verbleibt immer noch auf einem veralteten Zustand.

Das Beispiel zeigt deutlich, daß zur Sicherstellung der lokalen Integrität zusätzliche Mechanismen erforderlich sind, die weit über die Gewährleistung von Aktualitätsanforderungen hinausgehen. In [Sch96b] wird gezeigt, daß derartige Mechanismen sehr aufwendig sein können und die Vorteile einer schwach konsistenten Replikation unter Umständen erheblich einschränken können (in Kapitel 6 wird auf Mechanismen zur Sicherstellung der lokalen Integrität eingegangen). Andererseits ist die Einhaltung der semantischen Integrität für viele Anwendungen keineswegs erforderlich, so daß also hier gemäß dem Need-To-Know Prinzip ein weiteres Optimierungspotential durch Abschwächung von Anwendungsanforderungen besteht. Um dieses Potential auszuschöpfen, ist in Analogie zur Spezifikation von Aktualitätsanforderungen die Semantik der jeweiligen Anwendung zu berücksichtigen. Wenn beispielsweise bekannt ist, daß die Transaktionen einer bestimmten Anwendung stets jeweils nur ein Objekt der Datenbank lesen und modifizieren, so spielt die wechselseitige Konsistenz zwischen verschiedenen logischen Objekten in der Datenbank für diese Applikation keine Rolle. Desweiteren kann durchaus angenommen werden, daß eine Applikation, die für ein Objekt x veraltete Werte tolerieren kann, unter Umständen auch tolerieren kann, daß Integritätsbedingungen, die sich auf dieses x beziehen, aus lokaler Sicht nicht jederzeit erfüllt sind.

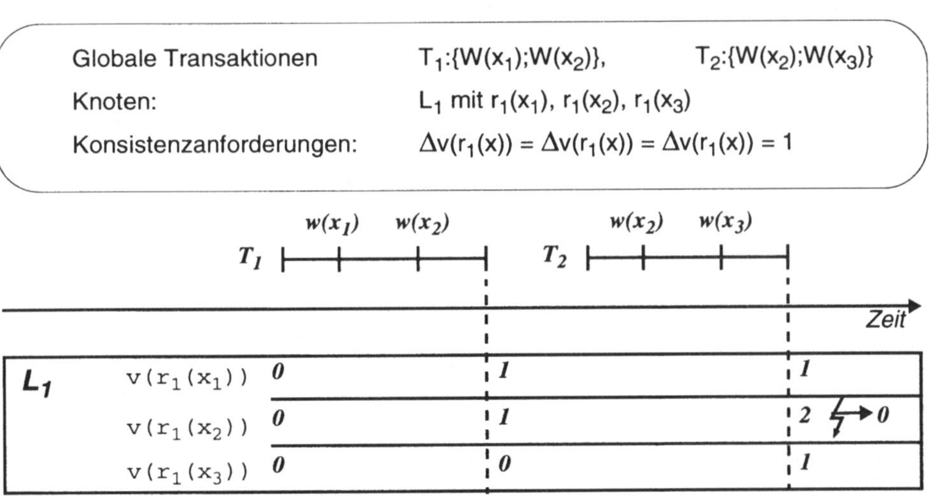

Abb. 5.7: Transaktionskonsistenz bei veralteten Replikaten

Mit den bisher vorgestellten Mitteln der Konsistenzspezifikation ist die Sicherstellung der lokalen Integrität nur dann gewährleistet, wenn für alle potentiell betroffenen Replikate an einem Knoten die maximale Konsistenz gefordert wird. Diese Lösung ist jedoch unbefriedigend, da es sicherlich wünschenswert ist, veraltete Daten zuzulassen und dennoch die lokale Integrität gewährleisten zu können. Die Folgerung daraus ist, daß es eine Möglichkeit zur Spezifikation der lokalen Integritätsanforderungen geben muß.

Als Beispiel für ein Konzept, das dies gewährleistet, kann das bereits vielfach erwähnte Snapshot Konzept genannt werden. In diesem Kapitel wurde vereinfachend von disjunkten Datenobjekten ausgegangen und ein Snapshot wurde in diesem Zusammenhang als Replikat mit ereignisorientierten Konsistenzanforderungen charakterisiert. Geht man jedoch von der vereinfachenden Annahme der disjunkten Datenobjekte ab, so stellt ein Snapshot gemäß der Definition in Abschnitt 4.4.2 einen Ausschnitt der Datenbank dar, der zwar veraltet, aber in sich konsistent ist. Übertragen auf unser vereinfachtes Datenmodell könnte man also hier von einer Menge von Replikaten verschiedener Objekte sprechen, die auf einem Knoten mit gemeinsamen Aktualitäts- *und* Integritätsanforderungen allokiert sind. Hier werden demnach Integritätsanforderungen spezifiziert, indem eine Menge logisch zusammengehöriger Datenobjekte festgelegt wird, innerhalb derer die Integrität sicherzustellen ist.

In [Che95] wird ausgehend von den beschriebenen Gedankengängen vorgeschlagen, die lokale Integrität für bestimmte Mengen von logisch zusammengehörigen Datenobjekten zu spezifizieren (*Integritätsbereich*).

Definition 5.5: Integritätsbereich:
Ein Integritätsbereich I_i ist eine Menge logischer Objekte $\{x_1, ..., x_n\}$, deren logische Zusammengehörigkeit explizit für einen Knoten L_i spezifiziert wird, mit dem Ziel, für die Replikate $\{r_i(x_1), ..., r_i(x_n)\}$ objektübergreifende Integritätsbedingungen und Transaktionskonsistenz herbeizuführen.

Dabei ist es nicht unbedingt erforderlich, für alle innerhalb eines solchen Integritätsbereichs zusammengefaßten Objekte gleiche Aktualitätsanforderungen zu stellen. An die Spezifikation von Integritätsbereichen werden zunächst keine weiteren Einschränkungen gebunden. Das bedeutet, daß beispielsweise auch überlappende Integritätsbereiche am gleichen Knoten spezifiziert werden können.

In Abbildung 5.8 wird ein Beispiel für überlappende Integritätsbereiche illustriert. Es ist zu beachten, daß die Spezifikation zweier überlappender Integritätsbereiche $I_i{}^1$ und $I_i{}^2$ für den selben Knoten L_i nicht gleichbedeutend ist mit der Spezifikation eines umfassenden Integritätsbereichs $I_i = I_i{}^1 \cup I_i{}^2$. Ausgehend von dem Beispiel in Abbildung 5.8 sei dazu angenommen, daß alle Replikate $r_i(x_1)$, $r_i(x_2)$, ..., $r_i(x_{12})$ aktuell seien. Dann ist die Transaktionskonsistenz natürlich gewährleistet. Werden nun x_1 und x_2 von einer Transaktion T modifiziert, so müssen im Falle einer Aktua-

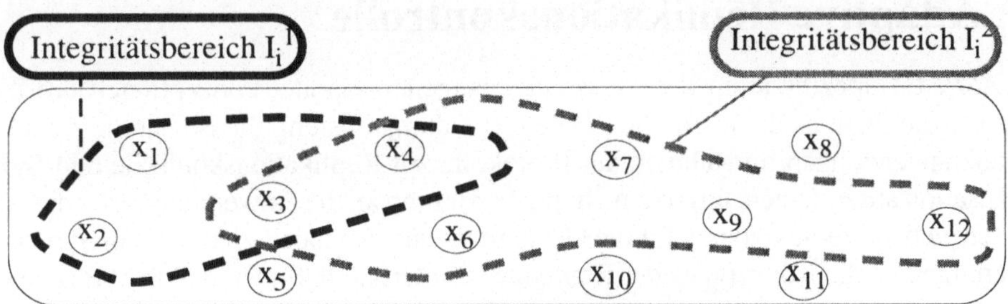

Abb. 5.8: Spezifikation überlappender Integritätsbereiche

lisierung diese beiden Änderungen immer zusammen (atomar) eingebracht werden, da x_1 und x_2 im gleichen Integritätsbereich I_i^1 liegen. Werden dagegen x_1 und x_6 von der Transaktion T modifiziert, so ist das atomare Einbringen in die Replikate $r_i(x_1)$ und $r_i(x_6)$ nicht unbedingt erforderlich, da x_1 und x_6 in keinem gemeinsamen Integritätsbereich liegen.

Da es in diesem Kapitel nur um die Spezifikation von Konsistenzanforderungen, nicht aber um deren Sicherstellung ging, sollen die Ausführungen zur Integritätssicherung an dieser Stelle nicht mehr weiter vertieft werden. Stattdessen wird auf das nachfolgende Kapitel verwiesen. Desweiteren ist anzumerken, daß die Sicherstellung der lokalen Integrität inhärent zusammenhängt mit den Datengranulaten zur Spezifikation, Allokation und Synchronisation. Aus diesem Grund wird diese Problematik auch in Kapitel 7 noch einmal aufgegriffen. Zur Vertiefung der Problematik wird darüber hinaus auf die Arbeiten von Schmölz ([Sch96b]) und Cherichi ([Che95]) verwiesen.

Damit sollen die konzeptionellen Grundlagen der Spezifikationsmethodologie *ASPECT* abgeschlossen werden. Im nachfolgenden Kapitel wird weiterhin das hier eingeführte vereinfachte Modell eines verteilten Datenverwaltungssystems zugrundegelegt. Es werden elementare Algorithmen und verteilte Protokolle vorgestellt, welche die Sicherstellung der auf der Basis von *ASPECT* spezifizierbaren Konsistenzanforderungen erlauben.

6 Adaptive Replikationskontrolle

Die *ASPECT*-Spezifikation, die im vorangegangenen Kapitel konzeptionell erörtert wurde, ermöglicht es dem verteilten Datenverwaltungssystem, die Semantik von Datenbankanwendungen im Rahmen der Protokolle zur Replikationskontrolle und Synchronisation auszunutzen, um so eine hohe Anpassung an die Anwendungserfordernisse zu erreichen. Voraussetzung für die Gewährleistung der spezifizierten Konsistenzanforderungen ist die Konvergenz der Replikate. Der Grund dafür ist, daß der Wert eines logischen Datums jederzeit aus der Menge der zugehörigen Replikate ableitbar sein muß - nur so macht die Spezifikation eines tolerierbaren Abstands, wie sie im vorangegangenen Kapitel beschrieben wurde, Sinn.

Das Kernkonzept zur Sicherstellung der Konvergenz und zur Herleitung des aktuellen Wertes eines logischen Datums aus den zugehörigen Replikaten ist das Konzept der Konsistenzinseln ([Len95b], [Len96a], [Len96b], [LKR94], [LW94]), das in Abschnitt 6.1 erläutert wird. Nachfolgend werden dann verschiedene Alternativen zur Wartung schwach konsistenter Replikate vorgestellt, die alle auf dem Konsistenzinselkonzept aufbauen. In Abschnitt 6.3 wird zunächst die ereignisorientierte Aktualisierung von Replikaten diskutiert. In den nachfolgenden Abschnitten wird dann auf die Wartung kontinuierlich schwach konsistenter Replikate eingegangen. Dabei werden insbesondere verschiedene Protokollvarianten mit globaler Synchronisation (Abschnitt 6.4) und Protokolle zur Unterstützung asynchroner Anforderungen (Abschnitt 6.5) betrachtet. Auf die Ausarbeitung von Protokollen für weitere Synchronisationsanforderungen wird verzichtet, da diese Varianten nur zu geringfügigen Modifikationen der vorgestellten Protokolle führen würden. Im Anschluß an die verschiedenen Protokollvarianten werden in Abschnitt 6.6 noch Mechanismen zur Sicherstellung der Transaktionskonsistenz vorgestellt.

6.1 Das Konzept der Konsistenzinseln

Um den Wert eines logischen Datums aus den zugehörigen Replikaten herleiten zu können, interessieren in erster Linie diejenigen Replikate, für die ohnehin spezifiziert wurde, daß sie aktuell sein sollen. Das sind die Replikate, für die kontinuierliche Konsistenz gefordert wurde (konsistente Replikate gemäß Abbildung 5.3). Die Menge dieser Replikate wird nachfolgend als *Konsistenzinsel* bezeichnet. Vorläufig ist der Begriff Konsistenzinsel damit wie folgt definiert:

Die Konsistenzinsel $K(x,t) \subseteq Rep(x)$ eines Objektes x ist die Menge der zum Zeitpunkt t gültigen (kontinuierlich) konsistenten Replikate des Objektes x.

Die Konsistenzinsel eines Objektes x ist somit eine sich dynamisch verändernde Menge von Replikaten dieses Objektes. Replikate können je nach spezifizierten Konsistenzanforderungen in die Konsistenzinsel eintreten oder aus der Konsistenzinsel austreten. Da alle Replikate, die sich momentan in der Konsistenzinsel befinden, aufgrund

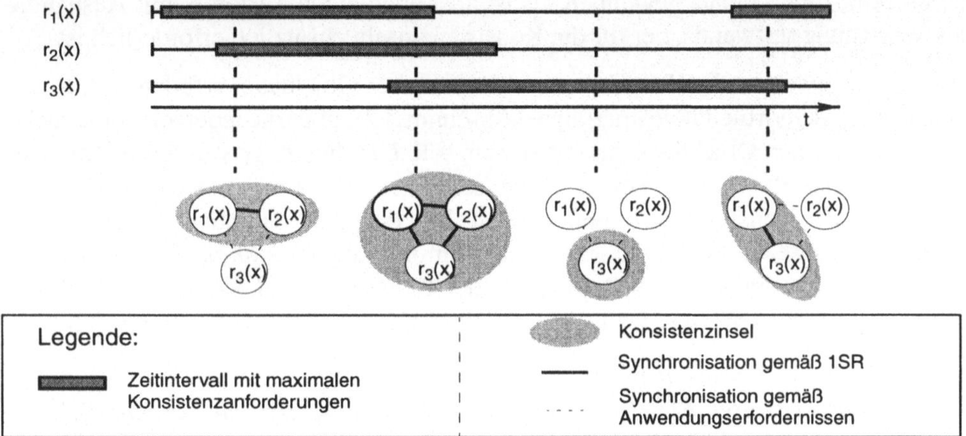

Abb. 6.1: Zeitliche Veränderung der Konsistenzinsel

der zugehörigen Konsistenzanforderungen aktuell sein müssen, ist es notwendig, Lese-
und Schreibzugriffe innerhalb der Konsistenzinsel entsprechend zu synchronisieren.
Die Synchronisation innerhalb der Konsistenzinsel muß dem traditionellen Korrektheitskriterium One-Copy-Serialisierbarkeit (Abschnitt 3.2.3) genügen. Die Sicherstellung one-copy-serialisierbarer Historien genügt sogar nicht einmal, weil dabei unter
Umständen auch der Zugriff auf veraltete Replikate toleriert werden würde (Abschnitt
3.3.5 und Abschnitt 3.4). Alle Replikate in der Konsistenzinsel müssen jedoch aktuell
sein. Es ist somit innerhalb der Konsistenzinsel One-Copy-Serialisierbarkeit im strengen Sinne zu gewährleisten, wobei alle logisch konfligierenden Operationen auch auf
physisch konfligierende Operationen abgebildet werden müssen. Das Replikationsprotokoll, das dazu verwendet wird, ergibt sich nicht zwingend. Dies bedeutet, daß das
Konsistenzinselkonzept auf der Basis von ROWA, MC, QC, Primary Copy oder auch
mit anderen Protokollen implementiert werden kann, solange innerhalb der Konsistenzinsel die geforderte Aktualität sichergestellt werden kann.

Der Vorteil des Konsistenzinselkonzeptes besteht vor allem darin, daß zu einem Zeitpunkt nur die Replikate synchronisiert werden müssen, die sich innerhalb der Konsistenzinsel befinden. Da dies genau diejenigen Replikate sind, bei denen gemäß der *AS-
PECT*-Spezifikation tatsächlich eine Synchronisation erforderlich ist, paßt sich auf diese Weise die Synchronisation dynamisch den Anforderungen der Anwendungen an.
Dies wird in Abbildung 6.1 illustriert. Es zeigt sich, daß die Zahl der innerhalb der
Konsistenzinsel zu synchronisierenden Replikate nicht mehr in erster Linie vom Replikationsgrad, sondern von den momentanen Zugriffsanforderungen der Anwendungen abhängt. Wenn nur wenige Anwendungen einen konsistenten Zugriff zum gleichen
Zeitpunkt benötigen, so ist auch nur ein entsprechend geringer Synchronisationsaufwand erforderlich. Wird die Bereitstellung eines aktuellen Replikats dagegen zum gleichen Zeitpunkt an allen Knoten gefordert, so ist gegenüber den herkömmlichen Repli-

kationsprotokollen nichts gewonnen. Es ist aber auch nichts verloren, mit Ausnahme des Verwaltungsaufwands, der für die Konsistenzinseln zusätzlich erforderlich ist.

Die Aufgabe, welche die Konsistenzinsel K(x,t) eines Objektes x erfüllen soll, ist die Realisierung der virtuellen Primärkopie (Abschnitt 5.2), über die jederzeit der aktuelle Wert des logischen Objektes x zugreifbar sein soll. Um dies zu gewährleisten, muß jedoch sichergestellt werden, daß zu jedem Zeitpunkt immer mindestens ein aktuelles Replikat in der Konsistenzinsel enthalten ist. Das bedeutet, daß auch zu einem Zeitpunkt t zu dem es keine Replikate mit der Anforderung *"kontinuierlich konsistent"* gibt, mindestens ein aktuelles Replikat in der Konsistenzinsel K(x,t) enthalten sein muß. Dazu ist die vorläufige Definition der Konsistenzinsel wie folgt zu erweitern:

Definition 6.1: Konsistenzinsel:
Die Konsistenzinsel K(x,t) eines Objektes x ist eine zeitlich veränderliche Teilmenge der Replikate des Objektes x für die gilt:

1.   *K(x,t) enthält zu jedem Zeitpunkt t mindestens ein aktuelles Replikat $r_i(x) \in Rep(x)$*

2.   *Jedes gültige kontinuierlich konsistente Replikat $r_j(x) \in Rep(x)$ ist in K(x,t) enthalten*

Das Ziel dieses Konzeptes ist, sicherzustellen, daß der Wert eines logischen Objektes x jederzeit aus der Menge der zugehörigen Replikate abgeleitet werden kann. Dabei können verschiedene Strategien eingeschlagen werden, um zu gewährleisten, daß die Konsistenzinsel nicht *"leer"* wird. Die einfachste Methode dies sicherzustellen besteht darin, zu verhindern, daß das letzte in der Konsistenzinsel verbleibende Replikat aus der Konsistenzinsel austritt. Diese Strategie soll in dieser Arbeit zugrundegelegt werden. Weitere Alternativen zur Sicherstellung der Konvergenz von Replikaten mit Hilfe von Konsistenzinseln werden in [LKR94] beschrieben.

Die Konsistenzinsel als Ganzes soll sich nach außen hin verhalten wie eine virtuelle Primärkopie, auf die immer dann zugegriffen werden kann, wenn eine Aktualisierung eines schwach konsistenten Replikats erforderlich werden sollte. Auf diese Weise kann beispielsweise ein Snapshot definiert werden, ohne auf eine physische Primärkopie Bezug nehmen zu müssen. Um zu gewährleisten, daß die Zugriffe innerhalb und außerhalb der Konsistenzinsel diesem erwarteten Verhalten entsprechen, sind neben den üblichen Sperrprotokollen zusätzliche Mechanismen erforderlich, die in den nachfolgenden Abschnitten erläutert werden.

Da die Konsistenzinsel nicht an bestimmte Replikate gebunden ist, wird zunächst ein Mechanismus benötigt, der es ermöglicht, in effizienter Weise ein aktuelles Mitglied der Konsistenzinsel aufzufinden. Mit dem Konzept der *"Konsistenzketten"* wird im nachfolgenden Abschnitt ein solcher Mechanismus erklärt. Desweiteren wird ein erweitertes Sperrkonzept benötigt, das die Synchronisation von dynamischen Veränderungen der Konsistenzinselstruktur ermöglicht. So muß beispielsweise sichergestellt werden, daß zu einem Zeitpunkt nur ein Replikat die Konsistenzinsel verlassen kann, damit das letzte in der Konsistenzinsel verbleibende Replikat am Austritt gehindert werden kann. Darüber hinaus muß auch der Zugriff auf die Konsistenzinsel "von außen" in irgendeiner Weise mit den Änderungsoperationen innerhalb der Konsistenzinsel synchronisiert werden. Diese erweiterten Synchronisationskonzepte werden in Abschnitt 6.1.2 vorgestellt.

6.1.1 Auffinden der Konsistenzinsel

Damit die Mitglieder der Konsistenzinsel Lese- und Schreibzugriffe *untereinander* synchronisieren können, ist es erforderlich, daß jedes Replikat, das der Konsistenzinsel angehört, alle anderen Mitglieder der Konsistenzinsel "kennt". Darum muß mit jedem Konsistenzinselmitglied eine Liste mitgeführt werden, welche die aktuelle Struktur der Konsistenzinsel enthält. Schwach konsistente Replikate außerhalb der Konsistenzinsel müssen nicht unbedingt die aktuelle Struktur der Konsistenzinsel kennen, müssen jedoch eine Möglichkeit haben, wenigstens ein Konsistenzinselmitglied aufzufinden, um lokale Aktualisierungen durchführen zu können. Dazu wird jedem Replikat $r_i(x)$ ein Zeiger $pcc_i(x)$ auf ein anderes Replikat mitgegeben, das sich *wahrscheinlich* in der Konsistenzinsel befindet. Beim Erzeugen des Replikats $r_i(x)$ wird der Zeiger $pcc_i(x)$ mit einem aktuellen Mitglied der Konsistenzinsel $r_j(x)$ initialisiert ($pcc_i(x):=j$). Tritt das Replikat $r_i(x)$ in die Konsistenzinsel ein, so wird der Zeiger $pcc_i(x)$ nicht mehr gebraucht, weil mit dem Eintritt in die Konsistenzinsel die aktuelle Liste der Konsistenzinselmitglieder erworben wird. Tritt das Replikat $r_i(x)$ wieder aus der Konsistenzinsel aus, so merkt sich $r_i(x)$ eines der verbleibenden Konsistenzinselmitglieder (etwa $r_j(x)$), indem der entsprechende Index j wiederum in dem Zeiger $pcc_i(x)$ abgelegt wird. Tritt nun auch $r_j(x)$ in der Folgezeit aus der Konsistenzinsel aus, so wird wie beschrieben auch ein Zeiger $pcc_j(x)$ initialisiert, so daß er auf ein verbleibendes Konsistenzinselmitglied verweist. Auf diese Weise entsteht eine Zeigerkette, die in der Konsistenzinsel endet. Die beschriebene Vorgehensweise wird in Abbildung 6.2 illustriert

Die erläuterte Art und Weise der Initialisierung der Zeiger $pcc_i(x)$ garantiert, sofern zu einem Zeitpunkt nur ein Replikat die Konsistenzinsel verläßt, daß sich jedes Replikat entweder in der Konsistenzinsel befindet oder Teil einer Zeigerkette ist, die in der Konsistenzinsel endet. Das Verfahren garantiert insbesondere, daß die Zeigerkette keine Zyklen enthält. Dies läßt sich leicht plausibel machen:

Angenommen für alle Replikate, die jemals in der Konsistenzinsel enthalten waren, sei t_i der Zeitpunkt zu dem das Replikat $r_i(x)$ die Konsistenzinsel zuletzt verlassen hat. Dann gilt für jede Zeigerkette (Folge von Knotenindizes) $a(1){\to}a(2){\to}a(3){\to}...$, daß $t_{a(i)}<t_{a(i+1)}$ für beliebiges i, denn das Replikat $r_{a(i+1)}(x)$ kann nur Nachfolger von $r_{a(i)}(x)$ werden, wenn es später aus der Konsistenzinsel austritt. Jede Konsistenzkette ist somit durch eine streng monoton steigende Folge

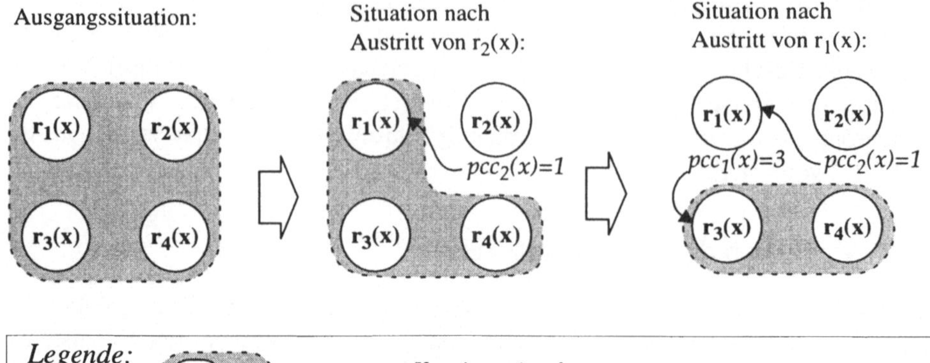

Abb. 6.2: Auffinden der Konsistenzinsel durch Verkettung von Replikaten

von "Austrittszeitpunkten" charakterisiert. Da es aber nur endlich viele Replikate gibt, und da die Konsistenzinsel mindestens ein Replikat enthält, ist damit gezeigt, daß jede Konsistenzkette in der Konsistenzinsel endet.

Um von einem schwach konsistenten Replikat $r_i(x)$ aus ein Mitglied der Konsistenzinsel aufzusuchen, wird eine entsprechende Nachricht an den Knoten geschickt, der in $pcc_i(x)$ vermerkt ist. Erhält ein Knoten L_j eine solche Anfragenachricht für ein Objekt x von Knoten L_i, dann können zunächst die folgenden beiden Fälle unterschieden werden:

(1) $r_j(x)$ ist in der Konsistenzinsel: Die gewünschte Anfrage kann direkt beantwortet werden.

(2) $r_j(x)$ ist nicht mehr in der Konsistenzinsel: Die Anfrage von L_i wird weitergeschickt an den Knoten, der in $pcc_j(x)$ vermerkt ist.

Anfragen an die Konsistenzinsel werden also entlang der Konsistenzkette weitergeleitet. Um die Konsistenzketten und damit die Übertragungszeiten möglichst kurz zu halten, kann das Verfahren folgendermaßen optimiert werden: Wenn ein Knoten L_i bemerkt, daß die Antwort auf eine Anfrage bezüglich eines Objektes x nicht von dem Knoten kommt, der in $pcc_i(x)$ vermerkt ist, sondern etwa von einem anderen Knoten L_k, so wird die Konsistenzkette verkürzt, indem $pcc_i(x):=k$ gesetzt wird.

In der bisherigen Beschreibung des Konsistenzkettenalgorithmus wurde vorausgesetzt, daß keine Fehler auftreten und daß Replikate nicht gelöscht werden. Falls dies dennoch auftritt, so kann es vorkommen, daß eine Konsistenzkette unterbrochen wird, und die Konsistenzinsel nicht mehr auf dem beschriebenen Weg erreicht wird. Eine Möglichkeit, die bei einer Unterbrechung der Konsistenzkette immer gangbar ist, ist das Versenden einer Broadcast-Nachricht an alle Knoten, die ein Replikat des gesuchten Objektes x halten. Falls überhaupt ein Konsistenzinselmitglied erreichbar ist, so kann es auf diese Weise ausfindig gemacht werden. Falls sich mehrere Konsistenzinselmitglieder melden, so kann ein beliebiges ausgewählt werden. Der lokale pcc-Zeiger kann entsprechend aktualisiert werden, und anschließend kann die Anfrage direkt an das nunmehr bekannte Konsistenzinselmitglied gerichtet werden. Da diese Vorgehensweise aber zu erheblichem Kommunikationsaufwand und vor allem zu einer sehr schlechten Antwortzeit führt, ist diese Methode wohl nur zur Behandlung von Fehlerfällen (z.B. Knotenausfällen) sinnvoll.

Wenn ein Replikat gelöscht werden soll, kann man im Gegensatz zur Vorgehensweise in Fehlersituationen, die Unterbrechung von Konsistenzketten vermeiden. Zwei mögliche Strategien dazu sind:

- *Beibehalten der Verzeigerung:*
  Wenn das Replikat $r_i(x)$ gelöscht wird, bleibt der Zeiger $pcc_i(x)$ weiter auf dem Knoten L_i erhalten, damit nicht etwa eine Konsistenzkette unterbrochen wird. Dies führt auf die Dauer möglicherweise zu einer großen Zahl von Zeigern auf jedem Knoten, zu denen keine entsprechenden Replikate mehr existieren. Da sich die Konsistenzketten über die Zeit immer wieder verkürzen, werden die "Lückenfüller" irgendwann ohnehin nicht mehr benutzt. Wenn die überschüssigen Zeiger also nach Ablauf einer genügend großen Wartezeit gelöscht werden, so wird das Risiko einer Konsistenzkettenunterbrechung zumindest sehr gering gehalten.

- *Broadcast*:
  Beim Löschen des Replikats $r_i(x)$ wird der Inhalt des zugehörigen Zeigers $pcc_i(x)$ per Broadcast an alle andern Knoten geschickt, die ein Replikat von x halten. Für jedes Replikat $r_j(x)$, das nicht in der Konsistenzinsel ist, muß bei Erhalt einer solchen Nachricht der lokale Zeiger $pcc_j(x)$ mit dem Wert von $pcc_i(x)$ überschrieben werden. Der Nachteil dieser Strategie besteht darin, daß nach der Aktualisierung aller Zeiger mit dem gleichen Wert alle Anfragen an die Konsistenzinsel an das gleiche Replikat gerichtet werden und daß möglicherweise eine vorher bessere Verteilung der Anfragen auf die Konsistenzinselmitglieder aufgehoben wird.

Weitere Möglichkeiten zur Behandlung von Unterbrechungen der Kette sind denkbar. Insbesondere wurde hier auf die Diskussion zentralisierter Lösungen verzichtet (z.B. die Haltung eines zentralen Katalogs, in dem die momentane Struktur der Konsistenzinsel hinterlegt wird). Der hier beschriebene Algorithmus zum Auffinden der Konsistenzinsel wurde erstmals im Rahmen eines verteilten Systems zur Verwaltung schwach konsistenter Dateireplikate implementiert ([Hen95]).

6.1.2   Erweiterte Sperrkonzepte

Gemäß der Ausführungen zur Verwaltung verteilter Transaktionen auf replizierten Daten (Abschnitt 2.5 und Abschnitt 3.3) wird auch hier zunächst angenommen, daß an jedem Knoten alle lokalen Transaktionen auf der Basis eines Zwei-Phasen-Sperrprotokolls synchronisiert werden. Zum Zugriff auf replizierte Daten ist gemäß des verwendeten Replikationsprotokolls gegebenenfalls eine verteilte Transaktion mit entsprechenden Sperranforderungen auf verschiedenen Knoten erforderlich. Da die Konsistenzinsel als Ganzes sich jedoch nach außen hin wie eine Primärkopie verhalten soll, ist im Gegensatz zu den in Abschnitt 3.3 diskutierten Replikationsprotokollen im Prinzip eine zweistufige Synchronisation vorzunehmen. Innerhalb der Konsistenzinsel ist die One-Copy-Serialisierbarkeit im strengen Sinne herzustellen. Der Einfachheit halber wird zunächst angenommen, daß dazu das ROWA-Verfahren verwendet wird. Die Verwendung anderer Verfahren wird später noch diskutiert (Abschnitt 6.2). Außerhalb der Konsistenzinsel sind schwach konsistente Replikate analog zu Quasi-Kopien oder Snapshots mit der virtuellen Primärkopie zu synchronisieren. Prinzipiell kann auch auf einem Knoten L_i mit einem schwach konsistenten Replikat $r_i(x)$ eine Modifikation des Objektes x angestoßen werden. Dabei ist jedoch zu beachten, daß es sich in diesem Fall um eine *"blinde Änderung"* handelt, das heißt, daß ein Objekt x modifiziert wird, ohne daß der aktuelle Wert von x bekannt ist. In jedem Fall muß eine Änderungsoperation auf dem Objekt x innerhalb der Konsistenzinsel als solche synchronisiert werden. Änderungen, die außerhalb der Konsistenzinsel angestoßen werden, müssen gemäß der hier zuständigen Primary-Copy-Synchronisation an die virtuelle Primärkopie propagiert werden, wodurch die Änderung zu einem Mitglied der Konsistenzinsel gelangt. Ein Replikat, das eine solche Änderungsmeldung erhält, synchronisiert diese Änderung auf der Basis des innerhalb der Konsistenzinsel verwendeten Replikationsprotokolls mit den übrigen Konsistenzinselmitgliedern. Es kann somit zunächst angenommen werden, daß Änderungsoperationen nur auf Replikaten innerhalb der Konsistenzinsel angestoßen werden.

Um Änderungen innerhalb der Konsistenzinsel synchronisieren zu können, ist es erforderlich, daß die Struktur der Konsistenzinsel allen Konsistenzinselmitgliedern bekannt ist. Dazu wird mit jedem Replikat $r_i(x)$ eine Liste aller aktuellen Konsistenzinselmitglieder $S_i(x)$ mitgeführt, die nachfolgend als *"Strukturliste"* bezeichnet wird. Die Strukturliste $S_i(x)$ wird als Menge aufgefaßt, welche die Indizes aller Knoten enthält, auf denen sich aus der Sicht des Knotens L_i ein Mitglied der Konsistenzinsel für das Objekt x befindet. Als Sperrprotokoll soll für die Ausgangsüberlegungen die einfachste Variante mit den Sperrtypen S und X angenommen werden. S-Sperren (*"Shared-Sperren"*) sind dabei verträglich mit anderen S-Sperren, während X-Sperren (*"Exclusive-Sperren"*) unverträglich mit allen anderen Sperren sind. Solange sich die Struktur der Konsistenzinsel nicht verändert, sind auf der Basis der bisherigen Annahmen folgende Sperren nötig:

- *Lesen eines Objektes x am Knoten L_i:*
  Es genügt in jedem Fall eine S-Sperre auf dem lokalen Replikat $r_i(x)$.

- *Ändern eines Objektes x am Knoten L_i:*
  An jedem Knoten L_j mit $j \in S_i(x)$ ist eine X-Sperre für das Objekt x anzufordern. Dies ist erforderlich, um gemäß der Strategie ROWA die beabsichtigte Schreiboperation auf allen Mitgliedern der Konsistenzinsel durchzuführen.

- *Aktualisieren eines schwach konsistenten Replikats $r_j(x)$:*
  Um ein schwach konsistentes Replikat $r_j(x)$ zu aktualisieren, ist für $r_j(x)$ eine X-Sperre zu erwerben. Um den aktuellen Wert des Objektes x zu lesen, ist die virtuelle Primärkopie mit Hilfe des Konsistenzkettenalgorithmus aufzusuchen. Das gefundene Mitglied der Konsistenzinsel $r_j(x)$ ist mit einer S-Sperre zu belegen.

Verändert sich die Struktur der Konsistenzinsel, so sind diese Sperren nicht mehr ausreichend, weil auch Konsistenzinseleintritte und Konsistenzinselaustritte synchronisiert werden müssen. Außerdem sind Lesezugriffe auf ein lokales Replikat von Lesezugriffen auf die virtuelle Primärkopie zu unterscheiden. Konkret ergeben sich durch die Dynamik der Konsistenzinselstruktur die nachfolgend erläuterten neuen Synchronisationsanforderungen:

- *Eintritt in die Konsistenzinsel:*
  Beim Eintritt eines Replikats $r_i(x)$ in die Konsistenzinsel muß sichergestellt werden, daß $r_i(x)$ nach dem Eintritt aktuell ist und alle Konsistenzinselmitglieder (einschließlich $r_i(x)$) die neue Struktur der Konsistenzinsel kennen. Dazu wird zunächst das Mitglied der Konsistenzinsel $r_j(x)$ ausfindig gemacht, das von $pc\text{-}c_i(x)$ aus mit Hilfe des Konsistenzkettenalgorithmus gefunden wird. Das Replikat $r_i(x)$ wird aktualisiert ($r_i(x) := r_j(x)$) und die neue Strukturliste $S_i(x)$ mit Hilfe von $S_j(x)$ erzeugt ($S_i(x) := S_j(x) \cup \{i\}$). Die neue Strukturliste muß in der gesamten Konsistenzinsel bekannt gemacht werden. Während des Eintritts von $r_i(x)$ in die Konsistenzinsel darf innerhalb der Konsistenzinsel keine Änderungsoperation im Gange sein. Der Grund dafür ist, daß vermieden werden muß, daß $r_i(x)$ die laufende Änderung verpaßt (etwa weil $r_i(x)$ noch nicht als Konsistenzinselmitglied erkannt wird). Außerdem muß verhindert werden, daß Fehler bei der Synchronisation innerhalb der Konsistenzinsel durch inkonsistente Strukturlisten auftreten. Um zu gewährleisten, daß die verschiedenen Strukturlisten innerhalb der Konsistenzinsel stets wechselseitig konsistent sind, muß außerdem gewährleistet werden, daß nicht mehrere Replikate gleichzeitig in die Konsistenzinsel eintreten oder ein Replikat aus der Konsistenzinsel austritt bevor der Eintritt eines anderen Replikats abgeschlossen ist.

- *Austritt aus der Konsistenzinsel:*
  Tritt ein Replikat $r_i(x)$ aus der Konsistenzinsel aus, so muß zugesichert werden, daß nach dem Austritt noch mindestens ein weiteres Replikat in der Konsistenzinsel verbleibt. Der Austritt aus der Konsistenzinsel darf somit nur dann zugelas-

sen werden, wenn die Austrittsbedingung $|S_i(x)|>1$ erfüllt ist. Darüber hinaus wird vorausgesetzt, daß zu einem Zeitpunkt nur ein Replikat die Konsistenzinsel verläßt (Abschnitt 6.1.1). Ist die Austrittsbedingung erfüllt, so sind die Strukturlisten in der gesamten Konsistenzinsel entsprechend der neuen Konsistenzinselstruktur zu aktualisieren ($\forall j \in K(x,t): S_j(x) := S_j(x) - \{i\}$). Gemäß dem in Abschnitt 6.1.1 erläuterten Algorithmus, ist beim Austritt des Replikats $r_i(x)$ aus der Konsistenzinsel der Zeiger $pcc_i(x)$ mit einem Element der Menge $S_i(x)-\{i\}$ zu initialisieren. Steht der erfolgreiche Austritt von $r_i(x)$ aus der Konsistenzinsel fest und ist $pcc_i(x)$ bereits initialisiert, so kann die lokale Strukturliste $S_i(x)$ gelöscht werden.

- *Lesen der virtuellen Primärkopie:*
  Das Lesen der virtuellen Primärkopie wurde bereits zuvor beschrieben. Es reicht jedoch bei dynamischer Konsistenzinselstruktur nicht mehr aus, einfach ein Mitglied der Konsistenzinsel mit einer S-Sperre zu belegen, um ein schwach konsistentes Replikat zu aktualisieren. Der Grund dafür ist, daß die Aktualisierung in jedem Fall von einem konsistenten Replikat kommen muß. Es muß also zugesichert werden, daß das Replikat, welches für die Aktualisierung ausgewählt wurde, nicht zwischenzeitlich die Konsistenzinsel verläßt. Aus diesem Grund sind lokale Leseoperationen von Leseoperationen, die eigentlich an die virtuelle Primärkopie gerichtet werden, zu unterscheiden.

Um die beschriebenen Anforderungen zu gewährleisten, werden als Ergänzung zu den bereits bekannten S- und X-Sperren die nachfolgenden neuen Sperrtypen eingeführt:

- *C-Sperren*:
  "Change-Sperren" werden benötigt, um Strukturwechsel innerhalb der Konsistenzinsel zu synchronisieren.

- *L-Sperren*:
  "Leave-Sperren" werden benötigt, um zu verhindern, daß auf austretende Replikate noch im Sinne einer Primärkopie lesend zugegriffen wird.

- *RR-Sperren*:
  "Remote-Read-Sperren" werden benötigt, um Leser der Primärkopie von lokalen Lesern unterscheiden zu können.

Die Verträglichkeit dieser Sperren untereinander ergibt sich aus der in Tabelle 6.1 dargestellten Kompatibilitätsmatrix. Ein "+" in der Tabelle bedeutet dabei, daß die jeweiligen Sperren miteinander verträglich sind, während die Unverträglichkeit durch ein "-" dargestellt wird.

Mit Hilfe der neu eingeführten Sperrtypen können die beschriebenen Synchronisationsanforderungen sichergestellt werden. In Tabelle 6.2 wird zusammenfassend aufgelistet, welche Sperren für welche Operation anzufordern sind, wobei nach wie vor vorausgesetzt wird, daß zur Synchronisation innerhalb der Konsistenzinsel das ROWA-Verfahren verwendet wird. Die Sperranforderungen zum Lesen eines lokalen

Gehaltene \ Angeforderte Sperre	S	X	C	L	RR
S (Shared)	+	-	+	+	+
X (Exclusive)	-	-	-	-	-
C (Change)	+	-	-	-	+
L (Leave)	+	-	-	-	-
RR (Remote-Read)	+	-	+	-	+

Tab. 6.1: Sperrverträglichkeit

Replikats und zum Modifizieren eines Objekts haben sich gegenüber der bisher erläuterten statischen Strategie nicht verändert. Beim Eintritt eines Replikats $r_i(x)$ in die Konsistenzinsel muß lokal am Knoten L_i eine X-Sperre angefordert werden, weil das lokale Replikat $r_i(x)$ möglicherweise aktualisiert werden muß. Bei allen anderen Mitgliedern der Konsistenzinsel muß eine C-Sperre angefordert werden. Dadurch wird verhindert, daß während des Eintritts in die Konsistenzinsel Änderungen am Objekt x vorgenommen werden und daß andere Replikate in die Konsistenzinsel eintreten oder sie verlassen. Auch beim Austritt aus der Konsistenzinsel muß bei allen Mitgliedern der Konsistenzinsel aus den gleichen Gründen eine C-Sperre angefordert werden. An dem Knoten des austretenden Replikats muß jedoch eine L-Sperre angefordert werden, um zu verhindern, daß dieses Replikat als Vertreter der virtuellen Primärkopie gelesen wird. Bei einer Aktualisierung eines schwach konsistenten Replikats $r_i(x)$, das sich außerhalb der Konsistenzinsel befindet, muß für $r_i(x)$ eine X-Sperre angefordert werden. Die X-Sperre ist erforderlich, weil die Aktualisierungstransaktion mit den normalen Lesetransaktionen am Knoten L_i synchronisiert werden muß. Um den aktuellen Wert des logischen Datenobjektes x zu lesen, wird bei einem Mitglied $r_j(x)$ der Konsistenzinsel eine RR-Sperre angefordert. Die RR-Sperre verhindert, daß $r_j(x)$ die Konsistenzinsel während der Aktualisierung von $r_i(x)$ verläßt.

Operation	Lokale Sperren	Sperren in der Konsistenzinsel
Lokales Lesen	S-Sperre	keine weitere Sperre erforderlich
Schreiben	X-Sperre	X-Sperre auf allen Konsistenzinselmitgliedern
Eintritt in die Konsistenzinsel	X-Sperre	C-Sperre auf allen anderen Konsistenzinselmitgliedern
Austritt aus der Konsistenzinsel	L-Sperre	C-Sperre auf allen anderen Konsistenzinselmitgliedern
Aktualisieren eines Replikats	X-Sperre	RR-Sperre auf *einem* Konsistenzinselmitglied

Tab. 6.2: Sperrenanforderungen auf der Basis von ROWA

Die Replikationskontrolle auf der Basis von ROWA hat den Nachteil der geringen Änderungsverfügbarkeit (Abschnitt 3.3.1). Da aber nur die Replikate innerhalb der Konsistenzinsel auf diese Weise synchronisiert werden, ist die Änderungsverfügbarkeit um so höher, je kleiner die Konsistenzinsel ist. Die Änderungsverfügbarkeit hängt somit von der Größe der Konsistenzinsel und damit von den momentanen Anwendungsanforderungen für das betreffende Objekt ab. Wenn davon ausgegangen werden kann, daß die Zahl der Replikate in der Konsistenzinsel erheblich kleiner ist als die Gesamtanzahl der Replikate eines Objektes, so wird damit der Nachteil der geringen Änderungsverfügbarkeit von ROWA wieder relativiert. Bei geringem Replikationsgrad ist das Verfahren ROWA nämlich durchaus als geeignete Methode zur Replikationskontrolle zu betrachten, zumal wenn man die Einfachheit der Implementierung und den vergleichsweise geringen Verwaltungsaufwand mit berücksichtigt. Darüber hinaus ist zu bedenken, daß die Änderungsverfügbarkeit beim Konsistenzinselkonzept nicht nur dadurch erhöht wird, daß die Zahl der zu synchronisierenden Replikate reduziert wird, sondern auch dadurch, daß durch die dynamische und anwendungsspezifische Struktur der Konsistenzinsel die Zugriffslokalität optimiert wird.

6.2 Synchronisation innerhalb der Konsistenzinsel

Anstelle von ROWA können zur Replikationskontrolle innerhalb der Konsistenzinsel auch andere Verfahren verwendet werden. In diesem Abschnitt werden dazu zwei Alternativen kurz umrissen. Die erste Alternative beruht auf einer Replikationskontrolle mit Votieren (QC) (Abschnitt 3.3.3). Die zweite Variante baut auf das Verfahren "*Virtual Partition*" (VP) (Abschnitt 3.3.5) auf.

6.2.1 Replikationskontrolle auf der Basis von Quorum Consensus

Wie auch schon bei der auf ROWA basierenden Variante der Replikationskontrolle, besteht auch bei Verwendung von QC das Hauptproblem darin, mit der dynamischen Struktur der Konsistenzinsel fertig zu werden. Neben den bereits angesprochenen Problemen der Synchronisation von Wechseln in der Konsistenzinselstruktur kommt hier jedoch vor allem dazu, daß bei Veränderungen der Größe der Konsistenzinsel die Lese- und Schreibquoren entsprechend angepaßt werden müssen. Außerdem ist zu berücksichtigen, daß nun Leser innerhalb der Konsistenzinsel ein Quorum erwerben müssen und somit - im Gegensatz zur bisherigen auf ROWA basierenden Alternative - anders behandelt werden als Leser außerhalb der Konsistenzinsel.

Bezüglich der Verteilung der Stimmgewichtungen und der Behandlung von Strukturveränderungen in der Konsistenzinsel sind eine ganze Reihe von Varianten denkbar, von denen nachfolgend nur beispielhaft zwei aufgeführt werden:

(1) Konservative Strukturwechsel:

Eine Möglichkeit besteht darin, die Quorenbildung direkt an die Strukturlisten in der Konsistenzinsel zu koppeln und Aktualisierungen dieser Strukturlisten nur synchron innerhalb der gesamten Konsistenzinsel durchzuführen. Die Quorenbildung kann hier so erfolgen, daß für ein erfolgreiches Schreibquorum innerhalb der Konsistenzinsel mehr als beispielsweise 60% der in der Strukturliste enthaltenen Replikate konsultiert werden müssen, während für ein erfolgreiches Lesequorum entsprechend 40% der Replikate ausreichen würden. Damit ist sichergestellt, daß jedes Schreibquorum mit jedem anderen Schreibquorum sowie mit jedem Lesequorum überlappt. Logisch konfligierende Operationen werden auf diese Weise immer erkannt. Diese Kopplung der Quorenbildung an die Strukturlisten hätte allerdings zur Folge, daß bei Veränderungen der Konsistenzinselstruktur nach wie vor alle Konsistenzinselmitglieder konsultiert werden müßten, um eine synchrone Aktualisierung der Strukturlisten zu erzwingen. Dadurch ist die Verfügbarkeit für strukturverändernde Operationen nach wie vor gering. Dies kann mit Hilfe der nachfolgend erläuterten Strategie vermieden werden.

(2) Stimmenumverteilung:

Eine andere Möglichkeit besteht darin, die Gesamtzahl der zu vergebenden Stimmen von vorneherein festzulegen und bei Strukturwechseln die Stimmen dynamisch innerhalb der Konsistenzinsel umzuverteilen. Replikate außerhalb der Konsistenzinsel erhalten das Stimmengewicht Null. Tritt ein Replikat in die Konsistenzinsel ein, so genügt es, ein Quorum mit der Mehrheit der vorhandenen Stimmen zu erreichen und nur auf diesen Replikaten die Strukturlisten zu aktualisieren. Das in die Konsistenzinsel eingetretene Replikat erhält eigene Stimmenanteile von den bisherigen Konsistenzinselmitgliedern. Auch beim Austritt aus der Konsistenzinsel genügt es, ein Quorum mit der Mehrheit der vorhandenen Stimmen zu erreichen. Das austretende Replikat gibt seine Stimmen an die verbleibenden Konsistenzinselmitglieder ab.

Das Verfahren mit Stimmenumverteilung wird nachfolgend an einem Beispiel noch genauer erläutert. Es wird angenommen, daß für ein Objekt x insgesamt n Replikate $r_1(x), \ldots r_n(x)$ im System vorhanden sind. Die Gesamtanzahl der verfügbaren Stimmen sei dann $2n+1$. Es könnte auch ein anderes Gesamtgewicht angenommen werden, wobei ungerade Gewichte aus Verfügbarkeitsgründen stets günstiger sind. Für ein erfolgreiches Schreibquorum oder für ein Lesequorum sei die einfache Mehrheit der Stimmen ($n+1$ Stimmen) erforderlich. Damit ist sichergestellt, daß jedes Scheibquorum mit jedem anderen Quorum überlappt, so daß logisch konfligierende Operationen erkannt werden. Strukturwechsel in der Konsistenzinsel werden dann folgendermaßen synchronisiert:

- *Eintritt in die Konsistenzinsel:*
  Beim Eintritt eines Replikats $r_i(x)$ in die Konsistenzinsel müssen genügend Replikate konsultiert werden, so daß die erreichte Stimmenzahl ein Schreibquorum bildet. Da die Zahl der Replikate in der Konsistenzinsel höchstens n-1 sein kann, das Schreibquorum jedoch mindestens n+1 Stimmen umfassen muß, gibt es innerhalb des Schreibquorums mindestens ein Replikat $r_j(x)$, das mehrere Stimmen auf sich vereinigt. Um die Stimmenverteilung innerhalb der Konsistenzinsel einigermaßen gleichmäßig zu gestalten, wird das Replikat $r_j(x)$, das die meisten Stimmen auf sich vereinigt, ausgewählt, dem neu einzutretenden Replikat $r_i(x)$ die Hälfte seiner Stimmen abzugeben. Das Replikat $r_i(x)$ wird von dem Replikat $r_k(x)$ aus dem Quorum aktualisiert, das die höchste Versionsnummer trägt. Die Strukturlisten innerhalb des Quorums können synchron mit dem Eintritt in die Konsistenzinsel aktualisiert werden. Zur Aktualisierung der Strukturlisten der übrigen Konsistenzinselmitglieder reicht eine asynchrone Propagierung aus. Eine synchrone Propagierung würde die Verfügbarkeitsvorteile, die durch die Quorenbildung erreicht werden, wieder zunichte machen, weil dann ein Einritt nur erfolgreich sein könnte, wenn alle Konsistenzinselmitglieder erreichbar sind. Die asynchrone Propagierung der Strukturlistenänderungen bringt allerdings den Nachteil mit sich, daß im Falle von Netzwerkpartitionierungen gegebenenfalls auf veraltete Strukturlisten zugegriffen wird.

- *Austritt aus der Konsistenzinsel:*
  Beim Austritt des Replikats $r_i(x)$ aus der Konsistenzinsel muß, ebenso wie beim Eintritt, ein Schreibquorum erreicht werden, wobei die Stimmen von $r_i(x)$ selbst auch mitgezählt werden können. Hier wird nun ein Replikat $r_j(x)$ ($i{\neq}j$) aus dem Quorum ausgewählt, das möglichst wenige Stimmen auf sich vereinigt, wobei Replikate ohne Stimmen nicht berücksichtigt werden. Das Ignorieren von Replikaten ohne Stimmen ist erforderlich, weil es sich dabei um Replikate handelt, welche die Konsistenzinsel bereits verlassen haben, und die nur aufgrund einer veralteten Strukturliste überhaupt konsultiert wurden. Das ausgewählte Replikat $r_j(x)$ erhält die Stimmen von $r_i(x)$. Um zu verhindern, daß nach dieser Stimmenumverteilung möglicherweise Lesequoren gebildet werden können, die kein aktuelles Replikat enthalten, muß das Replikat $r_j(x)$, welches die Stimmen von $r_i(x)$ erhält, aktuell sein. Das Replikat $r_j(x)$ wird also aus der Menge der erreichbaren aktuellen Replikate ausgewählt. Die veränderte Strukturliste wird, wie beim Eintreten in die Konsistenzinsel, asynchron an die verbleibenden Mitglieder der Konsistenzinsel gesendet, die nicht schon im Quorum enthalten waren. Beim Austritt des Replikats aus der Konsistenzinsel könnte unter Umständen der ungünstige Fall auftreten, daß das einzige aktuelle Replikat die Konsistenzinsel verlassen will. In diesem Fall muß das Replikat $r_j(x)$, das die Stimmen von $r_i(x)$ erhält, aktualisiert werden.

Die bei der Variante mit Stimmenumverteilung erforderlichen Sperren werden in Tabelle 6.3 aufgezeigt. Dabei ist zu beachten, daß bei Lesezugriffen innerhalb der Konsistenzinsel nun nicht mehr unbedingt das lokale Replikat gelesen wird, sondern - wie bei QC üblich - das Replikat mit der höchsten Versionsnummer. Dadurch wird es erforderlich, daß auch bei Lesezugriffen innerhalb der Konsistenzinsel RR-Sperren verwendet werden. Da für anwendungslokale Replikate jeweils anwendungsspezifische Zugriffsanforderungen spezifiziert wurden, war es bisher zulässig, daß ein Replikat aus der Konsistenzinsel austritt, während es lokal gelesen wird. Es könnte z.B. sein, daß in der Anwendung selbst ein Ereignis ausgelöst wird, das den Austritt aus der Konsistenzinsel veranlaßt. Deswegen wurden S-Sperren auch von RR-Sperren unterschieden. Wird jedoch nicht das lokale Replikat zum Lesen ausgewählt, dann kann nicht toleriert werden, daß Strukturwechsel in der Konsistenzinsel vorkommen, die unter Umständen dazu führen, daß das gelesene Replikat zwischenzeitlich veraltet. Aus diesem Grund müssen beim Lesen in der Konsistenzinsel alle Replikate, die zum Lesequorum beitragen, mit einer RR-Sperre belegt werden. Für das lokale Replikat reicht nach wie vor eine S-Sperre. Beim Austritt aus der Konsistenzinsel ist eine lokale L-Sperre und jeweils eine C-Sperre auf den weiteren Mitgliedern des erreichten Schreibquorums zu setzen. Falls, wie beschrieben, beim Austritt ein verbleibendes Mitglied der Konsistenzinsel aktualisiert werden muß, ist dieses Replikat natürlich mit einer X-Sperre zu belegen.

Außer den hier skizzierten Alternativen sind weitere Synchronisationsvarianten auf der Basis von QC denkbar. Es zeigt sich jedoch, daß die auf QC basierenden Protokolle erheblich komplexer sind als das zuvor erläuterte auf ROWA basierende Protokoll. Au-

Operation	Lokale Sperren	Sperren in der Konsistenzinsel
Lokales Lesen außerhalb der Konsistenzinsel	S-Sperre	Keine weitere Sperre erforderlich
Lesen innerhalb der Konsistenzinsel	S-Sperre	RR-Sperre auf Mitgliedern der Konsistenzinsel, die ein Lesequorum bilden
Schreiben	X-Sperre	X-Sperre auf Mitgliedern der Konsistenzinsel, die ein Schreibquorum bilden
Eintritt in die Konsistenzinsel	X-Sperre	C-Sperre auf Mitgliedern der Konsistenzinsel, die ein Schreibquorum bilden
Austritt aus der Konsistenzinsel	L-Sperre	C-Sperre auf Mitgliedern der Konsistenzinsel, die ein Schreibquorum bilden (ggf. X-Sperre)
Aktualisieren eines Replikats	X-Sperre	RR-Sperre auf Mitgliedern der Konsistenzinsel, die ein Lesequorum bilden

Tab. 6.3: Sperrenanforderungen auf der Basis von QC bei Stimmenumverteilung

ßerdem ist bei kleinen Konsistenzinseln der Verfügbarkeitsgewinn, der mittels QC erreicht werden kann, nur marginal. Bei der Variante mit konservativen Strukturwechseln und einem Schreibquorum von 67% verhält sich das Protokoll bei Konsistenzinseln, die weniger als vier Mitglieder haben, genau so wie ROWA, braucht jedoch einen wesentlich höheren Verwaltungsaufwand. Einer weiterer Nachteil ist, daß innerhalb der Konsistenzinsel das lokale Lesen nicht mehr unterstützt wird. Da die Ermöglichung des lokalen Lesens aber eine der wesentlichen Zielsetzungen dieses Konzeptes ist, wird die QC-basierte Replikationskontrolle innerhalb der Konsistenzinsel nachfolgend nicht weiter verfolgt.

Der Hauptnachteil der auf ROWA basierenden Strategie besteht darin, daß bei Partitionierungen und bei Knotenausfällen innerhalb der Konsistenzinsel zwar noch weiter gelesen, jedoch nicht mehr geändert werden kann. *Veraltete* Replikate können noch aktualisiert werden, sofern noch ein Mitglied der Konsistenzinsel erreichbar ist, aber die Struktur der Konsistenzinsel kann sich nicht mehr dynamisch anpassen, da für einen Konsistenzinseleintritt oder -austritt jeweils Sperren in der gesamten Konsistenzinsel zu erwerben sind. Um auch bei Fehlerfällen noch Änderungsoperationen und Strukturveränderungen zuzulassen und dennoch weiterhin uneingeschränkt lokales Lesen zu erlauben, wurde in Abschnitt 3.3.5 die Strategie *"Virtual Partition"* (VP) vorgeschlagen. Dieses Verfahren kann auch hier unter Berücksichtigung einiger Einschränkungen verwendet werden. Eine Möglichkeit der Replikationskontrolle auf der Basis von VP wird im nachfolgenden Abschnitt beschrieben.

6.2.2   Replikationskontrolle auf der Basis von Virtual Partition

Die auf VP basierende Variante besteht darin, daß die Struktur der Konsistenzinsel im Fehlerfall dynamisch angepaßt werden kann. Im fehlerfreien Fall arbeitet das Verfahren wie ROWA. Es werden auch genau die gleichen Sperren verwendet, wie sie in Abschnitt 6.1.2 für das ROWA-basierte Verfahren eingeführt wurden. Tritt jedoch ein Fehler ein, so werden - im Gegensatz zum ROWA-basierten Verfahren - Änderungsoperationen und Strukturwechsel in der Konsistenzinsel weiterhin toleriert, soweit dies mit der Sicherstellung der One-Copy-Serialisierbarkeit innerhalb der Konsistenzinsel vereinbar ist. Wird eine Schreiboperation versucht, bei der ein Knotenfehler oder eine Partitionierung bemerkt wird, so wird die Struktur der Konsistenzinsel entsprechend angepaßt, indem gemäß VP an jedem Knoten Sichten gebildet werden. Ist das Replikat $r_i(x)$ in der Konsistenzinsel enthalten, so ist die Sicht des Knotens L_i auf die Konsistenzinsel des Objektes x die Teilmenge der Knoten in der Strukturliste $S_i(x)$, von denen angenommen wird, daß sie erreichbar sind. Falls die Mehrheit der Mitglieder der Konsistenzinsel vom Knoten L_i aus noch erreicht werden kann, so befindet sich $r_i(x)$ in der Quorumpartition, innerhalb der weiter geändert werden darf. Die Strukturlisten innerhalb dieser Quorumpartition werden so modifiziert, daß die nicht erreichbaren Mitglieder der Konsistenzinsel entfernt werden. Die Replikate, die sich nicht in der Quorumpartition befinden, dürfen allerdings nicht ohne weiteres die Konsistenzinsel verlassen, weil dies gegebenenfalls zu Zyklen in Konsistenzketten führen kann, wie das nachfolgende Beispiel zeigt:

Beispiel: Angenommen, die Konsistenzinsel $K(x,t)$ besteht aus fünf Replikaten $r_1(x),\dots,r_5(x)$. Nun tritt ein Kommunikationsfehler ein, der die folgende Partitionierung erzeugt: $(\{r_1(x), r_2(x), r_3(x)\}; \{r_4(x)\}; \{r_5(x)\})$. In der Partition $\{r_1(x), r_2(x), r_3(x)\}$ ist die Mehrheit der Replikate enthalten, so daß diese Partition die neustrukturierte Konsistenzinsel bildet. Die Replikate $r_4(x)$ und $r_5(x)$ landen jeweils in einer eigenen Partition. Würden beide Replikate einfach aus der Konsistenzinsel austreten, so könnten zufällig die lokalen Zeiger $pcc_i(x)$ so gesetzt werden, daß $pcc_4(x)=5$ und $pcc_5(x)=4$ gilt. Damit hätte die Konsistenzkette einen Zyklus, und das Auffinden der Konsistenzinsel wäre unmöglich geworden.

Eine erste intuitive Idee, dieses Problem zu verhindern, besteht darin, dafür zu sorgen, daß beim gleichzeitigen Austritt mehrerer Replikate aus der Konsistenzinsel keine Zyklen in Konsistenzketten entstehen können: Ein Replikat $r_i(x)$, das aufgrund eines Fehlerfalls (Knoten- oder Kommunikationsfehler) aus der Konsistenzinsel ausscheidet, merkt sich in $pcc_i(x)$ dasjenige Replikat mit dem nächstkleineren Index in der Strukturliste $S_i(x)$. Ist i der kleinste Index in der Strukturliste, so wird $pcc_i(x)$ auf den größten in der Strukturliste enthaltenen Index gesetzt. Dieses Verfahren garantiert, daß jede Konsistenzkette in der Konsistenzinsel endet und daß keine Zyklen entstehen, sofern es eine Partition gibt, in der die Konsistenzinsel überlebt. Damit ist das nächste Problem, das mit dem Austritt aus der Konsistenzinsel im Fehlerfall verbunden ist, auch schon angesprochen: Falls es keine Partition gibt, die groß genug für eine Quorumpartition ist, könnte es vorkommen, daß alle Replikate die Konsistenzinsel verlassen. Dies würde zwar nicht zur Divergenz führen, da keine Änderungsoperationen mehr stattfinden könnten, aber ein Zugriff auf die virtuelle Primärkopie wäre nicht mehr möglich, weil die Konsistenzinsel keine Replikate mehr enthält.

Um das Problem der Konsistenzinselauflösung zu vermeiden, wird vorgeschlagen, beim fehlerbedingten Ausscheiden aus der Quorumpartition, die alte Strukturliste beizubehalten und die Replikate in der Strukturliste entsprechend zu markieren. Darüber hinaus wird die Einführung eines *"Epochen-Konzeptes"* vorgeschlagen, wodurch verschiedene zeitlich aufeinanderfolgende Konsistenzinselstrukturen unterschieden werden können. Jedes Replikat $r_i(x)$, das in der Konsistenzinsel enthalten ist, führt zusätzlich zur Strukturliste $S_i(x)$ noch einen Epochenzähler $Epoch_i(x)$ mit. Jede Veränderung der Strukturliste, bei der das Replikat $r_i(x)$ noch in der Konsistenzinsel verbleibt, führt dazu, daß der lokale Epochenzähler $Epoch_i(x)$ inkrementiert wird. Verläßt $r_i(x)$ die Konsistenzinsel auf regulärem Weg, so kann mit der Strukturliste $S_i(x)$ auch der lokale Epochenzähler $Epoch_i(x)$ gelöscht werden. Mit Hilfe des Epochen-Konzeptes kann die Konsistenzinsel nun wie folgt definiert werden:

Definition 6.2: Konsistenzinsel unter Verwendung von VP:
Die Konsistenzinsel eines Objektes x ist die Menge der Replikate von x mit dem höchsten Epochenzähler.

Wird nun ein Knoten- oder Kommunikationsfehler an einem Knoten L_i innerhalb der Konsistenzinsel bemerkt, so wird folgendermaßen vorgegangen: Befindet sich das lokale Replikat $r_i(x)$ in der Quorumpartition, so werden alle Replikate der Strukturliste, die sich nicht in der Quorumpartition befinden, entfernt und der lokale Epochenzähler $Epoch_i(x)$ wird inkrementiert. Befindet sich das lokale Replikat $r_i(x)$ nicht in der Quorumpartition, so werden alle Replikate der Partition, in der sich $r_i(x)$ befindet, in der Strukturliste als *"unsicher"* markiert. $Epoch_i(x)$ bleibt unverändert. Ein Replikat $r_i(x)$, das sich selbst als unsicher markiert hat, befindet sich in einem Zustand, in dem nicht feststellbar ist, ob $r_i(x)$ noch zur aktuellen Konsistenzinsel gehört oder nicht. Dieser Zustand wird nachfolgend auch als *"Unsicherheitsphase"* bezeichnet. Ein Replikat $r_i(x)$ in der Unsicherheitsphase gehört noch genau dann zur Konsistenzinsel, wenn es kein anderes Replikat mit einem höheren Epochenzähler gibt. Dies ist jedoch aus lokaler Sicht nicht feststellbar, solange die Partitionierung Bestand hat.

Erhält nun ein Replikat $r_i(x)$, das sich in der Unsicherheitsphase befindet, eine Anfrage zur Aktualisierung von einem schwach konsistenten Replikat (Lesen der virtuellen Primärkopie), so wird eine Kontrollnachricht an alle Replikate in $S_i(x)$ geschickt. Mit dieser Kontrollnachricht werden die entsprechenden Replikate nach ihrem momentanen Epochenzähler gefragt. Dabei können nun folgende Fälle auftreten:

- Ein Replikat $r_j(x)$ aus der Konsistenzinsel antwortet:
  In diesem Fall kann $r_i(x)$ die Anfrage an $r_j(x)$ weiterleiten, den lokalen Zeiger $pcc_i(x)$ auf j setzen und den Wiedereintritt in die Konsistenzinsel über $r_j(x)$ einleiten, sofern dies noch erforderlich sein sollte.

- Ein Replikat $r_j(x)$ mit $Epoch_j(x)>Epoch_i(x)$ antwortet:
  Auch dann kann die Anfrage an $r_j(x)$ weitergeleitet und der lokale Zeiger $pcc_i(x)$ auf j gesetzt werden. Ob der Konsistenzinseleintritt aber nun möglich ist, steht nicht fest, denn auch $r_j(x)$ könnte durch eine weitere Partitionierung später aus der Konsistenzinsel ausgeschieden sein. Da $r_j(x)$ aber einer späteren Epoche angehört, kann $r_i(x)$ sich nicht mehr in der Konsistenzinsel befinden.

- Ein Replikat $r_j(x)$ ohne Epochenzähler antwortet:
  Dies kann nur dann passieren, wenn $r_j(x)$ nach der von $r_i(x)$ festgestellten Partitionierung noch regulär aus der Konsistenzinsel ausgetreten ist. Dies bedeutet aber, daß die aktuelle Konsistenzinsel einen höheren Epochenzähler haben muß als $Epoch_i(x)$. Somit gehört $r_i(x)$ nicht mehr zur Konsistenzinsel und es wird wie in den beiden genannten Fällen verfahren.

- Kein Replikat antwortet (innerhalb eines festgelegten Zeitlimits):
  In diesem Fall besteht nach wie vor eine Partitionierung, in der $r_i(x)$ in der Unsicherheitsphase ist. Es kann keine Aussage darüber getroffen werden, ob es noch

ein Replikat gibt, das einen höheren Epochenzähler besitzt. Die Anfrage wird so behandelt, als ob eine Unterbrechung der Konsistenzkette vorliegt. Eine entsprechende Fehlermitteilung wird an das anfragende Replikat geschickt.

- Es antworten nur Replikate $r_j(x)$ mit $Epoch_j(x)=Epoch_i(x)$, aber die Replikate, die antworten, erreichen zusammen mit $r_i(x)$ kein Quorum:
  Auch hier bleibt die Unsicherheitsphase nach wie vor bestehen. Es wird so verfahren, als ob kein Replikat geantwortet hätte.

- Es antworten nur Replikate $r_j(x)$ mit $Epoch_j(x)=Epoch_i(x)$ und die Antworten erreichen zusammen mit $r_i(x)$ ein Quorum:
  In diesem Fall steht fest, daß $r_i(x)$ sich in der Konsistenzinsel befindet. Auch wenn nicht alle angefragten Replikate geantwortet haben, steht fest, daß es kein Replikat mit einem höheren Epochenzähler geben kann, weil sonst kein Quorum mit dem alten Epochenzähler hätte gebildet werden können. Es werden alle erreichten Replikate informiert. Die Austrittsmarkierungen in den Strukturlisten sowie die nicht erreichbaren Replikate werden entfernt. Falls ein Replikat aus der Strukturliste entfernt werden muß, wird der Epochenzähler der Replikate innerhalb der neuen Konsistenzinsel inkrementiert. Eine Aktualisierungsanfrage eines schwach konsistenten Replikats $r_j(x)$ kann ohne Weiterleitung an ein anderes Replikat direkt von $r_i(x)$ beantwortet werden.

Wenn sich alle Replikate in der Unsicherheitsphase befinden, so wird die Konsistenzinsel *passiv*. Sonst ist die Konsistenzinsel *aktiv*. Die Konsistenzinsel bleibt so lange passiv bis durch Wiedervereinigung von Partitionen ein Quorum gebildet werden kann. Damit die Konsistenzinsel möglichst selten passiv wird, sollte sichergestellt werden, daß bei gerader Anzahl von Mitgliedern in der Konsistenzinsel auch dann noch ein Quorum gebildet werden kann, wenn die Konsistenzinsel in zwei gleichgroße Partitionen aufgespalten wird. Um dies zu erreichen können einem Replikat der Konsistenzinsel zwei Stimmen zugeteilt werden, so daß die Gesamtzahl der Stimmen wieder ungerade wird.

Eine Alternative, die Konsistenzinsel möglichst lange aktiv zu halten, besteht darin, in jeder Epoche eine Primärkopie innerhalb der Konsistenzinsel auszuwählen, die im Fehlerfall festlegt, welche Partition die neue Epoche bildet. Dadurch bleibt die Konsistenzinsel zwar bei jeder beliebigen Partitionierung aktiv, wird aber bei einem Ausfall der Primärkopie passiv, auch wenn keine Partitionierung vorliegt.

Beispiele für mögliche Partitionierungen werden in Abbildung 6.3 dargestellt, wobei jeweils angeführt wird, wie das soeben beschriebene Verfahren in der jeweiligen Situation reagiert.

In Abschnitt 3.3.5 wurde gezeigt, daß bei der Verwendung von VP unter Umständen das Lesen veralteter Replikate toleriert wird, obschon das Verfahren die One-Copy-Serialisierbarkeit garantiert. Grund dafür ist, daß eine Partitionierung möglicherweise zu spät erkannt wird. Dies ist innerhalb der Konsistenzinsel natürlich nicht zulässig, kann aber bei Verwendung des beschriebenen Verfahrens auch nicht vermieden werden. Der Grad der Veraltung kann allerdings eingeschränkt werden, wenn innerhalb der Konsistenzinsel sogenannte *"Alive-Nachrichten"* verschickt werden. Dabei wird ein Replikat aus der Konsistenzinsel ausgewählt, das in periodischen Abständen eine kurze Nachricht an alle anderen Konsistenzinselmitglieder schickt. Falls der Alive-Sender bemerkt, daß nicht mehr alle Replikate erreichbar sind, so wird eine Neubestimmung der

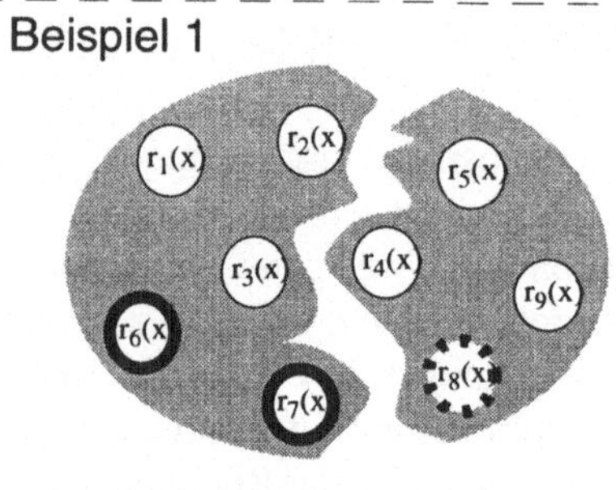

Die Partitionierung teilt die Konsistenzinsel, so daß in einer Partition mit den Replikaten $r_6(x)$ und $r_7(x)$ ein Quorum gebildet werden kann. $r_6(x)$ und $r_7(x)$ bilden zusammen die neue Konsistentinsel. Die schwach konsistenten Replikate $r_1(x)$, ..., $r_3(x)$, welche die neue Konsistenzinsel erreichen können, dürfen weiterhin in die Konsistenzinsel eintreten. Das Replikat $r_8(x)$, das vor der Partitionierung ebenfalls in der Konsistenzinsel war, tritt in die Unsicherheitsphase ein sobald es die Partitionierung bemerkt.

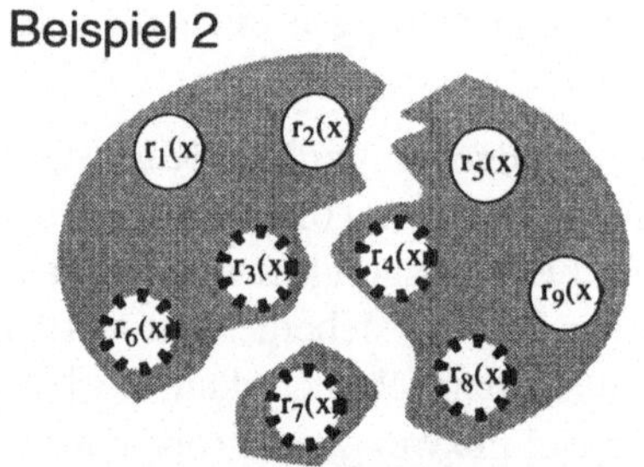

Die Partitionierung teilt die Konsistenzinsel so auf, daß in keiner Partition ein Quorum gebildet werden kann. Alle bisherigen Mitglieder der Konsistenzinsel treten in die Unsicherheitsphase ein. Sollten sich mindestens zwei der drei Partitionen wieder vereinigen, so kann in der neu entstandenen Partition wieder ein Quorum gebildet werden. Die entsprechenden Replikate treten wieder aus der Unsicherheitsphase aus und bilden die neue Konsistenzinsel.

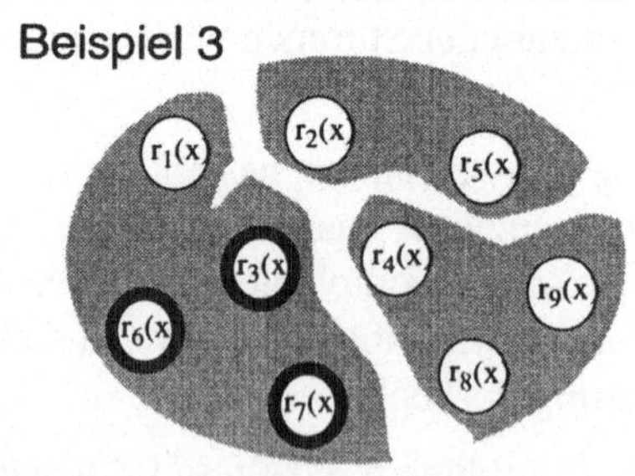

Die Partitionierung berührt die Konsistenzinsel nicht. Die Replikationskontrolle unterliegt nach wie vor dem ROWA-basierten Verfahren. Durch die Partitionierung können allerdings diejenigen schwach konsistenten Replikate, die nicht in der Quorumpartition liegen, die Konsistenzinsel nicht erreichen. Diese Replikate können weder in die Konsistenzinsel eintreten, noch können Aktualisierungsnachrichten aus der Konsistenzinsel empfangen werden.

Legende:

 Netzwerkpartition $r_6(x)$ Mitglied der Konsistenzinsel

$r_1(x)$ Schwach konsistentes Replikat    Replikat in der Unsicherheitsphase

Abb. 6.3: Netzwerkpartitionierungen bei Synchronisation auf der Basis von VP

lokalen Sicht auf die Konsistenzinsel gemäß dem oben erläuterten auf VP basierenden Verfahren durchgeführt. Das gleiche gilt für den Fall, daß bei einem anderen Konsistenzinselmitglied, die erwartete Alive-Nachricht ausbleibt. Durch die Frequenz, mit der die Alive-Nachrichten verschickt werden, kann die Unschärfe eingestellt werden, die im schlechtesten Fall bei Auftreten einer Partitionierung toleriert werden kann. Solange keine Partitionierungen auftreten sind alle Replikate innerhalb der Konsistenzinsel aktuell. Selbst wenn ein Knoten ausfällt, wird nur auf aktuelle Replikate zugegriffen. Im Falle einer Partitionierung wird in der Quorumpartition auch weiterhin die Aktualität garantiert. Der einzige Fall, bei dem ein veraltetes Replikat $r_i(x)$ gelesen werden kann, ist der, daß eine Partitionierung vorliegt, $r_i(x)$ sich nicht in der Quorumpartition befindet und in der Quorumpartition Änderungen stattfinden bevor die Partitionierung am Knoten L_i erkannt wird. Mit der periodischen Versendung von Alive-Nachrichten wird die Wahrscheinlichkeit, daß ein veraltetes Replikat gelesen wird, weiter herabgesetzt, da Partitionierungen früher erkannt werden. Falls doch ein veraltetes Replikat $r_i(x)$ gelesen wird, so kann außerdem die Änderung von x, die verpaßt wurde, erst nach der letzten Alive-Nachricht freigegeben worden sein. Für besonders kritische Leseoperationen kann innerhalb der Konsistenzinsel immer noch ein Quorum gesperrt werden, womit garantiert wäre, daß der aktuelle Wert des Objektes gelesen wird.

Verläßt der Alive-Sender die Konsistenzinsel, so muß ein neuer Alive-Sender bestimmt werden. Tritt der Alive-Sender in die Unsicherheitsphase, so stellt er die Alive-Nachrichten ein. Falls eine Partitionierung auftritt, bei der eine Quorumpartition existiert, die den alten Alive-Sender nicht enthält, so wird für die neue Epoche der Konsistenzinsel ein neuer Alive-Sender bestimmt.

Auf die Technik, Alive-Nachrichten zu verschicken, wird im nachfolgenden Abschnitt noch mehrfach eingegangen. Aufgrund der Einfachheit und Robustheit der auf ROWA basierenden Variante der Replikationskontrolle, soll im folgenden zunächst auf diese Variante Bezug genommen werden.

6.3 Ereignisorientierte Aktualisierung schwach konsistenter Replikate

Bei Replikaten außerhalb der Konsistenzinsel handelt es sich entweder um Replikate, die ereignisorientiert aktualisiert werden, oder um Replikate, die kontinuierlich aktualisiert werden. Der Fall, daß ein Replikat beliebig veralten darf, ist trivial und wird an dieser Stelle nicht weiter betrachtet. Je nachdem, welche Konsistenzanforderungen für ein Replikat spezifiziert sind, müssen unterschiedliche Maßnahmen zu deren Sicherstellung ergriffen werden. Um ein veraltetes, schwach konsistentes Replikat $r_i(x)$ zu aktualisieren, ist eine Aktualisierungsnachricht erforderlich, die von einem Mitglied der Konsistenzinsel $K(x,t)$ an $r_i(x)$ geschickt wird. Im nachfolgenden Abschnitt wird zunächst darauf eingegangen, wie diese Aktualisierungsnachrichten prinzipiell aussehen können und was sie enthalten. In den darauffolgenden Abschnitten wird dann die Sicherstellung ereignisorientierter Anforderungen behandelt. Anschließend werden Alternativen zur Wartung kontinuierlich schwach konsistenter Replikate untersucht.

6.3.1   Aktualisierungsnachrichten

Prinzipiell werden zwei verschiedene Formen von Aktualisierungsnachrichten unterschieden: Die Propagierung von *Zuständen* und die Propagierung von *Operationen*. Beide Methoden werden hier kurz vorgestellt. Anschließend wird noch eine Variationsmöglichkeit diskutiert, die eine Kombination der beiden Methoden erlaubt.

- *Propagierung von Zuständen*
  Hierbei wird das veraltete Replikat aktualisiert, indem es einfach mit dem Wert eines aktuellen Replikats überschrieben wird. Diese Vorgehensweise ist zwar einfach und konzeptionell immer anwendbar, hat aber den Nachteil, daß eine Aktualisierung insbesondere bei sehr großen Datenobjekten sehr kommunikationsintensiv werden kann. Effizienter wäre in diesem Fall eine inkrementelle Aktualisierung, wie sie beispielsweise in [LHM86] zur Aktualisierung von Snapshots vorgeschlagen wird.

- *Propagierung von Operationen*
  Anstelle des aktuellen Wertes des Objektes x kann auch die Operation propagiert werden, die das Objekt modifiziert hat. Diese Vorgehensweise ist allerdings nur eingeschränkt anwendbar. Ein veraltetes Replikat $r_i(x)$ kann möglicherweise bereits mehrere Änderungsoperationen "verpaßt" haben. In diesem Fall müssen alle verpaßten Operationen an $r_i(x)$ propagiert werden, wo sie in der korrekten Reihenfolge ausgeführt werden müssen. Dieses Verfahren funktioniert jedoch auch nur dann, wenn alle auszuführenden Operationen die Form x:=f(x) haben, das heißt es gehen keine anderen Datenobjekte in die Neuberechnung des Wertes von x mit ein. Eine Operation x:=f(x,y) könnte am Knoten L_i möglicherweise nicht ausgeführt werden, weil das Objekt y am Knoten L_i nicht allokiert ist, oder nicht aktuell ist.

Keine der beiden vorgestellten Alternativen scheint zunächst in ihrer reinen Form eine geeignete Wahl darzustellen. Daher wird nachfolgend ein Verfahren, das eine inkrementelle Aktualisierung auf der Basis von Protokolldaten ermöglicht, konzeptionell skizziert.

Die allgemeinste denkbare Form einer Änderungsoperation auf einem Datenobjekt x_1 ist $x_1:=f(x_1, x_2, ..., x_n, c_1, ..., c_m)$. Neben dem aktuellen Wert des Objektes x_1 gehen auch die aktuellen Werte anderer Objekte $x_2,..., x_n$ sowie eine Reihe konstanter Parameter $c_1, ..., c_m$ ein. Bei der Berechnung des neuen Wertes von x_1 müssen also auch die aktuellen Werte der Objekte $x_2, ..., x_n$ ermittelt werden. Durch Einsetzen der Parameter c_i und der Werte der Objekte x_i ergibt sich eine komprimierte Funktion $f'(x_1,c_0)$. Wird auch noch der alte Wert von x_1 eingesetzt, so ergibt sich der neue Wert von x_1. An jedem Knoten, an dem diese Änderung des Objektes x_1 durchgeführt wird, wird eine Protokolldatei geführt, in welche die Änderung eingetragen wird. Es genügt, die Funktion f' sowie die inkrementelle Änderung c_0 in diese Protokolldatei einzutragen. Jeder Protokolleintrag $P(i,v)=<f',c_0>$ bezieht sich eindeutig auf ein Datenobjekt x_i und ist mit einer eindeutigen Versionsnummer v behaftet. Ein veraltetes Replikat $r_j(x_i)$ mit Versionsnummer $v(r_j(x_i))$ kann nun unter der Voraussetzung der Existenz derartiger Protokolldaten aktualisiert werden, wenn alle Protokolleinträge $P(i, v(r_j(x_i)))$, ..., $P(i, v(x_i))$ vorliegen. Eine auf dieser Technik basierende Aktualisierungsnachricht enthält also abhängig vom aktuellen Versionsrückstand des zu aktualisierenden Replikats eine Reihe von Protokolleinträgen.

In den nachfolgenden Ausführungen spielt die Form der Aktualisierungsnachricht zunächst keine Rolle. Es soll daher einfach davon ausgegangen werden, daß durch das Versenden einer Nachricht von einem aktuellen Replikat an ein veraltetes Replikat eine Aktualisierung des veralteten Replikats herbeigeführt werden kann. Falls die nachfolgende Diskussion der verschiedenen Protokolle zur Wartung schwach konsistenter Replikate eine Unterscheidung zwischen verschiedenen Typen von Aktualisierungsnachrichten erforderlich machen sollte, so wird an entsprechender Stelle explizit darauf hingewiesen.

6.3.2 Sicherstellung ereignisorientierter Konsistenzanforderungen

Bei der Sicherstellung ereignisorientierter Aktualisierungsanforderungen besteht die Hauptschwierigkeit in der Ereigniserkennung am richtigen Ort. Bevor jedoch auf diese Problematik eingegangen wird, wird nachfolgend aufgezeigt, in welcher Weise die ereignisorientierte Aktualisierung von Replikaten prinzipiell erfolgt.

Tritt das zur Aktualisierung für $r_i(x)$ spezifizierte Ereignis ein, so ist der tolerierbare Abstand des Replikats zum logischen Objekt x möglicherweise verletzt. Um dies festzustellen und um gegebenenfalls die Aktualisierung des Replikats $r_i(x)$ zu veranlassen, wird nach der Erkennung des Ereignisses eine Nachricht mit dem geforderten Konsistenzgrad an die Konsistenzinsel geschickt. Diese Nachricht wird gemäß der in Abschnitt 6.1.1 beschriebenen Technik entlang der Konsistenzkette propagiert. Ist die Nachricht in der Konsistenzinsel angelangt, so kann dort entschieden werden, ob $r_i(x)$ die geforderten Anforderungen erfüllt oder nicht. Falls die Konsistenzanforderungen nicht erfüllt werden, wird eine Aktualisierungsnachricht an $r_i(x)$ geschickt. Andernfalls genügt eine kurze Bestätigungsnachricht, die anzeigt, daß $r_i(x)$ den gewünschten Konsistenzgrad bereits erfüllt. Ist die Aktualisierung aufgrund eines Knoten- oder Kommunikationsfehlers nicht möglich, so muß der Zugriff auf das Replikat $r_i(x)$ unterbunden werden, oder es muß zumindest der Anwendung bekannt gemacht werden, daß die spezifizierten Konsistenzanforderungen nicht eingehalten werden konnten. Die Wartung ereignisorientierter Konsistenzanforderungen für ein Replikat $r_i(x)$ wird somit als korrekt erachtet, wenn entweder beim Eintreten des erwarteten Ereignisses die Aktualisierung erfolgt, sofern sie erforderlich ist, oder wenn im Falle eines Fehlers die Anwendungen am Knoten L_i entsprechend informiert werden (beispielsweise mit Hilfe eines entsprechenden Returncodes, der beim Zugriff auf x an die Anwendung zurückgegeben wird).[1]

Entscheidend für die Korrektheit dieser Vorgehensweise ist die Ereigniserkennung. Angenommen, das Replikat $r_i(x)$ soll bei Eintreten des Ereignisses E aktualisiert werden. Ist das Ereignis E eingetreten, so muß es am Knoten L_i erkannt werden, damit die beschriebene Vorgehensweise zur Aktualisierung in Gang gesetzt werden kann. Es muß somit an jedem Knoten eine entsprechende Komponente zur Erkennung von Ereignissen vorgesehen werden. Nachfolgend wird also davon ausgegangen, daß es an jedem Knoten L_i eine lokale Triggerkomponente gibt. Das erwartete Ereignis E muß jedoch nicht notwendigerweise auch am Knoten L_i auftreten, sondern tritt vielleicht an einem anderen Knoten L_j ein. In diesem Fall muß der Knoten L_j dem Knoten L_i mitteilen, daß das erwartete Ereignis stattgefunden hat. Das bedeutet, daß es eine verteilte Ereigniserkennung geben muß.

Fatal wäre, wenn das am Knoten L_i erwartete Ereignis E an einem anderen Knoten L_j eintritt, ohne daß es am Knoten L_i bemerkt wird. Dies würde dazu führen, daß die Anwendungen am Knoten L_i auf Daten zugreifen, die nicht mehr den spezifizierten Konsistenzanforderungen entsprechen. Dieser Fall kann immer dann auftreten, wenn der Knoten, an dem das Ereignis eintritt, durch eine Netzwerkpartitionierung von dem Knoten, an welchem das Ereignis erwartet wird, getrennt wird. In der in Abschnitt 5.5.1 eingeführten Terminologie bedeutet das, daß das Ereignis außerhalb des Wahrnehmungsraums des am Knoten L_i befindlichen Wahrnehmungssystems aufgetreten ist.

Der beschriebene Fehlerfall kann vermieden werden, wenn man sich bei der anwendungsbezogenen Spezifikation von Ereignissen auf *lokale Ereignisse* beschränkt. Ereignisse, die möglicherweise auf anderen Knoten auftreten können, werden nachfolgend als *externe Ereignisse* bezeichnet. Gemäß der Klassifikation von Ereignissen aus Abschnitt 5.5.1 ist dabei folgendes zu berücksichtigen:

- Zeitereignisse können immer lokal erkannt werden, da vorausgesetzt wird, daß es an jedem Knoten L_i des verteilten Systems S eine lokale Uhr gibt.
- Operationsbezogene Ereignisse können an jedem Knoten L_i lokal erkannt werden, der an der Synchronisation der Operation beteiligt ist.
- Für Transaktionsereignisse gilt im wesentlichen das gleiche wie für operationsbezogene Ereignisse. Die Freigabe einer verteilten Transaktion wird an jedem Knoten lokal bemerkt, auf dem eine zugehörige Teiltransaktion gelaufen ist.

---

1. Weitere Details des hier beschriebenen Verfahrens zur ereignisorientierten Aktualisierung finden sich in [Hag95].

- Abstrakte Ereignisse können an jedem Knoten auftreten, an dem eine Anwendung läuft, welche die explizite Auslösung des Ereignisses veranlassen kann. Wird die Konsistenzspezifikation auf lokale Ereignisse beschränkt, so ist sicherzustellen, daß abstrakte Ereignisse immer an dem Knoten ausgelöst werden, an dem sie auch erwartet werden.

- Ein zusammengesetztes Ereignis kann nur dann sicher lokal erkannt werden, wenn alle eingehenden Elementarereignisse lokal erkannt werden können.

Wenn auf externe Ereignisse nicht verzichtet werden soll, so ist im Rahmen der verteilten Ereigniserkennung ein Mechanismus erforderlich, der die Erkennung von möglichen Partitionierungen beinhaltet. Dies ist nur mit Hilfe von Alive-Nachrichten zu realisieren, wie sie bereits zur Vermeidung veralteter Replikate in der Konsistenzinsel bei der Synchronisation mit VP vorgeschlagen wurden. Ein entsprechender Mechanismus wird nachfolgend kurz skizziert.

Bei der Spezifikation eines Elementarereignisses E ist zusätzlich anzugeben, auf welchen Knoten dieses Elementarereignis potentiell auftreten kann. Grob kann dabei zwischen *lokalen, unspezifisch externen* und *spezifisch externen* Ereignissen unterschieden werden. Lokale Ereignisse können jeweils nur am lokalen Knoten auftreten, unspezifisch externe Ereignisse können an jedem Knoten auftreten, und spezifisch externe Ereignisse können nur an bestimmten Knoten auftreten (z.B. an allen Knoten an denen ein Objekt x allokiert ist). Wird nun für ein Replikat $r_i(x)$ eine ereignisorientierte Aktualisierung zum externen Ereignis E spezifiziert, so meldet die Ereigniserkennung des Knotens L_i das Interesse an diesem Ereignis bei jedem Knoten L_j an, auf dem das Ereignis potentiell eintreten kann. Jeder Knoten L_j erwartet daraufhin E auch lokal. Tritt das Ereignis E am Knoten L_j ein, so wird es an den Knoten L_i gemeldet. Solange das Ereignis E nicht eintritt werden periodisch Alive-Nachrichten an L_i gesendet. Am Knoten L_i kann dann beim Ausbleiben einer Alive-Nachricht festgestellt werden, daß das erwartete Ereignis potentiell stattgefunden haben könnte. Sicherheitshalber kann eine Aktualisierung von $r_i(x)$ veranlaßt werden, sofern der vorliegende Fehlerfall dies zuläßt. Ist die Aktualisierung nicht möglich, so ist $r_i(x)$ als ungültig zu markieren. Anwendungen, die auf ein ungültiges Replikat $r_i(x)$ zugreifen, können nun darüber in Kenntnis gesetzt werden, daß $r_i(x)$ möglicherweise nicht mehr die spezifizierten Konsistenzanforderungen erfüllt. Mehr ist bei externen Ereignissen auch mit Alive-Nachrichten nicht feststellbar.

Die Frage der Ereigniserkennung spielt natürlich auch bei kontinuierlichen Konsistenzanforderungen eine Rolle, da die zeitliche Veränderlichkeit dieser Anforderungen ebenfalls mit Hilfe von Ereignissen spezifiziert wird. Nachfolgend soll jedoch vereinfachend davon ausgegangen werden, daß sämtliche Ereignisse lokal erkannt werden können. Diese Annahme wird im Übrigen in anderen verteilten Datenverwaltungssystemen, in denen ereignisorientierte Mechanismen verwendet werden, meistens ohnehin implizit getroffen (z.B. in [Jab90]).

6.4 Synchrone Wartung kontinuierlicher Konsistenzanforderungen

Der Aufwand, der zur Wartung kontinuierlich schwach konsistenter Replikate erforderlich ist, hängt in sehr hohem Maße von den jeweils spezifizierten Synchronisationsanforderungen ab (Abschnitt 5.4.2). Bei den in diesem Abschnitt vorgestellten Protokollen soll zunächst einmal die strengste mögliche Forderung der globalen Synchronisation zugrundegelegt werden. Für die verschiedenen Anforderungstypen (Versionsabstand, Wertabstand und Zeitrückstand) werden jeweils eigene Protokolle vorgestellt. Bevor jedoch die Protokolle erläutert werden, soll verdeutlicht werden, auf welche Weise kontinuierlich schwach konsistente Replikate überhaupt ungültig werden können. Es lassen sich dabei gemäß ([Hag95]) prinzipiell drei Möglichkeiten unterscheiden:

(1) *Modifikation des Objektes*:
Das Objekt x wird in der Konsistenzinsel modifiziert. Mit der Freigabe der Änderungstransaktion erhöht sich die Versionsnummer $v(x)$ und der Wert $w(x)$ ändert sich. Dadurch können Replikate mit maximal tolerierbarem Wertabstand oder Versionsabstand gegebenenfalls ungültig werden. Ist für ein Replikat $r_i(x)$ ein maximal tolerierbarer Zeitrückstand $\Delta t(x)$ spezifiziert, so wird durch die Freigabe der Änderungstransaktion zwar $r_i(x)$ nicht ungültig, aber möglicherweise hat dadurch die Alterungsfrist begonnen. Änderungen am Objekt x, die ein Replikat $r_i(x)$ ungültig machen oder die den Beginn der Alterungsfrist für $r_i(x)$ verursachen, werden nachfolgend als *"kritische Änderungen"* bezeichnet.

(2) *Ablauf einer Frist*:
Das Ungültigwerden durch Fristablauf gilt nur für Replikate mit spezifiziertem Zeitrückstand. Ist die Frist, die durch die Freigabe einer kritischen Änderungstransaktion begann, abgelaufen, so wird das Replikat ungültig.

(3) *Änderung der Konsistenzanforderung*:
Ein Replikat $r_i(x)$ kann auch ungültig werden, wenn die Konsistenzanforderungen für $r_i(x)$ verschärft werden. So kann beispielsweise $r_i(x)$ in die Konsistenzinsel eintreten oder der maximal tolerierbare Versionsabstand kann verkürzt werden.

Ziel der nachfolgend erläuterten Replikationsprotokolle muß es sein, Zugriffe auf ungültige Replikate zu unterbinden. Dazu muß an dem Knoten L_i, an dem ein schwach konsistentes Replikat $r_i(x)$ allokiert ist, erkannt werden, wann das Replikat ungültig wird. Die Änderung von Konsistenzanforderungen wird gemäß Abschnitt 6.3.2 durch ein lokales Ereignis angezeigt, so daß in diesem Fall sicher bemerkt wird, daß das lokale Replikat ungültig wird. Dieser Fall soll somit nachfolgend außer acht gelassen werden.

Wenn bemerkt wird, daß ein Replikat $r_i(x)$ ungültig wurde, so ist eine Aktualisierung zu veranlassen. Falls die Konsistenzanforderung für $r_i(x)$ eine globale Synchronisation verlangt, so besteht eine Möglichkeit, dieser Anforderung gerecht zu werden, darin, die Freigabe der kritischen Änderungstransaktion mit der Aktualisierung von $r_i(x)$ zu synchronisieren. Dies funktioniert natürlich nur dann, wenn für $r_i(x)$ ein Versionsabstand oder ein Wertabstand angegeben wurde. Ist für $r_i(x)$ ein tolerierbarer Zeitrückstand spezifiziert worden, so kann diese Anforderung durch die Synchronisation der kritischen Änderungstransaktion mit einer Zustandsvariablen am Knoten L_i sichergestellt werden. Aus diesem Grund soll auch für Replikate mit Zeitrückstand in diesem Abschnitt ein entsprechendes *"synchrones Protokoll"* angegeben werden. Es sei an dieser Stelle bereits darauf hingewiesen, daß die nachfolgend vorgestellten Protokolle unter der Randbedingung der Minimierung der Anzahl zu versendender Nachrichten entworfen wurden. In [Hen95] werden Protokolle verwendet, die stattdessen die Nutzdatenübertragung minimieren. Auf diese Protokolle soll hier aber nicht mehr weiter eingegangen werden. Auch gibt es zu den vorgestellten Protokollen einige Variationsmöglichkeiten, die sich hauptsächlich darin unterscheiden, wo die zur Wartung der Replikate erforderliche Verwaltungsinformation abgespeichert wird. Zu dieser Verwaltungsinformation gehört neben dem durch das Kohärenzprädikat definierten tolerierbaren Abstand eines Replikats $r_i(x)$, beispielsweise auch der tatsächliche momentane Abstand des Replikats $r_i(x)$.

Zentrale und dezentrale Konsistenzüberwachung

Da die Verletzung kontinuierlicher Konsistenzanforderungen stets durch eine Änderungstransaktion verursacht wird, die innerhalb der Konsistenzinsel synchronisiert werden muß, wird die Zahl der bei der synchronen Aktualisierung zu versendenden Nachrichten minimal, wenn alle erforderlichen Verwaltungsdaten in der Konsistenzinsel bekannt sind. Diese Vorgehensweise soll im folgenden als *zentrale Konsistenzüberwachung* bezeichnet werden. Dies hat allerdings zur Folge, daß die Menge der Verwaltungsdaten, die bei jedem Konsistenzinselmitglied gehalten werden müssen, erheblich ansteigt. Bisher genügte es für ein Replikat $r_i(x)$, welches sich in der Konsistenzinsel befindet, die Strukturliste $S_i(x)$ abzuspeichern. Bei der zentralen Konsistenzüberwachung kommen Anforderungs- und Zustandsdaten sämtlicher kontinuierlich schwach konsistenter Replikate dazu. Die zentrale Konsistenzüberwachung für ein Replikat $r_i(x)$ erfordert somit erheblich mehr Verwaltungsdaten als wenn $r_i(x)$ einfach in die Konsistenzinsel eintreten würde. Außerdem muß diese zusätzliche Information bei jedem Eintritt eines neuen Konsistenzinselmitglieds an dieses übertragen werden. Es stellt sich die Frage, ob dieser erhöhte Aufwand durch eine andere Plazierung der Verwaltungsdaten reduziert werden kann. Weiterhin ist zu klären, welche Nachteile in Kauf genommen werden müssen, wenn innerhalb der Konsistenzinsel nicht mehr unmittelbar aufgrund lokal vorhandener Verwaltungsdaten erkannt werden kann, ob eine Änderung des betreffenden Objektes die Konsistenzanforderungen schwach konsistenter Replikate verletzt oder nicht.

Werden die zur Wartung eines schwach konsistenten Replikats $r_i(x)$ erforderlichen Verwaltungsdaten lokal auf dem Knoten L_i gehalten, so soll von *dezentraler Konsistenzüberwachung* die Rede sein. Das Problem bei einer vollständig dezentralen Konsistenzüberwachung für $r_i(x)$ besteht darin, daß zur Sicherstellung der Anforderung "globale Synchronisation" jede Lesetransaktion, die auf $r_i(x)$ zugreift, mit der virtuellen Primärkopie synchronisiert werden muß. Das bedeutet, daß im Rahmen der Lesetransaktion ein Nachrichtenaustausch mit einem Mitglied der Konsistenzinsel stattfinden muß, wobei sicherzustellen ist, daß $r_i(x)$ das geforderte Kohärenzprädikat erfüllt und daß dieses Prädikat auch nicht verletzt wird, solange die Lesetransaktion noch nicht abgeschlossen ist.

Wie die nachfolgend aufgeführten Protokolle zeigen, ist es nicht erforderlich, sich für eine der beiden Varianten zu entscheiden. Es gibt auch Mischformen, bei denen ein Teil der Verwaltungsinformation in der Konsistenzinsel zentral und ein anderer Teil dezentral bei den schwach konsistenten Replikaten gehalten wird.

Schreibersynchrone und lesersynchrone Aktualisierungen

Neben der Unterscheidung zwischen zentralen, dezentralen und hybriden Formen der Konsistenzüberwachung können die Protokolle zur Wartung kontinuierlich schwach konsistenter Replikate auch hinsichtlich der Art, wie die Aktualisierung veranlaßt wird, unterschieden werden. Dabei sind im wesentlichen schreibersynchrone und lesersynchrone Aktualisierung zu unterscheiden:

- *Schreibersynchrone Aktualisierung*:
  Bei der schreibersynchronen Aktualisierung wird die für ein kontinuierlich schwach konsistentes Replikat $r_i(x)$ kritische Änderungstransaktion T erkannt, indem bei jeder Änderung am Objekt x überprüft wird, ob das Kohärenzprädikat für $r_i(x)$ verletzt wird. Die Aktualisierung von $r_i(x)$ findet im Rahmen einer Teiltransaktion der kritischen Änderungstransaktion T statt. Diese Vorgehensweise macht natürlich nur Sinn, wenn entweder Versionsabstand oder Wertabstand zu kontrollieren sind, da die kritische Änderungstransaktion nur in diesen Fällen das Replikat $r_i(x)$ ungültig machen würde. Eine schreibersynchrone Aktualisierung ist bei einer voll dezentralen Konsistenzüberwachung nicht möglich, weil in der Konsistenzinsel, wo die kritische Änderungstransaktion synchronisiert wird, nicht erkannt werden kann, ob das schwach konsistente Replikat durch die Änderung ungültig wird oder nicht.

- *Lesersynchrone Aktualisierung*:
  Eine lesersynchrone Aktualisierung liegt vor, wenn die Aktualisierung eines kontinuierlich schwach konsistenten Replikats erst dann veranlaßt wird, wenn eine Lesetransaktion versucht, auf ein ungültiges Replikat zuzugreifen. Dabei müssen Synchronisationsmaßnahmen vorgesehen werden, die verhindern, daß mehrere Lesetransaktionen gleichzeitig eine Aktualisierung veranlassen.

Der Vorteil der lesersynchronen Methode besteht darin, daß die Aktualisierung tatsächlich erst dann vorgenommen wird, wenn sie wirklich erforderlich ist, während bei der schreibersynchronen Methode die Aktualisierung in jedem Fall durchgeführt wird, sobald das Replikat ungültig wird. Bei der schreibersynchronen Aktualisierung wird somit von vornherein vermieden, daß das schwach konsistente Replikat ungültig wird. Wird das schwach konsistente Replikat also sehr selten gelesen, so spart eine lesersynchrone Methode unter Umständen Aktualisierungsnachrichten ein. Bei häufigem Lesen des schwach konsistenten Replikats $r_i(x)$ kommt allerdings eine schreibersynchrone Aktualisierung üblicherweise insgesamt mit weniger Nachrichten aus, weil das Ungültigwerden von $r_i(x)$ unmittelbar vom Schreiber erkannt wird und nicht durch zusätzliche Nachrichten in Erfahrung gebracht werden muß.

Allgemeine Anmerkungen zur Fehlerbehandlung in synchronen Protokollen

Die lesersynchrone und die schreibersynchrone Aktualisierung unterscheiden sich gravierend, was das Verhalten im Fehlerfall angeht. Um Fehlerfälle korrekt handhaben zu können, muß entweder verhindert werden, daß Replikate ungültig werden, oder der Zugriff auf ungültige Replikate muß verhindert werden, bzw. es muß beim Zugriff auf ein Replikat erkannt werden, ob das Replikat ungültig ist oder nicht. Bei der lesersynchronen Aktualisierung wird bei jedem Lesezugriff auf ein kontinuierlich schwach konsistentes Replikat überprüft, ob das Replikat gültig ist oder nicht, indem eine entsprechende Anfrage an die Konsistenzinsel geschickt wird. Wenn diese Anfrage aufgrund eines Knoten- oder Kommunikationsfehlers nicht beantwortet wird, so muß angenommen werden, daß $r_i(x)$ möglicherweise ungültig geworden ist. Der Lesezugriff wird also untersagt. Bei der schreibersynchronen Aktualisierung dagegen wird die Gültigkeit des schwach konsistenten Replikats $r_i(x)$ in der Konsistenzinsel überprüft. Am Knoten L_i besteht in diesem Fall keine Möglichkeit festzustellen, ob das lokale Replikat $r_i(x)$ gültig ist oder nicht. Es muß also dafür gesorgt werden, daß $r_i(x)$ auch im Fehlerfall nicht ungültig wird. Falls also die Ungültigkeit von $r_i(x)$ in der Konsistenzinsel erkannt wird und der Knoten L_i aufgrund einer Fehlersituation nicht erreichbar ist, so muß die kritische Änderungstransaktion abgebrochen werden.

Die lesersynchrone Methode der Aktualisierung kontinuierlich schwach konsistenter Replikate vermindert somit die Leseverfügbarkeit dieser Replikate, während durch eine schreibersynchrone Aktualisierung die Schreibverfügbarkeit des Objektes vermindert wird.

Bevor nun in den nachfolgenden Abschnitten einige Beispiele für Protokolle zur synchronen Aktualisierung kontinuierlich schwach konsistenter Replikate aufgeführt werden, sollen hier noch einige Voraussetzungen aufgezählt werden, die zum Teil schon an anderer Stelle genannt wurden, oder die bisher nur implizit gemacht wurden:

- Aktualisierungen eines schwach konsistenten Replikats $r_i(x)$ werden am Knoten L_i als normale lokale Änderungstransaktionen betrachtet und als solche auf der Basis der üblichen Sperrverfahren mit allen anderen lokalen Transaktionen synchronisiert.

- Änderungen an einem Objekt x werden immer mit der virtuellen Primärkopie für x, die physisch durch die Konsistenzinsel $K(x,t)$ repräsentiert wird, synchronisiert. Wird eine Änderung außerhalb der Konsistenzinsel initiiert (*"blinde Änderung"*), so muß ein Mitglied der Konsistenzinsel gefunden werden, welches diese Änderung innerhalb der Konsistenzinsel synchronisiert. Nachfolgend wird daher vereinfachend davon ausgegangen, daß Änderungen nur innerhalb der Konsistenzinsel initiiert werden. Der Koordinatorknoten einer Änderungstransaktion für das Objekt x ist somit stets ein Knoten, an dem ein Mitglied der Konsistenzinsel allokiert ist.

- Durch die *ASPECT*-Spezifikation fallen zusätzliche Metadaten an, die irgendwo im verteilten System abgespeichert werden müssen. Wo diese Daten abgespeichert werden, hängt auch vom jeweiligen Aktualisierungsprotokoll ab. Als gegeben werden jedoch folgende Punkte angenommen:

  - Das Allokationsschema wird ubiquitär repliziert. Das bedeutet, daß an jedem Knoten L_i, an dem ein Replikat $r_i(x)$ allokiert ist, die Menge Alloc(x) bekannt ist.

  - Die Struktur der Konsistenzinsel ist innerhalb der Konsistenzinsel bekannt (Abschnitt 6.1).

  - Die Konsistenzanforderungen für ein Replikat $r_i(x)$ sind mindestens am Knoten L_i, an dem $r_i(x)$ allokiert ist, bekannt. Veränderungen von Konsistenzanforderungen können durch lokale Ereigniserkennung erfaßt werden.

Die nachfolgend erläuterten Protokolle verstehen sich unter den genannten Voraussetzungen.

6.4.1 Synchrone Sicherstellung eines maximalen Versionsabstands

In diesem Abschnitt werden basierend auf den bisherigen Überlegungen beispielhaft zwei Protokollvarianten zur Sicherstellung eines maximal tolerierbaren Versionsabstands vorgestellt. Zunächst folgt die Beschreibung eines Protokolls mit schreibersynchroner Aktualisierung. Anschließend wird ein Protokoll mit lesersynchroner Aktualisierung erläutert.

Synchrone Wartung des Versionsabstands mit schreibersynchroner Aktualisierung

Die einfachste Variante eines schreibersynchronen Protokolls zur Wartung von Versionsabständen ist die voll zentralisierte Variante. Tritt ein Replikat $r_i(x)$ in ein Zeitintervall ein, in dem kontinuierlich ein Versionsabstand $\Delta v(r_i(x))=c$ sichergestellt werden soll, so ist das Replikat $r_i(x)$ mitsamt dem zu gewährleistenden Versionsabstand c und der momentanen Versionsnummer $v(r_i(x))$ bei der Konsistenzinsel anzumelden. Jede Veränderung der Konsistenzanforderungen für $r_i(x)$ ist ebenfalls bei der Konsistenzinsel anzumelden. Jedes Mitglied $r_j(x)$ der Konsistenzinsel führt neben der Strukturliste $S_j(x)$ eine Liste $V(x)$ für die Verwaltung der Replikate mit Versionsabstand. In die Liste $V(x)$ wird für das neu angemeldete Replikat $r_i(x)$ ein Tripel <i, c, $v(r_i(x))$> eingetragen. Bei jeder Änderungstransaktion, die x modifiziert, muß der Koordinator dieser Transaktion vor der Freigabe in der lokalen Liste $V(x)$ nachprüfen, ob es einen Eintrag <k, l, m> gibt, für den gilt: $v(x) > l+m$. Falls ein solcher Eintrag gefunden wird, ist am Knoten L_k eine Subtransaktion zu initiieren, in der das Replikat $r_k(x)$ aktualisiert wird und der Eintrag <k, l, m> in $V(x)$ auf <k, l, l+m> korrigiert wird. Tritt dabei ein Fehler auf, so ist die gesamte Änderungstransaktion abzubrechen.

In Abbildung 6.4 wird eine Variante des soeben beschriebenen Protokolls schematisch dargestellt. Bei der gezeigten Protokollvariante wird die Verwaltungsinformation, die in der Konsistenzinsel gehalten werden muß, etwas reduziert. Die Liste $V(x)$, die bei allen Konsistenzinselmitgliedern repliziert vorliegt, enthält hier nur jeweils die Indizes der Replikate, die überhaupt an einer Überwachung des Versionsabstands interessiert

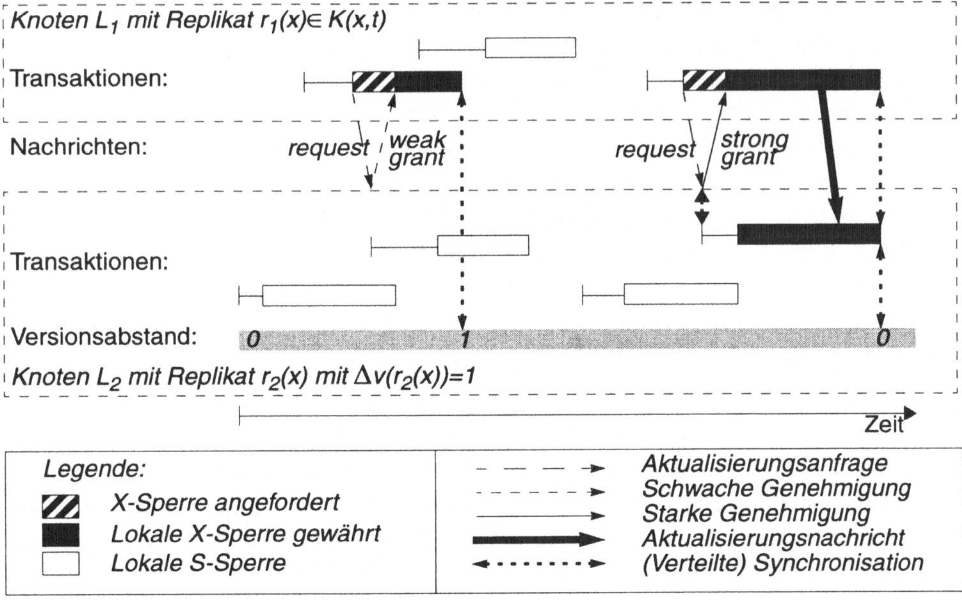

Abb. 6.4: Schreibersynchrone Wartung des Versionsabstands

sind. Damit fällt in der Konsistenzinsel für ein kontinuierlich schwach konsistentes Replikat $r_i(x)$ nicht mehr Verwaltungsinformation als für ein Mitglied der Konsistenzinsel an. Dafür muß am Knoten L_i für $r_i(x)$ zusätzlich der momentane Versionsabstand notiert werden.

Aufgrund der fehlenden Information kann aber nun in der Konsistenzinsel nicht mehr entschieden werden, ob eine Änderungstransaktion die Anforderungen eines Replikats, das in $V(x)$ vermerkt ist, verletzt oder nicht. Aus diesem Grund ist bei jeder Änderungstransaktion eine Anfrage bei allen in der Liste $V(x)$ vermerkten Replikaten notwendig. Mit Hilfe dieser Anfrage wird festgestellt, welche Replikate im Rahmen der Änderungstransaktion ebenfalls aktualisiert werden müssen und welche nicht. In Abbildung 6.4 wird dies durch *"schwache"* und *"starke Genehmigungsnachrichten"* symbolisiert. Eine schwache Genehmigung (*"weak grant"*) wird in Abbildung 6.4 durch einen gestrichelten Pfeil angezeigt, während eine starke Genehmigung (*"strong grant"*) als durchgezogener Pfeil dargestellt wird. Der Ablauf einer Änderungstransaktion, die ein Objekt x modifiziert, sieht dann im einzelnen folgendermaßen aus:

- Zunächst ist innerhalb der Konsistenzinsel $K(x,t)$ eine Schreibsperre zu erwerben.
- Ist die X-Sperre gewährt, so sind an alle Knoten, die in $V(x)$ vermerkt sind, Aktualisierungsanfragen zu verschicken (*"request"* in Abbildung 6.4).
- Nur dann, wenn alle Replikate aus $V(x)$ eine Genehmigungsnachricht geschickt haben, darf die Änderung durchgeführt werden. Anderenfalls muß die Änderungstransaktion abgebrochen werden.
- Falls alle Genehmigungen angekommen sind, werden die Replikate innerhalb der Konsistenzinsel und alle Replikate, die eine starke Genehmigung geschickt haben, synchron modifiziert.
- In die verteilte Freigabe werden alle Replikate aus $V(x)$ wieder mit einbezogen. Für jedes Replikat $r_i(x)$, das aktualisiert wurde, muß der zugehörige Versionsabstand, der am Knoten L_i vermerkt ist, auf Null zurückgesetzt werden. Bei allen Replikaten aus $V(x)$, die nicht mit aktualisiert wurden, ist der Versionsabstand zu inkrementieren.
- Beim Abbruch einer Teiltransaktion ist gemäß des 2PC-Protokolls (Abschnitt 2.5.3) die gesamte verteilte Transaktion zurückzusetzen.

Das Protokoll kann weiter optimiert werden, wenn darauf verzichtet wird, die Replikate, die nicht mit aktualisiert wurden, auch in die verteilte Freigabe mit einzubeziehen. Werden nämlich immer alle Replikate aus $V(x)$ in das verteilte Freigabeprotokoll mit einbezogen, so ist der Gewinn bezüglich der Änderungsverfügbarkeit gleich Null, denn eine Änderungstransaktion kann in diesem Fall nur dann erfolgreich abgeschlossen werden, wenn alle Replikate aus $V(x)$ bis zum Ende der Änderungstransaktion erreichbar sind. Es wird also vorgeschlagen, daß ein Replikat $r_i(x)$, welches eine Aktualisierungsanfrage mit einer schwachen Genehmigung beantwortet, das erfolgreiche Ende

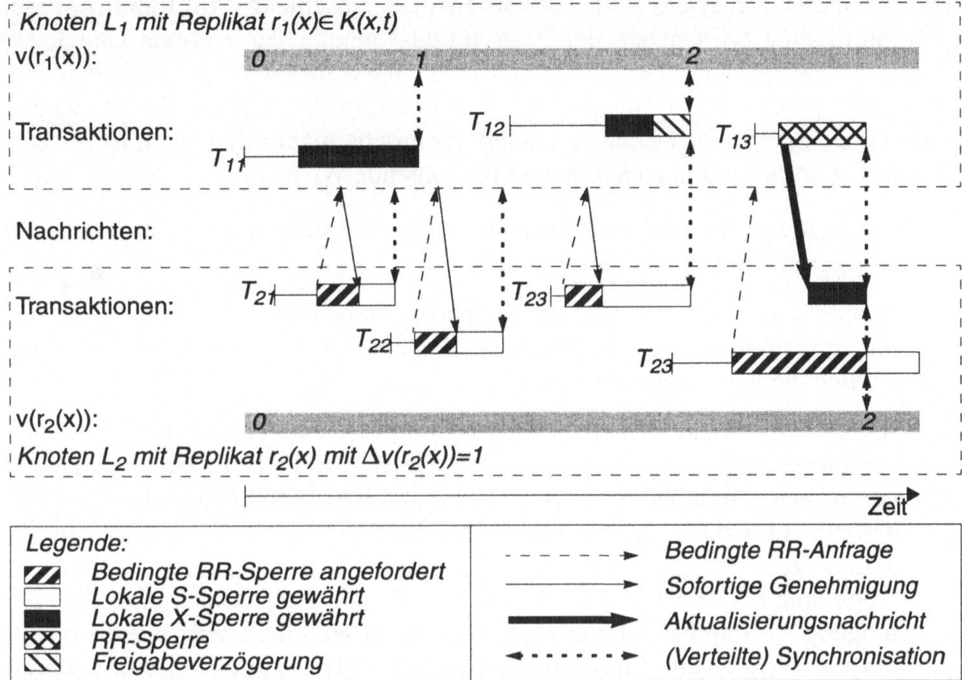

Abb. 6.5: Lesersynchrone Wartung des Versionsabstands

der anfragenden Änderungstransaktion nicht abwartet, sondern den lokalen Versionsabstandsvermerk sofort inkrementiert. Falls die Änderungstransaktion später doch zurückgesetzt werden muß, so hat dies keine Auswirkungen auf die Gültigkeit von $r_i(x)$. Das einzige was passieren kann ist, daß $r_i(x)$ aktualisiert wird, obwohl aufgrund der zugehörigen Kohärenzanforderungen noch keine Aktualisierung erforderlich wäre.

Auch mit dieser Optimierung ist die Änderungsverfügbarkeit des beschriebenen Protokolls aber immer noch erheblich geringer als bei der eingangs beschriebenen zentralisierten Variante. Dies liegt daran, daß bei der zentralisierten Variante nur die Replikate erreichbar sein müssen, die tatsächlich eine Aktualisierung nötig haben. An die übrigen Replikate der Liste V(x), welche die Aktualisierungsbedingung nicht erfüllen, muß nicht einmal eine Nachricht geschickt werden.

Lesersynchrone Aktualisierung auf der Basis bedingter Sperranforderungen

Bei der lesersynchronen Variante der synchronen Aktualisierung ist in der Konsistenzinsel überhaupt keine Verwaltungsinformation erforderlich. Der Ablauf des Protokolls wird in Abbildung 6.5 schematisch dargestellt und nachfolgend kurz erläutert.

Das Protokoll basiert auf dem Konzept der *bedingten Sperranforderungen*. Soll ein kontinuierlich schwach konsistentes Replikat $r_i(x)$ gelesen werden, so ist zuvor eine bedingte Sperranforderung an die Konsistenzinsel zu schicken. Im Rahmen dieser Sperranforderung wird neben der Transaktionskennung der anfordernden Lesetransaktion auch das Tripel $<i, c, v(r_i(x))>$ mit an die Konsistenzinsel geschickt, wobei die Komponente c den für $r_i(x)$ maximal tolerierbaren Versionsabstand angibt. Die bedingte Sperre, die mit einer solchen Nachricht angefordert wird, ist bis zum Ende der Lesetransaktion zu halten und hat folgende Wirkung:

- Bedingte Sperren sind mit allen anderen Sperren außer mit X-Sperren und mit L-Sperren kompatibel.

- Bedingte Sperren sind nicht mit L-Sperren kompatibel. Dies ist erforderlich, um zu verhindern, daß das gesperrte Mitglied der Konsistenzinsel zwischenzeitlich die Konsistenzinsel verläßt.

- X-Sperren sind mit bedingten Sperren kompatibel, sofern die mit der bedingten Sperre gekoppelte Bedingung nicht verletzt ist. Falls die Bedingung einer bereits gewährten bedingten Sperre erst durch die Modifikationen einer Änderungstransaktion verletzt wird, so ist die Freigabe dieser Änderungstransaktion zu verzögern bis die bedingte Sperre aufgehoben wird. In Abbildung 6.5 ist dies bei der Transaktion T_{12} der Fall. Allgemein ist die Bedingung, die durch das Tripel $<i, c, v(r_i(x))>$ ausgedrückt wird, erfüllt solange $v(x) \leq c+v(r_i(x))$ gilt. Im Beispiel wurde für die Transaktion T_{23} eine bedingte Sperre gewährt mit i=2, c=1 und $v(r_2(x))=0$. Da die Transaktion T_{12} diese Bedingung verletzen würde muß die Freigabe von T_{12} verzögert werden.

- Falls die Bedingung $v(x) \leq c+v(r_i(x))$ bei der Anforderung der bedingten Sperre nicht erfüllt ist, so wird eine Aktualisierung des Replikats $r_i(x)$ veranlaßt. Dazu wird zunächst überprüft, ob nicht schon eine Aktualisierungstransaktion im Gange ist, die $r_i(x)$ aktualisiert. Ist dies nicht der Fall, so wird eine entsprechende Aktualisierungstransaktion gestartet, bei der wie üblich das zu lesende Replikat in der Konsistenzinsel mit einer RR-Sperre belegt wird. Erst wenn die Aktualisierungstransaktion abgeschlossen ist, und die Aktualisierung des Replikats $r_i(x)$ vorgenommen wurde, kann die bedingte Sperre gewährt werden. Die Bedingung, die an die Sperre gekoppelt wird, lautet dann allerdings $<i, c, v(x)>$. Die beschriebene Situation wird im Beispiel aus Abbildung 6.5 mit Hilfe der Transaktionen T_{23} und T_{13} dargestellt. Die Aktualisierung des Replikats $r_2(x)$ im Rahmen der Transaktion T_{13} wird angestoßen, weil die Bedingung, die an die Sperranforderung der Transaktion T_{23} geknüpft wurde, nicht erfüllt werden konnte.

- Falls eine bedingte Sperranforderung für ein kontinuierlich schwach konsistentes Replikat $r_i(x)$ nicht beantwortet wird, so ist von einem Knoten- oder Kommunikationsfehler auszugehen und $r_i(x)$ ist als ungültig zu betrachten. Weitere Lesezugriffe auf $r_i(x)$ sind zu unterbinden.

- Falls eine bedingte Sperre, die ein Mitglied der Konsistenzinsel für das Replikat $r_i(x)$ hält, aufgrund einer Fehlersituation nicht aufgehoben werden kann, so ist das Replikat $r_i(x)$ ebenfalls als ungültig zu markieren. Die Lesetransaktion, welche die bedingte Sperre gehalten hat, ist zurückzusetzen.

- Hält ein Mitglied der Konsistenzinsel $r_j(x)$ für das Replikat $r_i(x)$ eine bedingte Sperre, so ist bei Auftreten eines Konfliktes nach Ablauf einer vorgegebenen Frist zu überprüfen, ob das Replikat $r_i(x)$ noch erreichbar ist oder nicht. Falls bei dieser Überprüfung ein Fehler festgestellt wird, kann die bedingte Sperre aufgehoben werden. Als Konfliktfälle, die eine Überprüfung auslösen, können hier die Verletzung der Bedingung, die an die Sperre geknüpft ist, oder die Anforderung einer L-Sperre für $r_j(x)$ angesehen werden.

Es stellt sich die Frage, welche Vorteile oder Nachteile dieses Protokoll gegenüber den zuvor erläuterten schreibersynchronen Protokollen hat. Wie bereits angedeutet, ist die Änderungsverfügbarkeit des lesersynchronen Protokolls in jedem Fall höher als bei allen schreibersynchronen Varianten, weil eine Änderungstransaktion nie aufgrund der Nichterreichbarkeit eines schwach konsistenten Replikats abgebrochen werden muß. Dafür ist die Leseverfügbarkeit eines kontinuierlich schwach konsistenten Replikats entsprechend geringer. Ein weiterer Nachteil des lesersynchronen Protokolls ist das hohe Nachrichtenaufkommen, das durch häufiges Lesen verursacht wird.

Die beschriebene Variante der lesersynchronen Aktualisierung, bei der die bedingten Sperren jeweils bis zum Ende der Lesetransaktion gehalten und explizit wieder freigegeben werden müssen, garantiert die globale Serialisierbarkeit gemäß Abschnitt 5.4.2. Um die lokale Serialisierbarkeit zu gewährleisten, kann auf die bedingten Sperren verzichtet werden. Für einen Lesezugriff auf ein schwach konsistentes Replikat genügt vielmehr eine einmalige Anfrage an die Konsistenzinsel, mit der überprüft wird, ob die Bedingung erfüllt ist oder nicht. Bei Nichterfüllung der Bedingung ist nach wie vor eine Aktualisierung des schwach konsistenten Replikats vorzunehmen. Diese Vorgehensweise hätte zur Folge, daß keine Änderungstransaktion durch eine bedingte Sperre blockiert werden könnte.

6.4.2 Synchrone Sicherstellung eines maximalen Wertabstands

Zur kontinuierlichen Sicherstellung eines maximal tolerierbaren Wertabstands für ein Replikat $r_i(x)$ kann im wesentlichen genau so vorgegangen werden wie bei der Sicherstellung eines maximal tolerierbaren Versionsabstands. Wie aus Abschnitt 5.4.1 zu ersehen ist, ist zur Überprüfung des aktuellen Wertabstands eines Replikats $r_i(x)$ sowohl der Wert des Replikats $w(r_i(x))$, als auch der aktuelle Wert des logischen Objektes $w(x)$ erforderlich. Um nun analog zur Wartung des Versionsabstands vorgehen zu können, müßte also entweder der Wert des logischen Objektes bei jeder Lesetransaktion auf $r_i(x)$ erfragt werden oder der Wert von $r_i(x)$ müßte innerhalb der Konsistenzinsel repliziert werden, damit die kritische Änderungstransaktion erkannt werden kann und eine

Aktualisierung von $r_i(x)$ eingeleitet wird, bevor $r_i(x)$ ungültig wird. Die erste Alternative macht die Replikation praktisch überflüssig und auch die zweite mögliche Vorgehensweise erscheint höchst fragwürdig, zumal dann, wenn es sich um sehr große Objekte handelt.

Um die synchrone Wartung eines maximal tolerierbaren Wertabstands einigermaßen sinnvoll gestalten zu können, ist es erforderlich, eine Komprimierungsfunktion *Val:* $\mathrm{Dom}(x) \to \mathbb{R}$ auf dem Wertebereich des Objektes x zu definieren, so daß der Wertabstand eines Replikats $r_i(x)$ mit Hilfe einer Distanzfunktion *Dist:* $\mathbb{R} \times \mathbb{R} \to \mathbb{R}$ nun durch $Dist(Val(w(r_i(x))), Val(w(x)))$ berechnet werden kann. Die Funktion *Val* erlaubt dabei, daß der Wert eines Objektes unabhängig von der Größe des Objektes durch eine einzige Zahl ausgedrückt wird. Wenn ein Objekt eine Datei ist, dann könnte z.B. die Dateigröße eine geeignete wertbezogene Maßeinheit sein. Ist das Objekt eine ganze Relation, dann könnte die Anzahl der Tupel verwendet werden, um zu einer wertbezogenen Maßeinheit zu kommen. Dies sind natürlich nur Beispiele, die aufzeigen sollen, welche Voraussetzungen zu erfüllen sind, um prinzipiell auf der Basis des Wertes eines Datenobjekts eine Abstandsberechnung vornehmen zu können. Welches wertbezogene Abstandsmaß im Einzelfall tatsächlich sinnvoll ist, hängt von der jeweiligen Anwendungssituation ab. Dieser Anwendungsbezug wird hergestellt, indem die Funktion *Val* entsprechend anwendungsspezifisch definiert wird.

Wird also nun der Wertabstand auf der Basis einer solchen wertbezogenen Maßeinheit berechnet, dann kann bei der Wartung eines kontinuierlich schwach konsistenten Replikats mit maximal tolerierbarem Wertabstand analog zu den im vorangegangenen

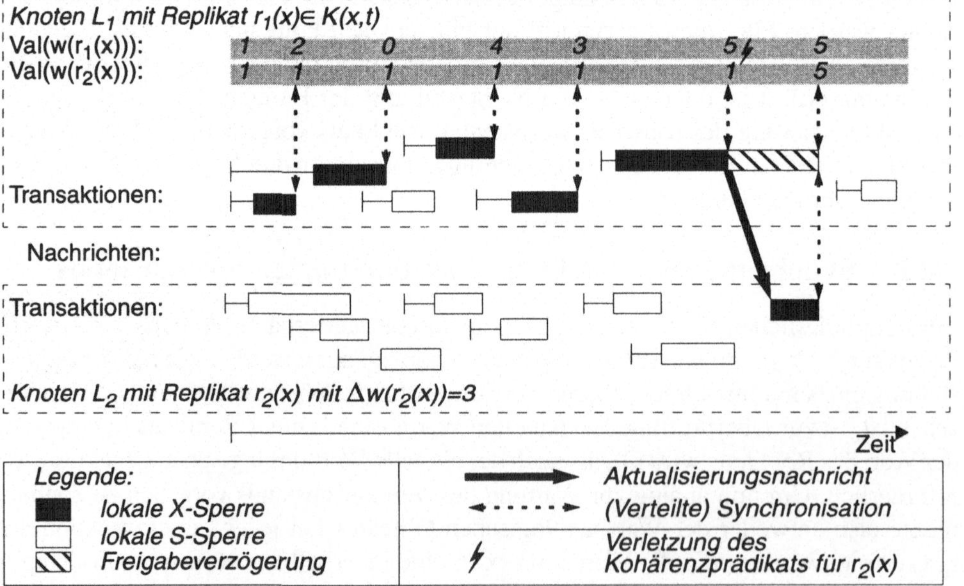

Abb. 6.6: Synchrone Wartung des Wertabstands (voll zentralisierte Variante)

Abschnitt beschriebenen Protokollen vorgegangen werden. Das bedeutet im Fall der voll zentralisierten Variante, daß ein schwach konsistentes Replikat $r_i(x)$ sich mit dem Tripel $<i, \Delta w(r_i(x)), Val(w(r_i(x)))>$ bei der Konsistenzinsel anmeldet, wenn nachfolgend kontinuierlich ein Wertabstand von $\Delta w(r_i(x))$ sichergestellt werden soll. Dieses Tripel wird, wie gehabt, in eine Liste $W(x)$ eingetragen, die innerhalb der Konsistenzinsel repliziert wird. Bei einer Änderungstransaktion wird nach der Durchführung der Änderung im Rahmen der Transaktionsfreigabe überprüft, ob die Bedingung $Dist(Val(w(r_i(x))), Val(w(x))) \leq \Delta w(r_i(x))$ erfüllt ist. Ist die Bedingung verletzt, so ist $r_i(x)$ zu aktualisieren und $Val(w(r_i(x)))$ in der Liste $W(x)$ auf $Val(w(x))$ zu setzen.

Ein entsprechendes voll zentralisiertes Protokoll wird in Abbildung 6.6 schematisch dargestellt. Bei dem in dem Beispiel dargestellten Szenario werden zunächst an dem konsistenten Replikat $r_1(x) \in K(x,t)$ eine Reihe von Änderungen vorgenommen, durch welche das Kohärenzprädikat $\Delta w(r_2(x))=3$ für das schwach konsistente Replikat $r_2(x)$ nicht verletzt wird. Da alle zur Überprüfung der Bedingung $Dist(Val(w(r_2(x))), Val(w(r_1(x)))) \leq 3$ erforderlichen Informationen am Knoten L_1 lokal bekannt sind, wird keine Synchronisation mit dem Knoten L_2 erforderlich, solange die Bedingung erfüllt ist. Als Distanzfunktion $Dist$ wird in dem Beispiel einfach die Differenz angenommen. Sobald bei einer Änderungstransaktion im Rahmen der Transaktionsfreigabe festgestellt wird, daß die Bedingung verletzt wird, muß die Aktualisierung von $r_2(x)$ im Rahmen einer Subtransaktion durchgeführt werden. Die endgültige Freigabe der betreffenden Änderungstransaktion muß verzögert werden bis $r_2(x)$ aktualisiert wurde.

Auch die lesersynchrone Protokollvariante, die bei der Wartung des Versionsabstands diskutiert wurde, läßt sich in ähnlicher Weise auf die Wartung von Wertabständen übertragen. Die in Abbildung 6.4 dargestellte Variante der schreibersynchronen Aktualisierung mit Genehmigungen ist jedoch nicht ohne weiteres auf die Wartung eines Wertabstands übertragbar. Dies liegt daran, daß im Gegensatz zum Versionsabstand, bei der Wartung des Wertabstands nicht *vor* der Durchführung einer Änderung entschieden werden kann, ob die Änderung eine gegebene Kohärenzanforderung verletzt oder nicht.

Da eine weitere Vertiefung der Protokolle zur Wartung des Wertabstands nur den Transfer der bereits beschriebenen Protokolle beinhalten würde, soll an dieser Stelle nicht mehr weiter darauf eingegangen werden.

6.4.3 Sicherstellung eines maximalen Zeitrückstands

Da kontinuierlich schwach konsistente Replikate mit Zeitrückstand nicht durch kritische Änderungstransaktionen sondern durch den Ablauf eines Zeitlimits ungültig werden, unterscheiden sich die Protokolle zur Wartung dieser Anforderung auch grundlegend von den bisher diskutierten Protokollen. Auch hier können aber zentralisierte und dezentralisierte Protokollvarianten sowie Mischformen unterschieden werden. Bevor jedoch Beispiele für solche Protokolle erläutert werden, wird hier zunächst noch einmal auf die Besonderheiten der kontinuierlichen Wartung eines Zeitabstands eingegangen.

Wie bereits an anderer Stelle angedeutet, macht die Synchronisationsanforderung "globale Synchronisation" für Zeitabstände keinen Sinn. Da die Genauigkeit der Wartung eines Zeitabstands von der Genauigkeit der lokalen Uhr abhängt, kann es sich bei dieser Anforderung ohnehin nur um eine ungefähre Angabe handeln. Dennoch sollen nachfolgend zunächst Protokolle diskutiert werden, bei denen ungeachtet dieser inhärenten Unschärfe versucht wird, die Kohärenzanforderungen möglichst genau einzuhalten.

Ein voll zentralisiertes Protokoll zur Wartung einer kontinuierlichen zeitlichen Verzögerung eines Replikats $r_i(x)$, bei der innerhalb der Konsistenzinsel entschieden wird, wann $r_i(x)$ aktualisiert werden muß, ist nicht sinnvoll und nicht praktikabel. Ein solches Protokoll führt im Fall einer Netzwerkpartitionierung unweigerlich dazu, daß $r_i(x)$ ungültig wird, ohne daß dies lokal am Knoten L_i bemerkt werden kann. Die Aktualisierung der Replikats $r_i(x)$ muß also immer durch eine knotenlokale Zeitüberwachung am Knoten L_i angestoßen werden. Nachfolgend sollen zunächst zwei dezentrale Varianten kurz skizziert werden. Anschließend wird eine Variante erörtert, bei der auch Verwaltungsinformation innerhalb der Konsistenzinsel erforderlich ist.

Die einfachste und vollständig dezentrale Methode der Aktualisierung eines Replikats $r_i(x)$ mit tolerierbarem Abstand von $\Delta t(r_i(x))=k$ Zeiteinheiten besteht darin, einfach alle k Zeiteinheiten eine Aktualisierung bei der Konsistenzinsel anzufordern. Falls die Aktualisierung aufgrund einer Fehlersituation nicht möglich sein sollte, so wird das Replikat $r_i(x)$ als ungültig markiert. Diese Methode hat zum einen den Nachteil, daß $r_i(x)$ auch dann aktualisiert wird, wenn es noch gar nicht erforderlich ist, und zum anderen, daß $r_i(x)$ im Falle einer Partitionierung als ungültig erkannt wird, obwohl $r_i(x)$ möglicherweise noch eine Zeitlang gültig wäre. Außerdem wird bei dieser Variante $r_i(x)$ auch dann aktualisiert, wenn es gar nicht gelesen wird. Eine lesersynchrone Variante wäre, $r_i(x)$ nach Ablauf von k Zeiteinheiten zunächst als ungültig zu markieren und erst dann zu aktualisieren, wenn tatsächlich eine Leseanforderung vorliegt. Diese Variante führt zwar im fehlerfreien Betrieb möglicherweise dazu, daß weniger Aktualisierungen erforderlich sind, hat aber dafür andere Nachteile: Die Leseverfügbarkeit für $r_i(x)$ wird geringer, und die Antwortzeit für Lesetransaktionen verschlechtert sich, da nun gegebenenfalls auf eine Aktualisierung gewartet werden muß bevor gelesen werden kann.

In Abbildung 6.7 wird eine Protokollvariante dargestellt, bei der die angesprochenen Nachteile der vollständig dezentralen Protokolle weitgehend vermieden werden. Der Preis dafür ist, daß innerhalb der Konsistenzinsel für jedes Replikat $r_i(x)$, für das ein Zeitrückstand tolerierbar ist, ein Zustandsbit geführt werden muß, das anzeigt, ob $r_i(x)$ aktuell ist oder nicht. Falls $r_i(x)$ aktuell ist, so beginnt $r_i(x)$ mit der Freigabe der nächsten Änderungstransaktion älter zu werden. Diese Transaktion ist nun als kritische Änderungstransaktion zu betrachten. Wird die kritische Änderungstransaktion freigegeben, so wird das Zustandsbit auf *"veraltet"* gesetzt, und es wird eine *"Timer-Reset"*-

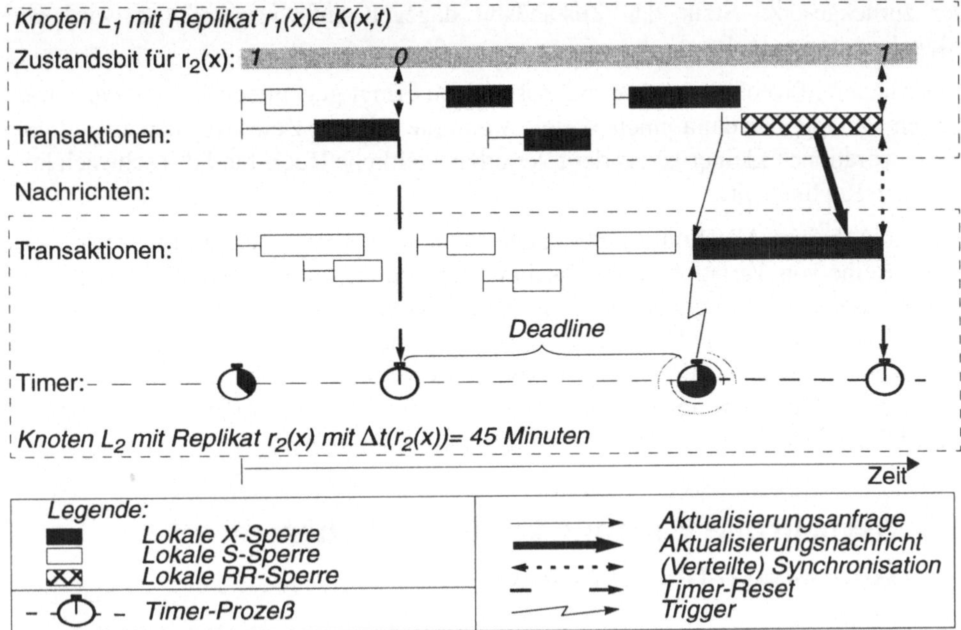

Abb. 6.7: Protokoll zur Wartung des Zeitrückstands

Nachricht an den Knoten L_i geschickt. Am Knoten L_i wird nach Erhalt dieser Nachricht die lokale Zeitüberwachung (*"Timer"*) für $r_i(x)$ neu initialisiert. Ist die spezifizierte Frist abgelaufen, so wird eine Aktualisierung von $r_i(x)$ veranlaßt. Falls nun aufgrund einer Fehlersituation diese Aktualisierung nicht durchgeführt werden kann, so wird $r_i(x)$ als ungültig markiert. Wird die Aktualisierung aber durchgeführt, so wird der lokale Timer wieder zurückgesetzt und innerhalb der Konsistenzinsel wird das Zustandsbit für $r_i(x)$ wieder auf *"aktuell"* gesetzt. Ist das Zustandsbit auf aktuell gesetzt, so kennzeichnet dies, daß die nächste Änderungstransaktion die für $r_i(x)$ kritische Änderungstransaktion ist, bei der wiederum eine Timer-Reset-Nachricht zu versenden ist. Falls der Timer am Knoten L_i nach einer Aktualisierung abläuft, ohne daß zwischenzeitlich eine Timer-Reset-Nachricht ankam, so können zwei Fälle aufgetreten sein: Entweder die kritische Änderungstransaktion ist noch nicht eingetreten - dann ist $r_i(x)$ noch aktuell. - oder die kritische Änderungstransaktion ist eingetreten, aber die Timer-Reset-Nachricht konnte aufgrund einer Fehlersituation nicht empfangen werden. Da aus lokaler Sicht des Knotens L_i nicht feststellbar ist, welcher der beiden Fälle eingetreten ist, muß eine Überprüfung stattfinden, indem eine Kontrollnachricht an die Konsistenzinsel geschickt wird. Falls diese Kontrollnachricht nicht beantwortet wird, so liegt ein Fehlerfall vor, und $r_i(x)$ ist als ungültig zu markieren. Wird die Kontrollnachricht beantwortet, so sind verschiedene Antworten möglich. Falls das Zustandsbit in der Konsistenzinsel noch auf *"aktuell"* steht, so wird dies in der Antwort auf die Kontrollnachricht an den Knoten L_i zurückgemeldet. Der Timer am Knoten L_i wird daraufhin wieder zurückgesetzt. Steht das Zustandsbit dagegen auf *"veraltet"*, so wird eine Aktualisierung eingeleitet.

Die erläuterte Protokollvariante mit Zustandsbit bringt gegenüber der voll dezentralisierten Variante nur dann einen Vorteil, wenn die mittlere Zeit zwischen zwei Änderungsoperationen kleiner ist als der tolerierbare zeitliche Rückstand des schwach konsistenten Replikats $r_i(x)$.

Zu den in diesem Abschnitt beschriebenen synchronen Protokollen gibt es noch eine ganze Reihe von Variationsmöglichkeiten, von denen einige in [Hag95] beschrieben werden. Bei den hier vorgestellten Protokollvarianten wurde Wert darauf gelegt, daß sie auch bei Knoten- und Kommunikationsfehlern noch korrekt arbeiten. In Umgebungen, in denen keine Partitionierungen auftreten können, ist es möglich, bei einigen Protokollen zur Optimierung Nachrichten einzusparen. Auf derartige Varianten soll an dieser Stelle jedoch nicht mehr weiter eingegangen werden.

6.5 Asynchrone Wartung kontinuierlicher Konsistenzanforderungen

Wie im vorangegangenen Abschnitt deutlich wurde, ist die synchrone Wartung von kontinuierlichen Konsistenzanforderungen mit einigem Aufwand verbunden. Werden die Synchronisationsanforderungen gemäß Abschnitt 5.4.2 abgeschwächt, so sollte eigentlich weniger Aufwand zur Aktualisierung erforderlich sein. Werden Aktualisierungsnachrichten jedoch asynchron verschickt, so treten neue Probleme auf, welche die Beurteilung der Gültigkeit kontinuierlich schwach konsistenter Replikate betreffen. Für synchrone Anforderungen ist klar festgelegt, daß das betreffende Replikat mit der Freigabe der kritischen Änderungstransaktion ungültig wird, sofern es nicht im Rahmen dieser Änderungstransaktion mit aktualisiert wurde. Bei asynchronen Anforderungen ist dagegen nicht genau festgelegt, wann ein Replikat ungültig wird. Die Konsistenzanforderung ist hier auch nicht als präzise Aktualitätsanforderung, sondern eher als ungefähre Spezifikation zu verstehen. Durch eine solche unscharfe Konsistenzspezifikation soll einerseits zum Ausdruck gebracht werden, daß das Lesen veralteter Daten tolerierbar ist, es soll aber andererseits auch verhindert werden, daß das betreffende Replikat beliebig veraltet.

Um diese Anforderungen sicherzustellen, wird erneut auf die in Abschnitt 4.4.3 (Quasi-Kopien) und in Abschnitt 6.2.2 bereits erwähnte Technik der periodischen Versendung von Alive-Nachrichten zurückgegriffen. Dazu wird innerhalb der Konsistenzinsel ein Alive-Sender ausgewählt, der in regelmäßigen Abständen Alive-Nachrichten an jeden Knoten L_i schickt, der an einer kontinuierlichen asynchronen Aktualisierung des lokalen Replikats $r_i(x)$ interessiert ist (z.B. alle 10 Minuten). Falls zur Synchronisation innerhalb der Konsistenzinsel das in Abschnitt 6.2.2 beschriebene auf VP-basierende Protokoll verwendet wird, gibt es ohnehin in der Konsistenzinsel einen Alive-Sender, solange es eine aktive Konsistenzinsel gibt. Die Ausführungen zur Auswahl des Alive-Senders und das VP-basierte Protokoll zur Synchronisation in der Konsistenzinsel werden in diesem Abschnitt nun unter Einbeziehung der Aktualisierung kontinuierlich schwach konsistenter Replikate vertieft.

Je höher die Frequenz der Alive-Nachrichten ist, um so genauer können die Kohärenzprädikate eingehalten werden, aber um so höher wird auch der Zusatzaufwand, der durch die Versendung der Alive-Nachrichten entsteht. Es ist also darauf zu achten, daß das Zeitintervall δ_{alive} zwischen zwei Alive-Nachrichten groß genug ist, um das Nachrichtenaufkommen einigermaßen in Grenzen zu halten. Das Zeitintervall δ_{alive} wird nachfolgend auch als *"Alive-Fenster"* bezeichnet und stellt ein Maß für die Unschärfe von asynchronen Kohärenzprädikaten dar.

Die Aktualisierung kontinuierlich schwach konsistenter Replikate auf der Basis von Alive-Nachrichten wird nachfolgend beschrieben. Dabei wird zunächst darauf eingegangen, welche zusätzlichen Maßnahmen innerhalb der Konsistenzinsel zum Versand von Alive-Nachrichten erforderlich sind. Anschließend wird darauf eingegangen, was die Alive-Nachrichten enthalten sollten, und welche Alternativen es hinsichtlich des Zeitpunkts, an dem Aktualisierungsnachrichten verschickt werden, gibt.

6.5.1 Maßnahmen zur Einrichtung eines Alive-Senders in der Konsistenzinsel

Wie beschrieben, ist innerhalb der Konsistenzinsel ein Replikat auszuwählen, von dem aus Alive-Nachrichten an alle kontinuierlich schwach konsistenten Replikate verschickt werden. Dazu wird neben der Strukturliste für das Objekt x in der Konsistenzinsel auch eine "Alive-Liste" A(x) für das Objekt x mit den Knotenindizes der zu informierenden Replikate geführt. Diese Liste muß in der gesamten Konsistenzinsel repliziert vorliegen, damit im Falle einer Partitionierung oder im Fall, daß der Knoten des Alive-Senders ausfällt, ein neuer Alive-Sender einspringen kann (sofern es noch eine aktive Konsistenzinsel gibt). Jedes Replikat $r_i(x)$, das in ein Zeitintervall mit kontinuierlicher schwacher Konsistenz eintritt, meldet sich bei der Konsistenzinsel an, worauf der Index i in die Alive-Liste A(x) eingetragen wird. Nach Ablauf des Zeitintervalls meldet sich $r_i(x)$ wieder ab, worauf der Index i wieder aus A(x) gelöscht wird.

Es stellt sich nun die Frage, nach welchen Kriterien der Alive-Sender innerhalb der Konsistenzinsel auszuwählen ist. Dabei ist zu berücksichtigen, daß die Konsistenzinseln verschiedener Objekte häufig die gleichen Knoten betreffen, zumal wenn es sich um logisch zusammengehörige Objekte handelt. In diesem Fall ist es sinnvoll für *"überlappende"* Konsistenzinseln den gleichen Alive-Sender zu wählen, damit die Alive-Nachrichten gebündelt werden können. Dadurch wird ermöglicht, daß mehrere Alive-Nachrichten für verschiedene Datenobjekte zu einer Nachricht zusammengefaßt werden können. Insgesamt sollte der Alive-Sender so ausgewählt werden, daß die Zahl der Knoten, die Alive-Nachrichten verschicken, minimal wird. Nachfolgend wird eine mögliche Strategie zur Auswahl des Alive-Senders bei einem Epochenwechsel in der Konsistenzinsel kurz aufgezeigt:

- Verläßt der aktuelle Alive-Sender die Konsistenzinsel beim Epochenwechsel nicht, so bleibt der Alive-Sender unverändert.

- Verläßt der Alive-Sender die Konsistenzinsel, so ist unter den verbleibenden Konsistenzinselmitgliedern ein neuer Alive-Sender zu wählen. Falls es in der Konsistenzinsel ein Replikat $r_i(x)$ gibt, dessen Knoten L_i bereits Alive-Nachrichten für ein anderes Objekt y verschickt, so wird L_i als neuer Alive-Sender ausgewählt.

- Stehen bei der Neubestimmung des Alive-Senders mehrere Knoten zur Auswahl, die alle bereits Alive-Nachrichten für andere Objekte versenden, so wird der Knoten ausgewählt, der für die meisten Objekte Alive-Sender ist. Auf diese Weise soll für Knoten, die nur für wenige Objekte Alive-Sender sind, die Möglichkeit geschaffen werden, die Alive-Nachrichten möglichst bald einzustellen.

Die skizzierte Strategie zur Auswahl des Alive-Senders stellt eine Heuristik dar, mit der vermieden werden soll, daß jeder Knoten an jeden anderen Knoten regelmäßig Alive-Nachrichten verschickt. Unter ungünstigen Voraussetzungen und entsprechenden Konsistenzanforderungen ist dieser "worst case" jedoch nicht auszuschließen.

6.5.2   Inhalt von Alive-Nachrichten

Der Zweck der Alive-Nachrichten ist es, an Knoten mit schwach konsistenten Replikaten zu erkennen, wann diese ungültig werden. Wie bereits in Abschnitt 4.4.3 angedeutet und wie auch in [ABG88] diskutiert wird, gibt es dazu verschiedene Möglichkeiten, die hier zusammen mit den jeweiligen Konsequenzen kurz aufgelistet werden sollen:

- *Versenden von Invalidierungsnachrichten:*
  Eine Möglichkeit besteht darin, als eigentliche Alive-Nachricht nur ein Bit zu versenden, das anzeigt, ob das betreffende Datenobjekt seit der letzten Alive-Nachricht modifiziert wurde oder nicht. Eine solche Nachricht enthält genügend Information, um kontinuierlich schwach konsistente Replikate mit Zeitrückstand zu warten. Auf einem Knoten L_i, auf dem ein solches Replikat $r_i(x)$ allokiert ist, kann unter Inkaufnahme der zusätzlichen Unschärfe, die durch das Alive-Fenster eingeführt wird, das nachfolgend skizzierte Protokoll verwendet werden. Erhält ein Knoten L_i eine Alive-Nachricht, die anzeigt, daß eine Modifikation stattgefunden hat, so kann der lokale Timer-Prozeß gestartet werden. Solange der Timer läuft können weitere Alive-Nachrichten ignoriert werden. Nach der Aktualisierung von $r_i(x)$ wird wieder auf die nächste Invalidierung gewartet, die das erneute Starten des Timers veranlaßt.

Invalidierungsnachrichten reichen nicht aus, um die Verletzung anderer Kohärenzprädikate als Zeitrückstand erkennen zu können. Wird eine Invalidierung gemeldet, so kann daran zwar daran erkannt werden, daß sich Versionsabstand und Wertabstand möglicherweise geändert haben, der neue tatsächliche Abstand kann jedoch nicht ermittelt werden. Auch die Wartung von Replikaten mit Zeitrückstand funktioniert nur dann wie beschrieben, wenn alle Alive-Nachrichten lückenlos empfangen werden. Falls innerhalb des Zeitraums, in dem der Timer nicht läuft, eine Alive-Nachricht verpaßt wurde, so ist davon auszugehen, daß es eine Änderung gegeben hat. Die Situation kann verbessert werden, wenn statt der Invalidierungsnachricht die aktuelle Versionsnummer des Objektes als Alive-Nachricht verschickt wird.

- *Versenden der aktuellen Versionsnummer:*
Erhält ein kontinuierlich schwach konsistentes Replikat $r_i(x)$ als Alive-Nachricht die aktuelle Versionsnummer $v(x)$, so kann daran sehr viel mehr erkannt werden, als an einer reinen Invalidierungsnachricht. Der tatsächliche Versionsabstand von $r_i(x)$ kann beispielsweise festgestellt werden, indem $v(x)-v(r_i(x))$ lokal am Knoten L_i berechnet wird. Fällt der Knoten L_i aus, so kann auch nach Wiederanlauf lokal am Knoten L_i bei Erhalt der ersten Alive-Nachricht festgestellt werden, ob es in der Zwischenzeit eine Modifikation gegeben hat und ob der tolerierbare Versionsabstand für das lokale Replikat $r_i(x)$ verletzt wurde oder nicht.

Ein tolerierbarer Wertabstand kann nach wie vor mit dieser Methode nicht überprüft werden. Noch dazu ist in der beschriebenen Situation nach einem Knotenausfall beim Wiederanlauf auch keine Aussage bezüglich des momentanen zeitlichen Rückstands möglich, weil nicht bekannt ist, wie lange die erste Aktualisierung zurückliegt. Zumindest der zuerst genannte Nachteil bezüglich der Wartbarkeit von Wertabständen kann noch behoben werden, wenn statt der Versionsnummer ein Zustandsvektor als Alive-Nachricht verschickt wird.

- *Versenden eines Zustandsvektors:*
Es wird vorgeschlagen, einen Zustandsvektor $<v, w>$ als Alive-Nachricht zu verschicken. In der Komponente v wird nach wie vor die momentane Versionsnummer $v(x)$ übermittelt. In der zweiten Komponente w wird gemäß den Ausführungen in Abschnitt 6.4.2 eine wertbezogene Maßzahl *Val*$(w(x))$ übermittelt.

Mit Hilfe eines solchen Zustandsvektors kann jedes beliebige Kohärenzprädikat lokal überprüft werden. Unter Berücksichtigung der Unschärfe, die durch das Alive-Fester eingeführt wird, kann jedes Kohärenzprädikat sichergestellt werden. Zusätzlich zu den Komponenten v und w kann noch eine Komponente t hinzugefügt werden, die den Zeitpunkt der ersten Änderung seit der letzten Alive-Nachricht enthält. Mit Hilfe dieser Information kann die Unschärfe bei Replikaten mit Zeitrückstand etwas reduziert werden. Das lohnt sich jedoch nur dann, wenn das Alive-Fenster im Vergleich zur Ungenauigkeit der lokalen Uhren sehr groß ist.

- *Versenden von Daten:*
  Als letzte Möglichkeit kann noch das Versenden von Änderungsnachrichten im
  Rahmen von Alive-Nachrichten genannt werden. Dies funktioniert aber nur dann
  ohne zusätzliche Verwaltungsdaten, wenn der komplette Zustand des Datenobjektes in die Alive-Nachricht eingeschlossen wird. Inkrementelle Änderungsnachrichten sind so nicht möglich, da in der Konsistenzinsel nicht bekannt ist,
  welche Änderungen schon bei welchem Replikat eingebracht wurden. Alternativen zur asynchronen Propagierung von Änderungen werden im nachfolgenden
  Abschnitt diskutiert und sollen daher hier nicht mehr weiter vertieft werden.

Es kann nicht eindeutig gesagt werden, welche der genannten Strategien die beste ist.
Je nach Objektgröße, Konsistenzanforderungen und Zugriffsverhalten der Anwendungen ist die eine oder die andere Strategie zu bevorzugen. Handelt es sich beispielsweise
um sehr große Objekte, die sich relativ selten ändern, und sind für die schwach konsistenten Replikate nur vergleichsweise geringe Konsistenzabweichungen zulässig, so
wird man versuchen wollen, den Aufwand, der durch die Alive-Nachrichten entsteht,
möglichst gering zu halten. Da in diesem Szenario eine Invalidierungsnachricht ohnehin in den meisten Fällen zu einer Aktualisierung des schwach konsistenten Replikats
führen würde, kann man sich den Aufwand zur Überprüfung der Kohärenzprädikate
auch sparen. In diesem Fall eignen sich Invalidierungsnachrichten sicherlich gut. Im
allgemeinen Fall ist jedoch anzustreben, daß gerade bei großen Datenobjekten der Aufwand zur Aktualisierung der schwach konsistenten Replikate gemäß dem Need-To-
Know Prinzip zu reduzieren ist. Dazu eignen sich Zustandsvektoren am besten, da sie
durch die Gewährleistung der lokalen Auswertung von Kohärenzprädikaten eine Ak-
tualisierungsanforderung je nach Bedarf ermöglichen, so daß keine unnötigen Aktualisierungsanforderungen anfallen.

6.5.3 Alternativen zur asynchronen Änderungspropagierung

Im vorangegangenen Abschnitt wurde die Aktualisierung von kontinuierlich schwach
konsistenten Replikaten schon angesprochen. In der Tat hängt die Form der Änderungspropagierung auch vom Inhalt der Alive-Nachrichten ab. Wird beispielsweise der
Wert des Datenobjektes periodisch mit der Alive-Nachricht propagiert, so sind weitere
Maßnahmen zur Aktualisierung von Replikaten überflüssig. Ist dies jedoch nicht der
Fall, so besteht Spielraum zur Optimierung der Aktualisierungsstrategie. Alternativen
zur Aktualisierung kontinuierlich schwach konsistenter Replikate sind:

- *Sofortige Aktualisierung:*
  Eine Alternative der Änderungspropagierung besteht darin, alle Änderungen sofort nach deren Freigabe asynchron an alle Replikate zu propagieren. Damit sind
  alle Replikate fast aktuell, solange keine Fehler passieren. Die Alive-Nachrichten
  dienen in diesem Fall nur dazu festzustellen, ob eine Partitionierung vorliegt und
  ob gegebenenfalls ein schwach konsistentes Replikat als ungültig zu markieren ist.

Mit Ausnahme des Zeitrückstands machen bei dieser Variante der Aktualisierung die Kohärenzprädikate kaum noch Sinn, da die Information nicht ausgenutzt wird. Der einzige Fall, in dem die Kohärenzprädikate potentiell ausgenutzt werden könnten, ist der Fall der Partitionierung, bei der das schwach konsistente Replikat von der Konsistenzinsel getrennt wird und keine automatischen Aktualisierungsnachrichten mehr erhält. Tritt dieser Fall ein, so können jedoch keine Aussagen mehr über den tatsächlichen Wertabstand oder den tatsächlichen Versionsabstand gemacht werden, so daß das Replikat also sicherheitshalber als ungültig zu markieren ist. Ist dagegen für ein Replikat $r_i(x)$ ein Zeitabstand spezifiziert, so kann nach Ausbleiben der Alive-Nachricht noch $\Delta t(r_i(x))$ Zeiteinheiten auf $r_i(x)$ zugegriffen werden.

Die sofortige Propagierung hat gegenüber allen anderen Aktualisierungstechniken, die nachfolgend noch genannt werden, weiterhin den Nachteil, daß nicht mehrere Änderungsnachrichten zu einer Nachricht zusammengefaßt werden können, wodurch der Aktualisierungsaufwand insgesamt reduziert werden könnte.

- *Aktualisieren mit Alive-Nachrichten:*
  Die Möglichkeit, Aktualisierungsnachrichten zusammen mit den Alive-Nachrichten zu verschicken, wurde bereits im vorangegangenen Abschnitt angesprochen. Diese Vorgehensweise ermöglicht zwar das Zusammenfassen von mehreren Änderungsnachrichten, weist aber ansonsten die gleichen Nachteile auf, die schon bei der sofortigen Änderungspropagierung angemerkt wurden. Als weiterer Nachteil kommt hinzu, daß der Alive-Sender für alle Aktualisierungen zuständig wird, während bei der sofortigen Aktualisierung jeweils der Koordinator der entsprechenden Änderungstransaktion für die Propagierung verantwortlich zeichnet.

- *Aktualisieren auf Anfrage:*
  Wird nicht die sofortige Aktualisierung oder die Aktualisierung mit Alive-Nachrichten verwendet, so muß eine Aktualisierung auf Anfrage auf jeden Fall möglich sein, damit ungültige Replikate wieder aktualisiert werden können. Bei der Aktualisierung auf Anfrage ist jeweils das Mitglied der Konsistenzinsel, das aufgrund des Konsistenzketten-Algorithmus die Anfrage zugestellt bekommt, für die Aktualisierung zuständig.

Falls mit der Aktualisierungsanfrage so lange gewartet wird, bis das Replikat ungültig geworden ist, so hat diese Strategie den Nachteil, daß Leser auf schwach konsistenten Replikaten möglicherweise blockiert werden. Um dies zu vermeiden, können Aktualisierungen auch schon durchgeführt werden bevor das Replikat ungültig wird. Eine Möglichkeit dazu bietet das lastabhängige Aktualisieren.

- *Lastabhängiges Aktualisieren:*
  Wenn an Knoten mit kontinuierlich schwach konsistenten Replikaten aufgrund der Alive-Nachrichten lokal entschieden werden kann, ob die Replikate gültig oder ungültig sind, dann können die Aktualisierungsnachrichten im Prinzip zu jedem beliebigen Zeitpunkt geschickt werden. Es bietet sich an, die Aktualisierungsnachricht zu verzögern, bis die Lastsituation eine Propagierung zuläßt, ohne daß die knotenlokalen Aktivitäten beim Sender dadurch zu sehr beeinträchtigt werden.

  Bei dieser Variante der lastabhängigen Aktualisierung besteht das Problem darin, den Knoten zu bestimmen, der für eine Propagierung zuständig ist. Die einfachste Methode besteht darin, den Alive-Sender auch für die Aktualisierung verantwortlich zu machen. Das hat jedoch den Nachteil, daß auch dann, wenn andere Konsistenzinselmitglieder keine Last haben, möglicherweise keine Aktualisierungsnachrichten verschickt werden, weil der Alive-Sender überlastet ist. Als Alternative wird vorgeschlagen, daß jede Änderung vom Koordinatorknoten dieser Änderung propagiert wird. Das hat wiederum den Nachteil, daß aufeinanderfolgende Änderungen, die an verschiedenen Knoten koordiniert wurden, nicht in einer Nachricht gebündelt werden können. Weitere Alternativen sind denkbar, sollen jedoch hier nicht weiter vertieft werden.

  Eine andere Möglichkeit der Lastbalancierung orientiert sich an der Lastsituation beim Empfänger der Aktualisierungsnachricht. Beim Aktualisieren auf Anfrage kann eine Anfrage, wie bereits angedeutet, auch abgeschickt werden, bevor das lokale Replikat ungültig wird. Da aufgrund der Statusinformation in den Alive-Nachrichten der aktuelle Abstand und damit der aktuelle Konsistenzgrad jederzeit abgeschätzt werden kann, besteht die Möglichkeit auch abzuschätzen, wann das Replikat ungültig werden wird. Bei Replikaten mit zeitlichem Rückstand ist dies natürlich besonders leicht möglich (z.B. 10 Minuten vor Ablauf einer 2-stündigen Frist). Um auch in der Konsistenzinsel noch eine Möglichkeit zur Lastbalancierung offenzulassen, können solche verfrühten Aktualisierungsanforderungen mit einer niedrigen Priorität versehen werden.

Im folgenden wird davon ausgegangen, daß kontinuierlich schwach konsistente Replikate auf Anfrage aktualisiert werden. Lastbalancierung ist wie beschrieben möglich.

6.6 Sicherung der Transaktionskonsistenz

Gemäß der Ausführungen in Abschnitt 5.7 können an einem Knoten L_i Integritätsbereiche spezifiziert werden, innerhalb derer die Transaktionskonsistenz sicherzustellen ist. Bei den bisher diskutierten Protokollen zur Wartung von Konsistenzanforderungen wurde lediglich die Gewährleistung der für einzelne Replikate spezifizierten Aktualitätsanforderungen berücksichtigt. Die Gewährleistung der objektübergreifenden Transaktionskonsistenz (Abschnitt 5.7) wurde jedoch völlig außer acht gelassen. Dazu sollen nun in diesem Abschnitt einige konzeptionelle Überlegungen angestellt werden.

Zunächst ist festzustellen, welche Voraussetzungen erfüllt sein müssen, damit die Transaktionskonsistenz innerhalb eines gegebenen Integritätsbereichs sichergestellt werden kann. Gegeben sei also ein Integritätsbereich I_i, der für einen Knoten L_i spezifiziert ist, so daß $I_i=\{x_1, ..., x_n\}$ gelte. Gemäß [Sch96b] und in Anlehnung an die Ausführungen in [ABG88] ist die Transaktionskonsistenz aus Sicht eines Lesers am Knoten L_i gewahrt, wenn folgende Bedingungen erfüllt sind:

(1) Eine Transaktion T, die ein Objekt aus dem Integritätsbereich I_i modifiziert hat, muß entweder vollständig oder gar nicht auf dem Knoten L_i eingebracht werden. Dies bezieht sich allerdings nur auf den Integritätsbereich I_i.

(2) Falls am Knoten L_i eine Transaktion eingebracht wird, die ein Objekt $x_j \in I_i$ modifiziert hat, so müssen auch alle Transaktionen eingebracht werden, die x_j bereits vorher modifiziert haben. Auch hier bezieht sich die Aktualisierung nur auf den spezifizierten Integritätsbereich I_i.

Angenommen T hat die Objekte $x_j \in I_i$ und x_k modifiziert. Die erste Regel besagt, daß falls die Änderung an x_j am Knoten L_i in das Replikat $r_i(x_j)$ eingebracht wird, so muß auch die Änderung am Objekt x_k in das Replikat $r_i(x_k)$ eingebracht werden, sofern $x_k \in I_i$ ist. Durch die zweite Regel wird festgelegt, daß die Änderungstransaktionen auch in der richtigen Reihenfolge eingebracht werden. In den nachfolgenden Abschnitten werden Verfahren vorgestellt, die eine Sicherstellung der beiden genannten Bedingungen innerhalb von Integritätsbereichen ermöglichen.

6.6.1 Vollständige Aktualisierung von Integritätsbereichen

Eine Möglichkeit, die Transaktionskonsistenz innerhalb eines Integritätsbereichs I_i zu gewährleisten, besteht sicherlich darin, immer dann wenn ein Replikat $r_i(x_j)$ mit $x_j \in I_i$ aktualisiert werden muß, alle anderen veralteten Replikate, die zum Integritätsbereich gehören, auch zu aktualisieren. Um zu gewährleisten, daß dadurch am Knoten L_i eine transaktionskonsistente Sicht auf den Integritätsbereich I_i entsteht, sind alle diese Aktualisierungen im Rahmen einer einzigen verteilten Transaktion vorzunehmen. Nach einer solchen Aktualisierungstransaktion sind alle Replikate, die sich auf den Integritätsbereich beziehen, aktuell. Damit werden die genannten Bedingungen zur Wahrung der Transaktionskonsistenz sichergestellt.

Die Vorteile des Verfahrens bestehen darin, daß es sehr einfach ist, und daß neben den Objektindizes in der Integritätsliste I_i keine zusätzliche Verwaltungsinformation anfällt, die zur Gewährleistung der Transaktionskonsistenz benötigt wird. Das Verfahren bringt jedoch auch einige Nachteile mit sich:

- Es werden möglicherweise wesentlich mehr Replikate aktualisiert als erforderlich, denn ein transaktionskonsistenter Zustand muß kein aktueller Zustand sein.

- Gibt es innerhalb des Integritätsbereichs I_i ein Objekt x, das häufig geändert wird, und gilt weiterhin $r_i(x) \in K(x,t)$, so wird mit jeder Änderung am Objekt x der gesamte Integritätsbereich I_i am Knoten L_i aktualisiert, obwohl es möglicherweise keine Verletzung der Transaktionskonsistenz gegeben hat.

- Durch die Aktualisierung des gesamten Integritätsbereichs innerhalb einer Transaktion werden möglicherweise lokale Leser für längere Zeit blockiert.

Besonders bei sehr großen Integritätsbereichen führt die vollständige Aktualisierung zu einem unnötig hohen Aufwand zur Aktualisierung. Verfahren, die mit weniger Aktualisierungen auskommen, werden im folgenden Abschnitt auf konzeptioneller Ebene diskutiert.

6.6.2 Alternative Aktualisierungsstrategien

In [Sch96b] werden eine ganze Reihe von integritätserhaltenden Aktualisierungsstrategien untersucht. Die wichtigsten Vertreter sollen in diesem Abschnitt kurz erläutert werden. Um überhaupt gegenüber der vollständigen Aktualisierung optimieren zu können, sind Kenntnisse über Transaktionen erforderlich. Das heißt, es muß bekannt sein, welche Aktualisierungen zur gleichen Transaktion gehören. Falls diese Information bekannt ist, kann mit Hilfe der Versionsnummern auf die Reihenfolge der Transaktionen geschlossen werden. Es wird also vorgeschlagen, bei jeder Änderungstransaktion, die Transaktionskennung zusammen mit den Versionsnummern aller modifizierten Objekte asynchron an alle Knoten zu schicken, an denen Replikate dieser Objekte allokiert sind (Versenden von *"Transaktionslisten"*). Mit Hilfe dieser Information kann an jedem Knoten und für jeden Integritätsbereich eine Matrix aufgestellt werden, wie sie in Abbildung 6.8 dargestellt wird. Diese *"Aktualisierungsmatrix"* enthält alle noch nicht am Knoten L_i eingebrachten Änderungen an Objekten des Integritätsbereichs I_i. Die Zeilen der Matrix repräsentieren die Transaktionen, die mindestens ein Objekt des Integritätsbereich modifiziert haben. Jede Spalte repräsentiert ein Objekt des Integritätsbereichs. Ein Eintrag in der Matrix an der Stelle $(T_k, v(x_j))$ gibt die Versionsnummer an, welche die Transaktion T_k für das Objekt x_j erzeugt hat. Wird eine Transaktion T_k am Knoten L_i eingebracht, so sind die von T_k gemachten Modifikationen an den entsprechenden Replikaten am Knoten L_i nachzuziehen. Sobald T_k eingebracht ist, muß die entsprechende Zeile in der Matrix entfernt werden, da die Matrix nur fehlende Änderungen enthalten soll. Die in Abbildung 6.8 dargestellte Situation bezieht sich auf die *"Matrixstrategie"* zur integritätserhaltenden Aktualisierung, die im nachfolgenden Abschnitt erläutert wird.

6.6.2.1 Matrixstrategie zur integritätserhaltenden Aktualisierung

Die Matrixstrategie sorgt dafür, daß die Anzahl der Aktualisierungen, die zur Erhaltung der Transaktionskonsistenz erforderlich sind, minimiert wird. Angenommen ein Replikat $r_i(x_j)$ mit $x_j \in I_i$ wird ungültig, so daß eine Aktualisierung erforderlich wird. Weiter sei angenommen, daß $r_i(x_j)$ auf den aktuellen Stand gebracht werden soll. Es müssen also alle Änderungen eingebracht werden, die in der Spalte $v(x_j)$ der Aktualisierungsmatrix eingetragen sind. Die Bedingung (1) zur Erhaltung der Transaktionskonsistenz fordert, daß nur ganze Transaktionen eingebracht werden. Das bedeutet, daß immer ganze Zeilen der Matrix berücksichtigt werden müssen. Es ergibt sich somit, daß für jeden Eintrag in der Matrix, der bei der Aktualisierung berücksichtigt werden muß, zum einen alle Einträge in der gleichen Zeile (Bedingung (1)) und zum anderen alle Einträge, die in der gleichen Spalte mit einer niedrigeren Versionsnummer stehen (Bedingung (2)), berücksichtigt werden müssen. Es werden also nur die Aktualisierungen durchgeführt, die aufgrund der Bedingungen zur Erhaltung der Transaktionskonsistenz unbedingt erforderlich sind. Die Schritte, die dabei auszuführen sind, können folgendermaßen zusammengefaßt werden:

- Wird eine Aktualisierung $(T_k, v(x_j))$ in das Replikat $r_i(x_j)$ eingebracht, so muß auch jede weitere Aktualisierung $(T_k, v(x_m))$, die in der gleichen Zeile in der Aktualisierungsmatrix steht, in das entsprechende Replikat $r_i(x_m)$ eingebracht werden.

- Bevor eine Aktualisierung $(T_k, v(x_j))$ in $r_i(x_j)$ eingebracht wird, müssen zuerst alle Aktualisierungen für x_j, die in der Matrix mit kleinerer Versionsnummer stehen, in $r_i(x)$ eingebracht werden.

- Aktualisierungen, die einmal eingebracht sind, werden aus der Aktualisierungsmatrix entfernt.

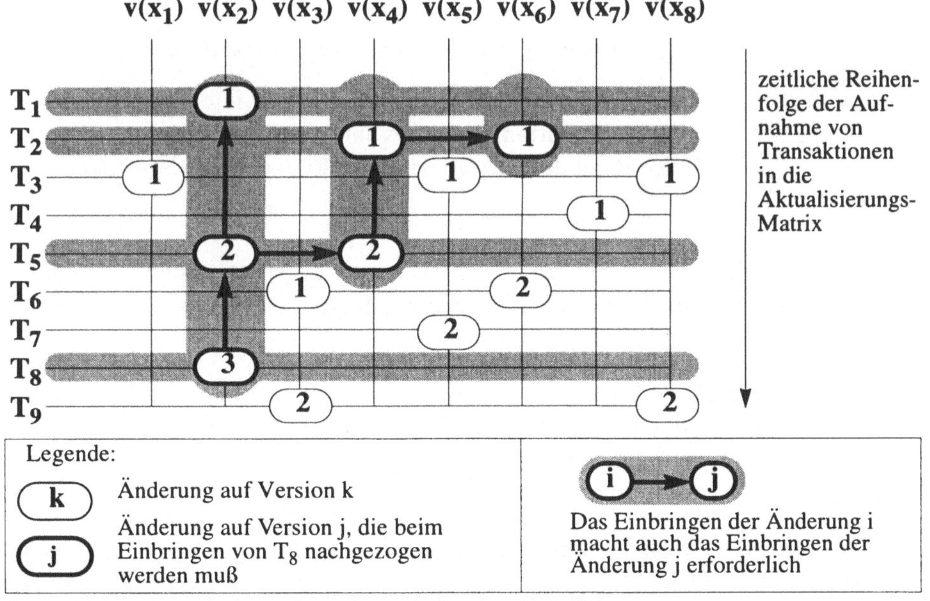

Abb. 6.8: Matrixstrategie zur integritätserhaltenden Aktualisierung

In Abbildung 6.8 wird ein Beispiel für die Vorgehensweise bei der Matrixstrategie gezeigt. Es wird eine Matrix für einen Integritätsbereich mit den Objekten x_1, ... x_8 dargestellt, wobei die Transaktionen T_1, ..., T_9 noch nicht in die entsprechenden Replikate
eingebracht sind. Für jedes Replikat $r_i(x_j)$, das zum Integritätsbereich gehört, sei ein
maximal tolerierbarer Versionsabstand von $\Delta v(r_i(x_j))=3$ gefordert. Die Transaktion T_8
verletzt diese Anforderung für das Replikat $r_i(x_2)$. Wird also $r_i(x_2)$ aktualisiert, so müssen auch die Änderungen der Transaktionen T_5 und T_1 eingebracht werden. Da T_5 auch
x_4 modifiziert hat, muß auch diese Änderung in $r_i(x_4)$ eingebracht werden und damit
wiederum auch alle Änderungen an x_4, die noch vorher kommen.

Die in der Matrixstrategie beschriebene Vorgehensweise hat den Nachteil, daß sie nur
durchführbar ist, wenn bei der Aktualisierung eines Replikats $r_i(x)$ statt der aktuellen
Version auch eine veraltete Version angefordert werden kann. Eine protokollbasierte
Aktualisierung, wie in Abschnitt 6.3.1 beschrieben, könnte dies möglich machen. Bei
einer zustandsbasierten Aktualisierung allerdings, ist normalerweise jeweils nur die
neueste Version für eine Aktualisierung zu haben. Für das in Abbildung 6.8 dargestellte Beispiel würde das bedeuten, daß die Aktualisierung von $r_i(x_6)$ nur dann möglich ist,
wenn auch die Modifikationen der Transaktion T_6 noch mit berücksichtigt werden.
Dies wiederum würde auch eine Aktualisierung des Replikats $r_i(x_3)$ und das Einbringen der Transaktion T_9 nach sich ziehen.

Im nachfolgenden Abschnitt wird eine Strategie beschrieben, bei der die soeben geschilderte Vorgehensweise verallgemeinert wird, so daß im Fall einer Aktualisierung
die betroffenen Replikate jeweils auf den aktuellen Stand gebracht werden können.

6.6.2.2 Mengenstrategie zur integritätserhaltenden Aktualisierung

Die in diesem Abschnitt zu erläuternde *"Mengenstrategie"* zur integritätserhaltenden
Aktualisierung beruht auf einer Partitionierung des Integritätsbereichs I_i in disjunkte
Teilmengen P_1, ..., P_n. Die Bildung der Partitionierung erfolgt gemäß folgender Strate-
gie:

(1) Ist jedes Replikat $r_i(x_j)$, das zum Integritätsbereich I_i gehört, aktuell, so ist jedes
     Objekt $x_j \in I_i$ in einer Partition P_j als einziges Mitglied enthalten.

(2) Wird eine neue Zeile T_k in die Matrix aufgenommen, so wird eine neue Partitio-
     nierung berechnet, die sich aus den von T_k modifizierten Objekten x_1, ..., x_m und
     aus der alten Partitionierung ergibt. Dabei bleibt jede Partition, die keines der
     Objekte x_1, ..., x_m enthält, unverändert. Alle übrigen Partitionen werden zu einer
     einzigen neuen Partition vereinigt.

Werden nun die Aktualitätsanforderungen für ein Replikat $r_i(x_j)$ verletzt, so müssen
alle Replikate der Partition, die x_j enthält, ebenfalls aktualisiert werden, damit die
Transaktionskonsistenz bei einer Aktualisierung von $r_i(x_j)$ erhalten bleibt. Nach einer

Aktualisierung wird die betreffende Partition wieder aufgelöst, so daß jedes zugehörige Objekt danach wieder in einer eigenen Partition enthalten ist. Alle betroffenen Zeilen der Aktualisierungsmatrix werden, wie bei der Matrixstrategie, aus der Matrix entfernt.

Ein Beispiel für die beschriebene Vorgehensweise wird in Abbildung 6.9 dargestellt. Es ist zu beachten, daß die Reihenfolge der Transaktionen in der Matrix keine Rolle spielt, da nur die aktuelle Partitionierung von Interesse ist. Es müssen allerdings alle relevanten Transaktionen in der Matrix enthalten sein, damit die Partitionierung korrekt bestimmt werden kann. Wird nun eine Aktualisierung erforderlich, so muß zunächst gewartet werden, bis die Versionsnumerierung der Objekte der betreffenden Partition lückenlos ist. Es muß also auf das Eintreffen noch fehlender Transaktionslisten gewartet werden. Dies reicht aber immer noch nicht ganz aus, um die Matrix zu vervollständigen. Durch das asynchrone Verschicken der Transaktionslisten kann es nämlich vorkommen, daß noch Nachrichten unterwegs sind, wenn die Aktualisierung einer Partition initiiert wird. Dieser Fall wird im Verlauf der Aktualisierung bemerkt, wenn entweder die fehlende Nachricht eintrifft, oder wenn eine Aktualisierungsnachricht mit höherer Versionsnummer, als in der Aktualisierungsmatrix vermerkt, eintrifft. Wird eine fehlende Nachricht während der Aktualisierung bemerkt, so muß das Eintreffen dieser Nachricht abgewartet werden, bevor die Aktualisierungstransaktion abgeschlossen werden kann. Falls die fehlende Nachricht keinen Einfluß auf die Partitionierung hat, so sind keine weiteren Maßnahmen erforderlich und die Aktualisierungstransakti-

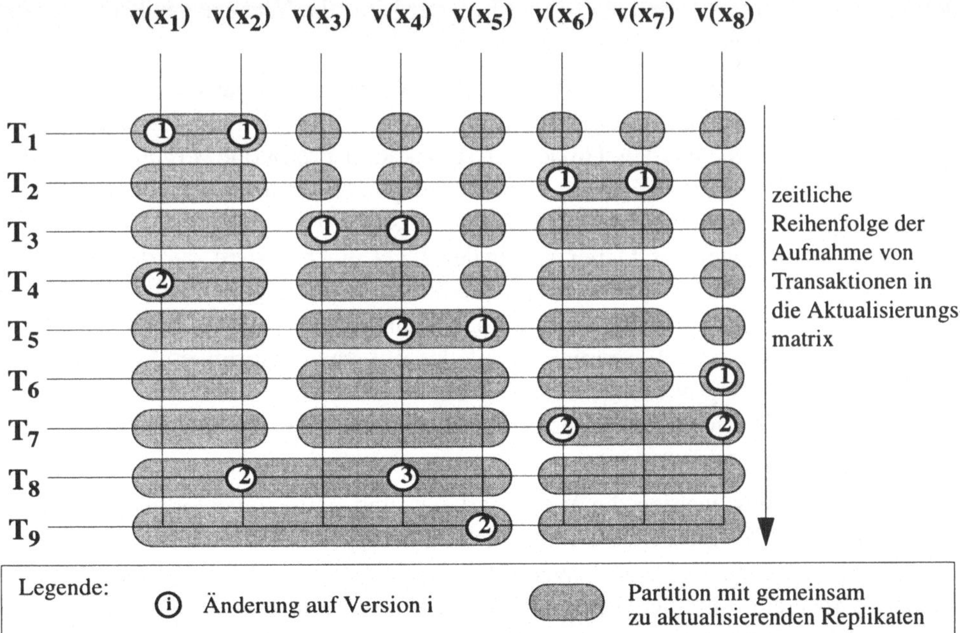

Abb. 6.9: Mengenstrategie zur integritätserhaltenden Aktualisierung

on kann abgeschlossen werden. Anderenfalls sind die Replikate, die neu zur Partition hinzukommen, ebenfalls zu aktualisieren, und zwar noch im Rahmen der laufenden Aktualisierungstransaktion. Kann eine Aktualisierung aufgrund einer Fehlersituation nicht erfolgreich abgeschlossen werden, so genügt es, diejenigen Replikate als ungültig zu markieren, deren Aktualitätsanforderungen verletzt sind.

Die diskutierten Verfahren wurden hier zunächst nur unter Berücksichtigung von Replikaten mit asynchronen Konsistenzanforderungen beschrieben. Die Verfahren lassen sich aber leicht auch auf Replikate mit synchronen Anforderungen erweitern, wenn man annimmt, daß ein Replikat, dessen Ungültigkeit erkannt wurde, solange als ungültig markiert wird, bis die Transaktionskonsistenz wieder hergestellt wurde. Für eine weitere Vertiefung der Konzepte zur integritätserhaltenden Aktualisierung sei auf [Sch96b] verwiesen.

6.7 Bewertung adaptiver Replikationsprotokolle mit Konsistenzinseln

Zur Bewertung der in diesem Kapitel diskutierten Protokolle zur Wartung von Konsistenzanforderungen gemäß der *ASPECT*-Spezifikation werden erneut die in Abschnitt 4.3 aufgeführten Beispiele aus dem Bereich des Workflow-Management herangezogen. Da in den Beispielen jeweils nur Anwendungen mit maximalen Konsistenzanforderungen vorkommen, lassen sich damit in erster Linie die Vorzüge des Konsistenzinselkonzepts aufzeigen.

In Abschnitt 3.4.2 wurden bereits Wahrscheinlichkeitsmodelle basierend auf Markov-Ketten vorgestellt, die häufig zur Beurteilung und zum Vergleich von Replikationsprotokollen herangezogen werden. Um jedoch Replikationsprotokolle vergleichen zu können, ist es erforderlich, gemeinsame Voraussetzungen zu schaffen. Üblicherweise werden mit Hilfe von Markovketten allgemeine Aussagen zur (globalen!) Verfügbarkeit replizierter Daten abgeleitet. Dabei wird in der Regel angenommen, daß der Zugriff auf alle Replikate gleich wahrscheinlich ist. Dies ist jedoch im allgemeinen nicht der Fall. Die Optimierung, die mit Hilfe der hier vorgestellten adaptiven Replikationskontrolle vorgenommen wird, beruht ja gerade darauf, das Wissen um die anwendungsbezogene dynamische Änderung des Zugriffsverhaltens auf einzelnen Replikaten auszunutzen. Die Methoden, die also üblicherweise zum Vergleich von Replikationsprotokollen herangezogen werden, versagen hier.

In diesem Abschnitt werden die Verfügbarkeits- und Performanzvorteile aufgezeigt, die auf der Basis der geschilderten Protokolle mit Hilfe der *ASPECT*-Methode gegenüber herkömmlichen Replikationsverfahren erreicht werden können. Dabei werden aus den genannten Gründen keine aufwendigen Wahrscheinlichkeitsmodelle aufgestellt und Berechnungen durchgeführt. Vielmehr werden einfache Plausibilitätsbetrachtungen angestellt, die auf der Annahme beruhen, daß die anwendungslokale Verfügbarkeit für ein Datenobjekt x um so geringer ist, je mehr Knoten für den erfolgreichen Abschluß einer Operation erreichbar sein müssen.

Im nachfolgenden Abschnitt wird zunächst untersucht, welche Vorteile durch die dynamische Anpaßbarkeit der Konsistenzinselstruktur erreicht werden können. Dabei werden die *ASPECT*-basierten Verfahren zur Replikationskontrolle mit traditionellen Verfahren (Abschnitt 3.3) verglichen. Anschließend wird noch auf die Möglichkeiten eingegangen, die sich durch die Spezifikation abgeschwächter Konsistenzanforderungen ergeben.

6.7.1 Änderungsverfügbarkeit unter Wahrung der One-Copy-Serialisierbarkeit

Die in diesem Abschnitt diskutierten Verfügbarkeitsvorteile der *ASPECT*-Methode beruhen nicht auf einer Abschwächung von Konsistenzanforderungen, sondern ausschließlich auf der zeitlichen Veränderlichkeit des Zugriffsverhaltens von Anwendungen. Voraussetzung sei, daß ein Datenzugriff nur dann den Anwendungsanforderungen entspricht, wenn auf konsistente und damit aktuelle Daten zugegriffen wird. Aus diesem Grund wird an dieser Stelle die *ASPECT*-Methode auch nicht mit Replikationsverfahren verglichen, die einen Zugriff auf veraltete Daten erlauben (Kapitel 4), sondern mit Verfahren zur Replikationskontrolle, bei denen das klassische Korrektheitskriterium One-Copy-Serialisierbarkeit gewährleistet ist (Kapitel 5). Finden nur Zugriffe innerhalb der Konsistenzinsel statt, so gewährleistet nämlich auch die *ASPECT*-Methode die Einhaltung dieses Korrektheitskriteriums. Dies ist leicht einzusehen, da innerhalb der Konsistenzinsel alle logisch konfligierenden Zugriffe stets auch auf physisch konfligierende Zugriffe abgebildet werden.

Als Beispiel soll der in Abbildung 4.4 dargestellte Workflow dienen. Anhand dieses Beispiels wird erläutert, wie die zeitliche Veränderung der Zugriffslokalität ausgenutzt wird, um die Verfügbarkeit zu verbessern. In dem Beispiel können vier verschiedene Phasen unterschieden werden, in denen jeweils an bestimmten Knoten ein konsistenter Zugriff erforderlich ist. Diese Phasen werden in Abbildung 6.10 dargestellt. In der ersten Phase ist nur am Knoten L_1 ein konsistenter Zugriff erforderlich, in der

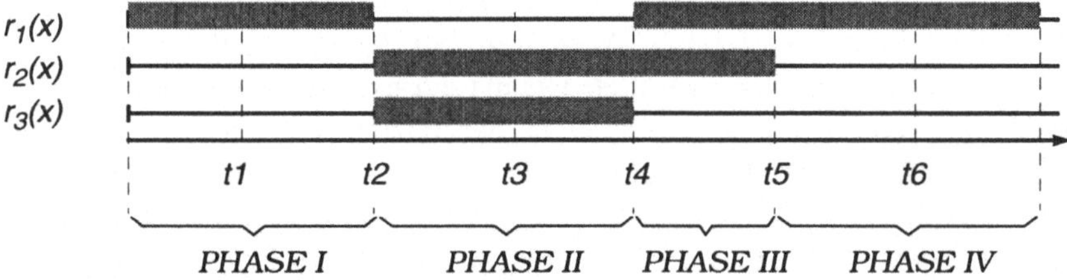

Abb. 6.10: Analyse des Beispiels aus Abbildung 4.4

zweiten Phase nur an den Knoten L_2 und L_3, in der dritten Phase an L_1 und L_2 und in der vierten Phase wiederum nur an L_1. Da die vierte Phase mit der ersten übereinstimmt, werden nur die ersten drei Phasen betrachtet.

Angenommen innerhalb einer der drei Phasen tritt eine Partitionierung auf. Es stellt sich die Frage, wie hoch die Änderungsverfügbarkeit in einem solchen Fall ist. Sinnvollerweise soll dabei jeweils die anwendungslokale Änderungsverfügbarkeit (Definition 3.7) untersucht werden und nicht die globale Änderungsverfügbarkeit, die normalerweise für Analysen mit Hilfe von Markov-Ketten herangezogen wird. Unter Verwendung des Votierens mit Mehrheitsentscheidung (MC) (Abschnitt 3.3.3) ist das gemeinsam zu bearbeitende Objekt x beispielsweise bei einer Partitionierung $(\{r_1(x)\}; \{r_2(x), r_3(x)\})$ in der ersten Phase des Workflows zwar aus globaler Sicht noch für Änderungen verfügbar, jedoch nur an Knoten, an denen das Objekt gar nicht gebraucht wird. Tatsächlich wird das Objekt x in der ersten Phase des Workflows nur am Knoten L_1 benötigt, von wo aus aber bei der genannten Partitionierung keine Mehrheit der Replikate erreichbar ist. Nur ein Verfahren, das es erlaubt, daß am Knoten L_1 in Phase 1 Änderungen an x vorgenommen werden können, gewährleistet somit die Änderungsverfügbarkeit in dieser Situation.

In Tabelle 6.4 werden verschiedene Verfahren gegenübergestellt und hinsichtlich ihrer Unterstützung der lokalen Änderungsverfügbarkeit für das in Abbildung 6.10 dargestellte Beispiel verglichen. Es werden für jedes Verfahren alle denkbaren Partitionierungen in jeder Phase des Workflows durchgespielt. Ein Eintrag (a, b) in der Tabelle steht jeweils für das Verhalten eines bestimmten Verfahrens in einer bestimmten Phase bei einer bestimmten Partitionierung. Dabei besagt die Komponente b, an wievielen Knoten in dieser Phase ein modifizierender Zugriff erforderlich wäre, und die Komponente a besagt, an wievielen von diesen Knoten aufgrund der vorliegenden Fehlersituation tatsächlich noch Änderungen vorgenommen werden können. Um die Tabelleneinträge optisch besser zu unterscheiden, wurden die Felder der Tabelle zusätzlich mit unterschiedlichen Schattierungen belegt. Eine dunkle Schattierung bedeutet dabei, daß überhaupt keine Modifikation mehr vorgenommen werden kann. Eine hellere Schattierung bedeutet, daß noch eingeschränkt Modifikationen vorgenommen werden können. Keine Schattierung bedeutet, daß an allen Knoten, an denen auf das Objekt zugegriffen wird, auch Modifikationen möglich sind.

Die Verfahren werden bezüglich der Unterstützung lokaler Leser in drei Gruppen untergliedert. Die erste Gruppe bilden Verfahren, bei denen vollständig lokales Lesen unterstützt und kein Zugriff auf veraltete Daten toleriert wird. Unter den Replikationsverfahren, die das Zugriffsverhalten nicht berücksichtigen, kommt dazu nur das ROWA-Verfahren in Frage (Abschnitt 3.3.1). Dieses Verfahren wird hier der in Abschnitt 6.1.2 erläuterten Konsistenzinsel-basierten Synchronisation auf der Basis von ROWA gegenübergestellt. Es zeigt sich, daß die an *ASPECT* orientierte Methode in sechs von zwölf Fällen durch die Partitionierung überhaupt nicht beeinträchtigt wird, während bei der reinen ROWA Methode naturgemäß bei allen Partitionierungen kein Schreibzugriff mehr möglich ist.

In der zweiten Gruppe werden Verfahren gegenübergestellt, bei denen die Änderungsverfügbarkeit auf Kosten des lokalen Lesezugriffs erhöht wird. Hier wird die auf QC basierende Konsistenzinselsynchronisation (Abschnitt 6.2.1) mit den reinen Votierungsverfahren QC und MC (Abschnitt 3.3.3) sowie mit dem PC-Ansatz (Abschnitt 3.3.4) verglichen. Für PC wird angenommen, daß das Replikat $r_1(x)$ die Primärkopie sei. Damit PC die One-Copy-Serialisierbarkeit gewährleisten kann, wird weiterhin angenommen, daß für einen Lesezugriff in jedem Fall eine entsprechende Sperre auf der

Verfahren zur Replikationskontrolle	Phase im Ablauf des Workflow	Partitionierung			
Verfahren mit lokalem Lesen ohne Tolerierung geringfügiger Veraltung					
ROWA	PHASE I	(0 / 1)	(0 / 1)	(0 / 1)	(0 / 1)
	PHASE II	(0 / 2)	(0 / 2)	(0 / 2)	(0 / 2)
	PHASE III	(0 / 2)	(0 / 2)	(0 / 2)	(0 / 2)
ASPECT (ROWA-basiert)	PHASE I	(1 / 1)	(1 / 1)	(1 / 1)	(1 / 1)
	PHASE II	(0 / 2)	(0 / 2)	(2 / 2)	(0 / 2)
	PHASE III	(0 / 2)	(2 / 2)	(0 / 2)	(0 / 2)
Verfahren ohne lokales Lesen und ohne Tolerierung geringfügiger Veraltung					
MC / QC	PHASE I	(0 / 1)	(1 / 1)	(0 / 1)	(1 / 1)
	PHASE II	(0 / 2)	(1 / 2)	(2 / 2)	(1 / 2)
	PHASE III	(1 / 2)	(2 / 2)	(1 / 2)	(1 / 2)
PC ($r_1(x)$)	PHASE I	(1 / 1)	(1 / 1)	(1 / 1)	(1 / 1)
	PHASE II	(0 / 2)	(1 / 2)	(0 / 2)	(1 / 2)
	PHASE III	(1 / 2)	(2 / 2)	(1 / 2)	(1 / 2)
ASPECT (QC-basiert)	PHASE I	(1 / 1)	(1 / 1)	(1 / 1)	(1 / 1)
	PHASE II	(1 / 2)	(1 / 2)	(2 / 2)	(1 / 2)
	PHASE III	(1 / 2)	(2 / 2)	(1 / 2)	(1 / 2)
Verfahren mit lokalem Lesen und mit Tolerierung geringfügiger Veraltung					
VP / MW	PHASE I	(0 / 1)	(1 / 1)	(0 / 1)	(1 / 1)
	PHASE II	(0 / 2)	(1 / 2)	(2 / 2)	(1 / 2)
	PHASE III	(1 / 2)	(2 / 2)	(1 / 2)	(1 / 2)
ASPECT (VP-basiert)	PHASE I	(1 / 1)	(1 / 1)	(1 / 1)	(1 / 1)
	PHASE II	(1 / 2)	(1 / 2)	(2 / 2)	(1 / 2)
	PHASE III	(1 / 2)	(2 / 2)	(1 / 2)	(1 / 2)

Tab. 6.4: Verfügbarkeitsvergleich (Plausibilitätsbetrachtung)

Primärkopie zu erwerben ist. Für die Votierungsverfahren wird angenommen, daß für die Bildung eines Quorums in jedem Fall zwei von drei Replikaten erreichbar sein müssen. Auch bei diesem Vergleich zeigt sich, daß die an *ASPECT*-orientierte Methode den anderen Verfahren überlegen ist.

Im dritten Abschnitt der Tabelle werden Verfahren verglichen, die zwar vollständig lokales Lesen unterstützen, jedoch die Änderungsverfügbarkeit dadurch erhöhen, indem das Lesen geringfügig veralteter Daten toleriert wird. Für die *ASPECT*-Methode wird angenommen, daß innerhalb der Konsistenzinsel das in Abschnitt 6.2.2 erläuterte VP-basierte Verfahren verwendet wird. Dieses Verfahren wird den Verfahren VP und MW gegenübergestellt (Abschnitt 3.3.5). Wie in den Fällen zuvor, ist auch hier die *ASPECT*-Methode dem reinen VP sowie dem reinen MW überlegen.

Insgesamt zeigt sich deutlich, daß die *ASPECT*-Methode allen anderen Verfahren, die keine anwendungsspezifische Information zur Synchronisation ausnutzen, deutlich überlegen ist, und zwar bei jeder beliebigen Partitionierung und in jeder Phase des Workflows. Das Verfahren ROWA erlaubt keine Änderungen bei Partitionierungen und schneidet somit bei diesem Vergleich am schlechtesten ab. Bei allen Varianten von Votierungsverfahren sind Änderungen grundsätzlich nur in der größeren Partition möglich. Hier wird angenommen, daß für einen erfolgreichen Schreibzugriff zwei Replikate erreichbar sein müssen. Das ist immer dann schlecht, wenn der lokale Zugriff in der kleineren Partition erforderlich wäre. Das Primary-Copy-Verfahren ist immer dann schlecht, wenn an dem Knoten mit der Primärkopie überhaupt kein Zugriff erforderlich ist. Dies ist im hier untersuchten Beispiel in der zweiten Phase der Fall.

Die Vorteile der *ASPECT*-basierten Methode werden um so größer, je kleiner die Konsistenzinsel im Verhältnis zum Replikationsgrad wird. Das bedeutet, *ASPECT* läßt sich am besten ausnutzen, wenn zu einem Zeitpunkt auf ein Objekt jeweils nur an wenigen Knoten ein konsistenter Zugriff erforderlich ist. In diesem Abschnitt wurde jedoch nur der Zugriff auf Replikate innerhalb der Konsistenzinsel in die Überlegungen einbezogen. Im nachfolgenden Abschnitt wird untersucht, inwiefern sich schwach konsistente Replikate auf die Änderungsverfügbarkeit auswirken, und welche Typen schwach konsistenter Replikate die größten Vorteile bringen.

6.7.2   Vorteile durch schwach konsistente Replikate

Generell ist die Änderungsverfügbarkeit um so höher, je weniger Knoten zum erfolgreichen Abschluß einer Änderungsoperation erreicht werden müssen. Falls es also kontinuierlich schwach konsistente Replikate gibt, die schreibersynchron aktualisiert werden, so wird die Änderungsverfügbarkeit weiter verringert (Abschnitt 6.4.1). Um also eine möglichst hohe Änderungsverfügbarkeit zu erreichen, sollte somit auf schreibersynchrone Protokolle verzichtet werden. Der Preis, der allerdings dafür zu zahlen ist, besteht darin, daß kontinuierlich schwach konsistente Replikate bei Kommunikationsfehlern gegebenenfalls ungültig werden. Die lesersynchronen Protokolle auf der Basis bedingter Sperranforderungen haben andererseits den Nachteil, daß für den Lesezugriff auf ein kontinuierlich schwach konsistentes Replikat $r_i(x)$ in jedem Fall ein Mitglied der Konsistenzinsel zu konsultieren ist, um zu garantieren, daß $r_i(x)$ nicht ungültig ist. Diese Protokolle erinnern dadurch sehr an die Primary-Copy Methode mit Sperren der Primärkopie (Abschnitt 3.3.4). Hier wird nur statt der physischen Primärkopie eine virtuelle Primärkopie gesperrt. Da die bedingte Sperranforderung bei jeder Leseoperation erforderlich ist, kann für die Verfügbarkeit des schwach konsistenten Replikats gegenüber der Primary-Copy Methode nichts gewonnen werden. Bestenfalls ist eine Erhöhung der Nebenläufigkeit zu erwarten, da bedingte Sperren gegebenenfalls auch gewährt werden, wenn noch Änderungstransaktionen laufen. Die Gewährleistung synchroner Kohärenzprädikate für kontinuierlich schwach konsistente Replikate scheint somit, verglichen mit dem Gewinn, der durch sie erreichbar ist, sehr aufwendig zu sein. Angesichts der Tatsache, daß es hier ohnehin um die Unterstützung von Anwendungen geht, die den Zugriff auf veraltete Daten tolerieren, stellt sich die Frage, ob nicht auf die exakte Gewährleistung von Kohärenzprädikaten und damit auf synchrone kontinuierliche Konsistenzanforderungen verzichtet werden kann.

Die Vorteile, die bei asynchroner Aktualisierung kontinuierlich schwach konsistenter Replikate durch Abschwächung von Kohärenzprädikaten erzielt werden können, wurden bereits in [ABG88] im Zusammenhang mit der Analyse des Nutzens von Quasi-Kopien untersucht. Auch in [GN95] findet sich eine solche Analyse, bei der Replikate jeweils durch kontinuierliche Konsistenzanforderungen zu einer fixen Primärkopie in Bezug gesetzt werden und kontinuierlich asynchron aktualisiert werden. Die Ergebnisse dieser Untersuchungen sind im wesentlichen unabhängig von der dynamischen Veränderlichkeit der Konsistenzanforderungen, die *ASPECT* gegenüber Quasi-Kopien und ähnlichen Ansätzen auszeichnet. Aus diesem Grunde wird an dieser Stelle auf die entsprechenden Literaturstellen verwiesen. In [GN95] wird in Abhängigkeit vom tolerierbaren Abstand kontinuierlich schwach konsistenter Replikate ein Kohärenzindex k berechnet. Ein Kohärenzindex k=1 besagt dabei, daß keine Abweichung erlaubt ist, während ein Kohärenzindex k=0 ausdrückt, daß ein beliebig großer Abstand toleriert wird. In Abhängigkeit von diesem Kohärenzindex und dem Replikationsgrad werden wiederum die mittlere Antwortzeit und der maximale Durchsatz von Transaktionen berechnet. Dabei werden jeweils eine ganze Reihe von Systemparametern - wie Anzahl der Knoten im System, mittlere Anzahl geänderter Objekte pro Änderungstransaktion, Ankunftsrate von Transaktionen pro Sekunde, Anteil der Änderungstransaktionen, Anteil der Lesetransaktionen und vieles mehr - als Schätzwerte gesetzt. Die Berechnungen zeigen erwartungsgemäß, daß mit steigendem Replikationsgrad der Durchsatz an Transaktionen um so höher ist, je geringer der jeweilige Kohärenzindex ist, das heißt, je größer der tolerierbare Abstand der kontinuierlich schwach konsistenten Replikate ist. Auch bezüglich des Antwortzeitverhaltens zeigt sich, daß sich bei gegebenem Replikationsgrad die Antwortzeit mit sinkendem Kohärenzindex drastisch verbessert. Allerdings ist hier festzuhalten, daß es bei gegebenem Kohärenzindex und gegebener Last einen optimalen Replikationsgrad gibt, sofern der Kohärenzindex einen bestimmten Schwellwert nicht unterschreitet. Ist der Kohärenzindex höher als der Schwellwert, so verschlechtert sich die mittlere Antwortzeit mit steigendem Replikationsgrad drastisch. Ist der Kohärenzindex dagegen niedriger als der Schwellwert, so kann die Antwortzeit mit steigendem Replikationsgrad höchstens verbessert werden.

Die Vorteile schwach konsistenter Replikate mit ereignisorientierter Aktualisierung (Snapshots) liegen auf der Hand. Falls die Ereigniserkennung lokal stattfinden kann, muß nur dann ein Zugriff auf einen anderen Knoten erfolgen, falls tatsächlich eine Aktualisierung des Snapshots erforderlich ist. Auch muß an keinem anderen Knoten Verwaltungsinformation abgespeichert werden, die für die Wartung der Konsistenzanforderungen des Snapshots erforderlich wäre. Je seltener also ein Ereignis eintritt, das eine Aktualisierung veranlaßt, um so geringer sind die zusätzlichen Kosten, die durch Snapshots anfallen. Falls im Rahmen der ereignisorientierten Aktualisierung eine globale Ereigniserkennung erforderlich ist, so muß wie bei asynchron zu aktualisierenden kontinuierlich schwach konsistenten Replikaten auf das Versenden von Alive-Nachrichten zurückgegriffen werden. Dadurch steigt der Kommunikationsaufwand wieder erheblich an, und die Verfügbarkeit für den Snapshot wird geringer, weil das Replikat bei Ausbleiben der Alive-Nachricht als ungültig markiert werden muß, obwohl es möglicherweise noch gültig ist. Dies kann bei lokaler Ereigniserkennung nicht vorkommen. Wird eine lokale Ereigniserkennung vorausgesetzt, so kann ein Snapshot nur dann als ungültig markiert, wenn das die Aktualisierung auslösende Ereignis eingetreten ist, und die Aktualisierung aufgrund eines Knoten- oder Kommunikationsfehlers nicht durchgeführt werden konnte.

Zusammenfassend läßt sich sagen, daß mit Hilfe der *ASPECT*-Methode die besten Ergebnisse dann erzielt werden, wenn die mittlere Größe der Konsistenzinsel möglichst gering gehalten werden kann, und wenn schwach konsistente Replikate nach Möglichkeit mit einer ereignisorientierten Aktualisierung mit lokaler Ereigniserkennung auskommen. Gegenüber herkömmlichen Verfahren zur Replikationskontrolle, bei denen keine Information über das Zugriffsverhalten der Anwendungen ausgenutzt wird, lassen sich mit Hilfe der *ASPECT*-Methode eindeutig Verfügbarkeitsvorteile erreichen, wenn die Zahl der zu synchronisierenden Replikate durch die Spezifikation von Zeitintervallen, in denen ein Zugriff erwartet wird, reduziert werden kann.

Die in diesem Kapitel vorgestellten Verfahren zur Replikationskontrolle ermöglichen die Unterstützung eines breiten Spektrums von Konsistenzanforderungen. Die Verfahren wurden unabhängig von einem konkreten Datenmodell auf der Basis eines vereinfachten Referenzmodells vorgestellt. Im nachfolgenden Kapitel erfolgt eine weitere Konkretisierung, indem erläutert wird, in welcher Weise die *ASPECT*-Spezifikation und die zugehörigen Verfahren zur Replikationskontrolle auf das relationale Datenmodell abgebildet werden können.

7   Anpassung an das relationale Datenmodell

In diesem Kapitel wird erläutert, in welcher Weise die *ASPECT*-Spezifikation und die zugehörigen Replikationsprotokolle auf ein relationales Datenbanksystem übertragen werden können. Dazu werden zunächst zur Begriffsklärung die wichtigsten Konstituenten des Relationenmodells und relationaler Datenbanksysteme aufgeführt. Für eine vertiefte Einführung in das Relationenmodell wird allerdings auf die entsprechende Fachliteratur verwiesen (z.B. [Dat94], [LS87], [Mit91]).

Das zentrale Konzept des relationalen Datenmodells ist die *Relation*. Jeder Relation werden Attribute zugeordnet, die jeweils mit einem Wertebereich (*Domain*) ausgestattet sind. Eine Relation ist eine Teilmenge des kartesischen Produkte der Domains der Attribute und weist gemäß [Mit91] folgende Eigenschaften auf:

- Einträge (*Felder*) einer Relation sind einwertig. Das bedeutet, ein Feld kann keine Gruppe oder Liste von Datenwerten enthalten.
- Eine Spalte einer Relation wird als *Attribut* bezeichnet. Alle Felder eines Attributs haben den gleichen Datentyp, der auch als *Domain* bezeichnet wird.
- Eine Zeile einer Relation wird auch als *Tupel* bezeichnet. Eine Relation enthält keine zwei gleichen Tupel.
- Die Reihenfolge der Tupel in einer Relation spielt keine Rolle.

Aufgrund der beiden letztgenannten Eigenschaften werden Relationen auch gerne als *Mengen* von Tupeln bezeichnet. Da es keine zwei verschiedenen Tupel in einer Relation geben kann, gibt es mindestens eine Teilmenge der Attribute einer Relation, die für sich genommen eine eindeutige Unterscheidung aller Tupel der Relation erlaubt. Eine solche Menge von Attributen wird auch als *Schlüsselkandidat* bezeichnet. Für jede Relation wird ein Schlüsselkandidat ausgewählt, der den *Primärschlüssel* der Relation bildet. Eng verknüpft mit dem Relationenmodell ist die deskriptive und mengenorientierte Anfragesprache SQL (*Structured Query Language*), die sich gegenüber anderen Anfragesprachen als Standard durchgesetzt hat ([DD97]). SQL umfaßt Operationen zur Datendefinition sowie zur Datenselektion und zur Datenmanipulation. Entscheidend für das Relationenmodell und für SQL ist die Tatsache, daß der Zugriff auf Relationen allein aufgrund der Datenwerte deskriptiv zu spezifizieren ist. Die theoretische Grundlage von SQL bildet die sogenannte Relationenalgebra auf der Basis des Prädikatenkalküls 1. Ordnung. Die Relationenalgebra ist abgeschlossen bezüglich Relationen, das heißt die Anwendung eines Operators auf eine oder mehrere Relationen ergibt wieder eine Relation. Die wichtigsten und für dieses Kapitel relevanten Operatoren sind:

- *Selektion*:
  Auswahl einer Teilmenge der Tupel einer Relation, die eine bestimmte Selektionsbedingung (Restriktionsprädikat) erfüllen.
- *Projektion*:
  Auswahl einer Teilmenge der Attribute einer Relation.

- *Verbund (Join)*:
  Teilmenge des kartesischen Produktes zweier Relationen A und B. Der Verbund kann auch als die Hintereinanderausführung das kartesischen Produktes und der Selektion aufgefaßt werden.
- *Vereinigung (Union)*:
  Vereinigungsmenge zweier Relationen mit gleichen Attributen.

Für Einzelheiten zur Relationenalgebra und zu SQL wird ebenfalls auf entsprechende Lehrbücher verwiesen (z.B. [Mit91] oder [Dat94]).

In Abschnitt 7.1 werden zunächst die Probleme aufgeführt, die bei der Abbildung des *ASPECT*-Ansatzes auf das Relationenmodell zu lösen sind. In den nachfolgenden Abschnitten wird dann die Abbildung deskriptiv spezifizierter Konsistenzanforderungen auf ein fragmentiertes Relationenschema diskutiert. Es ergibt sich eine komplexe Abbildungshierarchie von Spezifikationseinheiten auf Allokations- und Synchronisationseinheiten. Da diese mehrfache Abbildung sich negativ auf die Performanz auswirken und darüber hinaus noch etliche Seiteneffekte erzeugen kann, werden am Ende des Kapitels Kompromißlösungen vorgeschlagen, die zwar das Prinzip der lokalen Spezifikationssicht aufweichen, aber dafür erheblich einfacher zu implementieren sind und die angesprochenen Seiteneffekte vermeiden.

7.1 Probleme

Sowohl die Spezifikation als auch die Wartung von Konsistenzanforderungen wurde bislang rein konzeptionell und unabhängig von einem konkreten Datenmodell auf der Basis eines vereinfachten Referenzmodells diskutiert. Dabei wurde vor allen Dingen einschränkend angenommen, daß die Datenbank aus disjunkten Datenobjekten besteht. Sieht man sich jedoch eine relationale Datenbank an, so ist die Frage, was unter einem logischen Datenobjekt zu verstehen ist, keineswegs eindeutig zu beantworten. Einige Möglichkeiten zur Interpretation des Begriffs Datenobjekt seien hier einmal zunächst kommentarlos aufgeführt:

– Datenbank	- Relation	- Tupel
– Feld	- Fragment	- View

Die Schwierigkeiten, die mit der Interpretation des Begriffs *"Datenobjekt"* im Zusammenhang mit relationalen Datenbanken auftreten, liegen zum Teil darin begründet, daß bisher das gleiche *Objektgranulat* für die Spezifikation von Konsistenzanforderungen, für die Datenallokation sowie für die Synchronisation von Lese- und Schreibzugriffen verwendet wurde. In relationalen Datenbanksystemen ist diese Zuordnung nicht mehr so ohne weiteres möglich. Eine Synchronisation findet häufig auf verschiedenen hierarchisch angeordneten Ebenen des Datenbanksystems statt, auf denen jeweils unterschiedliche Einheiten verwaltet werden. Auf der Ebene der Systempufferverwaltung wird beispielsweise der Zugriff auf Seiten synchronisiert. Seiten sind zwar disjunkt, bilden aber keine logische Einheit, die dem konzeptionellen Schema der Datenbank zugeordnet werden könnte, sondern lediglich einen Ausschnitt aus einem virtuellen Speicher. Es würde somit natürlich keinen Sinn ergeben, Konsistenzanforderungen für Seiten zu spezifizieren. Eine Datenbank, eine Relation, ein Tupel oder ein Feld sind dagegen logische Einheiten, die im konzeptionellen Datenbankschema beschrieben werden. Als Datenbank wird hier eine Menge von Relationen verstanden. Sowohl Datenbanken als auch Relationen, Tupel und Felder können als logische Objekte im Sinne der Definition 3.1 aus Abschnitt 3.1 angesehen werden, die jeweils einen Sachverhalt der realen Welt beschreiben. Es handelt sich allerdings um vier verschiedene *Objektgranulate*: Eine Datenbank umfaßt mehrere Relationen, eine Relation enthält viele Tupel und ein Tupel besteht normalerweise aus mehreren Feldern. Verlangt man, daß die im Rahmen einer *ASPECT*-Spezifikation zu verwaltenden Objekte disjunkt sein sollen, so muß man sich für ein Granulat entscheiden. Relationen oder Datenbanken bilden ein sehr grobes Granulat und können die Optimierungsmöglichkeiten, welche die *ASPECT*-Methode bietet, zu stark einschränken. Tupel oder gar Felder bilden dagegen ein sehr feines Granulat und können dazu führen, daß der Verwaltungsaufwand für Konsistenzinseln zu groß wird. Zwischen Tupel und Relation gibt es schließlich noch Fragmente, die in Abschnitt 2.4 als Einheit der Datenallokation eingeführt wurden. Die Spezifikation des Fragmentierungsschemas von Relationen findet allerdings auf globaler Ebene statt und nicht aus knotenlokaler Sicht. Die *ASPECT*-Spezifikation zeichnet sich dagegen durch eine anwendungslokale Spezifikationssicht aus, bei der durch konjunktive Verknüpfung von Konsistenzanforderungen leicht eine knotenlokale Spezifikation ableitbar ist. Views erlauben schließlich die Spezifikation anwendungsspezifischer Ausschnitte der Datenbank aus lokaler Sicht, sind aber nicht notwendigerweise disjunkt.

Um das Problem des Datengranulats anzugehen, werden nachfolgend zunächst die Anforderungen aufgelistet, die jeweils bezüglich der Konsistenzspezifikation, der Allokation und der Synchronisation an das Datengranulat gestellt werden. Dabei wird ein Ausschnitt der Datenbank, für den Konsistenzanforderungen spezifiziert werden, als *Spezifikationseinheit* bezeichnet. Allgemein ist in diesem Zusammenhang auch vom *Spezifikationsgranulat* die Rede. Analog werden die Bezeichnungen *Allokationsgranulat* und *Synchronisationsgranulat* verwendet.

Anforderungen bezüglich der Konsistenzspezifikation

Solange es nur um die *Spezifikation* von Konsistenzanforderungen geht, ist zunächst anzumerken, daß auf der Basis der *ASPECT*-Methode nicht unbedingt vorausgesetzt werden muß, daß die Spezifikationseinheiten disjunkt sind. Für die Konsistenzspezifikation spielen allerdings andere Faktoren eine Rolle:

- *Lokale Spezifikationssicht*:
  Entscheidendes Kriterium für die Spezifikation von Konsistenzanforderungen auf der Basis der *ASPECT*-Methode ist die anwendungslokale Spezifikationssicht. Das bedeutet, Konsistenzanforderungen für bestimmte Replikate sollen

einzig aufgrund der Erfordernisse der knotenlokalen Anwendungen spezifiziert werden können, ohne daß irgend etwas über die Anforderungen von Anwendungen an anderen Knoten bekannt ist.

- *Genauigkeit der Spezifikation*:
  Je feiner das Spezifikationsgranulat ist, um so exakter können Konsistenzanforderungen spezifiziert werden. Bei zu grobem Granulat müssen möglicherweise Daten konsistent gehalten werden, für die das aus Sicht der Anwendung gar nicht erforderlich wäre. In Abschnitt 7.2 wird dazu später noch ein Beispiel gegeben.

- *Spezifikationsaufwand*:
  Der Genauigkeit der Konsistenzspezifikation steht der Spezifikationsaufwand entgegen. Je feiner das Spezifikationsgranulat ist, um so mehr Datenobjekte sind zu unterscheiden und um so größer wird der Aufwand zur Konsistenzspezifikation. Um den Spezifikationsaufwand in Grenzen zu halten, muß eine Methode gefunden werden, welche die Spezifikation einheitlicher Anforderungen für große Datenmengen erlaubt. Um den Anforderungen zur Genauigkeit der Konsistenzspezifikation Rechnung zu tragen, sollte eine genaue anwendungsspezifische Beschreibung des gewünschten Ausschnitts der logischen Datenbank möglich sein. Die deskriptive Spezifikation von SQL bietet sich für diesen Zweck geradezu an.

Anforderungen bezüglich der Allokation

Die Allokation von Daten in verteilten relationalen Datenbanksystemen wurde bereits in Abschnitt 2.4 angesprochen. Dort wurde die Aufteilung von Relationen in disjunkte Fragmente vorgeschlagen. Fragmente bilden somit das Allokationsgranulat. Nachfolgend wird aufgelistet, welche allgemeinen Anforderungen an das Allokationsgranulat zu stellen sind:

- *Disjunktheit*:
  Fragmente müssen disjunkt sein, da sonst eine implizite Replikation auf Tupelebene oder sogar auf Feldebene entstehen könnte, die sich der Kontrolle durch das Datenbanksystem entzieht.

- *Anwendungsbezug*:
  Der Inhalt von Fragmenten sollte den Anwendungsanforderungen entsprechen. Das bedeutet, die Fragmentierung sollte so gewählt werden, daß nach Möglichkeit an einem Knoten nur die Daten allokiert werden müssen, die auch tatsächlich an dem Knoten benötigt werden.

- *Spezifikation von Allokationsbereichen*:
  Prinzipiell gilt für die Allokation, ähnlich wie für die Konsistenzspezifikation, daß die Spezifikation des Allokationsbereichs aus knotenlokaler Sicht erfolgen sollte, ohne berücksichtigen zu müssen, was an anderen Knoten allokiert wird. Das Allokationsschema sollte sich somit aus knotenlokalen Anforderungen berechnen lassen. Für das Fragmentierungsschema ist dagegen eine Spezifikation aus globaler Sicht unerläßlich, da hier die Anwendungsanforderungen aller Knoten einfließen.

Anforderungen bezüglich der Synchronisation

Das Synchronisationsgranulat bezieht sich auf die Datenobjekte, die letztlich mit Sperren belegt werden können. Bei der Wahl des Synchronisationsgranulats sind folgende Aspekte zu berücksichtigen:

- *Disjunktheit*:
  Sieht man einmal von hierarchischen Sperrverfahren ab, so gilt für die Einheit der Synchronisation, wie für die Einheit der Allokation, die Forderung nach Disjunktheit. Synchronisationseinheiten werden mit Sperren belegt. Eine Sperre auf einem logischen Objekt x darf nicht mit einer Sperre auf einem logisch verschiedenen Objekt y konfligieren.

- *Erhöhung der Nebenläufigkeit*:
  Um die Nebenläufigkeit zu erhöhen, sollte das Sperrgranulat nicht zu grob gewählt werden. Je gröber das Sperrgranulat, um so größer ist die Wahrscheinlichkeit, daß nebenläufige Transaktionen konfligieren.

- *Reduzierung des Verwaltungsaufwands*:
  Um die Anzahl der zu verwaltenden Sperren in Grenzen zu halten, sollte entweder ein grobes Sperrgranulat gewählt, oder *hierarchische Sperren* ([GR93]) ermöglicht werden, die sowohl das Sperren grober Granulate wie auch das Sperren feiner Granulate zulassen.

Die genannten Anforderungen an das Objektgranulat verdeutlichen eine komplexe Problemstellung. Um die verschiedenen Granulate vor dem Anwender zu verbergen und um die lokale Spezifikationssicht weitgehend zu wahren, wird nachfolgend das Konzept der *"Extents"* zur anwendungsorientierten Spezifikation von Allokationsbereichen und Konsistenzanforderungen für relationale Datenbanken vorgestellt. In Abschnitt 7.3 wird gezeigt, in welcher Weise Extents auf disjunkte *Verwaltungseinheiten* abgebildet werden können und welche Verluste dabei in Kauf genommen werden müssen.

7.2 Spezifikation von Allokationsbereichen und Konsistenzanforderungen

Die Spezifikation eines lokalen Allokationsbereichs kann knotenlokal und unabhängig von einem bestehenden Fragmentierungsschema vorgenommen werden. Dazu genügt es, den Allokationsbereich, analog zur Spezifikation von Views (Abschnitt 4.4.1), deskriptiv zu beschreiben. Ausgehend von einer solchen Spezifikation des Allokationsbereichs kann automatisch berechnet werden, welche Fragmente bei einem gegebenen Fragmentierungsschema allokiert werden müssen, um den Allokationsbereich abzudecken. Das Fragmentierungsschema muß bei dieser Vorgehensweise nach wie vor global vorgegeben werden, während sich das Allokationsschema weitgehend aus den Spezifikationen der knotenlokalen Allokationsbereiche berechnen läßt. Im Rahmen der globalen Datenbankadministration sollte sichergestellt werden, daß jedes Fragment mindestens an einem Knoten allokiert wird. Für eine ausführliche Beschreibung der Spezifikation von

Personal				
<u>PNR</u>	ANR	Name	Vorname	Geschlecht
001	IMMD6	Lehner	Wolfgang	m
002	IMMD6	Teschke	Michael	m
003	ETHZ	Hagen	Claus	m
004	IMMD4	Hofmann	Fridolin	m
005	ETHZ	Schek	Hans-Jörg	m
006	IMMD6	Wedekind	Hartmut	m
007	MI5	Bond	James	m

Abteilung			
<u>ANR</u>	Chef_PNR	Aufgabe	Ort
IMMD4	004	Betriebssysteme	Erlangen
IMMD6	006	Datenbanken	Erlangen
ETHZ	005	Datenbanken	Zürich
MI5	007	Geheimdienst	London

Abb. 7.1: Beispielrelationen: *Personal* und *Abteilung*

Allokationsbereichen wird auf [Che95] verwiesen. Dort wird auch eine an SQL ange-
lehnte Spezifikationssprache entworfen, mit deren Hilfe die deskriptive Spezifikation von
Allokationsbereichen, Konsistenzanforderungen und Integritätsbereichen möglich ist.
Auf diese Spezifikationssprache wird an dieser Stelle nicht mehr weiter eingegangen.
Stattdessen werden hier nur die konzeptionellen Änderungen gegenüber dem bisherigen
Ansatz diskutiert, die für die Anpassung an das Relationenmodell erforderlich sind.

Bereits im vorangegangenen Abschnitt wurde aufgezeigt, daß für die Spezifikation von
Konsistenzanforderungen ein möglichst feines Datengranulat zugrundegelegt werden
sollte, damit die Anwendungsanforderungen möglichst genau spezifizierbar sind. Um
die Vorteile eines möglichst feinen Spezifikationsgranulats aufzuzeigen, wird folgendes Beispiel herangezogen:

Gegeben seien die Relationen *Personal* und *Abteilung*, die in Abbildung 7.1 dargestellt
sind. Die Relationen stellen die Personaldaten eines fiktiven Unternehmens mit Abteilungen in Erlangen, Zürich und London dar. Jedes Tupel in der Relation *Personal* repräsentiert einen Mitarbeiter und wird eindeutig durch den Primärschlüssel *PNR* (Personalnummer) gekennzeichnet. Jedes Tupel der Relation *Abteilung* wird durch den Primärschlüssel *ANR* (Abteilungsnummer) gekennzeichnet und repräsentiert eine
Abteilung. Im Attribut Chef_PNR wird die Personalnummer des jeweiligen Abtei-
lungsleiters eingetragen. Da die Personalplanung an jedem Standort jeweils vom zuständigen Abteilungsleiter vorgenommen werden soll, genügt es an einem Standort jeweils die zu diesem Standort zugehörigen Personaldaten aktuell bereitzustellen. Für
den Standort Erlangen sind die entsprechenden Zeilen in Abbildung 7.1 grau unterlegt.

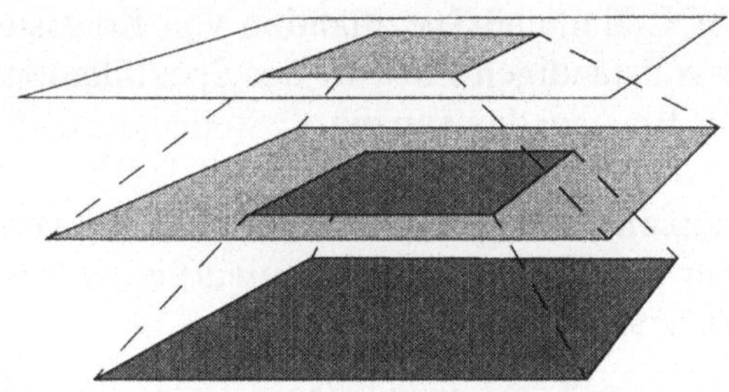

Abb. 7.2: Verhältnis von Relationen, Allokationsbereichen und Extents

Falls die Konsistenzanforderungen an einem Knoten nun jeweils an eine ganze Relation gebunden werden müßten, so hätte man keinen Vorteil erreicht: An jedem Standort müßte die gesamte Relation jeweils in maximaler Aktualität zur Verfügung gestellt werden, obwohl nur ein Teil der Daten gebraucht wird und obwohl bekannt ist, daß die am Standort Erlangen benötigten Daten immer disjunkt von den an den Standorten Zürich und London benötigten Daten sind.

Das Beispiel zeigt, daß es sinnvoll ist, Konsistenzanforderungen nicht an die ganze Relation zu binden, sondern nur an einen Ausschnitt der Relation. Die Konsistenzanforderungen tupelweise zu spezifizieren macht allerdings keinen Sinn, weil dann der Spezifikationsaufwand sicherlich enorm wäre und zum Zeitpunkt der Spezifikation ja überhaupt nicht bekannt sein kann, welche Tupel in der Relation enthalten sein werden. Es wird also analog zur Spezifikation von Allokationsbereichen vorgeschlagen, die Datenmengen mit einheitlichen Konsistenzanforderungen deskriptiv zu beschreiben. Eine solche Datenmenge wird nachfolgend als *"Extent"* bezeichnet.

Definition 7.1: Extent
Ein Extent ist ein deskriptiv spezifizierter Ausschnitt aus einer Relation. Extents werden spezifiziert, um die Konsistenzanforderungen für die Daten innerhalb des Allokationsbereichs eines bestimmten Knotens festzulegen

Das Verhältnis von Relationen, Allokationsbereichen und Extents wird in Abbildung 7.2 graphisch veranschaulicht. Für das zuvor erläuterte Beispiel aus Abbildung 7.1 können Extents die anwendungsspezifische Spezifikation von Konsistenzanforderungen erheblich erleichtern. Es wäre beispielsweise sinnvoll, für den Standort Erlangen die zugehörigen Tupel der Relation *Personal* in einem Extent zusammenzufassen und für diesen Extent zu spezifizieren, daß er ständig aktuell sein soll. Dies kann durch das folgende Sprachkonstrukt spezifiziert werden:

DEFINE EXTENT Personal_Erlangen AS
        SELECT   PNR, Personal.ANR, Name, Vorname
        FROM   Personal, Abteilung
        WHERE   Personal.ANR=Abteilung.ANR
                    AND Abteilung.Ort="Erlangen"
PROPERTIES CONSISTENT ALWAYS

Das angegebene Beispiel für eine SQL-ähnliche Spezifikation von Konsistenzanforderungen wurde gegenüber dem vollständigen Entwurf der Spezifikationssprache aus [Che95] sehr vereinfacht. Das Beispiel dient an dieser Stelle aber auch nicht dazu, die Beschreibungssprache zu demonstrieren, sondern soll lediglich veranschaulichen, auf welche Weise prinzipiell eine deskriptive Beschreibung von Konsistenzanforderungen möglich ist. Für einen vollständigen Entwurf einer Beschreibungssprache für Extents wird auf [Che95] verwiesen.

Es stellt sich nun die Frage, in welcher Weise die verschiedenen Formen von Konsistenzanforderungen, die in Kapitel 5 eingeführt wurden, zu interpretieren sind, wenn sie an Extents gebunden werden. Für einen Extent, der kontinuierlich konsistent sein soll, ist die Interpretation nicht schwierig: Alle Daten innerhalb des Extents sollen aktuell sein. Auch die Interpretation einer ereignisorientierten Aktualisierung bereitet keine Schwierigkeiten: Tritt das Ereignis ein, so sind alle Daten innerhalb des Extents zu aktualisieren, sofern sie nicht schon aktuell sind. Die Interpretation eines maximal tolerierbaren Abstands ist allerdings nicht ohne weiteres zu verstehen. Bezieht sich der spezifizierte Abstand auf die einzelnen Tupel, die im Extent enthalten sind, auf die einzelnen Felder oder auf den gesamten Extent als solchen? Diese Frage zeigt, daß die Spezifikationseinheit *Extent* nicht notwendigerweise das Granulat festlegt, an welches die zugehörigen Aktualitätsanforderungen gebunden werden sollen.

Um die unterschiedlichen Interpretationsmöglichkeiten für Extents mit maximal tolerierbarem Abstand zu verdeutlichen, betrachte man folgendes Beispiel. Angenommen, für einen Extent E wird ein tolerierbarer Versionsabstand $\Delta v(E)=1$ spezifiziert. Der Extent E enthalte die Tupel Z_1 und Z_2. Werden nun nacheinander Z_1 und Z_2 verändert, so ist jedes Tupel für sich genommen jeweils um eine Version fortgeschritten. Bezieht man dagegen die Modifikationen auf den gesamten Extent, so ist dieser um zwei Versionen fortgeschritten. Wird also die Spezifikation auf den gesamten Extent bezogen, so wäre das genannte Kohärenzprädikat verletzt. Wird dagegen die Spezifikation auf die einzelnen Tupel bezogen, so liegt noch keine Verletzung von Kohärenzprädikaten vor.

In [Che95] wird zur Verfeinerung der Konsistenzspezifikation vorgeschlagen, verschiedene Typen von Extents vorzusehen. Je nachdem, welche der erläuterten Interpretationsmöglichkeiten beabsichtigt wird, ist dann bei der Spezifikation eines maximal tolerierbaren Abstands der entsprechende Extenttyp mit anzugeben. Für weitere Einzelheiten zur Extentspezifikation und für entsprechende Sprachkonstrukte wird wieder auf [Che95] verwiesen.

Analog zur Spezifikation von Aktualitätsanforderungen können auch Integritätsbereiche (Abschnitt 5.7, Abschnitt 6.6) mit Hilfe von Extents spezifiziert werden. Da Integritätsbereiche sich aber über mehrere Relationen erstrecken können, reichen die Extents, so wie sie bisher angenommen wurden, nicht aus. Zur Spezifikation von Integritätsbereichen muß es möglich sein, Extents zu spezifizieren, die sich über mehrere Relationen erstrecken. In [Che95] werden auch dazu entsprechende Sprachkonstrukte vorgesehen.

Da sowohl für Allokationsbereiche als auch für Konsistenzanforderungen die lokale Spezifikationssicht gewahrt bleiben soll, kann die Spezifikation von Extents unabhängig von der tatsächlichen Fragmentierung vorgenommen werden. Auch ist es *nicht* erforderlich, bei Spezifikationen verschiedener Anwendungen auf dem gleichen Knoten darauf zu achten, daß die Extents disjunkt sind. Durch die Möglichkeit der konjunktiven Verknüpfung von Konsistenzanforderungen (Abschnitt 5.4) lassen sich die für Extents spezifizierten Konsistenzanforderungen leicht auf disjunkte Fragmente abbilden. Um die spezifizierten Konsistenzanforderungen möglichst gut ausnutzen zu können, sollte sich die Fragmentierung allerdings an den spezifizierten Extents orientieren. Kommen neue Anforderungen hinzu oder verändern sich die Extents, so müssen zur Optimierung nicht die anwendungsspezifischen Extents modifiziert werden, sondern es genügt, die globale Fragmentierung entsprechend anzupassen. Auf die Abbildung von Extents auf Fragmente und die Anpassung der Fragmentierung auf veränderte Anforderungen wird nachfolgend noch näher eingegangen.

7.3 Definition disjunkter Verwaltungseinheiten

Wie bereits im vorangegangenen Abschnitt angesprochen, müssen die Konsistenzanforderungen, die mit Hilfe von Extents spezifiziert wurden, auf disjunkte Fragmente abgebildet werden. Diese Abbildung wird nachfolgend als *"Vererbung"* von Konsistenzanforderungen bezeichnet. Die Fragmente bilden nicht nur die Einheit der Allokation, sondern bilden ebenfalls die Verwaltungseinheiten, an welche die Konsistenzanforderungen geknüpft werden. Das bedeutet, daß es für jedes Fragment genau eine Konsistenzinsel gibt. Ein Replikat $r_i(F)$ eines Fragments F erbt die Konsistenzanforderungen aller Extents des Knotens L_i, die mit F überlappen. Die Konsistenzanforderung, die das Replikat $r_i(F)$ letztlich erfüllen muß, ergibt sich aus der konjunktiven Verknüpfung von allen ererbten Konsistenzanforderungen. Die resultierende Konsistenzanforderung für das Fragmentreplikat $r_i(F)$ wird auch als *"effektive Konsistenzanforderung"* bezeichnet.

Die Vererbung von Konsistenzanforderungen von Extents auf disjunkte Fragmente hat aus verschiedenen Gründen eine Verschärfung der Konsistenzanforderungen zur Folge. Dazu werden zunächst einige Beispiele aufgeführt:

- Da die effektive Konsistenzanforderung für ein Fragmentreplikat sich auf das gesamte Fragment bezieht, müssen die entsprechenden Anforderungen auch für das gesamte Fragment sichergestellt werden, auch wenn die ursprünglichen Extents nur geringfügig mit dem Fragment überlappen. Ein Beispiel dazu wird in Abbildung 7.5 dargestellt. Die Abbildung von Extents auf Fragmente wird in Abschnitt 7.3.3 beschrieben.

- Durch die Fragmentbildung wird die Abstandsabschätzung verschärft. Angenommen, für einen Extent sei ein maximal tolerierbarer Versionsabstand spezifiziert worden und zwar so, daß sich der einzuhaltende Abstand auf einzelne Tupel bezieht. Für ein Replikat $r_i(F)$, das diese Anforderung erbt, kann es aber nur einen Wert für den momentanen Versionsabstand geben. Der Versionsabstand ist dann die Anzahl der Änderungen an dem Fragment, die noch nicht an dem Replikat $r_i(F)$ eingebracht wurden. Das Replikat $r_i(F)$ wird damit möglicherweise früher aktualisiert als erforderlich.

- Falls eine kontinuierlich schwache Konsistenzanforderung für einen gesamten Extent als solchen spezifiziert wurde, so kann diese Anforderung nur dann gewährleistet werden, wenn der Extent vollständig in einem Fragment enthalten ist. Das bedeutet, falls derartige Spezifikationen zulässig sind, hat die Spezifikation von Konsistenzanforderungen unmittelbare Rückwirkungen auf das Fragmentierungsschema. Eine Vergröberung der Fragmentierung führt aber, wie gesehen, zu einer Verschärfung der Konsistenzanforderungen.

Es stellt sich nun die Frage, welche Eigenschaften das Fragmentierungsschema haben muß, damit Fragmente als Einheit der Konsistenzverwaltung dienen können. Außerdem ist zu klären, in welcher Weise Extents auf Fragmente abzubilden sind, damit die zu erwartende Verschärfung von Konsistenzanforderungen möglichst in Grenzen gehalten werden kann. Dazu ist zunächst zu untersuchen, welche technischen Probleme bei der Abbildung von Extents auf Fragmente auftreten können. Diese Fragen werden in den nachfolgenden Abschnitten aufgegriffen. In Abschnitt 7.3.1 werden zur Vorbereitung zunächst einige Grundlagen der Fragmentierung erörtert. Anschließend wird das Problem der Objektmigration angesprochen, das prinzipiell bei deskriptiv spezifizierten Datenbankausschnitten auftreten kann. Dieses Problem verursacht einige Schwierigkeiten bei der Abbildung von Extents auf Fragmente sowie bei der Spezifikation eines geeigneten Fragmentierungsschemas. Wie diese Schwierigkeiten zu lösen sind und welche Einschränkungen dadurch in Kauf zu nehmen sind, wird in Abschnitt 7.3.3 und Abschnitt 7.3.4 erläutert. Abschnitt 7.3.5 behandelt die Optimierung des Fragmentierungsschemas, so daß die zuvor angesprochenen Einschränkungen möglichst in Grenzen gehalten werden können. In Abschnitt 7.3.6 wird abschließend noch kurz auf die Wahl des Synchronisationsgranulats eingegangen.

7.3.1 Grundlagen der Fragmentierung

Das Grundprinzip der Fragmentierung und die Unterscheidung zwischen horizontaler, vertikaler und hybrider Fragmentierung wurde bereits in Abschnitt 2.4 erläutert. In diesem Abschnitt soll das Fragmentierungskonzept nun weiter vertieft werden, um die Grundlagen zu schaffen, die für das Verständnis der in den nächsten Abschnitten diskutierten Probleme erforderlich sind.

Eine Relation kann durch sukzessive Anwendung von Projektionen und Selektionen im Prinzip beliebig fragmentiert werden. Ein Beispiel für eine hybride Fragmentierung wird in Abbildung 7.3 dargestellt. Hier wird eine Relation *"Personal"* zunächst durch eine vertikale Fragmentierung in zwei Fragmente, *"Personal1"* und *"Personal2"* zerlegt. Das Fragment *Personal1* wird durch eine horizontale Fragmentierung weiter in

Personal

PNR	ANR	Name	Vorname	Geschlecht
001	IMMD6	Lehner	Wolfgang	m
002	IMMD6	Teschke	Michael	m
003	ETHZ	Hagen	Claus	m
004	IMMD4	Hofmann	Fridolin	m
005	ETHZ	Schek	Hans-Jörg	m
006	IMMD6	Wedekind	Hartmut	m
007	MI5	Bond	James	m

Personal1 = $\pi_{PNR,ANR}$(Personal)

Personal2 = $\pi_{PNR,Name,Vorname,Geschlecht}$(Personal)

Personal1

PNR	ANR
001	IMMD6
002	IMMD6
003	ETHZ
004	IMMD4
005	ETHZ
006	IMMD6
007	MI5

Personal2

PNR	Name	Vorname	Geschlecht
001	Lehner	Wolfgang	m
002	Teschke	Michael	m
003	Hagen	Claus	m
004	Hofmann	Fridolin	m
005	Schek	Hans-Jörg	m
006	Wedekind	Hartmut	m
007	Bond	James	m

Personal11 = $\sigma_{ANR="IMMD*"}$(Personal1)

Personal11

PNR	ANR
001	IMMD6
002	IMMD6
004	IMMD4
006	IMMD6

Personal12 = $\sigma_{ANR="ETHZ"}$(Personal1)

Personal12

PNR	ANR
003	ETHZ
005	ETHZ

Personal13 = $\sigma_{ANR="MI5"}$(Personal1)

Personal13

PNR	ANR
007	MI5

Abb. 7.3: Hybride Fragmentierung

die Fragmente *"Personal11"*, *"Personal12"* und *"Personal13"* unterteilt. Ein entsprechendes Fragmentierungsschema kann mit Hilfe eines Fragmentierungsbaumes dargestellt werden (Abbildung 7.4 (a)). Die Blätter des Fragmentierungsbaumes bilden die Fragmente. Zur Rekonstruktion der ursprünglichen Relation aus den Fragmenten wird für jeden Zerlegungsschritt auch ein entsprechender Rekonstruktionsterm benötigt. Durch den Rekonstruktionsbaum (Abbildung 7.4 (b)) können die Rekonstruktionsterme ebenfalls in Form eines Baumes dargestellt werden. Eine horizontale Fragmentierung, die aufgrund einer Selektion (σ) entstanden ist, wird dabei durch eine Vereinigung ($\cup$) rekonstruiert. Eine vertikale Fragmentierung, die aufgrund einer Projektion (π) entstanden ist, wird durch eine Verbundoperation ($\bowtie$) rekonstruiert. Der Rekonstruktionsterm für eine mehrfach zerlegte Relation R kann rekursiv aus den Rekonstruktionstermen der einzelnen Fragmentierungsschritte aufgebaut werden. Beginnend bei der Wurzel des Rekonstruktionsbaumes werden im Rekonstruktionsterm der ersten Zerlegung diejenigen Fragmente, die weiter zerlegt wurden, durch den jeweils zugehörigen Rekonstruktionsterm ersetzt. Dies wird bis zu den Blättern fortgesetzt, so daß ein

Rekonstruktionsterm entsteht, der aus den endgültigen Fragmenten die Ausgangsrelation rekonstruiert. Für das Beispiel aus Abbildung 7.3 und Abbildung 7.4 ergibt sich somit der folgende Rekonstruktionsterm:

$$\text{Personal} = (\text{Personal}11 \cup \text{Personal}12 \cup \text{Personal}13) \bowtie_{\text{"PNR=Personal2.PNR"}} \text{Personal}2$$

Jedes Fragment F auf einer Relation R ist eindeutig durch ein Prädikat P(F) gekennzeichnet. Das Prädikat P(F) ergibt sich aus den Fragmentierungsprädikaten, die an den Kanten des Fragmentierungsbaumes vermerkt sind. Im obigen Beispiel lautet das Fragmentierungsprädikat P(*Personal13*) für das Fragment *Personal13*:

$$\text{Personal}13 = \sigma_{\text{ANR="MI5"}}(\pi_{\text{PNR,ANR}}(\text{Personal}))$$

Deskriptiv spezifizierte Anfragen an eine relationale Datenbank können durch einen Operatorbaum dargestellt werden. Die Blätter dieses Operatorbaumes bilden die Namen der Relationen, die an der Anfrage beteiligt sind. Eine solche Anfrage kann nun leicht in eine Anfrage auf einer fragmentierten Datenbank übersetzt werden, indem die Blätter im Operatorbaum durch den zu der Relation jeweils zugehörigen Rekonstruktionsbaum ersetzt werden. Die Blätter des resultierenden Operatorbaumes sind dann die Fragmente. Auf diesem Operatorbaum können nun durch Äquivalenzumformungen Optimierungen vorgenommen werden. Eine entsprechende Anfrageoptimierung soll hier nicht mehr weiter vertieft werden. Dazu wird auf [CP85] und [ÖV91] verwiesen.

Die Festlegung eines Fragmentierungsschemas erfolgt häufig rein heuristisch auf der Basis einer semantischen Analyse der Anwendungsumgebung des verteilten Systems ([Jab90], [Rah94]). In [CP85] und [ÖV91] wird dagegen ein mathematisches Modell zur Fragmentbildung vorgeschlagen, bei dem das Referenzverhalten der Anwendungen zur Optimierung ausgenutzt wird. Zur Ermittlung des Referenzverhaltens ist also auch bei diesem Verfahren eine eingehende Analyse der Anwendungsumgebung erforderlich. Durch die Spezifikation von Allokationsbereichen und Extents wird die semantische Analyse der Anwendungsumgebung praktisch vorweggenommen. In dieser Arbeit wird somit vorgeschlagen, die Gesamtheit aller knotenlokalen Spezifikationen für Allokationsbereiche und Konsistenzanforderungen auszunutzen, um das Fragmen-

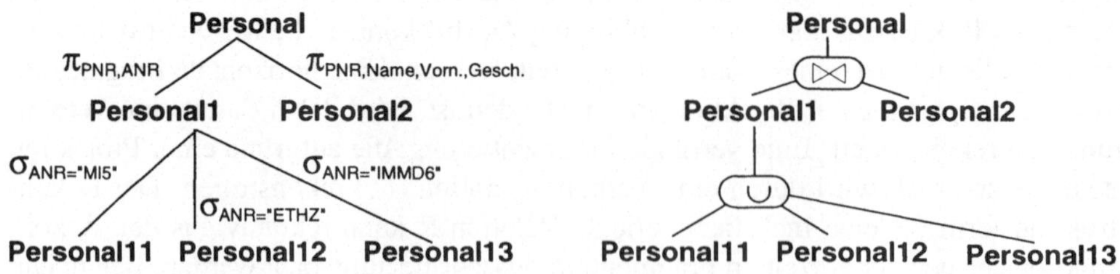

a) Fragmentierungsbaum   b) Rekonstruktionsbaum

Abb. 7.4: Fragmentierungsbaum und Rekonstruktionsbaum

tierungsschema entsprechend zu optimieren. Bevor jedoch in Abschnitt 7.3.5 auf die Optimierung des Fragmentierungsschemas eingegangen wird, soll in den nachfolgenden Abschnitten zunächst die Vererbung von Konsistenzanforderungen von Extents an Fragmente diskutiert werden.

7.3.2   Das Problem der Objektmigration

Sowohl Extents als auch Fragmente sind Ausschnitte aus Relationen, die aufgrund von Prädikaten auf der Datenbank deskriptiv spezifiziert werden. Das gleiche gilt für Allokations- und Integritätsbereiche. Solche deskriptiv festgelegten Datenbereiche haben die Eigenschaft, daß ihr Inhalt sich durch Modifikationen in der Datenbank verändern kann. Wird im Beispiel aus Abbildung 7.3 die Abteilungszugehörigkeit für *Michael Teschke* von *IMMD6* auf *MI5* geändert, so wandert (*migriert*) das entsprechende Tupel des Fragments *Personal11* in das Fragment *Personal13*. Dieses Problem wird nachfolgend als *Migrationsproblem* bezeichnet.

Migration tritt nicht nur, wie am Beispiel gezeigt, auf der Ebene der physischen Verwaltungseinheiten (Fragmente), sondern auch auf der Spezifikationsebene bei Extents und Allokationsbereichen auf. Dazu werden nachfolgend zwei Beispiele aufgeführt:

- *Migration zwischen Extents*:
  Ein Tupel kann durch Migration in einen Extent eintreten oder aus einem Extent austreten. Dadurch ändern sich im allgemeinen die Konsistenzanforderungen für das betreffende Tupel.

- *Migration bei Allokationsbereichen*:
  Ein Tupel kann durch Migration in den Allokationsbereich eines Knotens gelangen oder aus dem Allokationsbereich eines Knotens herausfallen.

Eine Migration kann nur auftreten, wenn eine Modifikation in der Datenbank vorkommt. Das geschilderte Problem hat entscheidende Auswirkungen auf die Abbildung von Extents und Allokationsbereichen auf Fragmente. In den folgenden Abschnitten wird erläutert, wie deskriptive Spezifikationseinheiten so auf Fragmente abgebildet werden können, daß sich die Auswirkungen des Migrationsproblems in Grenzen halten.

7.3.3   Abbildung von Extents auf Fragmente

Es wurde bereits angesprochen, daß die Konsistenzanforderungen, die für Extents spezifiziert werden, an Fragmentreplikate vererbt werden. Dazu sei zunächst einmal angenommen, daß ein Fragmentierungsschema gegeben sei. Ein Fragmentreplikat $r_i(F)$ eines Fragments F erbt dann die Konsistenzanforderungen aller Extents des Knotens L_i, die mit dem Fragment F überlappen. Diese Vorgehensweise wird in Abbildung 7.5 illustriert. Die Abbildung zeigt im ersten Schritt die Spezifikation zweier Extents $E1_i$ und $E2_i$ bezüglich einer Relation R. Durch $E1_i$ und $E2_i$ werden die Konsistenzanforderungen für die Relation R auf dem Knoten L_i spezifiziert. Es wird angenommen, daß die gesamte Relation R im Allokationsbereich des Knotens L_i enthalten sei. Der zweite Schritt in der Abbildung zeigt die Überprüfung der Überlappung von Extents mit Fragmenten. Das Fragmentierungsschema besteht in dem Beispiel aus den Fragmenten R1, R2, R3 und R4. Das Fragment R1 überlappt mit beiden Extents, R2 überlappt nur mit $E2_i$, R3 überlappt nur mit $E1_i$ und R4 überlappt mit keinem der Extents. Im dritten Schritt werden in der Abbildung schließlich die resultierenden Fragmentreplikate am Knoten L_i mit den jeweils geerbten effektiven Konsistenzanforderungen dargestellt. Es zeigt sich, daß das Fragmentreplikat $r_i(R3)$ sowohl den Konsistenzanforderungen für $E1_i$ als auch den Anforderungen für $E2_i$ genügen muß, obwohl die beiden ursprünglichen Extents nicht überlappen.

Es stellt sich nun die Frage, wie festgestellt werden soll, mit welchen Fragmenten ein Extent überlappt, und was in diesem Zusammenhang überhaupt mit Überlappung gemeint ist. Prinzipiell bieten sich zwei Alternativen zur Interpretation des Begriffs "Überlappung" an:

- *Tatsächliche Überlappung*:
  Ein Fragment überlappt tatsächlich mit einem Extent, wenn die Datenbank ein Datenobjekt enthält, das sowohl im Extent als auch im Fragment enthalten ist.

- *Potentielle Überlappung*:
  Ein Fragment überlappt potentiell mit einem Extent, wenn eine tatsächliche Überlappung möglich ist.

Der Extent *Personal_Erlangen* aus Abschnitt 7.2 weist beispielsweise eine tatsächliche Überlappung mit den Fragmenten *Personal11* und *Personal2* aus Abbildung 7.3 auf. Der Extent hat aber weder eine tatsächliche noch eine potentielle Überlappung mit den Fragmenten *Personal12* und *Personal13*. Als Beispiel für die potentielle Überlappung

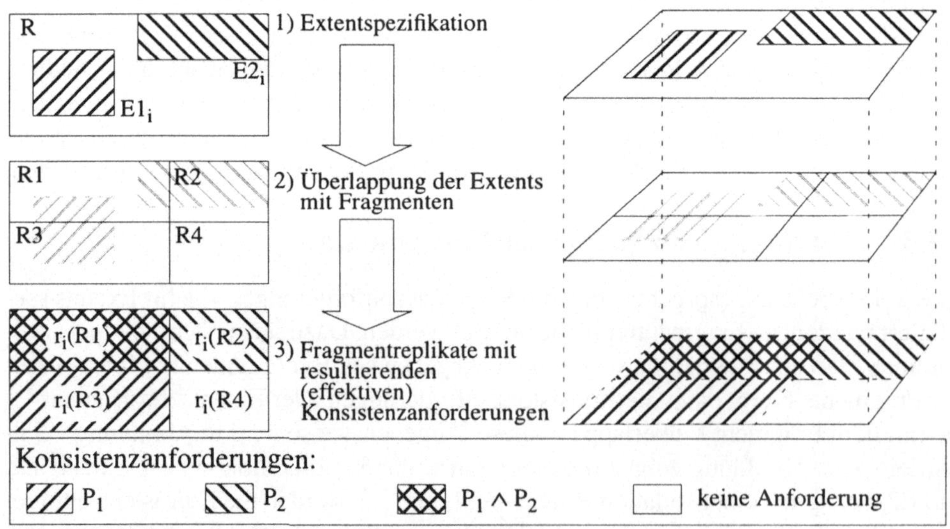

Abb. 7.5: Abbildung von Extents auf Fragmentreplikate

sei der nachfolgend aufgeführte Extent *Frauen* betrachtet, der ebenfalls aufbauend auf der Relation *Personal* aus Abbildung 7.1 definiert wurde:

```
DEFINE EXTENT        Frauen          AS
        SELECT       Name, Vorname
        FROM         Personal
        WHERE        Geschlecht="f"
PROPERTIES CONSISTENT ALWAYS
```

Durch diesen Extent wird spezifiziert, daß von der Relation *Personal* die Attribute *Name* und *Vorname* aller weiblichen Mitarbeiter auf dem entsprechenden Knoten immer aktuell gehalten werden sollen. Dieser Extent hat mit keinem der in Abbildung 7.3 spezifizierten Fragmente eine tatsächliche Überlappung. Der Extent überlappt jedoch potentiell mit dem Fragment *Personal2*.

Ziel der Abbildung von Konsistenzanforderungen auf Fragmente ist es, beim Zugriff auf ein Fragment unmittelbar anhand der Verwaltungsdaten, die mit dem Fragment abgespeichert werden, überprüfen zu können, ob die Konsistenzanforderungen, die momentan für dieses Fragment gelten, erfüllt sind oder nicht. Bildet man Extents nur auf tatsächlich überlappende Fragmente ab, so kann dieses Ziel nicht mehr erreicht werden, weil es dann auf der Extentebene Migrationen geben kann, die auf Fragmentebene nicht mehr wahrgenommen werden. Um das Problem zu verdeutlichen, wird erneut das obige Beispiel herangezogen. Angenommen die tatsächliche Überlappung wird zur Grundlage für die Abbildung von Extents auf Fragmente herangezogen. Dann erbt keines der Fragmente der Relation *Personal* die Konsistenzanforderungen für den Extent *Frauen*. Wird jedoch das Tupel *(008, IMMD6, Stein, Katrin, f)* in die Relation *Personal* eingetragen, so wird durch diese Modifikation eine tatsächliche Überlappung des Extents *Frauen* mit dem Fragment *Personal2* geschaffen, und die entsprechenden Konsistenzanforderungen werden an das gesamte Fragmentreplikat vererbt. Falls also die tatsächliche Überlappung für die Vererbung zugrunde gelegt würde, müßte bei jeder Modifikation an der Datenbank überprüft werden, ob sich die Konsistenzanforderungen der Fragmente verändern oder nicht. Ein solcher Zusatzaufwand bei der Bearbeitung von Änderungsoperationen sollte in jedem Fall ausgeschlossen werden.

Um die beschriebene Situation zu vermeiden, muß bei der Vererbung von Konsistenzanforderungen auf Fragmentreplikate die potentielle Überlappung zugrundegelegt werden. Das bedeutet, daß Konsistenzanforderungen, die an einen Extent E_i am Knoten L_i geknüpft sind, an alle Replikate von Fragmenten vererbt werden, die potentiell mit E_i überlappen. Im obigen Beispiel würde die Konsistenzanforderung für den Extent *Frauen* dann von vornherein an das Fragment *Personal2* vererbt werden. Eine Migration zwischen Extents kann dann nicht mehr zur Veränderung von Konsistenzanforderungen für Fragmente führen. Es kann allerdings nach wie vor vorkommen, daß eine Migration auf Fragmentebene stattfindet, das heißt, einzelne Tupel ändern ihre Fragmentzugehörigkeit. Wie dies gehandhabt wird, wird in Abschnitt 7.3.4 beschrieben.

Es bleibt zu klären, wie die Abbildung von Extents auf potentiell überlappende Fragmente durchzuführen ist. In [Hag95] wird dazu ein Algorithmus angegeben, der hier nur kurz skizziert werden soll. Faßt man die Beschreibung von Extents als deskriptive Anfrage auf, so ist die Frage nach den potentiell überlappenden Extents identisch mit der Frage nach den Fragmenten, die potentiell zur Berechnung der Anfrage benötigt werden. Die Abbildung von Extents auf Fragmente beruht somit auf dem Algorithmus zur Abbildung deskriptiver Anfragen an Relationen auf Anfragen an Fragmente. Die Menge aller potentiell überlappenden Fragmente wird nachfolgend auch als *"Fragmenthülle"* eines Extents bezeichnet. Analog wird auch von der Fragmenthülle von Anfragen, Allokationsbereichen, Views und Integritätsbereichen gesprochen. Die nachfolgend erklärte Bestimmung der Fragmenthülle von Extents ist somit übertragbar auf alle deskriptiv spezifizierten Datenbereiche.

Zunächst sind, wie bereits in Abschnitt 7.3.1 beschrieben, die Relationennamen im Operatorbaum des Extents durch den jeweils zugehörigen Rekonstruktionsbaum zu ersetzten, so daß ein Operatorbaum auf Fragmenten entsteht. Dieser Operatorbaum enthält noch alle Fragmente, die zu den jeweiligen Relationen gehören. Ziel ist es nun, diejenigen Fragmente zu eliminieren, die für den Extent irrelevant sind. Dazu werden folgende Beobachtungen ausgenutzt:

(1) Ein vertikales Fragment F ist irrelevant für einen Extent E, wenn es nur Attribute enthält, die nicht in E liegen und die auch nicht in Restriktions- oder Verbundprädikaten in der Extentspezifikation von E vorkommen.

(2) Ein horizontales Fragment F ist irrelevant für einen Extent E, wenn das Restriktionsprädikat von F durch Vergleich mit dem Restriktionsprädikat von E auf disjunkte Datenmengen schließen läßt.

Um die Eliminierung von Fragmenten in effizienter Weise vornehmen zu können, sind verschiedene Äquivalenzumformungen des Operatorbaumes erforderlich, die hier jedoch nicht mehr weiter erläutert werden. Eine detaillierte Beschreibung des Algorithmus zur Bestimmung von Fragmenthüllen findet sich in [Hag95].

7.3.4 Handhabung von Objektmigration auf Fragmentebene

Im vorangegangenen Abschnitt wurde durch die Abbildung von Extents auf alle potentiell überlappenden Fragmente ausgeschlossen, daß durch Migration auf der Extentebene Auswirkungen auf der Fragmentebene entstehen können. Eine Migration kann jedoch, wie in Abschnitt 7.3.2 gezeigt, auch auf der Fragmentebene vorkommen. Die Migration auf Fragmentebene soll nachfolgend kurz als *"Fragmentmigration"* bezeichnet werden. Gerät ein Tupel durch Fragmentmigration in ein anderes Fragment, so können sich dadurch die Konsistenzanforderungen an dieses Tupel verschärfen. Dies kann jedoch zu Problemen führen, wie nachfolgend verdeutlicht wird.

Um den allgemeinen Fall einer Fragmentmigration zu verdeutlichen, wird zunächst als Beispiel eine alternative Fragmentierung der Relation *Personal* aus Abbildung 7.1 angenommen. Eine naheliegende Aufteilung in disjunkte Fragmente könnte beispielsweise analog zur Spezifikation des Extents *Personal_Erlangen* (Abschnitt 7.2) die Relation *Personal* in solche Tupel aufteilen, die zum Standort *Erlangen* gehören (Fragment *P1*) und solche, die nicht zum Standort *Erlangen* gehören (Fragment *P2*). Die Fragmente *P1* und *P2* sind disjunkt und bilden zusammen das Fragmentierungsschema für die Relation *Personal*. Eine deskriptive Spezifikation der Fragmente *P1* und *P2* könnte folgendermaßen aussehen:

DEFINE FRAGMENT P1 AS
   SELECT   *PNR, Personal.ANR, Name, Vorname*
   FROM   *Personal, Abteilung*
   WHERE   *Personal.ANR = Abteilung.ANR*
        AND Abteilung.Ort = "Erlangen"

DEFINE FRAGMENT P2 AS
   SELECT   *PNR, Personal.ANR, Name, Vorname*
   FROM   *Personal, Abteilung*
   WHERE   *Personal.ANR = Abteilung.ANR*
        AND Abteilung.Ort <> "Erlangen"

Fragmentmigrationen können nur durch Modifikationen ausgelöst werden. Im allgemeinen Fall ist bei einer Fragmentmigration das Tupel, das die Migration auslöst (modifiziertes Tupel), von dem migrierenden Tupel zu unterscheiden. Als Beispiel sei angenommen, der Abteilungsort für die Abteilung *MI5* wird von *London* auf *Erlangen* geändert. Dadurch migriert bei der oben angegebenen Fragmentierung das Tupel mit der Personalnummer *007* aus dem Fragment *P2* in das Fragment *P1*. Das modifizierte Tupel befindet sich somit in der Relation *Abteilung*; das migrierende Tupel befindet sich aber in der Relation *Personal*. Wie in diesem Beispiel, sind immer zwei Fragmente an einer Migration beteiligt: Das migrierende Tupel verläßt das Fragment *P2* und kommt zum Fragment *P1* dazu. Angenommen, an einem Knoten L_i sind nun die Fragmentreplikate $r_i(P1)$ und $r_i(P2)$ allokiert. Falls die Konsistenzanforderungen für $r_i(P1)$ strenger als die Anforderungen an $r_i(P2)$ sind, kann es vorkommen, daß das migrierende Tupel die Konsistenzanforderungen für $r_i(P1)$ am Knoten L_i nicht erfüllt. Durch die Fragmentmigration wird also möglicherweise eine Aktualisierung des migrierenden Tupels am Knoten L_i erforderlich.

Der beschriebene Seiteneffekt führt dazu, daß bei jeder Modifikation das gesamte Fragmentierungsschema überprüft werden muß, damit Fragmentmigrationen erkannt und Seiteneffekte behandelt werden können. Um dies zu vermeiden wird daher vorgeschlagen, die Spezifikation des Fragmentierungsschemas so einzuschränken, daß nur noch Daten aus den modifizierten Fragmenten selbst migrieren können. Das wird dadurch erreicht, daß die Fragmentierung auf *"kompakte Fragmente"* beschränkt wird.

Definition 7.2: Kompaktes Fragment.
Ein Fragment F ist kompakt, wenn im Fragmentierungsprädikat für F nur Attribute vorkommen, die auch in F enthalten sind.

Alle Fragmente aus dem Beispiel aus Abbildung 7.3 sind kompakte Fragmente. Dennoch wird durch die Beschränkung auf kompakte Fragmente die Flexibilität und die Anpaßbarkeit des Fragmentierungsschemas eingeschränkt. Kommt beispielsweise im Fragmentierungsbaum eine Selektion vor, so kann weiter unten im Baum keine Projektion mehr vorkommen, weil alle entstehenden Fragmente die Attribute, die an der Selektionsbedingung beteiligt sind, enthalten müßten. Das ist jedoch nicht möglich, weil die Fragmente disjunkt sein müssen. Der Fragmentierungsbaum einer Relation kann somit nur an der Wurzel Projektionen enthalten, wenn kompakte Fragmente erzeugt werden sollen.

Es bleibt die Frage zu klären, wie Fragmentmigrationen erkannt werden können. Auf eine ausführliche Erläuterung eines entsprechenden Algorithmus wird an dieser Stelle mit dem Hinweis auf die Ausführungen in [Hag95] verzichtet. Es ist jedoch unmittelbar ersichtlich, daß aufgrund der Beschränkung auf kompakte Fragmente eine Migration unmittelbar an den geänderten Daten durch Vergleich mit dem Fragmentierungsprädikat des modifizierten Fragments erkannt werden kann.

7.3.5   Optimierung des Fragmentierungsschemas

Die Abbildung von Extents auf Fragmente gemäß Abbildung 7.5 macht deutlich, daß bei ungünstiger Festlegung der Fragmentierung eine erhebliche Verschärfung der effektiven Konsistenzanforderungen und damit eine schlechtere Ausnutzung der *ASPECT*-Spezifikation zu erwarten ist. Das Fragmentierungsschema kann unter Berücksichtigung der Einschränkungen bezüglich der Fragmentspezifikation optimiert werden, indem es möglichst gut an die gegebenen Extentspezifikationen angepaßt wird. Dies soll wieder anhand eines Beispiels verdeutlicht werden. Ausgangspunkt ist das Beispiel aus Abbildung 7.5, in dem zwei Extents $E1_i$ und $E2_i$ auf ein Fragmentierungsschema mit vier Fragmenten abgebildet wurde. Durch Überlappung hat sich für die Fragmente eine Verschärfung der Konsistenzanforderungen ergeben. In Abbildung 7.6 wird auf der Basis der gleichen vorgegebenen Extents eine Optimierung des Fragmentierungsschemas gezeigt, welche die Aufteilung in vier Fragmente beibehält. Durch die Optimierung werden nunmehr an zwei Fragmentreplikate überhaupt keine Anforderungen mehr vererbt. Außerdem gibt es kein Fragmentreplikat mehr, das von beiden Extents Konsistenzanforderungen erbt. Es zeigt sich also, daß durch Anpassung an die Extentspezifikation eine erhebliche Verbesserung erzielt werden kann.

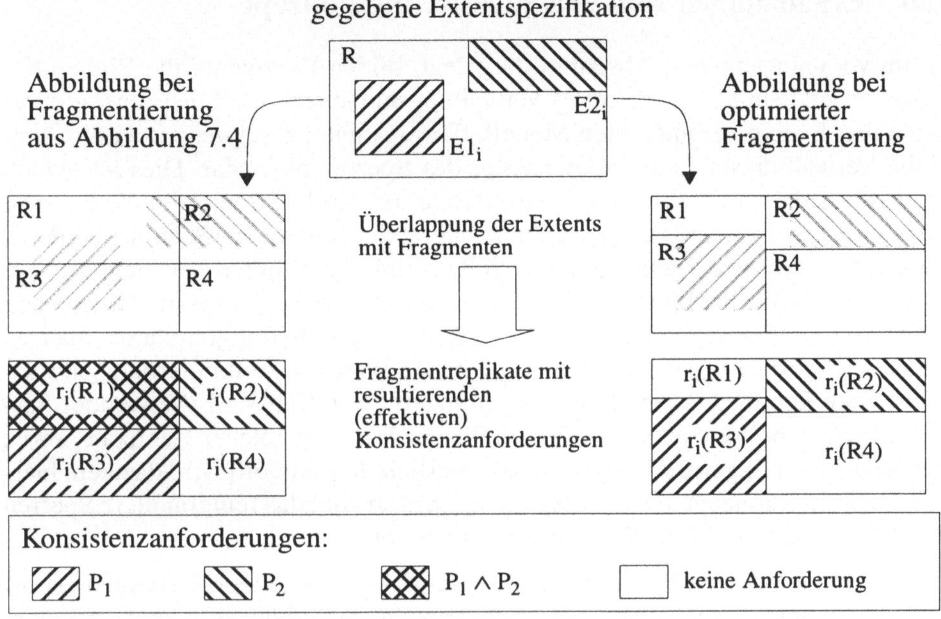

Abb. 7.6: Optimierung des Fragmentierungsschemas

Allgemein ist bei der Spezifikation eines globalen Fragmentierungsschemas folgendes zu berücksichtigen:

- Zur Optimierung der Fragmentierung sollte die Gesamtheit aller Allokationsbereiche, Integritätsbereiche und Extents mit berücksichtigt werden. Dabei ist die Fragmentierung so zu gestalten, daß ein Fragment von möglichst wenigen Extents Konsistenzanforderungen erbt und daß Fragmente, die strenge Anforderungen erben, möglichst klein gehalten werden.

- Zur Vermeidung von Seiteneffekten sollte sich die Spezifikation des Fragmentierungsschemas auf kompakte Fragmente beschränken.

- Um den Verwaltungsaufwand zu reduzieren, sollte die Zahl der Fragmente möglichst gering gehalten werden.

Es ergibt sich also ein Zielkonflikt bezüglich der Minimierung des Verwaltungsaufwands gegenüber der optimalen Anpassung an die Extentspezifikationen. Bei der Optimierung des Fragmentierungsschemas ist bezüglich dieses Zielkonfliktes eine Kompromißlösung zu finden. In [Rin95] wird ein Verfahren beschrieben, das es erlaubt eine dynamische Anpassung des Fragmentierungsschemas an veränderte Anforderungen vorzunehmen, ohne das gesamte verteilte System zu blockieren. Die Grundidee besteht darin, schrittweise vorzugehen, wobei jeweils zwei benachbarte Fragmente, die den selben Vorgänger im Fragmentierungsbaum haben, exklusiv gesperrt werden, um die Grenze zwischen den Fragmenten verschieben zu können.

7.3.6   Ergänzungen zum Fragmentierungskonzept

Wie im vorangegangenen Abschnitt dargelegt, bilden Fragmente die Einheit der Allokation und stellen gleichzeitig Verwaltungseinheiten für Konsistenzanforderungen dar. In dem vereinfachten Modell, das in Kapitel 6 verwendet wurde, stellen die Verwaltungseinheiten gleichzeitig das Sperrgranulat dar. Dies ist jedoch streng genommen nicht unbedingt erforderlich. Ein grobes Sperrgranulat kann zu einer unnötigen Einschränkung der Nebenläufigkeit führen. In [Sch96b] wird untersucht, welche Voraussetzungen zu erfüllen sind, damit unter Beibehaltung von Fragmenten als Verwaltungseinheit trotzdem auf Tupelebene gesperrt werden kann (feingranulares Sperren). Dabei stellt sich heraus, daß feingranulares Sperren durchaus möglich ist, jedoch für die synchrone Wartung kontinuierlich schwach konsistenter Replikate besondere Vorkehrungen zu treffen sind. Verwendet man die in dieser Arbeit vorgestellten Protokolle zur Wartung solcher Replikate, so ist jeweils das Sperren ganzer Fragmente erforderlich. In [Sch96b] wird dazu ein hierarchisches Sperrkonzept vorgeschlagen, welches sowohl das feingranulare Sperren als auch das Sperren ganzer Fragmente ermöglicht.

Auf weiterführende Ausführungen zur Handhabung von Integritätsbereichen auf der Basis fragmentierter Relationen wurde verzichtet, weil die zu diesem Zweck in Kapitel 6 vorgestellten Verfahren ohne weiteres auf die hier dargestellte Situation übertragbar sind. Dadurch, daß Sperrgranulat und Verwaltungseinheit unterschieden werden, ergeben sich allerdings weitere Optimierungsmöglichkeiten bei der Sicherung von Integritätsbereichen. Die Grundlage dieser Optimierung besteht in der Ausnutzung kommutativer Transaktionen. Zwei Transaktionen T_1 und T_2, die das gleiche Fragment F modifizieren, erzeugen verschiedene Versionen für dieses Fragment. Die Verfahren, die in Kapitel 6 besprochen wurden, gehen alle davon aus, daß die Transaktionen T_1 und T_2 in der Reihenfolge der erzeugten Versionsordnung auf schwach konsistenten Replikaten nachvollzogen werden müssen. Falls T_1 und T_2 jedoch unterschiedliche Tupel in F modifiziert haben, so konfligieren T_1 und T_2 gar nicht und können in beliebiger Reihenfolge auf schwach konsistenten Fragmentreplikaten eingebracht werden. Für Einzelheiten zu Verfahren zur Integritätssicherung, die diese Kommutativität ausnutzen, wird wiederum auf [Sch96b] verwiesen.

7.4 Kompromißlösungen

Die Abbildung der extentorientierten Konsistenzspezifikation auf disjunkte Fragmente hat gezeigt, daß sich die Umsetzung sämtlicher in Kapitel 6 vorgestellten Alternativen zur Konsistenzspezifikation im Rahmen eines integrierten Konzepts als äußerst schwierig erweist. Um die Nebenläufigkeit nicht zu sehr einzuschränken, gilt es, ein möglichst feines Sperrgranulat zu wählen. Da die *synchrone* Wartung *kontinuierlich schwach konsistenter* Fragmentreplikate das Sperren ganzer Fragmente erfordert, wird vorgeschlagen, auf solche Konsistenzanforderungen zu verzichten, sofern dann auf Tupelebene gesperrt werden kann.

Die komplexe Abbildung von Allokationsbereichen und Extentspezifikationen auf ein entsprechend zu optimierendes globales Fragmentierungsschema macht die Implementierung eines entsprechenden verteilten Datenverwaltungssystems äußerst aufwendig. Eine erhebliche Vereinfachung der Implementierung ergibt sich, wenn das Fragmentierungsschema vorgegeben wird und Allokationsbereiche und Konsistenzanforderungen direkt an die gegebenen Fragmente gekoppelt werden. Das bedeutet, daß auf Extents verzichtet wird und Konsistenzanforderungen direkt für bestehende Fragmente spezifiziert werden. Der Allokationsbereich eines Knotens wird durch einfaches Aufzählen der zu allokierenden Fragmente definiert. Diese Vorgehensweise bringt allerdings die folgenden Nachteile mit sich:

- Die Spezifikation von Konsistenzanforderungen wird vom Fragmentierungsschema abhängig. Eine Veränderung des Fragmentierungsschemas muß somit immer mit einer entsprechenden Anpassung der Konsistenzanforderungen einhergehen. Eine Optimierung der Fragmentierung bei veränderten Anforderungen an einzelnen Knoten hat damit immer globale Auswirkungen auf allen Knoten.

- Die Spezifikation von Konsistenzanforderungen erfolgt nicht mehr vollständig anwendungslokal, sondern ist vom globalen Fragmentierungsschema abhängig.

Eine weitere Vereinfachung der Implementierung ergibt sich, wenn auch auf die Fragmentierung vollständig verzichtet wird. Konsistenzanforderungen können dann nur noch an ganze Relationen geknüpft werden. Allokationsbereiche werden spezifiziert, indem die an einem Knoten zu allokierenden Relationen einfach aufgezählt werden. Diese Vorgehensweise hat natürlich den Nachteil, daß das Spezifikationsgranulat sehr groß ist, was zu einer erheblichen Verschärfung von Konsistenzanforderungen führen kann. Es besteht aber immerhin noch die Möglichkeit, globale Optimierungen vorzunehmen, indem das Relationenschema den Anwendungsanforderungen angepaßt wird. Sehr große Relationen können beispielsweise bereits im Relationenschema auf mehrere kleine Relationen aufgeteilt werden. Dies bringt allerdings wiederum weitere Nachteile mit sich:

- Die Aufteilung großer Relationen in mehrere kleine Relationen macht unter Umständen eine entsprechende Modifikation bestehender Anwendungsprogramme erforderlich.

- Optimierungen aufgrund veränderter Anforderungen lassen sich nur sehr schlecht vornehmen. Eine Anpassung des Relationenschemas hätte gegebenenfalls eine entsprechende Modifikation aller Anwendungsprogramme zur Folge.

Die Vorteile, die durch den Verzicht auf die Fragmentierung erreicht werden, sind dagegen:

- Mit vergleichsweise geringem Implementierungsaufwand kann in kurzer Zeit ein lauffähiges adaptives verteiltes Datenverwaltungssystem aufbauend auf bestehenden relationalen Datenbanksystemen implementiert werden.
- Die Konsistenzspezifikation kann allein aufgrund des konzeptionellen Schemas (Relationenschema) vollständig anwendungslokal erfolgen.

Durch das Weglassen der automatischen Abbildung von Extents auf Fragmente wird die Implementierung eines auf *ASPECT* basierenden verteilten Datenverwaltungssystems erheblich vereinfacht. Anderseits wird dadurch lediglich die ohnehin erforderliche Abbildung der Anwendungserfordernisse auf disjunkte Verwaltungseinheiten in den Zuständigkeitsbereich der Anwender verlagert.

Im nachfolgenden Kapitel wird aufbauend auf den Ausführungen in diesem Kapitel ein Konzept zur Implementierung eines adaptiven verteilten Datenverwaltungssystems auf der Basis des Relationenmodells vorgeschlagen. Dieses Konzept bildet auch die Grundlage einer prototypischen Implementierung, bei der, wie beschrieben, auf die Fragmentierung verzichtet wurde.

8 Implementierungsaspekte

In Kapitel 6 wurde eine Vielfalt von Protokollen zur Sicherstellung von *ASPECT*-Spezifikationen beschrieben. Bei einer konkreten Implementierung sind dementsprechend eine ganze Reihe von Designentscheidungen zu treffen, die sich auf die Adaptierbarkeit und die Leistungsmerkmale des verteilten Datenverwaltungssystems auswirken können. Prinzipiell ist es zwar auch möglich, ein verteiltes DVS so parametrierbar zu gestalten, daß die in einer konkreten Installation zu verwendenden Protokolle für die Sicherstellung bestimmter Konsistenzanforderungen konfigurierbar sind, dies wirkt sich jedoch in der Regel nachteilig auf die Handhabbarkeit des Systems aus und erhöht natürlich den Implementierungsaufwand beträchtlich. Nicht nur bezüglich der zu implementierenden Protokolle, sondern auch bezüglich der spezifizierbaren Konsistenzanforderungen, sind Designentscheidungen zu treffen. Die spezifizierbaren Konsistenzanforderungen werden beim Entwurf der Spezifikationssprache festgelegt ([Che95]). Da die Spezifikationssprache hier nicht näher behandelt wird, wird davon ausgegangen, daß alle in Kapitel 5 beschriebenen Konsistenzanforderungen spezifizierbar sind.

In diesem Kapitel wird eine Systemarchitektur für ein auf *ASPECT* basierendes verteiltes Datenbanksystem vorgeschlagen. In Abschnitt 8.1 wird zunächst, ausgehend von allgemeinen Anforderungen, die Systemarchitektur einer DBVS-Instanz vorgestellt. Dabei wird versucht, die angesprochenen Designentscheidungen soweit wie möglich offen zu lassen. Die Komponenten des DBVS eines Rechnerknotens sind so ausgelegt, daß eine möglichst große Vielfalt von Konsistenzanforderungen sichergestellt werden kann. Darauf aufbauend wird in Abschnitt 8.2 eine prototypische Implementierung beschrieben. Da für die Implementierung eines Prototyps keine Neuimplementierung eines kompletten verteilten Datenbanksystems in Frage kam, wurde eine Zusatzebenenarchitektur gewählt, die auf dem relationalen Datenbanksystem Informix aufbaut. Auf die Abbildung von Relationen auf Fragmente wurde bei der Implementierung des Prototyps verzichtet, um den Implementierungsaufwand in Grenzen zu halten. Im Prototyp werden Konsistenzanforderungen somit an ganze Relationen geknüpft. Darüber hinaus wurde im Rahmen der prototypischen Implementierung auch auf die synchrone Wartung kontinuierlich schwacher Konsistenzanforderungen verzichtet. Eine Beschreibung der Konsistenzanforderungen, die auf der Basis des Prototyps sichergestellt werden können, findet sich am Ende des Kapitels (Abschnitt 8.2.6).

8.1 Konzeptionelle Überlegungen zur Systemarchitektur

In diesem Abschnitt wird zunächst kurz auf die wesentlichen Zielsetzungen eingegangen, die beim Entwurf der Systemarchitektur zugrundegelegt wurden. Die Basis für die aufgeführten Ziele bilden die allgemeinen Anforderungen an dezentrale Datenverwaltungssysteme, wie sie in Kapitel 1 und Kapitel 2 diskutiert wurden. Anschließend wird in Abschnitt 8.1.2 ein Überblick über die Gesamtarchitektur gegeben. Schließlich werden die einzelnen Systemkomponenten im Detail vorgestellt. Der Abschnitt schließt mit einer kurzen Betrachtung möglicher konzeptioneller Erweiterungen, die über das bislang vorgestellte *ASPECT*-Konzept hinausgehen.

8.1.1   Anforderungen

Die Forderung nach Anpaßbarkeit an die Erfordernisse der Anwendungsumgebung bezieht sich nicht nur auf die Anpassung der Datenverteilung und der Datenkonsistenz, sondern auch auf die Anpassung der Systemarchitektur an eine sich dynamisch verändernde Anwendungsumgebung. Daraus erwachsen folgende Anforderungen, die beim Entwurf einer Systemarchitektur zu berücksichtigen sind:

- *Skalierbarkeit*:
  Die Struktur des verteilten Datenverwaltungssystems sollte dynamisch an die Organisationsstruktur eines Unternehmens angepaßt werden können. Das bedeutet, daß es jederzeit möglich sein sollte, einzelne DBVS-Instanzen hinzuzufügen oder zu entfernen. Dies sollte nach Möglichkeit in einer Weise geschehen, die den laufenden Betrieb des verteilten Datenverwaltungssystems nicht beeinträchtigt.

- *Autonomiefähigkeit*:
  Einzelne DBVS-Instanzen sollten bei Bedarf aus der Kontrolle des verteilten Systems entlassen und autonom betrieben werden können. Mit dieser Forderung wird den Autonomieanforderungen, die sich aus der dynamischen Organisationsstruktur von Unternehmen ergeben, Rechnung getragen.

- *Erweiterbarkeit*:
  Die Forderung nach Erweiterbarkeit besagt, daß die Datenbankfunktionalität der DBVS-Instanzen möglichst leicht durch neue Funktionen ergänzbar sein soll. Der Schlüssel zur Erreichung der Erweiterbarkeit ist eine modulare Implementierung, die nachfolgend als selbstverständlich vorausgesetzt wird.

Als Grobarchitektur eines verteilten adaptiven Datenverwaltungssystems wird gemäß der Klassifikation aus Abschnitt 2.1 ein SN-System unterstellt, dessen DBVS-Instanzen gemäß der in Kapitel 6 vorgestellten Mechanismen kooperieren. In den nachfolgenden Abschnitten wird die Architektur einer solchen DBVS-Instanz unter Berücksichtigung der genannten Anforderungen genauer untersucht. Zuvor sollen jedoch noch einige Voraussetzungen erläutert werden, die zum Verständnis der nachfolgenden Ausführungen wichtig sind.

Eine entscheidende Frage beim Entwurf eines verteilten Datenverwaltungssystems betrifft die Gestaltung der Katalogverwaltung. Die Entscheidungen, die hier getroffen werden, wirken sich sehr stark auf die Erreichbarkeit der beschriebenen Ziele aus. Alternativen, die sich dazu prinzipiell anbieten, wurden bereits in Abschnitt 2.2.3 diskutiert. Um eine geeignete Katalogverwaltung für ein auf *ASPECT* basiertes verteiltes Datenverwaltungssystem zu finden, ist es erforderlich, zu untersuchen, welche Metadaten in einem solchen System anfallen und welche Zugriffsanforderungen für diese Metadaten zu erfüllen sind. Es bietet sich an, durch die ohnehin zu implementierenden Mechanismen zur anwendungsspezifischen Datenbereitstellung, auch den Zugriff auf die Metadaten zu optimieren. In [Rin95] wird untersucht, welche Metadaten in einem auf *ASPECT* basierenden, verteilten und adaptiven Datenverwaltungssystem anfallen und wie diese Daten in geeigneter Weise zu verteilen sind. Nachfolgend wird davon ausgegangen, daß die Daten bezüglich der knotenlokalen Konsistenzanforderungen am jeweiligen Knoten bekannt sind. Allokations- und Fragmentierungsschema sind global bekannt zu machen. Die Daten aus dem Fragmentierungsschema, welche die Fragmente beschreiben, die im Allokationsbereich eines Knotens liegen, müssen am jeweiligen Knoten maximal konsistent gehalten werden. Für alle anderen Daten aus Allokations- und Fragmentierungsschema genügen möglicherweise auch veraltete Replikate, die asynchron aktualisiert werden können. Die Forderungen, die bezüglich des Fragmentierungsschemas und des Allokationsschemas genannt wurden, gelten auch für das konzeptionelle Schema (Relationenschema): Nur die Beschreibungen der Relationen, von denen tatsächlich Fragmente an einem Knoten allokiert sind, müssen auch an diesem Knoten maximal konsistent gehalten werden. Für weitere Ausführungen zur Metadatenverteilung wird auf [Rin95] verwiesen. Die Metadaten, die im Rahmen der Protokolle zur Verwaltung schwach konsistenter Replikate zusätzlich anfallen (z.B. Strukturlisten und Konsistenzketten), werden gemäß den Ausführungen in Kapitel 6 verteilt.

In den nachfolgenden Ausführungen soll zunächst davon ausgegangen werden, daß mit der Spezifikation von knotenlokalen Allokationsbereichen alle Daten festgeschrieben werden, die an dem jeweiligen Knoten zugreifbar sein sollen. Das bedeutet, daß ein Datenzugriff immer lokal stattfinden kann, sofern die Daten in der jeweils geforderten Aktualität und Konsistenz zur Verfügung stehen. Bei Änderungsoperationen ist gegebenenfalls eine Synchronisation mit anderen Knoten erforderlich. In Abschnitt 6.7.2 wurde festgestellt, daß es besonders bei strengen Konsistenzanforderungen nicht immer sinnvoll ist, Daten repliziert zu halten. Auf entsprechende konzeptionelle Erweiterungen, die dieser Feststellung gerecht werden, wird in Abschnitt 8.1.3 nochmals eingegangen. Vorerst wird jedoch davon ausgegangen, daß alle Daten, die an einem bestimmten Knoten benötigt werden, an diesem Knoten auch lokal zur Verfügung gestellt werden.

8.1.2   Aufbau einer DBVS-Instanz

Um den Anforderungen nach Autonomiefähigkeit und Skalierbarkeit gerecht werden zu können, wird vorgeschlagen, die Systemkomponenten einer DBVS-Instanz, die für die lokale Anfragebearbeitung zuständig sind, konzeptionell von solchen Komponenten zu trennen, die für die Koordination mit anderen DBVS-Instanzen zuständig sind. Entsprechend ist eine DBVS-Instanz, nachfolgend auch als *ASPECT*-Knoten bezeichnet, in *lokale* und *globale Systemkomponenten* aufzuteilen. Die lokale Anfragebearbeitung sollte vollständig ohne die globalen Systemkomponenten auskommen, so daß bei einer Abkopplung eines *ASPECT*-Knotens eine autonome lokale Anfragebearbeitung möglich ist. In Abbildung 8.1 wird eine Übersicht über die lokalen und globalen Systemkomponenten einer DBVS-Instanz gegeben. Zu den lokalen Komponenten gehören der Transaktionsmanager, der Fragmentmanager, der Scheduler, die Sperrverwaltung und der lokale Ressourcenmanager, der für die Abspeicherung der an dem betreffenden Knoten zu haltenden Daten verantwortlich ist. Die globalen Komponenten sind der Konsistenzmanager und die verteilte Ereigniskomponente. Der Konsistenzmanager ist gemäß der ihm zugeteilten Aufgaben weiter unterteilt in eine Konsistenzinselverwaltung, einen Kohärenzmanager sowie eine Komponente zur Integritätskontrolle. Die Aufgaben der verschiedenen Komponenten werden im einzelnen kurz erläutert.

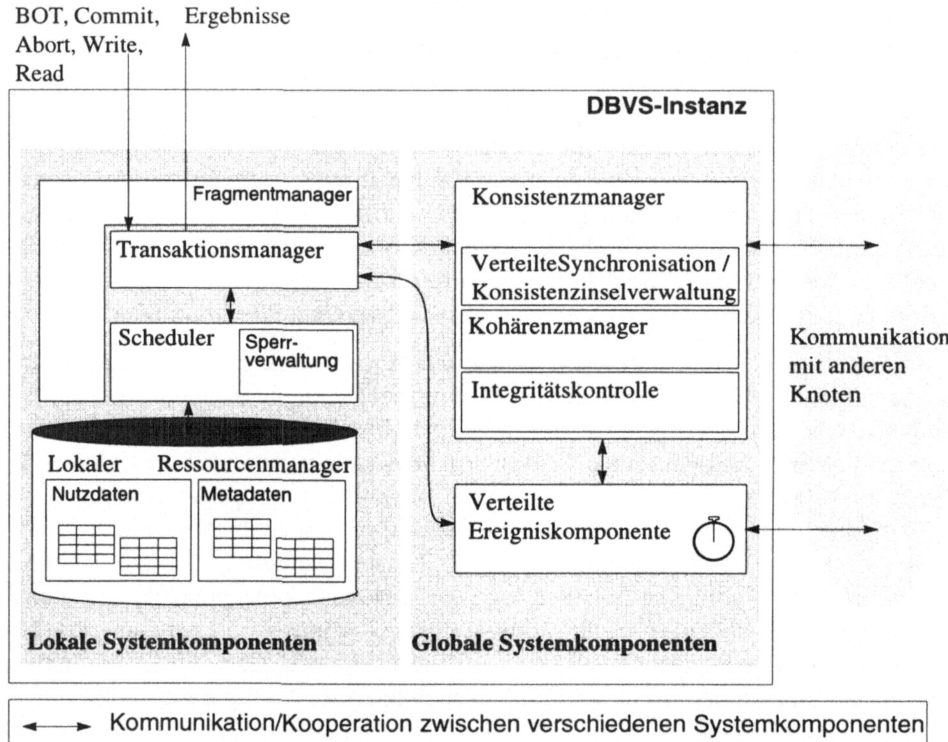

Abb. 8.1: Systemarchitektur einer DBVS-Instanz

Transaktionsmanager

Der Transaktionsmanager stellt die Schnittstelle zur transaktionalen Datenverarbeitung zur Verfügung. Im Rahmen dieser Schnittstelle werden insbesondere die transaktionalen Operationen BOT (*"Begin of Transaction"*), Commit und Abort, mit denen die Transaktionsgrenzen festgelegt werden können, zur Verfügung gestellt. Desweiteren nimmt der Transaktionsmanager Lese- und Schreiboperationen entgegen. Eine wichtige Aufgabe des Transaktionsmanagers ist die Vergabe von Transaktionskennungen (TrID) im Rahmen der Operation BOT. Bei jeder Lese- und Schreiboperation ist die zugehörige Transaktionskennung mit anzugeben, damit die Operation einer Transaktion zugeordnet werden kann. Eine Transaktionskennung muß systemweit eindeutig sein. Daher wird einer lokal eindeutigen Transaktionskennung im Falle einer verteilten Transaktion die Knotennummer des jeweiligen Knotens angeheftet, an dem die Transaktion initiiert wurde. Erhält der Transaktionsmanager eine Anfrage, die mit einer fremden TrID gekennzeichnet ist, so wird daran erkannt, daß die Freigabe der lokalen Teiltransaktion mit dem betreffenden Knoten, der in der TrID vermerkt ist, koordiniert werden muß. Aufgrund der Zweiteilung in lokale und globale Komponenten tritt der Transaktionsmanager die Abwicklung der Koordination verteilter Transaktionen an den Konsistenzmanager ab. Aus Sicht des Transaktionsmanagers genügt es daher, beim Erkennen einer verteilten Transaktion, eine entsprechende Kooperation mit dem Konsistenzmanager einzugehen.

Fragmentmanager

Lese- und Schreiboperationen werden vom Anwendungsprogramm in Form von deskriptiven Anfragen abgesetzt. Diese Anfragen müssen übersetzt und optimiert werden, so daß, gemäß der Ausführungen aus Kapitel 7, Anfragen auf Fragmente abgebildet werden. Dies ist die Aufgabe des Fragmentmanagers, der eng mit dem Transaktionsmanager zusammenarbeitet. Auf die Anfragetransformation und Optimierung wird an dieser Stelle nicht weiter eingegangen. Dazu wird auf die entsprechende Fachliteratur verwiesen ([CP85], [ÖV91]). Zu erwähnen ist jedoch, daß der Fragmentmanager hier nun zusätzlich die Aufgabe hat, Fragmentmigrationen frühzeitig zu erkennen. Gegebenenfalls sind geeignete Maßnahmen zu ergreifen, um die in Kapitel 7 geschilderten Seiteneffekte zu vermeiden.

Scheduler

Die Aufgabe des Schedulers ist die knotenlokale Nebenläufigkeitskontrolle. Der Transaktionsmanager sendet Sperranforderungen an den Scheduler. Dieser überprüft mit Hilfe der Sperrverwaltung, ob die jeweils geforderte Sperre gewährt werden kann oder nicht. Neben den üblicherweise bereitzustellenden Sperrtypen (S-Sperre und X-Sperre) muß die Sperrverwaltung auch die in Abschnitt 6.1.2 vorgestellten zusätzlichen Sperrtypen (L-Sperre, C-Sperre, RR-Sperre) verwalten können. Da alle diese Sperren jeweils an Transaktionen gebunden werden, muß der Transaktionsmanager auch für jede dieser Sperren jeweils eine systeminterne Operation anbieten, die bei Bedarf von den globalen Systemkomponenten aufgerufen werden kann. Bei jeder Sperranforderung hat der Scheduler prinzipiell drei Entscheidungsmöglichkeiten:

- *Sofortige Gewährung*:
  Falls kein Konflikt vorliegt, kann die Sperre sofort gewährt werden. Nur wenn eine entsprechende Sperre gewährt ist, ist der Zugriff auf den Ressourcenmanager erlaubt.

- *Verzögerung*:
  Falls ein Konflikt vorliegt, wird die Anforderung in eine Warteschlange eingereiht. Die Gewährung der Sperre wird verzögert bis kein Konflikt mehr vorliegt.
- *Verweigerung*:
  Der Scheduler hat in bestimmten Fällen auch das Recht, eine Sperre zu verweigern. Das hat dann zur Folge, daß die betreffende Transaktion zurückgesetzt werden muß.

Auf der Basis dieser Entscheidungsmöglichkeiten hat der Scheduler für serialisierbare Historien zu sorgen. In diesem Zusammenhang ist der Scheduler auch für die Handhabung von Verklemmungen zuständig. Hier soll angenommen werden, daß Verklemmungen mit Hilfe von Timeouts aufgelöst werden (Abschnitt 2.5.4). Ausführliche Beschreibungen des Schedulers finden sich in [BHG87], [GR93] und [Rin95].

Über die üblichen Aufgaben von Scheduler und Transaktionsmanager hinaus, müssen diese Komponenten im vorliegenden Fall eine zusätzliche Funktionalität anbieten, durch welche die Arbeit der globalen Systemkomponenten unterstützt werden kann. Es handelt sich um das Setzen einer Ungültigkeitsmarkierung für Fragmente. Dies ist eine besondere Operation, die der Transaktionsmanager an einer systeminternen Schnittstelle zur Verfügung stellt. Die Operation wird an den Scheduler weitergegeben und kann dort wie eine normale Sperranforderung behandelt werden. In der Sperrverwaltung ist eine entsprechende *Ungültigkeitssperre* einzufügen. Die Besonderheit der Ungültigkeitssperre ist, daß es keine Sperre im eigentlichen Sinn ist, weil sie von keiner Transaktion gehalten wird. Es ist vielmehr eine systeminterne Markierung, die gesetzt wird und bei Bedarf wieder gelöscht wird. Eine Änderungssperre hebt beispielsweise eine Ungültigkeitssperre sofort auf, sofern die Änderungsoperation freigegeben wird. Weiterhin muß es mit Hilfe einer entsprechenden Operation möglich sein, eine Ungültigkeitssperre explizit zu löschen. Dies ist beispielsweise erforderlich, wenn ein Replikat deswegen wieder gültig wird, weil sich die Konsistenzanforderungen für das Replikat abgeschwächt haben.

Um den Datenbankanwendungen eine flexible Reaktion auf ungültige Replikate zu ermöglichen, muß die Kompatibilität von Lesesperren mit Ungültigkeitssperren konfigurierbar sein. Das unbedingte Unterbinden von Zugriffen auf ungültige Replikate ist zu restriktiv, da einer Datenbankanwendung die Entscheidung, ob der Zugriff auf ein ungültiges Replikat toleriert werden kann, selbst überlassen bleiben sollte.

Ressourcenmanager

Die Aufgabe des Ressourcenmanagers (RM) ist die Abbildung sämtlicher abzuspeichernder Daten auf persistente Speichermedien. Damit fällt sowohl die Verwaltung der Nutzdaten als auch die Verwaltung der Metadaten in den Aufgabenbereich des Ressourcenmanagers. Der Ressourcenmanager übernimmt darüber hinaus die knotenlokale Recovery. Auf weitere Ausführungen zum Ressourcenmanager wird verzichtet, weil dieser nur knotenlokale Aufgaben zu bewältigen hat, die im hier zu diskutierenden Zusammenhang nebensächlich sind. Zur Vertiefung der Implementierung eines Ressourcenmanagers wird [GR93] empfohlen.

Konsistenzmanager

Der Konsistenzmanager ist eine globale Systemkomponente, welche die Koordination verteilter Transaktionen übernimmt. Dazu muß der Konsistenzmanager über den lokalen Transaktionsmanager Subtransaktionen durchführen, deren Freigabe mit den Konsistenzmanagern anderer DBVS-Instanzen zu koordinieren ist. Im wesentlichen hat der Konsistenzmanager drei verschiedene Aufgaben zu erfüllen, die von entsprechenden untergeordneten Systemkomponenten übernommen werden. Diese Komponenten sind die *Konsistenzinselverwaltung*, der *Kohärenzmanager* und die *Integritätssicherung*. Die Aufgaben dieser Komponenten werden nachfolgend im einzelnen aufgeführt. Die genannten Komponenten sind hauptsächlich für die konsistente Wartung der knotenlokalen Replikate zuständig.

Zusätzlich zur Koordination der untergeordneten Systemkomponenten und der Verteilung von Aufgaben zur Wartung der knotenlokalen Replikate, erfüllt der Konsistenzmanager auch Dienstleistungen, die gegenüber anderen DBVS-Instanzen zu erbringen sind. So kann der Konsistenzmanager beispielsweise Aktualisierungsanfragen für bestimmte Fragmente von anderen Knoten erhalten. Falls eine solche Anfrage behandelt werden muß, ist zunächst zu überprüfen, ob sich das betreffende lokale Fragmentreplikat in der Konsistenzinsel befindet, was bei der Konsistenzinselverwaltung zu erfragen ist. Ist das Replikat in der Konsistenzinsel enthalten, so ist eine knotenlokale Teiltransaktion zu starten, in welche die zur Aktualisierung des anfragenden Replikats erforderlichen Datenbankoperationen einzubetten sind. Dazu wird über den Transaktionsmanager die erforderliche RR-Sperre erworben, und das Versenden der Aktualisierungsnachricht wird, gemäß den Ausführungen aus Abschnitt 6.3.1, veranlaßt.

Konsistenzinselverwaltung

Die Konsistenzinselverwaltung ist in erster Linie für die synchrone Durchführung und Koordination von Änderungsoperationen zuständig. Wird eine Änderung an einem *ASPECT*-Knoten L_i initiiert, so leitet der lokale Transaktionsmanager die Operation an den Konsistenzmanager weiter. Dieser delegiert die Operation an die Konsistenzinselverwaltung, wo überprüft wird, ob das lokale Fragmentreplikat, das modifiziert werden soll, in der Konsistenzinsel ist oder nicht. Ist das Replikat nicht in der Konsistenzinsel, so wird die Änderung mit Hilfe des Konsistenzkettenalgorithmus (Abschnitt 6.1.1) an einen anderen Knoten delegiert. Wenn blinde Änderungen (Abschnitt 6.1.2) ausgeschlossen werden sollen, so ist die Delegation von Änderungsoperationen an andere Knoten verboten und die entsprechende Transaktion ist zurückzusetzen. Ist das zu ändernde Replikat in der Konsistenzinsel enthalten, so übernimmt die Konsistenzinselverwaltung des Knotens L_i die Koordination mit den anderen Konsistenzinselmitgliedern, die in der betreffenden Strukturliste vermerkt sind. Die Konsistenzinselverwaltung ist somit für die Replikationskontrolle innerhalb von Konsistenzinseln zuständig. Hier soll angenommen werden, daß die Konsistenzinselverwaltung eine Replikationskontrolle auf der Basis des VP-Protokolls realisiert (Abschnitt 6.2.2). In diesem Fall ist dafür zu sorgen, daß die Strukturlisten in Fehlerfällen entsprechend gewartet werden. Sofern eine synchrone Wartung kontinuierlich schwach konsistenter Replikate durchgeführt werden soll, fällt dies auch in den Aufgabenbereich der Konsistenzinselverwaltung. Da jedoch in Abschnitt 6.7.2 und in Abschnitt 7.3.6 bereits festgestellt wurde, daß die Vorteile, die durch derartige Konsistenzanforderungen zu erwarten sind, sehr begrenzt sind, wird hier davon ausgegangen, daß auf die synchrone Wartung von Kohärenzprädikaten verzichtet wird. Bevor eine Änderungsoperation abgeschlossen werden kann, muß die Konsistenzinselverwaltung die Genehmigung der Integritätskontrolle erhalten. Auf die Vorgehensweise bei der Integritätskontrolle wird nachfolgend eingegangen. Nachdem eine Änderungstransaktion erfolgreich abgeschlossen wurde, wird eine Transaktionsliste gemäß Abschnitt 6.6 asynchron an alle Knoten verschickt, an denen mindestens eines der modifizierten Fragmente allokiert ist.

Kohärenzmanager

Der Kohärenzmanager ist für die Wartung schwach konsistenter Replikate zuständig. Ankommende Alive-Nachrichten werden vom Konsistenzmanager an den Kohärenzmanager delegiert. Dieser überprüft, gemäß der Ausführungen in Kapitel 6, ob kontinuierlich schwach konsistente Replikate aktualisiert werden müssen. Ist eine Aktualisierung erforderlich, so wird das zu aktualisierende Fragmentreplikat zunächst als ungültig markiert. Bevor die Aktualisierung veranlaßt wird, ist auch hier eine Genehmigung bei der Integritätskontrolle einzuholen. Wird die Genehmigung nicht erteilt, so bedeutet das, daß die Aktualisierung von der Integritätskontrolle selbst übernommen wird. Wird die Genehmigung erteilt, so wird eine Aktualisierungsanfrage an die Konsistenzinsel des betreffenden Fragments geschickt. Dazu wird wiederum der Konsistenzkettenalgorithmus verwendet.

Weiterhin ist der Kohärenzmanager auch für die ereignisorientieren Konsistenzanforderungen sowie für die ereignisorientierte Veränderung kontinuierlicher Konsistenzanforderungen zuständig. Dazu werden die jeweils erwarteten Ereignisse beim Ereignismanager angemeldet. Tritt das Ereignis ein, so alarmiert der Ereignismanager den Kohärenzmanager, der daraufhin die notwendigen Schritte veranlaßt. Falls ein Wechsel in der Konsistenzinselstruktur durch ein Ereignis ausgelöst wird, so ist zusätzlich die Konsistenzinselverwaltung zu verständigen, damit der Strukturwechsel innerhalb der Konsistenzinsel entsprechend synchronisiert wird. Falls bei einer Veränderung der Konsistenzanforderungen für ein bestimmtes Replikat festgestellt wird, daß das Replikat die neuen Anforderungen nicht erfüllt, so wird das Replikat als ungültig markiert. Wie bereits beschrieben, wird bei der Integritätskontrolle die Genehmigung für die Aktualisierung des Replikats eingeholt.

Integritätskontrolle

Die Integritätskontrolle ist für die Überwachung von Integritätsbereichen zuständig. Die Transaktionslisten nicht eingebrachter Transaktionen werden von der Integritätskontrolle verwaltet. Wie bereits in den vorangegangenen Abschnitten angedeutet wurde, wird die Integritätskontrolle von der Konsistenzinselverwaltung und vom Kohärenzmanager konsultiert, wenn lokale Aktualisierungen genehmigt werden sollen. Bei Erhalt einer solchen Anfrage wird zunächst überprüft, ob das zu aktualisierende Fragment in einem Integritätsbereich enthalten ist oder nicht. Falls das Fragment zu keinem Integritätsbereich gehört, so wird die Genehmigung sofort erteilt. Andernfalls wird, gemäß der in Abschnitt 6.6 vorgestellten Verfahren, überprüft, ob andere Fragmente zur Integritätserhaltung mit aktualisiert werden müssen. Ist dies der Fall, so werden die entsprechenden Fragmentreplikate als ungültig markiert. Kommt die Anfrage zur Genehmigung einer Aktualisierung von der Konsistenzinselverwaltung, so ist die Genehmigung auf jeden Fall spätestens nach der Markierung aller betroffenen Fragmentreplikate zu erteilen, weil sonst die auslösende Änderungstransaktion unnötig lange blockiert werden würde. Kommt die Anfrage dagegen vom Kohärenzmanager, so wird die Aktualisierung des Integritätsbereichs vollständig von der Integritätskontrolle übernommen, weil alle markierten Replikate im Rahmen einer einzigen Transaktion aktualisiert werden müssen (Abschnitt 6.6).

Ereignismanager

Der Ereignismanager ist für die Ereigniserkennung zuständig. Sofern externe Ereignisse zulässig sind, ist, gemäß Abschnitt 6.3, eine Koordination mit anderen Ereignismanagern an anderen *ASPECT*-Knoten erforderlich. Erwartete Ereignisse werden vom Kohärenzmanager beim Ereignismanager angemeldet. Dabei können sowohl Elementarereignisse als auch komplexe (zusammengesetzte) Ereignisse beim Ereignismanager angemeldet werden. Für die Erkennung komplexer Ereignisse ist der Ereignismanager selbst unmittelbar zuständig, während bestimmte Elementarereignisse von anderen Komponenten erkannt und dem Ereignismanager lediglich angezeigt werden. Je nachdem welche Elementarereignisse erwartet werden, ist somit auch eine Kooperation mit weiteren lokalen Systemkomponenten erforderlich. So können Transaktionsereignisse beispielsweise nur vom Transaktionsmanager erkannt werden. Zeitereignisse werden dagegen unmittelbar durch Zugriff auf die knotenlokale Systemuhr vom Ereignismanager überprüft. Das Eintreten von Ereignissen, die für die *ASPECT*-basierte Replikationskontrolle relevant sind, wird vom Ereignismanager an den Kohärenzmanager gemeldet. Weitere Ausführungen zur Implementierung des Ereignismanagers finden sich in [Koh93] sowie in [Rin95].

Damit ist der Aufbau einer DBVS-Instanz gemäß Abbildung 8.1 beschrieben. Es ist allerdings hinzuzufügen, daß es sich bei der hier vorgestellten Architektur lediglich um die Laufzeitkomponenten handelt. Diesen Komponenten ist mindestens noch ein Definitionssystem hinzuzufügen, das die Spezifikation und Modifikation von Konsistenzanforderungen gemäß der *ASPECT*-Methode erlaubt. Im Rahmen dieses Definitionssystems sind die deskriptiven Spezifikationen von Allokationsbereichen, Extents und Integritätsbereichen zu übersetzen und in die Metadaten einzubringen. Außerdem sind Funktionen zur Systemadministration anzubieten, die beispielsweise auch Schemamodifikationen und Konfigurationsänderungen ermöglichen. Für weitere Ausführungen bezüglich der Funktionalität des Definitionssystems wird auf [Rin95] verwiesen.

8.1.3　Konzeptionelle Erweiterungen

Die bislang vorgestellten Konzepte zur adaptiven Datenverwaltung in verteilten Systemen beruhen allein auf der Spezifikation von Konsistenzanforderungen und der Anpassung der Datenverwaltung an diese Anforderungen. In diesem Abschnitt werden einige mögliche Systemerweiterungen zur Verbesserung der Anpaßbarkeit eines verteilten, adaptiven Datenverwaltungssystems angesprochen, die nicht auf der Ausnutzung von Konsistenzanforderungen beruhen.

Eingangs dieses Kapitels wurde bereits angemerkt, daß immer dann, wenn bestimmte Datenobjekte mit jeweils strengen Konsistenzanforderungen an vielen Knoten benötigt werden, sich die Replikation als ungünstig erweist. Die lokale Datenbereitstellung gemäß des Need-To-Know Prinzips ist beispielsweise nicht von Vorteil, wenn änderungsanfällige Daten an vielen Knoten in maximaler Konsistenz gebraucht werden. Um dieser Feststellung gerecht werden zu können, sollte zur globalen Optimierung die Möglichkeit eingeräumt werden, bestimmte Fragmente nicht zu replizieren. Dies macht allerdings die Implementierung des Fragmentmanagers erheblich komplexer, da nun zusätzlich eine verteilte Anfrageoptimierung vorzunehmen ist. Für jedes benötigte Fragment ist zunächst zu entscheiden, ob das Fragment lokal vorliegt oder nicht. Liegt das Fragment nicht lokal vor, so ist auch bei Lesezugriffen eine Kommunikation mit anderen Knoten erforderlich. Algorithmen, die dies bei einer Anfrageoptimierung berücksichtigen, finden sich in [CP85] und [ÖV91]. Da bezüglich der Anfrageoptimierung im hier zu diskutierenden Zusammenhang gegenüber herkömmlichen verteilten Datenbanksystemen kein Unterschied besteht, wird nicht mehr weiter auf dieses Thema eingegangen. Werden bestimmte Fragmente nicht repliziert, so hat dies allerdings auch gravierende Auswirkungen auf die Verwaltung schwach konsistenter Replikate sowie auf das Definitionssystem, wie nachfolgend an zwei Beispielen verdeutlicht wird:

- Ein nicht repliziertes Fragment F besitzt nur genau eine physische Repräsentation $r_i(F)$. Dieses Fragmentreplikat $r_i(F)$ ist naturgemäß immer aktuell. Gehört F an einem Knoten L_j zu einem Integritätsbereich I_j, so könnten sich dadurch die Konsistenzanforderungen für schwach konsistente Fragmentreplikate am Knoten L_j verschärfen, obwohl das Fragment F am Knoten L_j möglicherweise gar nicht aktuell sein müßte. Zur Verdeutlichung sei angenommen, die Fragmente E und F seien am Knoten L_j in einem gemeinsamen Integritätsbereich I_j. Weiterhin sei angenommen, daß die Anwendungen am Knoten L_j den Zugriff auf beliebig veraltete Daten tolerieren können. Da bezüglich des nicht replizierten Fragments F nur der Zugriff auf den aktuellen Wert möglich ist, muß das Fragmentreplikat $r_j(E)$ auch entsprechend aktuell gehalten werden, damit der Integritätsbereich I_j sichergestellt werden kann.

- Da nicht alle an einem Knoten benötigten Fragmente auch unbedingt an diesem Knoten allokiert werden müssen, ist zwischen Zugriffsbereich und physischem Allokationsbereich zu unterscheiden. Bisher wurde mit der Spezifikation des Allokationsbereichs gleichzeitig festgelegt, welche Daten überhaupt von einem Knoten aus zugreifbar sein sollen. Diese Aufgabe übernimmt nun die Spezifikation eines Zugriffsbereichs. Um die physische Allokation eines Fragmentes zu erzwingen, muß im Definitionssystem zusätzlich eine entsprechende Funktion angeboten werden.

Wenn nicht alle Fragmente nach dem Need-To-Know Prinzip physisch allokiert und repliziert werden, so stellt sich auch zwangsläufig die Frage, wann ein Fragment zu replizieren ist. Die Antwort auf diese Frage hängt in erster Linie vom Zugriffsverhalten der Anwendungen ab ([LKR94]). Insbesondere die Änderungshäufigkeit spielt in diesem Zusammenhang eine wichtige Rolle. Um dem Prinzip der lokalen Spezifikation treu zu bleiben, wird vorgeschlagen, analog zur Spezifikation von Konsistenzanforderungen eine knotenlokale Spezifikation des Anwendungsverhaltens vorzusehen. Im Rahmen einer solchen Spezifikation sollte es möglich sein, Schätzwerte für die knotenlokale Änderungshäufigkeit sowie für das Verhältnis von Lese- und Schreiboperationen anzugeben. Diese Information kann im Rahmen eines heuristischen Verfahrens ausgenutzt werden, um zumindest eine Entscheidungshilfe automatisch aufzustellen.

Damit werden die konzeptionellen Überlegungen zur Systemarchitektur eines verteilten adaptiven Datenverwaltungssystems abgeschlossen. Für eine weitere Vertiefung des hier vorgestellten Implementierungskonzeptes wird auf [Rin95] verwiesen.

8.2 Prototypische Implementierung

In diesem Abschnitt wird die prototypische Implementierung eines verteilten adaptiven Datenverwaltungssystems als Zusatzebenenarchitektur auf einem bestehenden relationalen Datenbanksystem beschrieben. Dazu wird in Abschnitt 8.2.1 zunächst die Idee der Zusatzebenenarchitektur erläutert. In Abschnitt 8.2.2 wird die Einbettung von Datenbankanwendungen in die *ASPECT*-Laufzeitumgebung erklärt. Es folgt in Abschnitt 8.2.3 eine Gesamtübersicht über die Systemkomponenten des *ASPECT*-Laufzeitsystems *ATLAS*. Der Name "*ATLAS*" ist dabei als Akronym für *ASPECT-LAufzeit-System* zu verstehen. Die zentrale Komponente des Prototyps ist der *ATLAS*-Kernel. Im Rahmen der Übersicht über *ATLAS* wird auf den Kernel etwas genauer eingegangen, indem das dort implementierte Metadatenschema erklärt wird. Das Kapitel wird abgeschlossen mit einer Zusammenfassung der Konsistenzanforderungen, die mit Hilfe des Prototyps spezifiziert und sichergestellt werden können (Abschnitt 8.2.6).

8.2.1   Zusatzebenenarchitektur

Die Grundidee bei der Entwicklung des Prototyps besteht darin, einen relationalen Datenbankserver als Ressourcenmanager für einen *ASPECT*-Knoten eines verteilten, adaptiven Datenverwaltungssystems zu verwenden. Prinzipiell sind bei dieser Vorgehensweise drei Systemebenen zu unterscheiden, die in Abbildung 8.2 dargestellt werden. Die unterste Schicht bildet der Datenbankserver. Da dieser über eine eigene Transaktionsverwaltung verfügt, kann die lokale Transaktionsverarbeitung vollständig übernommen werden. Desweiteren werden alle in Abschnitt 8.1.2 beschriebenen Aufgaben des Ressourcenmanagers vom Datenbankserver übernommen. Auf den Datenbankserver setzt eine *ASPECT*-Schicht auf, die für die Kooperation mit anderen *ASPECT*-Knoten zuständig ist. Kern dieser Schicht ist das *ASPECT*-Laufzeitsystem (*ATLAS*), das einerseits für die Abbildung von Datenbankoperationen auf den lokalen Datenbankserver und andererseits für die Synchronisation mit anderen Knoten, gemäß der *ASPECT*-Spezifikation, zuständig ist. Im Rahmen dieser Schicht ist somit die globale Transaktionsverwaltung sowie die Replikationskontrolle vorzunehmen. Auch die Verwaltung der im Rahmen der *ASPECT*-Spezifikation anfallenden Metadaten wird in dieser Schicht vorgenommen. Die oberste Schicht bildet schließlich die Anwendungsschnittstelle. In diese Schicht gehören Programme, die den interaktiven Datenbankzugriff unterstützen, sowie Präcompiler, die eine Einbettung von Datenbankanwendungen in die durch die *ASPECT*-Schicht geschaffene Laufzeitumgebung ermöglichen. Auf die Integration von Datenbankanwendungen wird in Abschnitt 8.2.2 noch eingegangen.

Als Voraussetzung für die beschriebene Vorgehensweise muß der verwendete Datenbankserver eine Schnittstelle besitzen, die eine verzögerte Freigabe offener Transaktionen erlaubt, so daß innerhalb der *ASPECT*-Schicht synchrone Datenbankoperationen im Rahmen verteilter Transaktionen vorgenommen werden können. Wie bereits in Abschnitt 2.1.3 und Abschnitt 2.5.3 beschrieben, ist im Rahmen von X/Open DTP eine solche Schnittstelle standardisiert. Der entsprechende Standard heißt XA ([XA+95]).

Aufgabenverteilung:

User Interface:
- Terminal-I/O
- Konsistenzspezifikation
- Präprozessor

ASPECT-Schicht
- Metadatenverwaltung
- Replikationskontrolle
- Globale Transaktionsverwaltung

Datenbankserver
- Lokale Ressourcenverwaltung
- Lokale Transaktionsverwaltung

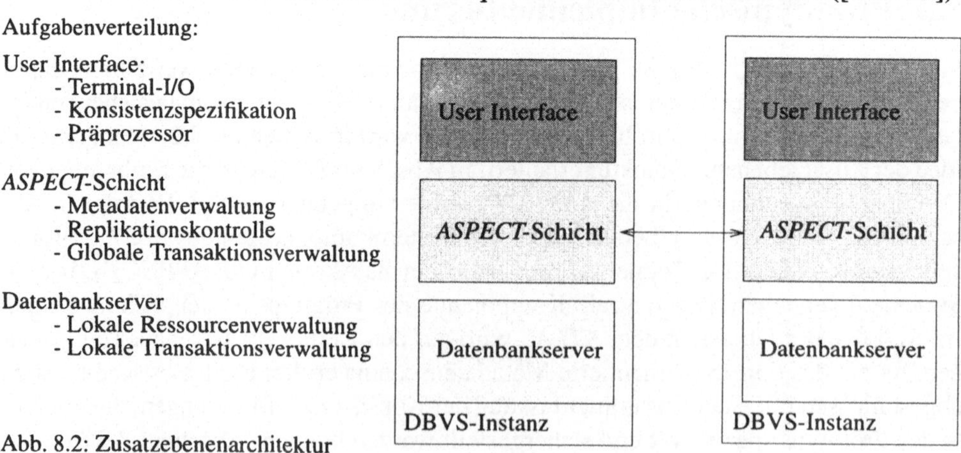

Abb. 8.2: Zusatzebenenarchitektur

Ressourcenmanager, die eine XA-Schnittstelle anbieten, können im Rahmen einer globalen Transaktionsverwaltung in verteilte Transaktionen eingebettet werden. Als Basis des nachfolgend erläuterten Prototyps wurde das Datenbanksystem Informix verwendet, das die erwähnte XA-Schnittstelle unterstützt.

8.2.2 Integration von Datenbankanwendungen

In diesem Abschnitt wird dargelegt, in welcher Weise Datenbankanwendungen in die Umgebung des Prototyps eingebettet werden. Die grundsätzliche Vorgehensweise wird in Abbildung 8.3 dargestellt. Datenbankanwendungen greifen üblicherweise direkt auf die SQL-Schnittstelle des Datenbankservers zu. Im Quellcode eines Anwendungsprogrammes sind diese Datenbankzugriffe durch eine "*OPEN SQL*" Anweisung gekennzeichnet. Soll die Anwendung in die *ASPECT*-Laufzeitumgebung eingebettet werden, so müssen diese Datenbankzugriffe gegebenenfalls mit anderen Knoten koordiniert werden. Das Anwendungsprogramm darf daher nicht direkt die Funktionen des Datenbanksystems aufrufen, sondern muß stattdessen die gewünschte Operation an die lokale *ATLAS*-Komponente schicken, um eine Koordination zu ermöglichen. Dazu ist es erforderlich, daß das Quellprogramm mit Hilfe eines *ASPECT*-Präcompilers vorübersetzt wird. Dieser Präcompiler ersetzt alle Datenbankaufrufe durch entsprechende Aufrufe an die *ATLAS*-Komponente. Das durch den Präcompiler modifizierte Quell-

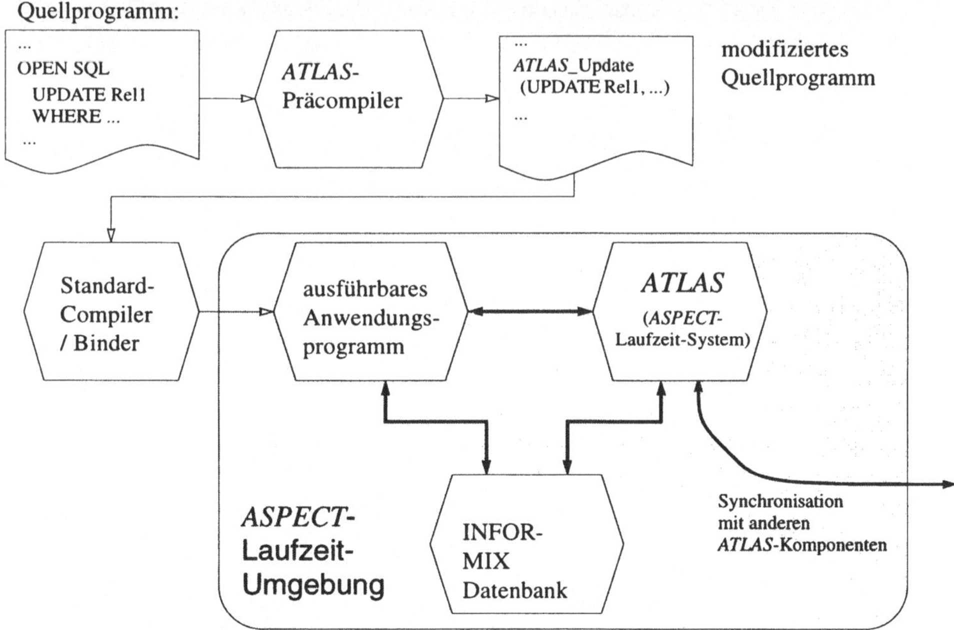

Abb. 8.3: Einbettung von Datenbankanwendungen in die *ASPECT*-Laufzeitumgebung

programm kann dann mit Hilfe eines Standardcompilers übersetzt und gebunden werden. Das Resultat ist ein ausführbares Programm, das statt des Datenbankservers die Schnittstelle der *ATLAS*-Komponente verwendet.

Analog zur Einbettung bestehender Anwendungsprogramme, muß auch der interaktive Zugriff auf die Datenbank über die jeweils knotenlokale *ATLAS*-Komponente koordiniert werden. Üblicherweise bietet ein Datenbankserver zur Unterstützung des interaktiven Zugriffs eine entsprechende Schnittstelle an. Würde diese Schnittstelle benutzt, so könnten im direkten Zugriff auf die an einem *ASPECT*-Knoten lokal abgespeicherten Daten, Modifikationen vorgenommen werden, die sich der Kontrolle durch die *ASPECT*-Schicht entziehen. Um dies zu vermeiden, muß die interaktive Schnittstelle des Datenbankservers durch eine Online-Schnittstelle ersetzt werden, welche anstelle des Datenbankservers die Schnittstelle der jeweils lokalen *ATLAS*-Komponente benutzt.

8.2.3   Systemarchitektur von *ATLAS*

Die Systemkomponenten und Schnittstellen des zu beschreibenden Prototyps werden in Abbildung 8.4 dargestellt und nachfolgend kurz erläutert. Aus der Abbildung geht bereits auf den ersten Blick hervor, daß auf die in Abschnitt 8.1.2 vor-

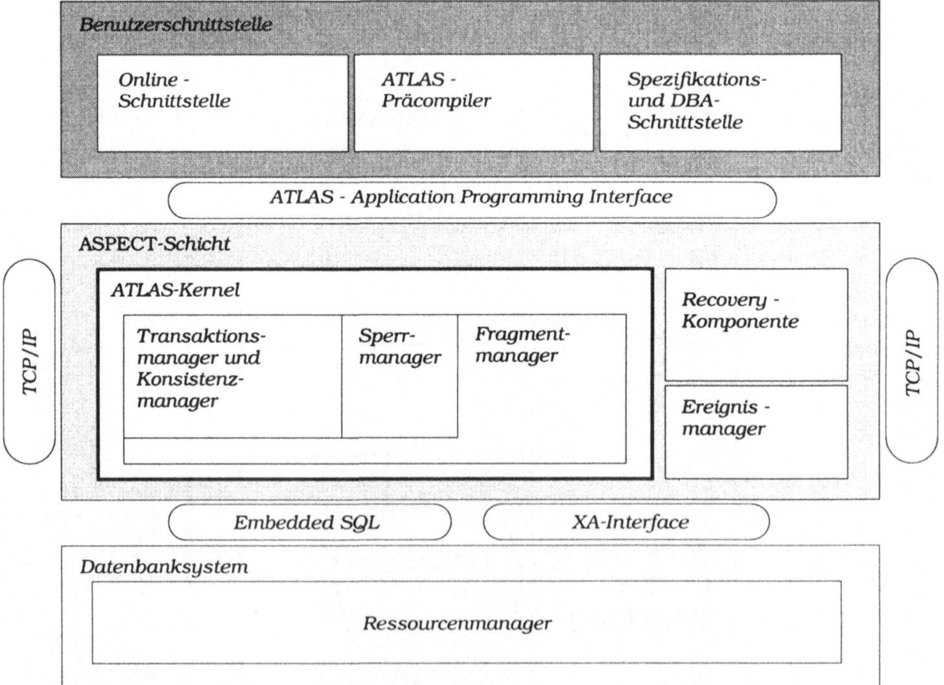

Abb. 8.4: Systemkomponenten und Schnittstellen von *ATLAS* ([Hen96])

geschlagene Zweiteilung in globale und lokale Systemkomponenten verzichtet wurde. Der Grund dafür ist, daß bei der hier verwendeten Zusatzebenenarchitektur die lokale Transaktionsverwaltung vollständig vom Datenbankserver übernommen wird, so daß kein Grund mehr für eine weitere Aufteilung der *ASPECT*-Schicht vorliegt. Die Komponenten der *ASPECT*-Schicht benutzen die Schnittstellen *Embedded SQL* und *XA* zum Zugriff auf den Datenbankserver. Die Hauptkomponente der *ASPECT*-Schicht bildet der *ATLAS*-Kernel. Zusätzlich zum *ATLAS*-Kernel enthält die *ASPECT*-Schicht noch einen Ereignismanager und eine Recovery-Komponente, welche für die knotenübergreifende Fehlerbehandlung zuständig ist. Konzeptionell ist die Integration eines Fragmentmanagers in den *ATLAS*-Kernel vorgesehen. Wenn, wie in Abschnitt 7.4 beschrieben, Konsistenzanforderungen an ganze Relationen geknüpft werden, kann auf den Fragmentmanager verzichtet werden. Diese Variante der Konsistenzspezifikation wurde für *ATLAS* zunächst zugrundegelegt, da auf diese Weise die Implementierung erheblich vereinfacht wird. Transaktions- und Konsistenzmanager bilden eine integrierte Komponente, die eng mit der Sperrverwaltung verknüpft ist. Die Komponenten der *ASPECT*-Schicht benutzen das Kommunikationsprotokoll TCP/IP (Abschnitt 2.1.3), um mit anderen *ASPECT*-Knoten in Kontakt zu treten. Die *ASPECT*-Schicht implementiert eine Anwendungsschnittstelle ("*ATLAS* Application Programming Interface"), auf deren Basis die Programme der Benutzerschnittstelle aufsetzen. Wie bereits in Abschnitt 8.2.2 erläutert, umfaßt die Benutzerschnittstelle eine Online-Komponente, die den interaktiven Datenbankzugriff unterstützt, sowie einen Präcompiler, der die Einbettung bestehender Datenbankapplikationen erlaubt. Zusätzlich zu diesen Komponenten ist eine Definitions- und Spezifikationskomponente erforderlich, die eine benutzerfreundliche Schnittstelle für die Spezifikation von knotenlokalen Konsistenzanforderungen bereitstellt. Im Rahmen dieser Komponente wird auch eine entsprechende Funktionalität zur Datenbankadministration implementiert.

Aufgabe der Spezifikationskomponente ist die Abbildung einer an SQL angelehnten Konsistenzspezifikation, wie sie in [Che95] beschrieben wird, auf die knotenlokalen Metadatenkataloge. Der *ATLAS*-Kernel greift auf diese Metadaten zu, um eine entsprechende anwendungsspezifische Synchronisation durchführen zu können. Der Kernel kann dabei auch zur Laufzeit auf Modifikationen des Definitionssystems reagieren. Das im Rahmen der prototypischen Implementierung verwendete Metadatenschema wird in Abbildung 8.5 in Form eines E/R-Diagramms dargestellt. Aus Gründen der Übersicht wurden dabei die Beziehungen zwischen den verschiedenen Entity-Mengen nicht durch aussagekräftige Namen, sondern einfach durch Kleinbuchstaben gekennzeichnet. Die aufgeführten Entity-Mengen werden hier zur Erläuterung nur mit jeweils wenigen Sätzen erklärt. Eine ausführliche Beschreibung des Metadatenschemas mit allen Attributen findet sich in [Hen96].

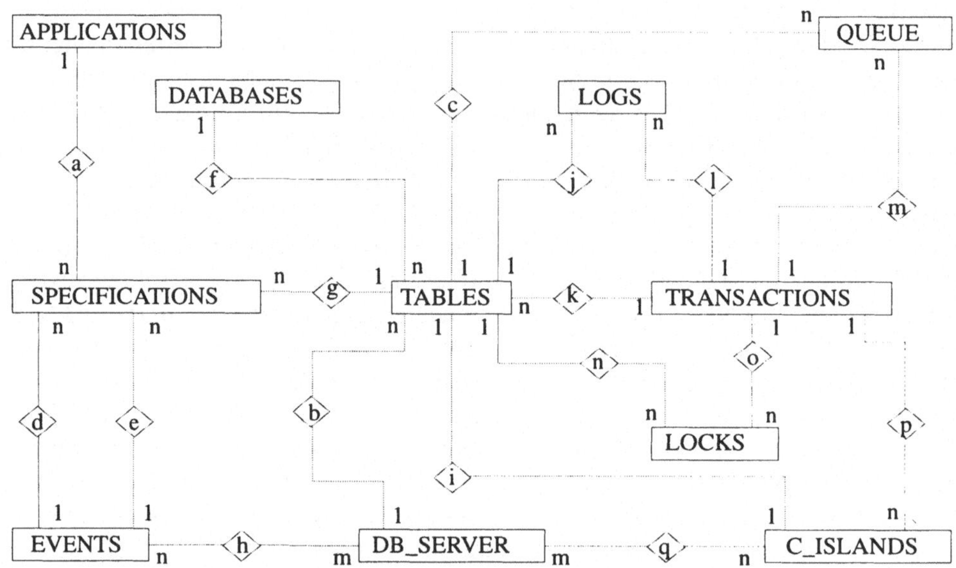

Abb. 8.5: Metadatenschema des *ATLAS*-Prototyps

Das in Abbildung 8.5 gezeigte Metadatenschema beschreibt die an einem Knoten abzuspeichernden Metadaten, die vom *ATLAS*-Kernel benötigt werden. Dabei werden folgende Entity-Mengen unterschieden:

- **DB_SERVER**
  Liste aller Datenbankserver (*ASPECT*-Knoten), die an der aktuellen Konfiguration des verteilten Datenverwaltungssystems beteiligt sind.

- **DATABASES**
  Liste aller Datenbanken mit Nutzdaten. Die Metadaten selbst bilden eine Datenbank, die hier nicht eingetragen wird.

- **TABLES**
  Liste aller Relationen, die am lokalen Knoten abgespeichert sind (knotenlokale Replikate). Die Beziehung (f) gibt an, zu welcher Datenbank eine Relation gehört. Falls das Replikat nicht der Konsistenzinsel angehört, wird durch die Beziehung (b) ausgedrückt, welcher Knoten der nächste in der Konsistenzkette ist.

- **TRANSACTIONS**
  Liste der knotenlokalen offenen Transaktionen. Die Beziehung (k) gibt dabei an, welche Relationen von einer Transaktion erzeugt wurden.

- **LOGS**
  Protokolleinträge. Für jede Änderungsoperation an einer Relation trägt der *ATLAS*-Kernel hier einen Protokollvermerk ein. Ein Protokolleintrag gehört zu genau einer Relation (Beziehung (j)) und zu genau einer Transaktion (Beziehung (l)).

- **LOCKS**
  Liste der lokal gehaltenen Sperren. Jede Sperre gehört zu genau einer Transaktion (Beziehung (o)) und zu genau einer Relation (Beziehung (n)).

- **QUEUE**
  Warteschlange für unvollständig bearbeitete oder blockierte Aufträge.

- **EVENTS**
  Ereignisse, die für die knotenlokalen Konsistenzanforderungen relevant sind oder an andere Knoten gemeldet werden sollen. Durch die Beziehung (h) wird die Menge der Knoten festgelegt, die beim Eintreten eines bestimmten Ereignisses informiert werden sollen.

- **APPLICATIONS**
  Liste der knotenlokal angemeldeten Anwendungen. Jede Anwendung wird bei ihrer Installation auf einem Knoten beim zuständigen *ATLAS*-Kernel angemeldet. Auf diese Weise können anwendungsspezifische Konsistenzanforderungen je nach Bedarf ein- oder ausgeblendet werden.

- **SPECIFICATIONS**
  Liste aller knotenlokalen Konsistenzanforderungen. Jede Konsistenzanforderung wird durch ein Startereignis (Beziehung (d)) und ein Endereignis (Beziehung (e)) gekennzeichnet. Sind Start- und Endeereignis identisch, so kennzeichnet dies eine ereignisorientierte Aktualisierung. Jede Konsistenzspezifikation wird genau einer angemeldeten Applikation zugeordnet (Beziehung (a)).

- **C_ISLANDS**
  Liste der Konsistenzinseln, in denen sich ein knotenlokales Replikat befindet. Das lokale Replikat, das zur Konsistenzinsel gehört, wird durch die Beziehung (i) ausgedrückt. Die übrigen Mitglieder der Konsistenzinsel werden im Rahmen der Beziehung (q) festgelegt. Die Transaktion, die den Konsistenzinseleintritt oder -austritt verursacht, wird durch die Beziehung (p) erfaßt.

Auf weitere Ausführungen zur Systemarchitektur des Prototyps und zum Metadatenschema wird verzichtet. Details zur konkreten Implementierung sind in [Hen96] nachzulesen.

Von den beschriebenen Systemkomponenten wurde bislang nur der *ATLAS*-Kernel vollständig implementiert ([Hen96]). Recovery-Komponente und Ereignismanager wurden in rudimentärer Ausführung an den *ATLAS*-Kernel angebunden, so daß insgesamt mit vergleichsweise geringem Implementierungsaufwand ein lauffähiges adaptives, verteiltes Datenverwaltungssystem entstand. Die Komponenten der Benutzerschnittstelle wurden noch nicht implementiert. Mit Anwendungen, die direkt auf dem *ATLAS*-API aufsetzen, können jedoch bereits erste Tests durchgeführt werden. Der *ATLAS*-Kernel des Prototyps deckt nicht die gesamte Bandbreite von Konsistenzanforderungen ab, die in Kapitel 5 vorgestellt wurden. Die Konsistenzanforderungen, die spezifiziert und sichergestellt werden können, werden in Abschnitt 8.2.6 beschrieben.

8.2.4 Prozesse in *ATLAS*

In diesem Abschnitt wird die konkrete Implementierung des *ATLAS*-Kernel detailliert auf Prozeßebene beschrieben. Dazu werden die einzelnen Prozeßtypen erläutert, die zur Realisierung der bereits beschriebenen Funktionalität verwendet wurden. *ATLAS* wurde in der Programmiersprache C unter dem Betriebssystem OSF implementiert. Die verschiedenen Prozeßtypen, die bei der Realisierung von *ATLAS* verwendet wurden, werden in einer Übersicht in Abbildung 8.6 dargestellt. Prozeßtypen, die mehrfach instanziiert werden können, sind in der Abbildung durch mehrere Prozeßsymbole dargestellt. Von den Prozeßtypen, die mit nur einem Prozeßsymbol dargestellt werden, existiert an einem Knoten jeweils nur eine Instanz. Die Aufgaben der einzelnen Prozeßtypen werden nachfolgend kurz erläutert. Damit wird gleichzeitig die Arbeitsweise des *ATLAS*-Kernels und die Kooperation mit dem Datenbanksystem dargestellt. Die hier vorgenommene Aufteilung in Prozeßtypen ergibt sich zum Teil zwingend aus den Besonderheiten des Datenbanksystems Informix und der XA-Schnittstelle. Die aufgetretenen Probleme können an dieser Stelle aber nur skizziert werden. Für eine ausführliche Beschreibung der verwendeten Schnittstellen wird auf die entsprechenden Handbücher hingewiesen ([Inf94a], [Inf94b], [Inf94c], [XA+95]).

Master

Der Master ist der zentrale Prozeß des *ATLAS*-Kernels. Der Master erfüllt im wesentlichen alle Aufgaben des Konsistenzmanagers und des Transaktionsmanagers, die in Abschnitt 8.1.2 beschrieben wurden. Alle anderen Prozesse dienen in erster Linie zur Entlastung des Masters. Alle Nachrichten, die von anderen Knoten oder von Datenbankanwendungen an den Kernel gerichtet werden, nimmt der Master in Empfang und leitet sie bei Bedarf an andere Prozesse weiter.

Reminder

Der Reminder übernimmt die Überwachung der knotenlokalen Uhr. Alle Aufgaben, die damit im Zusammenhang stehen, werden vom Reminder übernommen. Dazu gehört zum einen die Überwachung von Zeitereignissen, die für Konsistenzanforderungen spezifiziert wurden, und zum anderen die Überwachung von Timeouts und die Veranlassung von periodischen Erinnerungsnachrichten an den Master. Periodische Erinnerungen müssen z.B. verschickt werden, wenn der betreffende Knoten Alive-Nachrichten an andere Knoten versenden muß.

Zur Feststellung von zwischenzeitlich eingetretenen relevanten Ereignissen überprüft der Reminder periodisch im Abstand von jeweils einer Minute die Metadatenrelation *EVENTS*, die in Abschnitt 8.2.3 erklärt wurde (Polling). Ist ein erwartetes Ereignis eingetreten, so wird der Master benachrichtigt, der die Durchführung entsprechender Aktionen koordiniert.

Operator

Die Aufgabe eines Operator-Prozesses ist das Versenden von Nachrichten an den Master-Prozeß des *ATLAS*-Kernels einer anderen DBVS-Instanz. Operator-Prozesse sind zum einen erforderlich, um zu vermeiden, daß der Master durch die Kooperation mit anderen Knoten unnötig lange blockiert wird. Gilt es beispielsweise im Rahmen der Konsistenzinselsynchronisation eine Sperranforderung an andere Knoten zu verschicken, so beauftragt der Master einen Operator-Prozeß mit der Versendung der Anfrage. Zum anderen sind Operator-Prozesse zur Vermeidung von Verklemmungen unverzichtbar. Würden zwei Master-Prozesse gleichzeitig versuchen, direkten Kontakt miteinander aufzunehmen, so würde unweigerlich eine Verklemmung entstehen, da beide Prozesse auf die Antwort des jeweils anderen Prozesses warten würden, ohne selbst eine Antwort verschicken zu können. Diese Situation wird vermieden, wenn der Master nur Nachrichten empfängt und das Versenden von Nachrichten an Operator-Prozesse delegiert.

Die Anzahl der Operator-Prozesse hängt von der Systemkonfiguration ab und wird beim Start des *ATLAS*-Kernels durch einen Systemadministrator (DBA) festgelegt. Die Zahl der Operator-Prozesse muß so gewählt sein, daß der Master möglichst nicht auf das Freiwerden eines Operators warten muß, um neue Aufträge zu vergeben.

Updater

Updater sind die einzigen Prozesse, die dynamisch zur Laufzeit erzeugt und wieder gelöscht werden. Die Aufgabe eines Updaters besteht darin, transaktionale Operationen auf genau einer Informix-Datenbank auszuführen. Eine Informix-Datenbank

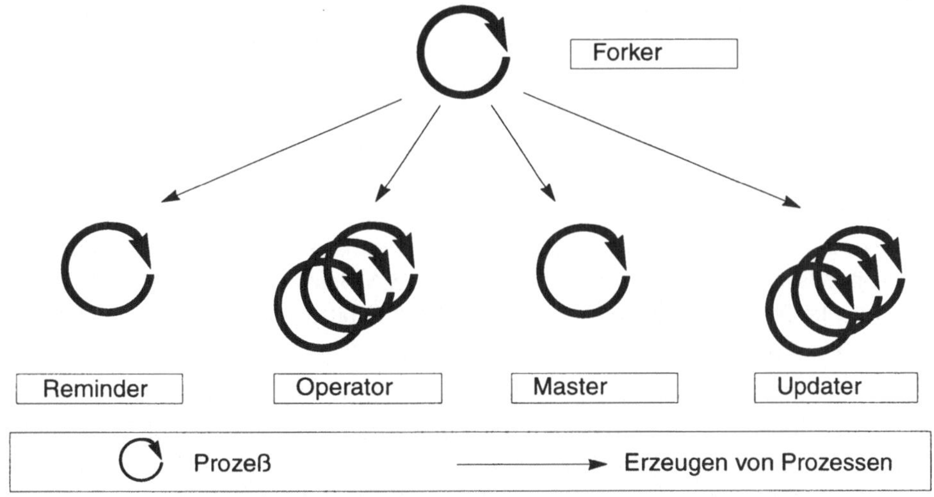

Abb. 8.6: Prozesse in Atlas (nach [Hen96])

ist dabei eine Menge von Relationen, die auf dem lokalen Informix-Datenbankserver logisch zusammengefaßt sind. Die in Abschnitt 8.2.3 beschriebenen Metadatenrelationen gehören beispielsweise zu der Informix-Datenbank *METADATEN,* die vorwiegend vom *ATLAS*-Kernel beschrieben und gelesen wird. Die Nutzdaten, die von den Datenbankanwendungen verwendet werden, liegen in andern Informix-Datenbanken. Erhält ein Updater einen Auftrag vom Master, eine SQL-Operation auf eine Informix-Datenbank abzubilden, so wird diese Operation vom Updater unter Verwendung entsprechender XA-Kommandos transaktional eingebettet ([XA+95]). Zur Reduzierung der Zahl untätig wartender Systemressourcen werden Updater für eine bestimmte Informix-Datenbank erst dann erzeugt, wenn tatsächlich auf diese Datenbank zugegriffen wird.

Die Verwendung separater Prozesse als Updater ist für die Implementierung des Kernels auf der Basis von Informix zwingend erforderlich. Der Grund dafür liegt in einer Besonderheit bei der Verwendung der XA-Schnittstelle in Informix: Transaktionen können nur innerhalb einer sogenannten XA-Session abgewickelt werden. Innerhalb einer XA-Session kann aber nur auf Daten einer einzigen Informix-Datenbank zugegriffen werden. Wird eine XA-Session beendet, so müssen alle Transaktionen dieser Session abgeschlossen sein. Da der Master aber innerhalb einer Transaktion in den meisten Fällen auf mehrere Informix-Datenbanken zugreifen muß, bleibt nur die Möglichkeit, diese Zugriffe auf verschiedene Prozesse zu verteilen. Eine ausführliche Erläuterung der Problematik findet sich in [Hen96].

Forker

Der Forker ist für die Erzeugung und Verwaltung neuer Prozesse, sowie für das Erzeugen und Löschen von Informix-Datenbanken zuständig. Es drängt sich die Frage auf, warum diese Aufgaben nicht vom Master direkt erledigt werden. Die Antwort auf diese Frage hängt wieder mit den Besonderheiten der XA-Schnittstelle in Informix zusammen: Bei der Erzeugung eines neuen Nachfolgerprozesses wird eine mittels `xa_open()` gestartete XA-Session an den Nachfolgerprozeß vererbt. Das bedeutet, daß eine Beendigung der XA-Session in einem der beiden Prozesse auch zur Beendigung der XA-Session in dem anderen Prozeß führt. Da die Updater-Prozesse aber zwingend auf verschiedenen Informix-Datenbanken arbeiten, können diese nicht vom Master erzeugt werden, ohne dessen XA-Session auf den Metadaten und damit alle laufenden Transaktionen zu beenden. Stattdessen müssen die Updater von einem unabhängigen Prozeß, dem Forker, erzeugt werden.

Da Informix das Erzeugen und Löschen von Informix-Datenbanken nur außerhalb von Transaktionen und außerhalb von Datenbankverbindungen zuläßt, wurden diese Aufgaben ebenfalls dem Forker zugeteilt. Dadurch wird vermieden, daß der Master alle Datenbankverbindungen abbrechen muß, um Informix-Datenbanken zu erzeugen oder zu löschen.

8.2.5   Kommunikation zwischen Prozessen

Im *ATLAS*-Prototyp werden drei verschiedene Mechanismen zur Interprozeßkommunikation verwendet, die in diesem Abschnitt kurz erläutert werden. Auf eine Einführung in die Grundlagen der Interprozeßkommunikation unter UNIX wird verzichtet. Der Leser wird dazu auf [Ste90] verwiesen.

Zwischen verschiedenen Master-Prozessen findet die Kommunikation über TCP/IP statt. Dazu wird bei jedem Master Prozeß ein TCP/IP-Socket erzeugt, dessen Portadresse an jedem Knoten identisch ist und systemweit bekannt gemacht wird. Für die Kommunikation zwischen Prozessen desselben *ATLAS*-Kernels wird vom Master ein UNIX-Domain-Socket erzeugt, der eine zuverlässige und schnelle Nachrichtenvermittlung innerhalb eines Dateisystems ermöglicht. Der Master überwacht den TCP/IP-Socket und den UNIX-Domain-Socket parallel und tritt immer dann in Aktion, wenn auf einem der beiden Sockets Nachrichten eintreffen.

Bei der Kommunikation über Sockets muß der Empfänger einer Nachricht dem Sender immer bekannt sein. Außerdem erzwingt die Kommunikation über Sockets eine synchrone Kooperation zwischen Sender und Empfänger. Aufgrund dieser Voraussetzungen ist die Kommunikation über Sockets in einigen Fällen ungünstig. Bei der Vergabe eines Auftrags an einen Operator-Prozeß ist es beispielsweise dem Master egal, welcher Operator-Prozeß den Auftrag übernimmt. Ähnlich verhält es sich bei der Vergabe von Aufträgen an Updater-Prozesse. Um in diesen Fällen eine günstigere Form der Kommunikation zu erhalten, wird in *ATLAS* neben der Kommunikation über Sockets eine Kommunikation über Shared-Memory unterstützt. Dazu wird ein gemeinsamer Speicherbereich in den Adressraum der kooperierenden Prozesse abgebildet. Zur Synchronisation des Zugriffs auf diesen gemeinsamen Speicher werden binäre Semaphore verwendet.

Im Rahmen eines *ATLAS*-Kernels werden zwei verschiedene Shared-Memory-Segmente verwendet: Ein Updater-Segment und ein Operator-Segment. Im Updater-Segment hinterlegt der Master Aufträge, die an einen Updater-Prozeß gehen; im Operator-Segment werden Aufträge für Operator-Prozesse abgelegt. Der Aufbau eines Shared-Memory-Segments wird in Abbildung 8.7 dargestellt. Das Segment enthält drei Warteschlangen (*"Free-Queue"*, *"New-Queue"* und *"Active Queue"*), in die jeweils soge-

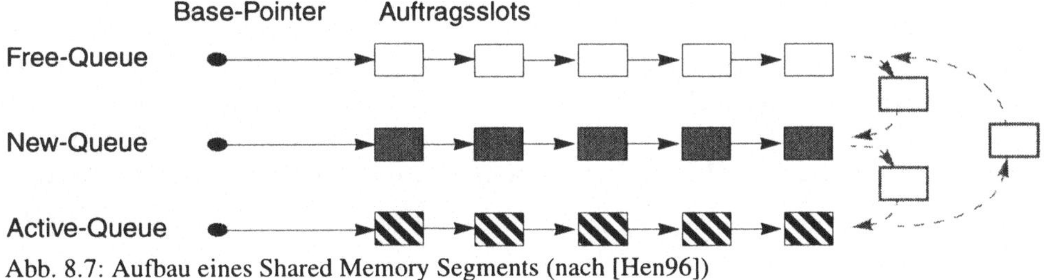

Abb. 8.7: Aufbau eines Shared Memory Segments (nach [Hen96])

nannte Slots eingereiht werden. Ein Slot ist ein Platzhalter für einen zu vergebenden Auftrag. Der Zugriff auf die Warteschlangen wird durch jeweils eine Semaphore für jede Warteschlange koordiniert. Hat der Master einen Auftrag zu vergeben, so entnimmt er der "Free-Queue" einen Slot, füllt diesen mit den notwendigen Auftragsdaten und reiht ihn in der "New-Queue" ein. Der Prozeß, der den Auftrag ausführt, entnimmt den entsprechenden Slot aus der "New-Queue" und reiht ihn in der Active-Queue ein. Nach Abschluß der Auftragsbearbeitung wird der Slot wieder in der "Free-Queue" eingereiht.

Nachdem der Master einen Auftrag in das Shared-Memory-Segment eingetragen hat, muß der Prozeß, der den Auftrag ausführen soll, in irgendeiner Weise benachrichtigt werden. Für die Benachrichtigung von Operator-Prozessen wird dazu eine zusätzliche Semaphore verwendet. Untätige Operator-Prozesse blockieren sich an dieser Semaphore. Beim Eintragen eines neuen Auftrags gibt der Master einen der wartenden Prozesse frei. Auf diese Weise wird erreicht, daß jeder beliebige untätige Operator-Prozeß einen zu vergebenden Auftrag übernehmen kann.

Die Benachrichtigung der Updater-Prozesse kann nicht auf die beschriebene Weise erfolgen, weil ein Auftrag immer an den Updater-Prozeß gerichtet werden muß, der für die betreffende Informix-Datenbank zuständig ist. Welcher Updater für welche Informix-Datenbank verantwortlich ist, wird in den Metadaten vermerkt, so daß der Master darüber informiert ist. Der Master alarmiert den zuständigen Updater-Prozeß über ein Signal[1]. Untätige Updater-Prozesse warten auf den Erhalt dieses Signals. Sowohl Operator-Prozesse als auch Updater-Prozesse bedienen sich des UNIX-Domain-Sockets des Masters, um diesen über den Erfolg oder Mißerfolg eines Auftrags zu informieren.

Zusätzlich zu den bereits beschriebenen Kommunikationsmechanismen werden noch UNIX-Pipes und Dateien verwendet, wenn die Übertragung großer Datenmengen erforderlich ist. Dies kann zum Beispiel beim Eintritt in die Konsistenzinsel erforderlich sein, wenn die betreffende Relation lokal auf den aktuellen Zustand zu bringen ist.

8.2.6 Unterstützte Konsistenzanforderungen

In Abbildung 5.3 wurden die Konsistenzanforderungen auf der Basis von *ASPECT* in vier Gruppen eingeteilt. In diesem Abschnitt wird gemäß dieser Unterteilung erläutert, welche Konsistenzanforderungen vom *ATLAS*-Prototyp sichergestellt werden und welche nicht. Eine entsprechende Auflistung ist in Tabelle 8.1 zu finden.

Da das gesamte Konzept der *ASPECT*-basierten Datenverwaltung auf Konsistenzinseln aufbaut, sind natürlich Replikate mit maximalen Konsistenzanforderungen in vollem Umfang zu unterstützen. Auf die synchrone Wartung kontinuierlich schwach konsistenter Replikate wurde dagegen verzichtet. Kontinuierlich schwach konsistente Replikate können nur auf der Basis einer asynchronen Aktualisierung gewartet werden.

---

1. Der Gebrauch von UNIX-Signals wird in [Ste94] erklärt.

Anforderung	Synchronisationsstrategie	Konsistenzgarantie
kontinuierliche (maximale) Konsistenz	Änderungen werden innerhalb der Konsistenzinsel gemäß der ROWA-Strategie synchronisiert.	Die Anforderung ist zu jedem Zeitpunkt sichergestellt.
kontinuierliche schwache Konsistenz	Der Zustand kontinuierlich schwach konsistenter Replikate wird mit Hilfe von Alive-Nachrichten überprüft. Das Alive-Fenster ist flexibel konfigurierbar.	Die Genauigkeit der Einhaltung der Konsistenzanforderung ist durch das Alive-Fenster festgelegt.
ereignisorientierte Aktualisierung mit maximaler Konsistenz	Sobald das Ereignis erkannt ist, wird das lokale Replikat als ungültig markiert. Eine Aktualisierung wird bei der Konsistenzinsel angefordert.	Die Genauigkeit der Garantie hängt von der Unschärfe der lokalen Uhr und der Polling-Frequenz des Reminders ab.
ereignisorientierte Aktualisierung mit tolerierbarem Abstand	Wie zuvor. Jedoch wird eine Aktualisierung nur dann angefordert, wenn das Kohärenzprädikat nicht erfüllt ist (soweit aufgrund der lokalen Information feststellbar).	Die Überprüfung des Kohärenzprädikats ist nur im Rahmen der durch das Alive-Fenster gegebenen Genauigkeit überprüfbar.

Tab. 8.1: Konsistenzgarantien in *ATLAS*

Dazu wird die in Abschnitt 6.5 beschriebene auf Alive-Nachrichten basierende Technik verwendet. Die Genauigkeit der Einhaltung von Konsistenzanforderungen hängt somit von der Wahl des Alive-Fensters ab. Das Alive-Fenster ist im Prototyp beliebig konfigurierbar. Die Alive-Nachrichten enthalten gemäß Abschnitt 6.5.2 jeweils Zustandsinformationen bezüglich der replizierten Relationen. Als wertbezogene Maßeinheit wird dabei die aktuelle Anzahl der Tupel der Relation in die Alive-Nachricht mit eingeschlossen. Andere wertbezogene Abstandsmaße sind jedoch programmierbar.

Im Prototyp wird zur Synchronisation innerhalb der Konsistenzinsel das VP-basierte Verfahrens aus Abschnitt 6.2.2 verwendet. Um Partitionierungen frühzeitig erkennen zu können, werden innerhalb der Konsistenzinsel Alive-Nachrichten versendet.

Bei Replikaten mit ereignisorientierter Aktualisierung unterstützt der Prototyp sowohl die Spezifikation von Snapshots als auch die Spezifikation degenerierter Snapshots gemäß Abbildung 5.3. Da sich der *ATLAS*-Kernel aber gegenwärtig nur auf einen rudimentären Ereignismanager stützt, werden bislang lediglich abstrakte Ereignisse (Abschnitt 5.5.2) voll unterstützt.

Obwohl nicht alle Systemkomponenten implementiert wurden, konnte durch die Implementierung des *ATLAS*-Laufzeitsystems die Realisierbarkeit der in dieser Arbeit vorgestellten Konzepte verifiziert werden. Darüber hinaus erlaubt der Prototyp durch die Verwendung der standardisierten XA-Schnittstelle auch die Integration heterogener Ressourcenmanager im Rahmen eines adaptiven, verteilten Datenverwaltungssystems. Die Verwendung von TCP/IP zur knotenübergreifenden Kommunikation macht den Prototyp unter Ausnutzung des Internet auch über große Entfernungen einsetzbar.

9 Zusammenfassung

Durch die zunehmende organisatorische und geographische Dezentralisierung von Unternehmen werden neue Datenverwaltungskonzepte erforderlich, die im Vergleich zu zentralisierten Datenbanksystemen eine bessere Anpassung an die verteilte Unternehmensstruktur ermöglichen. Das wichtigste Mittel zur Erhöhung der Verfügbarkeit und zur Verbesserung der Zugriffszeiten ist dabei die Replikation von Daten. Daten sollen nach Möglichkeit dort bereitgestellt werden, wo sie auch gebraucht werden. Herkömmliche verteilte Datenbanksysteme können den gestellten Anforderungen bislang nicht gerecht werden. Dies liegt daran, daß die Gewährleistung des klassischen Korrektheitskriteriums One-Copy-Serialisierbarkeit für den Zugriff auf replizierte Daten mit einem unverhältnismäßig hohen Synchronisationsaufwand verbunden ist. Die strengen Konsistenzvorschriften, die durch die One-Copy-Serialisierbarkeit impliziert werden, sind allerdings für viele Datenbankanwendungen gar nicht erforderlich. Gesucht ist somit eine adaptive Datenverwaltung, bei der im Zuge einer anwendungsbezogenen Abschwächung von Konsistenzanforderungen eine erhöhte Verfügbarkeit erreicht werden kann. Dabei soll die Anwendungssemantik als Grundlage für die Spezifikation von Konsistenzanforderungen so ausgenutzt werden, daß einerseits ein knotenlokaler Datenzugriff möglichst weitgehend unterstützt und andererseits die erforderliche Synchronisation mit anderen Knoten möglichst weitgehend reduziert wird. Das Ziel ist ein verteiltes Datenverwaltungssystem, das die Konsistenzanforderungen von Datenbankanwendungen kontrolliert.

In dieser Arbeit wurden verschiedene Methoden zur Spezifikation von Konsistenzanforderungen untersucht. Dabei wurden in erster Linie datenorientierte und ablauforientierte Ansätze unterschieden. Bei ablauforientierten Ansätzen werden die Konsistenzanforderungen an Ablaufeinheiten wie Transaktionen (Epsilon-Serialisierbarkeit) oder Operationen (Lazy Replication) geknüpft. Bei datenorientierten Ansätzen dagegen, werden die Konsistenzanforderungen direkt an physische Datenobjekte (Replikate) geknüpft. Es hat sich herausgestellt, daß die ablauforientierten Ansätze zwar dazu geeignet sind, die Nebenläufigkeit zu erhöhen, aber nur wenig zur Erhöhung der Verfügbarkeit beitragen. Der Grund dafür ist, daß immer dann wenn der aktuelle Wert eines Objektes benötigt wird, der entsprechende Zugriff mit allen Zugriffen auf allen Replikaten koordiniert werden muß, weil nicht bekannt ist, an welchen Replikaten Änderungen initiiert werden. Dieses Problem besteht generell bei allen ablauforientierten Verfahren. Durch die reine ablauforientierte Spezifikation von Konsistenzanforderungen kann somit zumindest für Operationen, für die der Zugriff auf den aktuellen Wert eines Datums erforderlich ist, die Verfügbarkeit nicht erhöht werden. Um dennoch eine Erhöhung der Verfügbarkeit zu erreichen, wird bei der Epsilon-Serialisierbarkeit vorgeschlagen, Verfahren zur Replikationskontrolle zu verwenden, bei denen Änderungsoperationen unabhängig voneinander freigegeben werden können. Dies ist jedoch nur dann durchführbar, wenn eine ganze Reihe besonderer Voraussetzungen erfüllt sind. So muß beispielsweise zur Gewährleistung der Konvergenz gefordert werden, daß unabhängig durchgeführte Operationen entweder kommutativ oder kompensierbar sind. Da diese Forderung nicht für jedes Anwendungsszenario erfüllt werden kann, scheidet dieser Ansatz als Basis für ein allgemeines Datenverwaltungssystem aus.

Eine datenorientierte Spezifikation von Konsistenzanforderungen erlaubt eine Erhöhung der Verfügbarkeit, indem bestimmte Replikate (zumindest zeitweise) aus der Synchronisation explizit ausgeklammert werden. Diese Replikate müssen dann auch zur Synchronisation von Lesern mit strengen Konsistenzanforderungen nicht mehr berücksichtigt werden. Im Gegensatz zu den ablauforientierten Ansätzen wird also bei der datenorientierten Konsistenzspezifikation unmittelbar durch die Technik der Konsistenzspezifikation eine Erhöhung der Verfügbarkeit ermöglicht.

Diese Überlegungen haben zunächst zu einer Favorisierung der datenorientierten Ansätze geführt. Eine Untersuchung der bestehenden datenorientierten Ansätze hat jedoch ergeben, daß diese Methoden bislang entweder zu unflexibel (Quasi-Kopien, Snapshots) oder zu fehleranfällig sind (Ansätze mit paarweiser Kopplung von Replikaten). Die Ansätze mit paarweiser Kopplung von Replikaten erlauben zwar eine flexible Spezifikation von Konsistenzanforderungen, können jedoch nicht die Konvergenz von Replikaten garantieren. Da diese Ansätze außerdem eine globale Systemsicht zur Spezifikation von Konsistenzanforderungen erfordern, ist die Wartung der Spezifikation bei sich dynamisch verändernden Konsistenzanforderungen schwierig. Die globale Spezifikationssicht ist darüber hinaus im Hinblick auf die Skalierbarkeit und die dezentrale Knotenadministration verteilter Datenverwaltungssysteme nachteilig.

In [Zsc93] wurde versucht, die Flexibilität der Konsistenzspezifikation auf der Basis von Propagierungsregeln auszunutzen, um durch eine zusätzliche Abstraktionsebene eine Konsistenzspezifikation mit knotenlokaler Sicht zu ermöglichen. Die diesem Ansatz zugrundeliegende Idee bestand darin, das Datenverwaltungssystem DDMS (Abschnitt 4.4.6) als Grundlage eines adaptiven, verteilen Datenverwaltungssystems mit lokaler Spezifikationssicht zu verwenden. Dieser Ansatz scheiterte aus verschiedenen Gründen. Zum einen wurden die Optimierungsmöglichkeiten, die sich durch die lokale Konsistenzspezifikation bieten, nicht ausgenutzt, da die Abbildung auf Propagierungsregeln keinen Freiraum für die Replikationskontrolle zwischen Replikaten mit maximaler Konsistenz zuläßt. Zum anderen werden auch die Möglichkeiten zur kontinuierlichen Aktualisierung schwach konsistenter Replikate nicht ausgenutzt.

Die negativen Erfahrungen mit der expliziten Verknüpfung von physischen Datenobjekten bilden die Motivation für die Entwicklung der Spezifikationsmethodologie *ASPECT* (Application-oriented Specification of Consistency Terms), die in dieser Arbeit vorgestellt wird. *ASPECT* erlaubt es, die Spezifikation von Konsistenzanforderungen an einzelne Replikate zu knüpfen, ohne dabei Bezug auf andere Replikate nehmen zu müssen. Dies geschieht, indem für die Spezifikation als Bezugspunkt eine *virtuelle Pri-*

märkopie angenommen wird. Die Konsistenzspezifikation umfaßt eine zeitliche und eine räumliche Dimension. Im Rahmen der räumlichen Dimension läßt sich für ein Replikat ein maximal tolerierbarer Abstand zur zugehörigen virtuellen Primärkopie spezifizieren (Kohärenzprädikat). Dabei können verschiedene Abstandsmaße, wie Wertabstand, Versionsabstand oder zeitlicher Rückstand unterschieden werden. In der zeitlichen Dimension werden Zeitpunkte und Zeitintervalle mit Hilfe von Ereignissen spezifiziert. Durch eine solche zeitliche Restriktion wird zum Ausdruck gebracht, wann ein bestimmtes Kohärenzprädikat für ein Replikat gelten soll. Durch die Spezifikation von Zeitpunkten lassen sich ereignisorientierte Konsistenzanforderungen, analog zum Snapshot-Konzept spezifizieren. Die Spezifikation von Zeitintervallen ermöglicht darüber hinaus auch kontinuierliche Konsistenzanforderungen, analog zu Quasi-Kopien. Um die Spezifikation von Kohärenzprädikaten (speziell bei kontinuierlichen Konsistenzanforderungen) zu präzisieren, lassen sich weiterhin verschiedene Synchronisationsanforderungen unterscheiden. Vereinfachend können in diesem Zusammenhang synchrone und asynchrone Kohärenzprädikate unterschieden werden.

Wird der Zugriff auf veraltete Datenobjekte toleriert, so kann im allgemeinen nicht mehr garantiert werden, daß eine Transaktion einen konsistenten Datenbankzustand sieht, weil die wechselseitige Konsistenz zwischen verschiedenen Datenobjekten nicht mehr sichergestellt ist. Um dies in die Konsistenzspezifikation mit einbeziehen zu können, wurde vorgeschlagen, anwendungsspezifische Integritätsbereiche zu spezifizieren, innerhalb derer die Konsistenz aus Sicht der jeweiligen Anwendung sicherzustellen ist.

Zur Sicherstellung der im Rahmen von *ASPECT* spezifizierbaren Konsistenzanforderungen und Integritätsbereiche wurde ein Vielfalt verschiedener Protokolle untersucht. Kern aller vorgestellten Verfahren bildet das Konzept der Konsistenzinseln. Die Konsistenzinsel eines Datenobjekts ist eine Menge von Replikaten, die den aktuellen Wert dieses Datenobjekts tragen. Die Konsistenzinsel realisiert somit die virtuelle Primärkopie, die zur Spezifikation von Konsistenzanforderungen angenommen wird. Die Struktur der Konsistenzinsel eines Objektes ist dynamisch. Das heißt, je nach Anwendungsanforderungen können Replikate in die Konsistenzinsel eintreten oder sie verlassen.

Innerhalb der Konsistenzinsel ist für die wechselseitige Konsistenz der Replikate zu sorgen. Dazu wurden verschiedene Verfahren vorgestellt, die jeweils auf einer anderen Methode der Replikationskontrolle basieren. Allen vorgestellten Verfahren ist jedoch gemeinsam, daß zusätzliche Konzepte zur Synchronisation von Strukturveränderungen in der Konsistenzinsel benötigt werden. Dazu wurden erweiterte Sperrkonzepte vorgestellt, bei denen insbesondere neue Sperrtypen eingeführt wurden. Durch Plausibilitätsbetrachtungen wurde aufgezeigt, daß allein durch die Ausnutzung der zeitlichen Restriktionen der *ASPECT*-Spezifikation mit Hilfe des Konsistenzinselkonzeptes bereits Verfügbarkeitsvorteile gegenüber klassischen Verfahren der Replikationskontrolle, bei denen diese Information nicht ausgenutzt wird, erzielt werden. Durch eine zusätzliche anwendungsbezogene Abschwächung von Konsistenzanforderungen kann die Verfügbarkeit weiter erhöht werden. Im Rahmen der Diskussion von Protokollen zur Wartung schwach konsistenter Replikate hat sich gezeigt, daß durch synchrone kontinuierliche Konsistenzanforderungen nur vergleichsweise geringe Verfügbarkeitsvorteile erreicht werden können, die in Relation zu einem nicht unbeträchtlichen Protokollaufwand zu stellen sind. Asynchron kontinuierliche Anforderungen und ereignisorientierte Anforderungen sind dagegen mit vergleichsweise einfachen Mitteln sicherzustellen. Bezüglich der Wartung ereignisorientierter Konsistenzanforderungen wurde desweiteren empfohlen, nach Möglichkeit auf die Spezifikation externer Ereignisse zu verzichten, um eine möglichst hohe Verfügbarkeit zu erreichen.

Zur Abbildung der *ASPECT*-basierten Replikationsprotokolle auf das Relationenmodell sind einige konzeptionelle Erweiterungen erforderlich. Insbesondere muß festgelegt werden, an welches Datengranulat die verschiedenen Konsistenzanforderungen zu knüpfen sind. Als Lösungsvorschlag wurde eine mehrstufige Abbildungshierarchie vorgeschlagen, die auf der Unterscheidung von Spezifikationsgranulat, Allokationsgranulat und Synchronisationsgranulat beruht. Durch sogenannte Extents wird eine deskriptive Spezifikation von Konsistenzanforderungen ermöglicht, die unabhängig vom Fragmentierungsschema einer verteilten relationalen Datenbank vorgenommen werden kann. Die Datenverteilung erfolgt, wie bei klassischen verteilten Datenbanken, im Rahmen eines Fragmentierungs- und Allokationsschemas. Das Allokationsschema kann allerdings durch eine knotenlokale deskriptive Spezifikation von Allokationsbereichen auch unabhängig vom Fragmentierungsschema hergeleitet werden. Bei der Abbildung der für Extents spezifizierten Konsistenzanforderungen auf Fragmente bereitet das Problem der Objektmigration Schwierigkeiten. Das Problem besteht darin, daß Tupel eines Fragments durch Modifikationen an der Datenbank in ein anderes Fragment migrieren können. Das gleiche Problem tritt auch zwischen verschiedenen Extents auf. Falls sich bei einer solchen Migration die Konsistenzanforderungen für das betreffende Tupel verschärfen, werden möglicherweise Folgeaktualisierungen erforderlich. Um das Problem handhaben zu können, wurde zum einen gefordert, daß die Konsistenzanforderungen eines Extents an alle potentiell überlappenden Fragmente vererbt werden müssen. Dadurch werden Auswirkungen von Migrationen auf Extentebene ausgeschlossen. Zum anderen dürfen im Fragmentierungsschema nur kompakte Fragmente vorkommen.

Durch die Abbildung von Extents auf Fragmente verschärfen sich die Konsistenzanforderungen. Diese Verschärfung kann durch eine geeignete Optimierung des Fragmentierungsschemas in Grenzen gehalten werden. Dabei wird versucht, die Fragmentierung so zu wählen, daß ein Fragment von möglichst wenigen Extents Konsistenzanforderungen erbt und daß Fragmente, die strenge Anforderungen erben, möglichst klein gehalten werden.

Um die Implementierung eines auf *ASPECT* basierenden verteilten relationalen Datenbanksystems zu vereinfachen werden eine Reihe von Alternativen vorgeschlagen, welche die aufwendige Abbildung von Extents auf Fragmente vermeiden. Durch derartige Vereinfachungen muß jedoch ein Kompromiß eingegangen werden, bei dem die Vorteile der knotenlokalen Spezifikationssicht und der dynamischen Veränderbarkeit von Konsistenzanforderungen eingeschränkt werden.

Die theoretisch ausgearbeiteten Ergebnisse wurden teilweise im Rahmen einer prototypischen Implementierung verifiziert. Der Prototyp (*ATLAS*) wurde als Zusatzebenenarchitektur, die auf dem relationalen Datenbanksystem Informix aufsetzt, realisiert. Unter Ausnutzung der XA-Schnittstelle von Informix erlaubt der Prototyp die Kopplung mehrerer Datenbank-Server zu einem auf *ASPECT* basierenden verteilten System. Ausgangspunkt für die Entwicklung des Prototyps war die theoretische Ausarbeitung einer Systemarchitektur, bei der ein kompletter Neuentwurf eines adaptiven, verteilten Datenbanksystems das Ziel war.

Die in dieser Arbeit vorgestellten Verfahren zur Replikationskontrolle zeigen eine Reihe von Möglichkeiten auf, die Anwendungssemantik zur Erhöhung der Datenverfügbarkeit und Zugriffslokalität in verteilten Systemen auszunutzen. Es wurde zwar durch Plausibilitätsbetrachtungen gezeigt, daß die untersuchten Verfahren prinzipiell geeignet sind, die Verfügbarkeit zu erhöhen. Um jedoch genauere Aussagen über die Leistungsfähigkeit verschiedener Protokollalternativen machen zu können, sind Untersuchungen erforderlich, die weit über die hier angestellten Überlegungen hinausgehen. In [Sch96a] wurden bereits einige Untersuchungen der *ASPECT*-basierten Verfahren auf der Basis stochastischer Petrinetze angestellt. Die Aussagekraft der dabei ermittelten Ergebnisse geht jedoch bislang nicht über die bereits im Rahmen der hier vorgestellten Plausibilitätsbetrachtungen hinaus. Um die Anwendbarkeit der verschiedenen Verfahren in Abhängigkeit von unterschiedlichen Einflußfaktoren in geeigneter Weise testen zu können, wird die Entwicklung eines entsprechenden Simulationssystems empfohlen. Den Ausgangspunkt für die Entwicklung eines Simulationssystems kann der *ATLAS*-Prototyp bilden.

Die jüngsten Tendenzen im Bereich der kommerziellen Datenbanksysteme konzentrieren sich auf die Entwicklung von Replikationswerkzeugen, die durch eine asynchrone Änderungspropagierung eine erhöhte Datenverfügbarkeit in verteilten Systemen ermöglichen. Dieser Trend zeigt eindeutig das Scheitern der synchronen Replikationskontrolle auf der Basis verteilter Mehrphasen-Freigabeprotokolle auf, wie sie in klassischen verteilten Datenbanksystemen verwendet werden. Die bislang vorgestellten Verfahren der asynchronen Replikationskontrolle werden allerdings andererseits den Konsistenzanforderungen vieler Anwendungen nicht gerecht. Im Rahmen dieser Arbeit wurden die Schwächen der bisherigen Ansätze aufgeführt, und es wurden Wege aufgezeigt, die eine bessere Anpassung der verteilten Datenverarbeitung an die Erfordernisse der Anwendungen ermöglichen, so daß Anwendungen mit strengen Konsistenzanforderungen, sowie Anwendungen mit abgeschwächten Konsistenzanforderungen gleichermaßen flexibel unterstützt werden können.

Literaturverzeichnis

AA91   Agrawal, D; Abbadi, A: An Efficient and Fault-Tolerant Solution for Distributed
            Mutual Exclusion. In: *ACM Transactions on Computer Systems (TOCS)*,
            Volume 9/1, Februar 1991, S. 1-20

AAA95   Alonso, G.; Agrawal, D.; El Abbadi, A.; Kamath, M.; Guenthoer, R.; Mohan, C.:
            Advanced Transaction Models in Workflow Contexts. In: *Proceedings of the Twelfth
            International Conference on Data Engineering (ICDE)*, New Orleans, Louisiana.
            IEEE Computer Society, 1996, S. 574-581

ABG88   Alonso, R.; Barbara, D.; Garcia-Molina, H.: Quasi-Copies: Efficient Data Sharing for
            Information Retrieval Systems. In: Schmidt, J.W.; Ceri, S.; Missikoff, M. (Eds.):
            Advances in Database Technology - EDBT '88, Venedig, März, 1988. Proceedings,
            Springer-Verlag, Berlin, 1988, S. 443-468

AC90   Alonso, G.; Cova, L.: Managing Replicated Copies in Very Large Distributed
            Systems. In: *Proceedings of the first Workshop on the Management of Replicated
            Data*, November , 1990, S. 39-42

AL80   Adiba, M.; Lindsay, B.: Database Snapshots. In: *Sixth International Conference on
            Very Large Data Bases, Montreal, Quebec, Canada, Proceedings*. IEEE-CS, 1980, S.
            86-91

Ape88   Apers, P.: Data Allocation in Distributed Database Systems. In: *ACM Transactions on
            Database Systems*, Volume 13, No. 3, September 1988, S. 263-304

ASC85   Abbadi, A. El; Skeen, D.; Cristian, F.: An Efficient, Fault-Tolerant Protocol For
            Replicated Data Management. In: *Proceedings of the Fourth ACM SIGACT-SIGMOD
            Symposium on Principles of Database Systems*, Portland, Oregon. ACM, New York,
            1985, S. 215-229

BCL91   Brunet, J.; Cauvet, C.; Lasoudris, L.: Why Using Events in a High-Level
            Specification. In: Kangassalo, H. (Hrsg.): *Proceedings of the 9th International
            Conference on Entity-Relationship Approach* (Lausanne), 1990, S. 221-233

BG84   Bernstein, P.; Goodman, N.: An Algorithm for Concurrency Control and Recovery in
            Replicated Distributed Databases. In: *ACM Transactions on Database Systems*,
            Volume 9, No. 4, Dezember 1984, S. 596-615

BG86   Bernstein, P.; Goodman, N.: Serializability theory for replicated databases. In: *Journal
            of computer and system sciences*, 31(3), 1986, S. 355-374

BG90   Barbará, D.; Garcia-Molina, H.: The Case for Controlled Inconsistency in Replicated
            Data. In: *Proceedings of the first Workshop on the Management of Replicated Data*,
            Nov 8-9, 1990, S. 35-38

BGS89   Barbará, D.; Garcia-Molina, H.; Spauster, A.: Increasing Availability Under Mutual
            Exclusion Constraints with Dynamic Vote Reassignment. In: *ACM Transactions on
            Computer Systems (TOCS)*, Volume 7, Number 1, 1989, S. 394-426

BH92   Brosda, V.; Herbst, A.: *Die Integrationsdatenbank - ein Ansatz zur Datenintegration
            im CIM-Umfeld*. Technischer Bericht, IBM Wissenschaftliches Zentrum,
            Tiergartenstr. 15, Heidelberg, 1992

BHG87   Bernstein, P.A.; Hadzilacos, V.; Goodman, N.: *Concurrency Control and Recovery in
            Database Systems*. Addison-Wesley Publishing Company, 1987

BHP92   Bright, M.W.; Hurson A.R.; Pakzad S.H.: A Taxonomy and Current Issues in
            Multidatabase Systems. In: *IEEE Computer, März 1992*, S. 50-59

BHY91   Blankenship, R.; Hevner, A.; Yao, B.: An Iterative Method for Distributed Database
            Design. In: *Proceedings of the 17th International Conference on Very Large
            Databases*, Barcelona, September 1991, S. 389-400

Bin93   Bindner, J.: *Synchronisation in verteilten replizierten Datenbeständen*, Studienarbeit
            am IMMD VI, Universität Erlangen, 1993

BJ94   Bussler, J.; Jablonski, S.: An Approach to Integrate Workflow Modeling and
            Organization Modeling in an Enterprise. In: *Proceedings 3rd IEEE Workshop on
            Enabling Technologies: Infrastructure for Collaborative Enterprises (WET ICE)*,
            Morgantown (WV), 1994, S. 81-95

BS95   Borghoff, U.; Schlichter, J.: *Rechnergestützte Gruppenarbeit - Eine Einführung in
            Verteilte Anwendungen.* Springer-Lehrbuch, Springer-Verlag, Berlin Heidelberg, 1995

BT88   Blakeley, J.; Tompa, F.: Maintaining Materialized Views without Accessing Base
            Data. In: *Information Systems*, Volume 13, No. 4, 1988, S. 393-406

Bus95   Bussler, C.: User Mobility in Workflow-Management-Systems. In: *Proceedings of the
            Telecommunications Information Networking Architecture Conference (TINA '95)*,
            Melbourne, Australia, Februar 1995

CAA90   Shun Yan Cheung, Mostafa H. Ammar, Mustaque Ahamad: The Grid Protocol: A
            High Performance Scheme for Maintaining Replicated Data. In: *Proceedings of the
            Sixth International Conference on Data Engineering*, Los Angeles (CA), Februar
            1990

Cap90   Cap. C.: *Distributed Systems with Data Replication.* Technischer Bericht IFI-TR-
            90.11, Institut für Informatik, Universität Zürich, Schweiz, 1990

CDK94   Coulouris, G.; Dollimore, J.; Kindberg, T.: *Distributed Systems, Concepts and Design.*
            2. Auflage, Addison-Wesley Publishing Company, London, 1994

Cer91   Ceri, Stefano et. al.: *A Classification of Update Methods for Replicated Databases.*
            Stanford University, Computer Science Technical Report STAN-CS-91-1392 Oktober
            1991

Che95   Cherichi, N.: *Grundlagen einer anwendungsbezogenen Spezifikation von
            Konsistenzanforderungen bei replizierter Datenhaltung.* Diplomarbeit am IMMD VI,
            Universität Erlangen, 1995

CHK92   Ceri, S.; Houtsma, M. A. W.; Keller, A. M.; Samarati, P.: The Case for Independent
            Updates. In: *Proceedings of the second Workshop on the Management of Replicated
            Data*, Monterey (CA), November, 1992, S. 17-19

CHK95   Ceri, S.; Houtsma, M. A. W.; Keller, A. M.; Samarati, P.: Independent Updates and
            Incremental Agreement in Replicated Databases. In: *Distributed and Parallel
            Databases 3 (1995)*, Kluwer Academic Publishers, Boston, 1995, S. 225-246

CP85   Ceri, S.; Pelagatti, G.: *Distributed Databases - Principles & Systems.* Mc Graw-Hill
            Publishers, New York, 1985

CP92a   Chen, S.; Pu C.: An Analysis of Replica Control. In: *Proceedings of the second
            Workshop on the Management of Replicated Data*, Nov. 12-13, 1992, S.22-25

CP92b   Chen, S.; Pu C.: *A Structural Classification of Integrated Replica Control
            Mechanisms.* Technical Report CUCS-006-92, Department of Computer Science,
            Columbia University, New York (NY), 1992.

CR93   Chrysanthis, P.; Ramamritham, K.: Impact of Autonomy Requirements on
            Transactions and their Management in Heterogeneous Distributed Database Systems.
            In: *Proceedings of the Workshop on Interoperability of Database Systems and
            Database Applications*, Fribourg, Switzerland, Oktober 1993, S. 179-197

Dad96   Dadam, P.: *Verteilte Datenbanksysteme und Client/Server-Systeme.* Springer-Verlag,
            Berlin Heidelberg, 1996

Dal79   Dal Cin, M.: *Fehlertolerante Systeme.* Teubner, Stuttgart, 1979

Dat90   Date, C.J.: What is a Distributed Database System? In: Date, C.J.: *Relational
            Database Writings 1985-1989.* Addison-Wesley, Reading, Massachusetts, 1990

Dat94   Date, C.J.: *An Introduction To Database Systems.* Sixth Edition. Addison-Wesley,
            Reading, Massachusetts, 1994

Dav78   Davies, C.T.: Data Processing Speres of Control. In: *IBM Systems Journal,* Volume17,
            1978, S. 179-198

DD97	Date, C.J.; Darwen, H.: A Guide to the SQL Standard, Fourth Edition. Addison Wesley, Reading, Massachusetts, 1997

DDO94	Danzig, P.B.; DeLucia, D.; Obraczka, K.: *Massively Replicating Services in Wide-Area Internetworks*. Technical Report. University of Southern California, Los Angeles (CA), 1994

Del95	Delmolino, D.: *Strategies and Techniques for Using Oracle7 Replication*. Oracle Corporation, 1995

DG92	DeWitt, D.; Gray, J.: Parallel Database Systems: The Future of High Performance Database Systems. In: *Communications of the ACM* 35 (1992) 6, S. 85-98

DGD95	Didriksen, T.; Galindo-Legaria, C.; Dahle, E.: Database De-Centralization - A Practical Approach. In: *Proceedings of the 21st VLDB Conference*, Zürich, Schweiz, 1995, S. 654-665

DGP90a	Downing, A.R.; Greeberg, I.B.; Peha, J.M.: OSCAR: An architecture for weak consistency replication. In: *Proceedings of IEEE Parbase'90*, März 1990

DGP90b	Downing, A.R.; Greeberg, I.B.; Peha, J.M.: OSCAR: A system for weak consistency replication. In: *Proceedings of the first Workshop on the Management of Replicated Data*, Nov 8-9, 1990, S. 26-30

DP95	Drew, P.; Pu, C.: Asychronous Consistency Restoration under Epsilon Serializability. In: *Proceedings of the 28th Hawaiian International Conference on Systems Sciences*, 1995

EGL76	Eswaran, K; Gray, J.; Lorie, R.; Traiger, I.: The notions of consistency and predicate locks in a database system. In: *Comm. ACM* 19 (11), 1976, S. 624-633

Elm92	Elmagarmid, A. (ed.): *Database Transaction Models for Advanced Applications*, Morgan Kaufmann, San Mateo, CA, 1992

Fel85	Feller, W.: *An introduction to probability theory and its applications*. Wiley, New York, 1985

GB84	Garcia-Molina, H.; Barbara, D.: Optimizing the Reliability Provided by Voting Mechanisms. In: *Proceedings of the 4th International Conference on Distributed Computing Systems*, San Francisco, CA, IEEE Comp. Soc. Press, 1984

GD93	Gatziu, S.; Dittrich, K.: Eine Ereignissprache für das aktive, objektorientierte Datenbanksystem SAMOS. In: Stucky, Oberweis (Hrsg.): *Datenbanksysteme in Büro, Technik und Wissenschaft, GI-Fachtagung Braunschweig, 3.-5. März 1993*. Springer-Verlag, 1993, S. 94-103

GGD94	Gatziu, S.; Geppert, A.; Dittrich, K.: *The SAMOS Active DBMS Prototype*. Technischer Bericht 94.16, Institut für Informatik, Universität Zürich, Schweiz, 1994

GHS95	Georgakopoulos, D.; Hornick, M.; Sheth, A.: An Overview of Workflow Management: From Process Modeling to Workflow Automation Infrastructure. In: *Distributed and Parallel Databases*, An International Journal, Kluwer Academic Publishers, Boston, März 1995, S. 119-153

Gif79	Gifford, D.: Weighted Voting for Replicated Data. In: *Proceedings of the Seventh Symposium on Operating System Principles*, Asilomar Conference Grounds, Pacific Grove (CA), ACM, New York, 1979

GJS92	Gehani, N.; Jagadish, H.; Shmueli, O.: Event Specification in an Active Object-Oriented Database, *Proceedings ACM SIGMOD Conference*, San Diego, (CA), Juni 1992, S. 81-90

GKM92	Gupta, A.; Katiyar, D.; Mumick, I.: Counting solutions to the View Maintenance Problem. In: *Proc. Workshop on Deductive Databases*, JICSLP 1992, S. 185-194

GKN94	Gallersdörfer, R.; Klabunde, K.; Nellessen, R.: Atomic Delayed Replication in Databases for Intelligent Networks. In: *Proceedings 2nd International Conference on Telecommunication Systems, Modelling and Analysis*, Nashville, Tennessee, 14.2.-17.2.1994, S. 445-456

GL91   Golding, R.; Long, D.: *Accessing Replicated Data in a Large-Scale Distributed System*. Technical Report UCSC-CRL-91-01, University of California, Santa Cruz, Januar 1991

GL93   Golding, R.; Long, D.: *Modeling replica divergence in a weak-consistency protocol for global-scale distributed data bases*. Technical Report UCSC-CRL-93-03, University of California, Santa Cruz, 1993

GLW94   Golding, R.; Long, D.;Wilkes, J.: The refdbms Distributed Bibliographic Database System. In: *USENIX Winter 1994 Technical Conference, Conference Proceedings*. San Francisco, Kalifornien, USENIX Association, Berkeley, Januar 1994, S. 47-62

GN95   Gallersdörfer, R.; Nicola, M.: Improving Performance in Replicated Databases through Relaxed Coherency. In: *Proceedings of the 21st International Conference on Very Large Data Bases*, Zürich, Schweiz, September 1995

Gol92a   Golding, R.: *Weak-consistency group communication and membership*. PhD thesis, University of California, Santa Cruz, Dezember 1992

Gol92b   Golding, R.: Weak consistency group communication for wide-area systems. In: *Proceedings of the second Workshop on the Management of Replicated Data*, November, 1992, S.13-16

Gol95   Goldring, R.: Things every update replication customer should know. In: *Proceedings of the 1995 ACM SIGMOD International Conference on Management of Data*, San Jose, Mai, 1995, S. 439-440

GR93   Gray, J.; Reuter, A.: *Transaction Processing - Concepts and Techniques*, Morgan Kaufmann, San Mateo, CA, 1993

Gra87   Gray, J.: Transparency in its place - The Case Against Transparent Access to Geographically Distributed Data. In: *UNIX Reviev*, Volume 5, No. 2, Mai 1987, S. 42-50

Gra93   Gray, J.: Why TP-Lite Will Dominate the TP Market. In: *Proceedings of the 5th International Workshop on High Performance Transaction Systems*, Asilomar, September 1993

Hag95   Hagen, C.: *Alternativen zur automatischen Generierung von Replikationsprotokollen bei anwendungslokaler Konsistenzspezifikation*. Diplomarbeit am IMMD VI, Universität Erlangen, 1995

Har95   Harlessem, M.: *Datenbank CA Open Ingres: Kern einer modernen Client/Server Architektur*. ISBN 3-8259-1359-7, Vogel, Würzburg, 1995

Hen95   Hendizadeh, A.: *Entwurf und Implementierung eines verteilten Dienstes zur Verwaltung schwach konsistenter Dateireplikate*. Studienarbeit am IMMD VI, Universität Erlangen, 1995

Hen96   Hendizadeh, A.: *Implementierung eines verteilten Transaktionamanagers zur Unterstützung adaptiver Datenreplikation*. Diplomarbeit am IMMD VI, Universität Erlangen, 1996

Her87   Herlihy, Maurice: Concurrency versus Availability: Atomicity Mechanisms for Replicated Data. *ACM Transactions on Computer Systems*, Volume 5, No. 3, August 1987, S. 249-274

HHB96   Helal, A.; Heddaya, A.; Bhargava, B.: *Replication Techniques in Distributed Systems*. Kluwer Academic Publishers, Dordrecht, Niederlande, 1996

Hof84   Hofmann, F.: *Betriebssysteme: Grundkonzepte und Modellvorstellungen*. Teubner, Stuttgart, 1984

HR83   Härder, T.; Reuter, A.: Principles of Transaction-Oriented Database Recovery. In: *ACM Computing Surveys. 15(4)*, 1983, S. 287-317

HR87   Härder, T.; Rahm, E.: Hochleistungs-Datenbanksysteme - Vergleich und Bewertung aktueller Architekturen und ihrer Implementierung. In: *Informationstechnik it*, 29. Jahrgang, Heft 3, 1987

Inf94a   *Informix ESQL/C*, Programmers Manual Version 6.0, Informix Software, Inc., Menlo
            Park, 1994

Inf94b   *Informix Guide to SQL, Syntax*, Version 6.0, Informix Software, Inc.,
            Menlo Park, 1994

Inf94c   *Informix Guide to SQL, Reference*, Version 6.0, Informix Software, Inc.,
            Menlo Park, 1994

Inf96   Continous Data Replication - A High Performance Solution for Distributing and
            Sharing Information. White Paper, Informix Software, Inc., elektronisch erhältlich
            unter : http://www.informix.com:80/informix/corpinfo/zines/whitpprs/datarep/
            datarep.html

Jab90   Jablonski, S.: *Datenverwaltung in verteilten Systemen*, Informatik-Fachbericht 233,
            Berlin: Springer-Verlag, 1990

Jab95   Jablonski, S.: *Workflow-Management-Systeme - Modellierung und Architektur.*
            Thomsons aktuelle Tutorien (TAT) 9, International Thomson Publishing,
            Bonn, 1995

JW90   Jablonski, S.; Wedekind, H.: Logical Foundation of Data Replication. In: Blaser, A.
            (Hrsg.): *Database Systems of the 90s*, Lecture Notes in Computer Science 466,
            Springer Verlag, Berlin 1990, S. 249-262

Kal94   Kalathil, B.: *Supporting Local Autonomy in a Distributed Object-Oriented Database.*
            Thesis, University of Illinois at Urbana-Champaign, 1994

KL73   Kamlah, W.; Lorenzen, P.: *Logische Propädeutik.* B.I.-Hochschultaschenbücher, Band
            227, B.I.-Wissenschaftsverlag, Mannheim, Wien, Zürich, 1973

Kle92   Klein, J.: *Datenintegrität in heterogenen Informationssystemen.* Deutscher
            Universitäts-Verlag GmbH, Wiesbaden 1992

KLS94b   Kirsche, T.; Lenz, R.; Schuster, H.; Ruf, T.; Wedekind, H.: Application-oriented
            Specification and Efficient Processing of Complex Triggers in an ADBS Context. In:
            Proceedings 39. Internationales Wissenschaftliches Kolloquium, Ilmenau,
            Band I, September 1994, S. 321-326

Koh93   Kohut, M.: *Verarbeitung komplexer Ereignisse,* Studienarbeit am IMMD VI,
            Universität Erlangen, 1993

Kre93   Kress: *Datenallokation in verteilten Datenbanken,* Studienarbeit am IMMD VI,
            Universität Erlangen, 1993

KS88   Kumar, A.; Stonebraker, S.: Semantics Based Transaction Management Techniques
            For Replicated Data. In: *Proceedings of ACM SIGMOD International Conference on
            Management of Data.* New York, 1988

KS92   Karabatis, G.; Sheth, A.: Specifying Interdependent Data: A Case Study At Bellcore.
            In: *Annual National Communications Forum Proceedings*, National Engg.
            Consortium, 1992

KS93   Kumar, A; Segev, A.: Cost and Availability Tradeoffs in Replicated Data Concurrency
            Control. In: *ACM Transactions on Database Systems*, Volume 18 (1), März 1993, S.
            102-131

Kud92   Kudlich, H.: *Verteilte Datenbanken: Systemkonzepte und Produkte.* Siemens Nixdorf
            Informationssysteme AG, Berlin, 1992

LAA94   Liu, M. L.; Agrawal, D.; El Abbadi, A.: *What Price Replication?* Technical Report
            TRCS94-14, University of California, Santa Barbara, CA., Mai, 1994

Lam78   Lamport, L.: Time, Clocks and the Ordering of Events in a Distributed System. In:
            Communication of the ACM, Volume 21 (1978), No.7, S. 558-565

LHM86   Lindsay, B.; Haas, L.; Mohan, C.; Pirahesh, H.; Wilms, P.: A Snapshot Differential
            Refresh Algorithm. In: *Proceedings of the International Conference on Management
            of Data (SIGMOD)*, Washington, 1986, S. 53-60

Len94   Lenz, R.: Anwendungsabhängige Spezifikation von Konsistenzanforderungen bei replizierter Datenhaltung. In: *Mitteilungsblatt der GI-Fachgruppe Datenbanken* (GI-FG 2.5.1), Ausgabe 13, Mai 1994, S. 74-75

Len95a   Lenz, R.: Synchronisation von Transaktionen auf schwach konsistent replizierten Daten. In: *Mitteilungsblatt der GI-Fachgruppe Datenbanken* (GI-FG 2.5.1), Ausgabe 15, Mai 1995

Len95b   Lenz, R.: Distributed Data Management with Weak Consistent Replicated Data - A System Architecture Proposal. In: Thomas Ruf (Hrsg.): *Redundancy-Based Query Optimization in Database Systems.* Bericht 95/2 des Sonderforschungsbereichs 182, Teilprojekt B4, zugleich Arbeitsbericht des IMMD, Band 28, Nr. 6, August 1995

Len96a   Lenz, R.: Adaptive Distributed Data Management with Weak Consistent Replicated Data. In: *Proceedings of the 11th annual Symposium on Applied Computing (SAC'96),* Philadelphia, Februar 1996, S. 178-185

Len96b   Lenz, R.: The "Virtual-Primary-Copy-Approach" Compared To Other Approaches With Weak Consistent Data Replication. In: *ECOOP '96, Proceedings of the Workshop on Mobility and Replication (WMR'96),* Linz, Austria, Juli 1996

Lit92   Little, M. C.: *Object Replication in a Distributed System.* Technical Report Series, 376, Ph.D. Thesis, University of Newcastle upon Tyne, Computing Laboratory, Februar 1992

LKR94   Lenz, R.; Kirsche, T.; Reinwald, B.: ASPECT - Specifying Consistency Requirements for Replicated Data from an Applications Point of View. In: *Proceedings Parallel and Distributed Computing Systems Conference,* Las Vegas, Nevada, Oktober 1994, S. 472-477

LLS90a   Ladin, R.; Liskov, B.; Shrira, L.: *Lazy Replication: exploiting the semantics of distributed services.* Technical Report MIT/LCS/TR-484, Laboratory of Computer Science, Massachusetts Institute of Technology, Cambridge, (MA), Juli 1990

LLS90b   Ladin, R.; Liskov, B.; Shrira, L.: Lazy Replication: exploiting the semantics of distributed services. In: *Proceedings of the 9th ACM Symposium on Principles of Distributed Computing,* ACM, Quebec, Canada, August 1990

LLS90c   Ladin, R.; Liskov, B.; Shrira, L.: Lazy Replication: exploiting the semantics of distributed services. In: *Proceedings of the first Workshop on Management of Replicated Data.* Houston, TX, November 1990, S. 31-33

LLS91   Ladin, R.; Liskov, B.; Shrira, L.: Lazy Replication: exploiting the semantics of distributed services. Position Paper for 4th ACM-SIGOPS European Workshop, Bologna. Published as *Operating Systems Review,* 25(1), Januar 1991, S. 49-55

LMR90   Litwin, W.; Mark, L.; Roussopoulos: Interoperability of Multiple Autonomous Databases. In: *ACM Computing Surveys,* Volume 22, No. 3, September 1990, S. 267-292

LMS93   Little, M.; McCue, D.; Shrivastava, S.K.: Maintaining information about Persistent Replicated Objects in a Distributed System. In: *Proceedings of the 13th ICDCS,* Pittsburgh (PA), Mai 1993

Lon90   Long, D. D. E.: Analysis of Replication Control Protocols. In: *Proceedings of the first Workshop on the Management of Replicated Data,* Houston (TX), November 1990, S. 117-122

LRT95   Lehner, W.; Ruf, T.; Teschke, M.: Data Management in Scientific Computing: A Study in Market Research. In: *Proceedings of the 1995 International Conference on Applications of Databases (ADB '95),* San Jose, CA, USA, Dezember 1995, S. 31 - 35

LS87   Lockemann, P.; Schmidt, J. (Hrsg.): *Datenbankhandbuch.* Springer-Verlag, Berlin, 1987

LS90   Little, M. C.; Shrivastava, S.K.: Replicated K-Resilient Objects in Arjuna. In:
            Proceedings of IEEE Workshop on the Management of Replicated Data, Houston,
            Texas, November 1990, S. 53-58

LS93   Little, M. C.; Shrivastava, S.K.: *Object Replication in Arjuna.* Internal Report,
            University of Newcastle upon Tyne, UK, 1993

LW94   Lenz, R.; Wedekind, H. (eds.): *Aspects of Advanced Data Management.* Bericht 94/1
            des SFB 182 "Multiprozessor und Netzwerkkonfigurationen", Teilprojekt B4,
            zugleich Arbeitsbericht des IMMD, Band 27, Nr.5, Friedrich-Alexander
            Universität Erlangen-Nürnberg, Dezember 1994

Mer85   Mertens, P.: *Aufbauorganisation der Datenverarbeitung: Zentralisierung -
            Dezentralisierung - Informationszentrum.* Gabler, Wiesbaden, 1985

Mit80   Mittelstraß, J. (Hrsg.): *Enzyklopädie Philosophie und Wissenschaftstheorie.* B.I.
            Wissenschaftsverlag, Mannheim, Wien, Zürich, 1980

Mit91   Mittra, S.: *Principles of Relational Database Systems.* Prentice-Hall International
            Editions, Englewood Cliffs, New Jersey, 1991

Moi95   Moissis, A.: *SYBASE Replication Server: A Practical Architecture for Distributing
            and Sharing Corporate Information.* Produktinformation, SYBASE, 1995

Mut90   Mutchler, D.: Some (naive?) questions about replica control. In: *Proceedings of the
            first Workshop on the Management of Replicated Data,* Houston (TX),
            November 1990, S. 113-116

MW82   Minoura, T.; Wiederhold, G.: Resilient extended true-copy token scheme for a
            distributed database system. In: *IEEE Transactions on Software Engineering,* 9 (5),
            1982, S. 173-189

Nag88   Nagler, M.: *Konsistenz in verteilten replizierten Datenbeständen.* Diplomarbeit am
            IMMD VI, Universität Erlangen, 1988

Ofe94   Ofer, U.: Was Sie schon immer über Replication Server wissen wollten. In: *Datenbank
            Fokus, 6/94.* Oktober/November 1994, S. 31-36

Ora95a   *Oracle7^{TM} - Symmetrische Replikation, Asynchron Verteilte Technologie.*
            Produktinformation, ORACLE Deutschland GmbH, 1995

Ora95b   *Oracle7^{TM} Server Distributed Systems: Replicated Data.* Release 7.1, ORACLE
            Deutschland GmbH, 1995

ÖV91   Özsu, M.; Valduriez, P.: *Principles of Distributed Database Systems.* Prentice-Hall,
            Englewood Cliffs (NJ), 1991

Par90   Pâris J.-F.: Efficient Voting Protocols with Witnesses. In: *Third International
            Conference on Database Theory,* Paris, Frankreich, Dezember 1990, Proceedings.
            Lecture Notes in Computer Science, Volume 470, Springer, 1990,
            S. 305-317

PHK95   Pu, C.; Hseush, W.; Kaiser, G.; Wu, K.; Yu, P.: Divergence Control for Distributed
            Database Systems. In: *Distributed and Parrallel Databases,* Volume 3, 1995, Kluwer
            Academic Publishers, Boston, 1995, S. 85-109

PL91a   Pu, C.; Leff, A.: *Epsilon-Serializability.* Technical Report No. CUCS-054-90,
            Department of Computer Science, Columbia University, New York, Januar 1991

PL91b   Pu, C.; Leff, A.: Replica control in distributed systems: An asynchronous approach.
            In: *Proceedings of the ACM SIGMOD,* 1991, S. 377-387

PL91c   Paris J.-F.; Long, D.: Voting with Regenerable Volatile Witnesses. In: *Proceedings of
            the Seventh International Conference on Data Engineering,* Kobe, Japan, IEEE
            Computer Society, 1991, S. 112-119

PL92   Pu, C.; Leff, A.: Autonomous Transaction Execution with Epsilon-Serializability. In:
            Proceedings of 1992 RIDE Workshop on Transaction and Query Processing, IEEE/
            Computer Society, Phoenix, Arizona, Februar 1992

Rah88   Rahm, E.: *Synchronisation in Mehrrechner-Datenbanksystemen*. Informatik-
            Fachberichte, Springer, 1988

Rah94   Rahm, E.: *Mehrrechner-Datenbanksysteme*. Addison-Wesley Verlag, Bonn, 1994

RC96   Ramamritham, K.; Chrysanthis, P.: A taxonomy of correctness criteria in database
            applications. In: *The VLDB Journal (1996) 5*, Springer Verlag, 1996, S. 85-97

Rei93   Reinwald, B.: *Workflow-Management in verteilten Systemen*. Teubner,
            Stuttgart, Leipzig, 1993

Rei95   Reinert, J.: *Ein Regelsystem zur Integritätssicherung in aktiven relationalen
            Datenbanksystemen*. Infix, DISDBIS 11, Sankt Augustin, 1996

Rin95   Ringler, C.: *Konzeptioneller Entwurf einer Systemarchitektur für ein verteiltes
            repliziertes Datenverwaltungssystem*. Diplomarbeit am IMMD VI, Universität
            Erlangen, 1995

RP95   Ramamritham, K.; Pu, C.: A Formal Characterization of Epsilon Serializability. In:
            IEEE Transactions on Knowledge and Data Engineering, IEEE Computer Society,
            Dezember 1995

RSK91   Rusinkiewicz, M.; Sheth, A.; Karabatis, G.: Specifying Interdatabase Dependencies in
            a Multidatabase Environment. In: *Computer*, Dezember 1991

RW92   Reinwald, B.; Wedekind, H.: Integrierte Aktivitäten- und Datenverwaltung zur
            systemgestützten Kontroll- und Datenflußsteuerung. In: *Informatik Forschung und
            Entwicklung*, Volume 7(1992), Springer Verlag, 1992

RW93   Reinwald, B.; Wedekind, H.: Logische Grundlagen eines Triggerentwurfssystems. In:
            it+ti 35 (1993)1, Oldenbourg Verlag, 1993

Sch90   Schöning, H.: Preserving Consistency in Nested Transactions. In: *Proceedings of the
            23rd Annual Hawaii International Conference on System Sciences*, IEEE Comp.
            Society Press, 1990

Sch95   Schneider, G.: Eine Einführung in das Internet. In: *Informatik Spektrum (18/5/95)*,
            Springer Verlag, 1995

Sch96a   Schaller, J.: *Analyse des Fehlerverhaltens bei Netzwerkpartitionierungen in verteilten
            replizierten Datenverwaltungssystenmen*. Diplomarbeit am IMMD VI,
            Universität Erlangen, 1996

Sch96b   Schmölz, H.: *Konzepte zur Wahrung der semantischen Integrität in Datenbeständen
            mit veralteten Replikaten*. Studienarbeit am IMMD VI, Universität Erlangen, 1996

SL90   Sheth, A.; Larson, J.: Federated Database Systems for Managing Distributed,
            Heterogeneous, and Autonomous Databases. In: *ACM Computing Surveys*, 22(3),
            September 1990, S. 183-235

SLE91   Sheth, A.; Leu, Y.; Elmagarmid, A.: *Maintaining consistency of interdependent data
            in Multidatabase Systems*. Technical Report CSD-TR-91-016, Purdue University,
            West Lafayette, Indiana, März 1991.

SR90   Sheth, A.; Rusinkiewicz, M.: Management of Interdependent Data: Specifying
            Dependency and Consistency Requirements. In: *Proceedings of the first Workshop on
            the Management of Replicated Data*, November 1990, S. 133-136

Sta95   Stacey, D.: Replication: DB2, Oracle, or Sybase. In: *SIGMOD RECORD Volume 24.
            No. 4*, Dezember 1995, S. 95-102

Ste94   Stein, K.: *Anwendungsorientierte Fehlerbehandlung im verteilten
            Datenverwaltungssystem DDMS*. Diplomarbeit, am IMMD VI, 1994

Ste90   Stevens, W.R.: *UNIX Network Programming*, Prentice Hall, Englewood Cliffs, 1990

SW85   Sacca, D.; Wiederhold, G.: Database Partitioning in a Cluster of Processors. In: *ACM
            Transactions on Database Systems*, 10(1), März 1985, S. 29-56

SW91   Schek, H.-J.; Weikum, G.: Erweiterbarkeit, Kooperation, Föderation, von
            Datenbanksystemen. In: *Proceedings of the 4th GI Conference on Database Systems
            for Office, Engineering and Scientific Applications (BTW)*, Kaiserslautern, Springer
            Verlag, März 1991

Tan96   Tanenbaum, A.: *Computer Networks*, 3. Auflage. Prentice-Hall, Englewood Cliffs, NJ,
            1996

The93   Theel, O: *Ein vereinheitlichendes Konzept zur Konstruktion hoch verfügbarer Dienste*,
            Dissertation, TU Darmstadt, 1993

Tho79   Thomas, R. H.: A Majority Consensus Approach to Concurrency Control for Multiple
            Copy Databases. In: *ACM Transactions on Database Systems 4:2*, 1979 S.180-209

Tho92   Thoma, H.: Integration von Applikationen und Datenbanken mit Hilfe einer
            Applikations-Architektur. In: Müller-Ettrich, G. (Hrsg.): *Fachliche Modellierung von
            Anwendungssystemen - Methoden, Vorgehen, Wekzeuge*. Addison-Wesley, Bonn, 1992

Tri91   Triantafillou, P.: *Employing Replication to Achieve High Availability and Efficiency in
            Distributed Systems*. Research Report CS-91-28, Ph.D. thesis, University of Waterloo,
            Computer Science Department, Juli 1991

VB96   Vossen, G.; Becker, J. (Hrsg.): *Geschäftsprozeßmodellierung und Workflow-
            Management*. International Thomson Publishing, Bonn, Albany, 1996

Wed88a   Wedekind, H.: Grundbegriffe verteilter Systeme aus Sicht der Anwendung.
            Informationstechnik it 30 (1988) 4, S.263-271

Wed88b   Wedekind, H.: Ubiquity and Need-to-Know: Two Principles of Data Distribution. In:
            Operating Systems Review, Volume 22, No. 4, Oktober 1988

Wed91   Wedekind, H.: *Datenbanksysteme I*. B.I. Wissenschaftsverlag, Reihe Informatik Band
            16, Mannheim, 1991

Wed92   Wedekind, H.: *Objektorientierte Schemaentwicklung - ein kategorialer Ansatz für
            Datenbanken und Programmierung*. B.I. Wissenschaftsverlag, Reihe Informatik Band
            85, Mannheim, 1992

Wed94   Wedekind, H. (Hrsg.): *Verteilte Systeme*. B.I. Wissenschaftsverlag, Reihe Informatik,
            Mannheim, 1994

Wei88   Weikum, G.: *Transaktionen in Datenbanksystemen - Fehlertolerante Steuerung
            Paralleler Abläufe*. Addison-Wesley Verlag, Bonn, 1988

Whi94   White, C.: Let the Replication Battle Begin. In: *Database Programming and Design*,
            Mai, 1994, S. 21-24

WQ87   Wiederhold, G.; Qian, X.: Modeling asynchrony in distributed databases.
            In: *Proceedings of the Third International Conference on Data Engineering*, Februar
            1987, S. 246-250

WQ90   Wiederhold, G.; Qian, X.: Consistency control of replicated data in federated
            databases. In: *Proceedings of the Workshop on Management of Replicated Data*,
            Houston, November 1990, S. 130-132

Wor94   Workflow Management Coalition: *Glossary - A Workflow Management Coalition
            Specifiation*. Littera, Brüssel, 1994

XA+95   *Distributed Transaction Processing: The XA+ Specification, Version 2*, X/Open
            Company, 1995

Zsc93   Zschau, R. : *Spezifikation und konsistente Verwaltung replizierter Daten in verteilten
            Systemen*. Diplomarbeit am IMMD VI, Universität Erlangen, 1993

Stichwortverzeichnis

A

Abort 46, 52, 55–58

    Cascading A. 48

ACID 46, 51, 125, 127

Adabas 130, 137

Adaptierbarkeit 13, 19, 90, 98, 130, 135, 138, 140, 142, 143, 252, 257, 258

Aktualisierung

    A. auf Anfrage 182–183, 221

    A. mit Alive-Nachrichten 221

    Ereignisorientierte A. 142

    Kontinuierliche A. 143

    Lastabhängige A. 222

    Lesersynchrone A. 204–214, 233

    Schreibersynchrone A. 204–207, 211, 213, 232

    Sofortige A. 220

    Vollständige A. 223

Aktualisierungsnachrichten → Propagierung

Aktualitätsanforderungen 107, 107–109, 112, 124, 158, 159, 174–176, 222, 226, 228, 242

Alive-Fenster 217–219, 279

Alive-Nachrichten 114, 197, 216–222, 234, 264, 279

Allokation 42–44, 177, 236, 238–243

Allokationsbereich 238–241, 243, 246, 250, 253, 255, 259, 267

Anfragenachricht 182

Anpaßbarkeit → Adaptierbarkeit

ANSI/SPARC 40

Antwortzeitverhalten 64, 69, 76, 78, 82, 88, 90, 94, 233

Anwendungsdaten 103

Äquivalenzumformung 246, 250

ASPECT

    A.-Laufzeitsystem → ATLAS

    Akronym 155

    Methode 148–177, 228, 229, 232, 234, 237, 266

ATLAS 267–279

Atomarität 29, 46–52, 55, 75

Attribut 32, 35, 43, 235, 240, 249–252

Ausfalltoleranz 91

Autonomie 26, 28, 30, 258

    Administrationsautonomie 32

    Assoziationsautonomie 31

    Ausführungsautonomie 31, 34, 39

    Entwurfsautonomie 31, 39, 40

    Knotenautonomie 38, 40, 82

    Kommunikationsautonomie 31

    Organisatorische A. 32

B

Before Image 133

Begin of Transaction 46, 52

Bereitstellungsstrategie 119

Blinde Änderung 184

BLOB 104

BOT → Begin of Transaction

Broadcast-Verbindungen 22–23

C

Cache-Replikat 113

CASE (Common Application Service Elements) 25

Chronicle-Kontext 171

Cluster 23

Commit → Freigabe

Concurrency Control → Nebenläufigkeitskontrolle

Coterie 82

D

D^3 → Data Dependency Descriptor

Data Dependency Descriptor 38, 115–121, 126

Dateisystem 11

Datenbank, als Objektgranulat 236

Datenbankadministration 32

Datenbankfernzugriff → Remote Database Access

Datenbankkonsistenz → Konsistenz

Datenbankpartitionierung 131

Datenbanksystem

    Aktives D. 142

    Verteiltes D. 13, 37

    Zentralisiertes D. 12

Datenbankverwaltungssystem → Datenverwaltungssystem

Datenobjekt

    Abgeleitetes D. 60, 61

    Abhängige D.e 116

    Logisches D. 60–64, 149–155

    Physisches D. 62